Gruber | Neumann | Rosner | Schumm

Realschule
Mathematik-Prüfung 2024
Originalaufgaben

Mathe gut erklärt

Baden-Württemberg

Übungsbuch
mit Tipps und Lösungen

Freiburger Verlag

Helmut Gruber, geb. 1968, studierte Mathematik und Physik in Konstanz und Freiburg und ist seit 1995 Mathematiklehrer.

Robert Neumann, geb. 1970, studierte Mathematik und Physik in Freiburg und unterrichtet Mathematik seit 1999.

Stefan Rosner, geb. 1979, studierte Mathematik in Mannheim und unterrichtet seit 2005.

Roland Schumm, geb. 1974, studierte Technische Kybernetik in Stuttgart und unterrichtet seit 2009.

Vielen Dank auch an Martina Wagner für ihre Mithilfe bei der Entwicklung dieses Buches.

Printed in EU
www.freiburger-verlag.de

Inhaltsverzeichnis

Erfolg von Anfang an

Ist das Geheimnis einer guten Realschulprüfung. Das vorliegende Übungsbuch ist speziell auf die Anforderungen der Realschulprüfung in Baden-Württemberg abgestimmt. Es besteht aus mehreren Teilen:

Der Überblick

Im Überblick werden alle relevanten Themen übersichtlich dargestellt und anhand von Beispielen so einfach wie möglich erklärt.

Zusätzlich gibt es Videos, in denen die wesentlichen Themen Schritt für Schritt dargestellt sind.

Die Basisübungen

Mit den Basisübungen kann man die grundlegenden Aufgabentypen trainieren und die Grundfähigkeiten festigen. Die zugehörigen Lösungen sind sehr ausführlich.

Die Prüfungsaufgaben

Die Original-Prüfungsaufgaben von 2019 bis 2023 wurden so angepasst und ergänzt, dass sie die gleiche Form und den gleichen Umfang haben wie die Aufgaben in der Prüfung 2024. So bekommt man ein gutes Gefühl für diese beim Durcharbeiten und damit die beste Voraussetzung für ein erfolgreiches Bestehen.

Der blaue Tippteil

Hat man keine Idee, wie man eine Aufgabe angehen soll, hilft der blaue Tippteil weiter: Zu jeder Aufgabe gibt es Tipps, die helfen, einen Ansatz zu finden, ohne die Lösung vorwegzunehmen.

Die QR-Codes und weiteres Material

Manche Dinge versteht man besser, wenn sie direkt erklärt werden: Dafür gibt es an vielen Stellen im Buch QR-Codes und Links, die direkt in den Web-Browser eingegeben werden können. Stefan Rosner erklärt dann in Videos die Aufgaben anschaulich und so, dass man sie verstehen kann:

frv.tv/7r

Unter www.freiburger-verlag.de gibt es ein Buch mit weiteren Übungsaufgaben. Dieses enthält die kompletten, angepassten Prüfungsaufgaben von 2015 bis 2017.

Die Mathematik-Prüfung

Seit 2021 hat sich der Ablauf der Realschulabschlussprüfung geändert:

- Die Prüfung besteht aus zwei Pflichtteilen (Teil A 1 und A 2) und einem Wahlteil (Teil B)
- Zuerst sind die Aufgaben von Teil A 1 ohne Hilfsmittel (Taschenrechner und Formelsammlung) in 45 Minuten zu bearbeiten.
- Dann erfolgt eine 15-oder 20-minütige Pause
- Anschließend sind die Teile A2 und B mit Hilfsmitteln in 2 Stunden und 45 Minuten zu lösen.
- Im Teil B sind zwei von drei Aufgaben zu bearbeiten

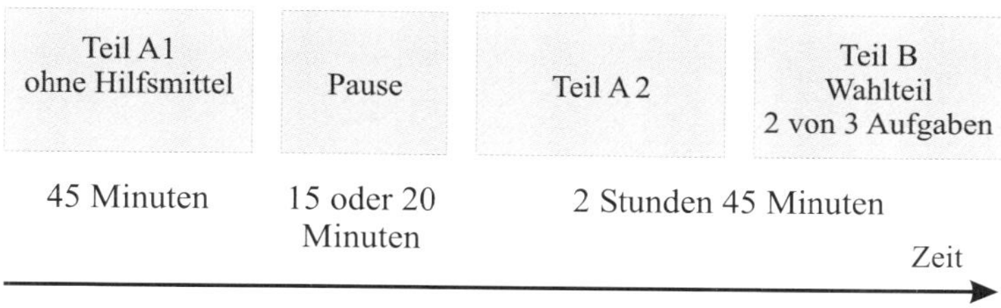

Die Punkteverteilung

Punkte	Note
0	6,0
0,5 - 1	5,9
1,5 - 2	5,8
2,5 - 3	5,7
3,5 - 4	5,6
4,5 - 5	5,5
5,5 - 6	5,4
6,5 - 7	5,3
7,5 - 8	5,2
8,5 - 9	5,1
9,5 - 10	5,0
10,5 - 11	4,9
11,5 - 12	4,8
12,5 - 13	4,7
13,5 - 14	4,6
14,5 - 15	4,5
15,5 - 16	4,4

Punkte	Note
16,5 - 17	4,3
17,5 - 18	4,2
18,5 - 19	4,1
19,5 - 20	4,0
20,5 - 21	3,9
21,5 - 22	3,8
22,5 - 23	3,7
23,5 - 24	3,6
24,5 - 25	3,5
25,5 - 26	3,4
26,5 - 27	3,3
27,5 - 28	3,2
28,5 - 29	3,1
29,5 - 30	3,0
30,5 - 31	2,9
31,5 - 32	2,8
32,5 - 33	2,7

Punkte	Note
33,5 - 34	2,6
34,5 - 35	2,5
35,5 - 36	2,4
36,5 - 37	2,3
37,5 - 38	2,2
38,5 - 39	2,1
39,5 - 40	2,0
40,5 - 41	1,9
41,5 - 42	1,8
42,5 - 43	1,7
43,5 - 44	1,6
44,5 - 45	1,5
45,5 - 46	1,4
46,5 - 47	1,3
47,5 - 48	1,2
48,5 - 49	1,1
49,5 - 50	1,0

I. Überblick

1. Rechengrundlagen

Bevor die einzelnen Themen dargestellt werden, ist es sinnvoll, zunächst einen Überblick über alle wichtigen Rechenregeln zu bekommen.

Thema	Beispiel	Vorgehen
1. Das Rechnen mit Brüchen		
Erweitern	$\frac{2}{5}(\text{mit } 3)=\frac{2\cdot 3}{5\cdot 3}=\frac{6}{15}$	Zähler und Nenner mit der gleichen Zahl mutiplizieren
Kürzen	$\frac{6}{15}(\text{mit } 3)=\frac{\cancel{6}^{2}}{\cancel{15}_{5}}=\frac{2}{5}$	Zähler und Nenner durch die gleiche Zahl dividieren
Addieren	$\frac{3}{2}+\frac{1}{3}=\frac{9}{6}+\frac{2}{6}=\frac{9+2}{6}=\frac{11}{6}$	1. So erweitern, dass gleiche Nenner vorliegen 2. Zähler addieren, Nenner beibehalten
Subtrahieren	$\frac{2}{4}-\frac{5}{6}=\frac{6}{12}-\frac{10}{12}=\frac{6-10}{12}=\frac{-4}{12}=-\frac{1}{3}$	1. So erweitern, dass gleiche Nenner vorliegen 2. Zähler subtrahieren, Nenner beibehalten
Multiplizieren	$\frac{2}{4}\cdot\frac{5}{3}=\frac{2\cdot 5}{4\cdot 3}=\frac{10}{12}=\frac{5}{6}$	$\frac{\text{Zähler}\cdot\text{Zähler}}{\text{Nenner}\cdot\text{Nenner}}$
Dividieren	$\frac{2}{4}:\frac{5}{3}=\frac{2}{4}\cdot\frac{3}{5}=\frac{2\cdot 3}{4\cdot 5}=\frac{6}{20}=\frac{3}{10}$	Mit dem Kehrbruch multiplizieren

Spezielle Brüche

- $\frac{0}{3}=0$ Ein Zähler von 0 führt zu einem Wert von 0.
- $\frac{3}{0}=?$ Ein Nenner von 0 führt zu einem nicht definierten Wert.

frv.tv/7r

2. Potenzgesetze		
Multiplizieren (gleiche Basis)	$3^5 \cdot 3^3 = 3^8$ $x^2 \cdot x^4 = x^6$	$a^m \cdot a^n = a^{m+n}$ Hochzahlen addieren
Dividieren (gleiche Basis)	$4^7 : 4^2 = 4^{7-2} = 4^5$ $x^6 : x^4 = x^{6-4} = x^2$	$a^m : a^n = a^{m-n}$ Hochzahlen subtrahieren
Multiplizieren (gleiche Hochzahl)	$5^4 \cdot 2^4 = (5 \cdot 2)^4 = 10^4$	$a^m \cdot b^m = (a \cdot b)^m$ Basen multiplizieren
Dividieren (gleiche Hochzahl)	$6^4 : 2^4 = \left(\frac{6}{2}\right)^4 = 3^4$	$a^m : b^m = \left(\frac{a}{b}\right)^m$ Basen dividieren

Bemerkung : Nur wenn die beiden Basen oder die beiden Hochzahlen übereinstimmen, darf (mithilfe obiger Regeln) multipliziert bzw. dividiert werden.

Mehrere Hochzahlen	$\left(3^3\right)^4 = 3^{3 \cdot 4} = 3^{12} = 531441$ $\left(x^7\right)^3 = x^{7 \cdot 3} = x^{21}$	$\left(a^m\right)^n = a^{m \cdot n}$ Hochzahlen multiplizieren

Spezielle Hochzahlen

- $17^0 = 1;\ \ x^0 = 1$ Die Hochzahl 0 führt immer zu dem Wert 1.
- $2^{-3} = \frac{1}{2^3};\ \ a^{-2} = \frac{1}{a^2}$ Eine negative Hochzahl wird durch das „Verschieben" der Potenz in den Nenner positiv.

3. Das Auflösen von Klammern		
Auflösen einer „Plusklammer“	$2x+(x-6)$ $=2x+x-6$ $=3x-6$	Alles beibehalten
Auflösen einer „Minusklammer“	$2x-(x-6)$ $=2x-x+6$ $=x+6$	Alle Vorzeichen ändern
Verschachtelte Klammern	$2x-(3-(4x+1))$ $=2x-(3-4x-1)$ $=2x-(2-4x)$ $=2x-2+4x=6x-2$	Klammern von innen nach außen auflösen
Zahl · Klammer	$2x\cdot(3+4x)$ $=6x+8x^2$	$a\cdot(b+c)=a\cdot b+a\cdot c$
Klammer · Klammer	$(x+2)\cdot(3-4x)$ $=3x-4x^2+6-8x$ $=-4x^2-5x+6$	$(a+b)\cdot(c-d)=a\cdot c-a\cdot d+b\cdot c-b\cdot d$

4. Die binomischen Formeln		
1. Binomische Formel	$(2x+3)^2$ $=2x\cdot 2x+2\cdot 2x\cdot 3+3\cdot 3$ $=4x^2+12x+9$	$(a+b)^2=a^2+2ab+b^2$
2. Binomische Formel	$(3x-4)^2$ $=3x\cdot 3x-2\cdot 3x\cdot 4+4\cdot 4$ $=9x^2-24x+16$	$(a-b)^2=a^2-2ab+b^2$
3. Binomische Formel	$(4x+5)\cdot(4x-5)$ $=4x\cdot 4x-5\cdot 5$ $=16x^2-25$	$(a+b)\cdot(a-b)=a^2-b^2$

5. Faktorisieren (Aus einer Summe ein Produkt machen)		
Ausklammern	$10x^2y+15xy^2$ $=5xy\cdot(2x+3y)$	„Gemeinsames" ausklammern
Binomische Formeln „rückwärts"	$x^2-8x+16$ $=(x-4)^2$	hier die 2. Binomische Formel

6. Das Rechnen mit Wurzeln		
Multiplizieren	$\sqrt{8}\cdot\sqrt{2}=\sqrt{8\cdot 2}=\sqrt{16}=4$ $\sqrt{x^3}\cdot\sqrt{x}=\sqrt{x^3\cdot x}=\sqrt{x^4}=x^2$	$\sqrt{a}\cdot\sqrt{b}=\sqrt{a\cdot b}$
Dividieren	$\sqrt{18x^4}:\sqrt{2x^2}=\sqrt{\frac{18x^4}{2x^2}}$ $=\sqrt{9x^2}=3x$	$\sqrt{a}:\sqrt{b}=\sqrt{\frac{a}{b}}$

Vorsicht bei Addition und Subtraktion

Beispiel: $\sqrt{6}+\sqrt{3}\neq\sqrt{9}$ oder $\sqrt{x^4-y^6}\neq x^2-y^3$

Zusatz: Die Schreibweise für sehr große und sehr kleine Zahlen		
Große Zahlen	$720000=7{,}2\cdot 10^5$ $8920000000=8{,}92\cdot 10^9$	...,... $\cdot\ 10^{+\text{„Anzahl an verschobenen Kommastellen"}}$
Kleine Zahlen	$0{,}00035=3{,}5\cdot 10^{-4}$ $0{,}0000087=8{,}7\cdot 10^{-6}$	...,... $\cdot\ 10^{-\text{„Anzahl an verschobenen Kommastellen"}}$

2. Gleichungen

Grundsätzliche Fragestellung

Für welchen Wert von x ergeben die beiden Seiten der Gleichung einen gleich großen Wert?

2.1 Lineare Gleichungen

Beispiel 1

$$\begin{aligned} 2x-4 &= 2 \quad |+4 \\ 2x &= 6 \quad |:2 \\ x &= 3 \end{aligned}$$

$$\left(\begin{aligned} &\text{Probe: Einsetzen von } x=3 \\ &2\cdot 3-4=2 \\ &6-4=2 \\ &2=2 \text{ (wahre Aussage)} \end{aligned} \right)$$

Beispiel 2

$$\begin{aligned} \frac{7}{2}x-\frac{1}{2} &= -\frac{5}{2}+\frac{1}{2}x \quad &|\cdot 2 \\ 7x-1 &= -5+1x \quad &|-x+1 \\ 6x &= -4 \quad &|:6 \\ x &= -\frac{4}{6} \\ x &= -\frac{2}{3} \end{aligned}$$

Vorgehen: Alle „Summanden mit x" müssen auf die eine, alle „Summanden ohne x" auf die andere Seite der Gleichung umgeordnet werden. Dann wird x isoliert.

2.2 Quadratische Gleichungen

Typ 1 (Reinquadratische Gleichung)

Beispiel 1

$$\begin{aligned} 2x^2-8 &= 0 \quad &|+8 \\ 2x^2 &= 8 \quad &|:2 \\ x^2 &= 4 \quad &|\sqrt{} \\ x_1 &= \sqrt{4}=2 \\ x_2 &= -\sqrt{4}=-2 \end{aligned}$$

Beispiel 2

$$\begin{aligned} -1-2x^2 &= -5x^2-1 \quad &|+5x^2+1 \\ 3x^2 &= 0 \quad &|:3 \\ x^2 &= 0 \quad &|\sqrt{} \\ x &= \sqrt{0}=0 \end{aligned}$$

Merkmal: Nur x^2 und „Zahl"; „kein x"

Vorgehen: x^2 isolieren. Dann $\sqrt{}$.

frv.tv/7s

Typ 2 (Gemischtquadratische Gleichung)

Beispiel : $3x^2 - 3x - 18 = 0$

***abc*-Formel** oder ***bc*-Formel**

abc-Formel:

$$\boldsymbol{x_{1|2} = \frac{-b \pm \sqrt{b^2 - 4 \cdot a \cdot c}}{2 \cdot a}}$$

$(a = 3;\ b = -3;\ c = -18)$

$$x_{1/2} = \frac{-(-3) \pm \sqrt{(-3)^2 - 4 \cdot 3 \cdot (-18)}}{2 \cdot 3}$$

$$= \frac{3 \pm \sqrt{225}}{6} = \frac{3 \pm 15}{6}$$

$$x_1 = \frac{3-15}{6} = -2;\quad x_2 = \frac{3+15}{6} = 3$$

bc-Formel:

$3x^2 - 3x - 18 = 0 \quad |:3$ (vor x^2 muss 1 stehen!)

$x^2 - x - 6 = 0$

$$\boldsymbol{x_{1|2} = -\frac{b}{2} \pm \sqrt{\left(\frac{b}{2}\right)^2 - c}}$$

$(b = -1;\ c = -6)$

$$x_{1/2} = -\frac{(-1)}{2} \pm \sqrt{\left(\frac{(-1)}{2}\right)^2 - (-6)}$$

$$= 0{,}5 \pm \sqrt{6{,}25} = \frac{1}{2} \pm 2{,}5$$

$$x_1 = 0{,}5 - 2{,}5 = -2;\quad x_2 = 0{,}5 + 2{,}5 = 3$$

Merkmal : x^2, x und „Zahl“

Vorgehen : *abc*-Formel oder *bc*-Formel

Die Diskriminante (D)

Den Ausdruck, der bei der *abc*- bw. *bc*-Formel **unter der Wurzel** steht, nennt man Diskriminante. Deren Vorzeichen entscheidet darüber, ob die Gleichung zwei, eine oder keine Lösung besitzt.

$$\text{Falls} \begin{cases} \mathbf{D > 0} & \left(\sqrt{+\ldots}\right) \\ \mathbf{D = 0} & \left(\sqrt{0}\right) \\ \mathbf{D < 0} & \left(\sqrt{-\ldots}\right) \end{cases} \text{ besitzt die Gleichung } \begin{cases} \mathbf{2} \\ \mathbf{1} \\ \textbf{keine} \end{cases} \text{ Lösung(en).}$$

Zusatz : Der Satz vom Nullprodukt (Erklärung im Video: frv.tv/7s)

Gleichungen der Form $ax^2 + bx = 0$ können hierdurch schneller als mit der *abc*- bzw. *bc*-Formel gelöst werden.

Beispiel

$$2x^2 - 4x = 0$$

$$x \cdot (2x - 4) = 0$$

S. v. Nullpr.

$x_1 = 0$

$$2x - 4 = 0$$

$$2x = 4$$

$$x_2 = 2$$

2.3 Lineare Gleichungssysteme (LGS)

Einordnung: Wenn **2 Gleichungen** gegeben sind, wobei jede Gleichung **2 Variablen** (meist x und y) besitzt, nennt man die Gleichungen zusammen ein lineares Gleichungssystem (LGS).
Ziel ist es, die Zahlenwerte (Lösungen) für x und y zu finden, sodass **beide Gleichungen** auf eine wahre Aussage führen.

Vorgehen: Es gibt 3 verschiedene Rechenverfahren, um zu den Lösungen zu gelangen.

Beispiel: (1) $2x+5y=12$
(2) $x-4y=-7$

1. Gleichsetzungsverfahren	
1. Beide Gleichungen nach der gleichen Variablen (x oder y) **auflösen**.	(1) $2x+5y=12 \quad \vert -5y$ $2x=-5y+12 \quad \vert :2$ $x=-2{,}5y+6$ (2) $x-4y=-7 \quad \vert +4y$ $x=4y-7$
2. Gleichsetzen. Wert einer Variablen **berechnen**.	$-2{,}5y+6=4y-7 \quad \vert +2{,}5y\ +7$ $13=6{,}5y \quad \vert :6{,}5$ $2=y$
3. Durch **Einsetzen** den Wert der anderen Variablen **berechnen**.	$y=2$ in (2): $x=4y-7$ $x=4\cdot 2-7$ $x=1$

frv.tv/7t

2. Einsetzungsverfahren	
1. Eine Gleichung nach x oder y **auflösen**.	$(2): \quad x-4y=-7 \quad \mid +4y$ $x=4y-7$
2. In die andere Gleichung **einsetzen** (Klammer!). Wert der anderen Variablen **berechnen**.	$x=4y-7$ in (1): $\quad 2x+5y=12$ $2\cdot(4y-7)+5y=12$ $8y-14+5y=12 \quad \mid +14$ $13y=26 \quad \mid :2$ $y=2$
3. Durch **Einsetzen** den Wert der ersten Variablen **berechnen**.	$y=2$ in (2): $\quad x=4y-7$ $x=4\cdot 2-7$ $x=1$

3. Additionsverfahren	
1. Beide Gleichungen so umformen, dass x oder y mit **gleichem „Zahlenwert“**, aber **verschiedenen Vorzeichen** auftritt.	(1) $\quad 2x+5y=12$ (2) $\quad x-4y=-7 \quad \mid \cdot(-2)$ (1′) $\quad \mathbf{2}x+5y=12$ (2′) $\quad -\mathbf{2}x+8y=14$
2. Gleichungen addieren. Wert einer Variablen **berechnen**.	(1′)+(2′): $\quad \mathbf{2}x-\mathbf{2}x+5y+8y=12+14$ $13y=26 \quad \mid :13$ $y=2$
3. Durch **Einsetzen** den Wert der anderen Variablen **berechnen**.	$y=2$ in (2): $\quad x-4y=-7$ $x-4\cdot 2=-7$ $x-8=-7 \quad \mid +8$ $x=1$

Zusatz: Graphisches Verfahren

Wenn man die Gleichungen jeweils nach $\boldsymbol{y}$ auflöst, kann man sie als Geraden betrachten. Die Lösung entspricht dem Schnittpunkt der beiden Geraden (S. 20).

2.4. Bruchgleichungen

Die hier aufgeführten Bruchgleichungen sind zwar recht anspruchsvoll, enthalten dafür aber auch alle gängigen Variationen. Eine ausführliche Erklärung gibt es im Video.

Bruchgleichungen lösen (am Beispiel 1)	
1. Nenner durch **Ausklammern** oder **binomische Formeln** in Faktoren zerlegen.	$\frac{x}{3x+9} = \frac{x+12}{x^2+6x+9}$ $\frac{x}{3\cdot(x+3)} = \frac{x+12}{(x+3)^2}$
2. Hauptnenner festlegen Dieser enthält alle Faktoren aus dem Nenner in der höchsten vorkommenden Potenz.	Hauptnenner (HN): $3\cdot(x+3)^2$
3. Definitionsbereich festlegen. $D = R \setminus \{$ Nullstellen des Nenners $\}$	$D = \mathbb{R} \setminus \{-3\}$
4. Mit **Hauptnenner durchmultiplizieren,** dabei kürzen.	$\frac{x}{3\cdot(x+3)} = \frac{x+12}{(x+3)^2} \quad \vert \cdot 3\cdot(x+3)^2$ $\cancel{3}\cdot(x+3)^{\cancel{2}}\cdot\frac{x}{\cancel{3}\cdot\cancel{(x+3)}} = 3\cdot\cancel{(x+3)^2}\cdot\frac{x+12}{\cancel{(x+3)^2}}$ $(x+3)\cdot x = 3\cdot(x+12)$
5. Gleichung lösen.	$(x+3)\cdot x = 3\cdot(x+12)$ $x^2+3x = 3x+36 \quad \vert -3x$ $x^2 = 36 \quad \vert \sqrt{\ }$ $x_1 = -6$ $x_2 = 6$
6. Lösungsmenge angeben. Hierbei Definitionsmenge beachten!	$L = \{-6;\ 6\}$

frv.tv/7u

Beispiel **2 (ehemalige Prüfungsaufgabe)**

1.

$$\frac{4x^2+3x-6}{x^2+2x}=\frac{1-3x}{x}-\frac{4+x}{x+2}$$

$$\frac{4x^2+3x-6}{x\cdot(x+2)}=\frac{1-3x}{x}-\frac{4+x}{x+2}$$

2. Hauptnenner (HN): $x\cdot(x+2)$

3. $D=R\setminus\{-2;\,0\}$

4.

$$\frac{4x^2+3x-6}{x\cdot(x+2)}=\frac{1-3x}{x}-\frac{4+x}{x+2} \qquad |\cdot x\cdot(x+2)$$

$$\cancel{x}\cdot\cancel{(x+2)}\cdot\frac{4x^2+3x-6}{\cancel{x}\cdot\cancel{(x+2)}}=\cancel{x}\cdot(x+2)\cdot\frac{1-3x}{\cancel{x}}-x\cdot\cancel{(x+2)}\cdot\frac{4+x}{\cancel{x+2}}$$

5.

$$4x^2+3x-6=(x+2)\cdot(1-3x)-x\cdot(4+x)$$

$$4x^2+3x-6=x-3x^2+2-6x-4x-x^2$$

$$4x^2+3x-6=-4x^2-9x+2 \qquad |+4x^2+9x-2$$

$$8x^2+12x-8=0 \qquad |:8$$

$$x^2+1{,}5-1=0$$

mit bc-Formel: $b=1{,}5;\ c=-1$ (oder abc-Formel)

$$x_{1/2}=-\frac{1{,}5}{2}\pm\sqrt{\left(\frac{1{,}5}{2}\right)^2-(-1)}=-0{,}75\pm\sqrt{0{,}75^2+1}=-0{,}75\pm1{,}25$$

$x_1=-0{,}75-1{,}25=-2;$

$x_2=-0{,}75+1{,}25=0{,}5$

6. $L=\{\,0{,}5\,\}$

Da -2 aus der Definitionsmenge ausgeschlossen wurde, kann -2 nicht Lösung sein.

3. Lineare Funktionen (Geraden)

3.1 Die allgemeine Geradengleichung

$\boldsymbol{y = m \cdot x + c}$

Vorgehen zum Einzeichnen:

$$y = \frac{\textit{hoch / runter}}{\textit{rechts}} \cdot x + \textit{y-Achsen-abschnitt}$$

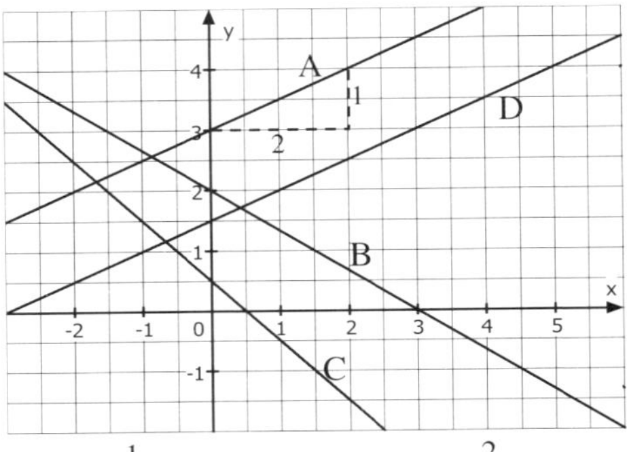

A : $y = \frac{1}{2}x + 3$ B : $y = -\frac{2}{3}x + 2$

C : $y = -x + 0,5$ D : $y = 0,5x + 1,5$

3.2 Sonderfälle

- **Ursprungsgerade**

  $\boldsymbol{y = m \cdot x}$

  Spezielle Ursprungsgeraden

  1. Winkelhalbierende: $y = x$
  2. Winkelhalbierende: $y = -x$

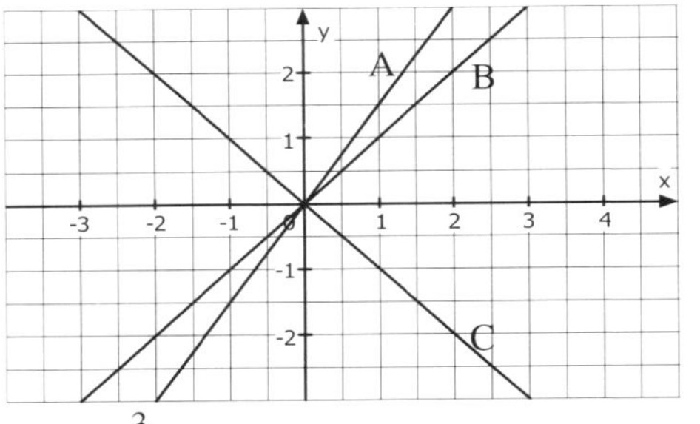

A : $y = \frac{3}{2}x$ B : $y = x$ C : $y = -x$

- **Parallelen zu einer Koordinatenachse**

  Parallele zur x-Achse

  y =„Zahl“

  Parallele zur y-Achse

  x =„Zahl“

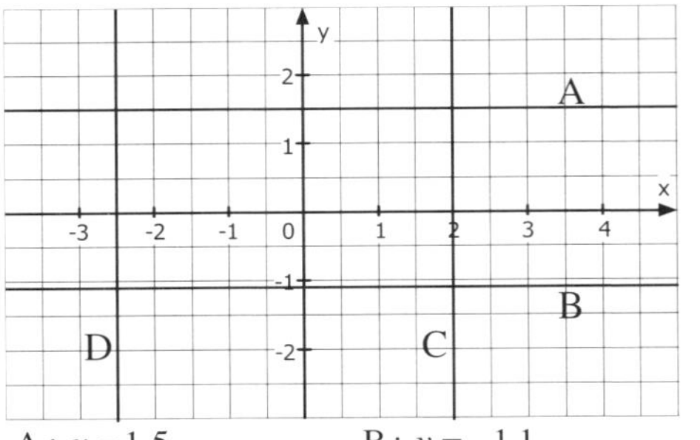

A : $y = 1,5$ B : $y = -1,1$

C : $x = 2$ D : $x = -2,5$

frv.tv/7v

3.3 Parallele und senkrechte Geraden

- Zueinander **parallele** Geraden:

Beispiel: $y = \frac{2}{3}x + 1$ (B)

$y = \frac{2}{3}x + 2$ (A)

gleiche Steigungen ($m_1 = m_2$)

- Zueinander **senkrechte** Geraden:

Beispiel: $y = \frac{2}{3}x + 2$ (A)

$y = -\frac{3}{2}x + 1$ (C)

Eine Steigung ist der **negative Kehrwert** der anderen Steigung; oder: Produkt aus den beiden Steigungen ergibt -1 ($m_1 \cdot m_2 = -1$)

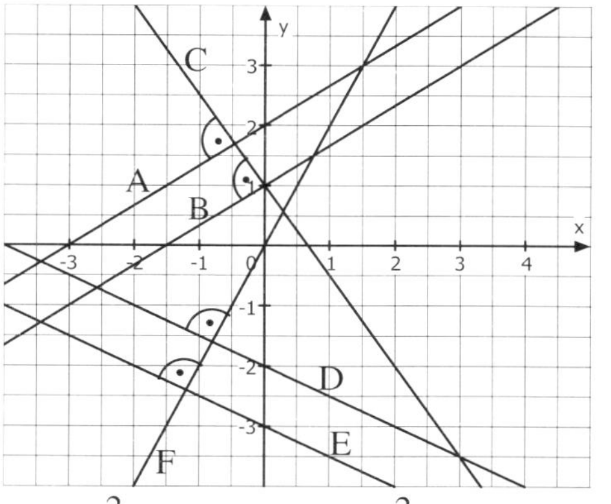

A: $y = \frac{2}{3}x + 2$ B: $y = \frac{2}{3}x + 1$

C: $y = -\frac{3}{2}x + 1$ D: $y = -\frac{1}{2}x - 2$

E: $y = -\frac{1}{2}x - 3$ F: $y = 2x$

Beispiele

Gerade	… dazu parallel (z.B.)	… dazu senkrecht (z.B.)
$y = \frac{4}{3}x - 2$	$y = \frac{4}{3}x + 5$	$y = -\frac{3}{4}x + 2$
$y = -\frac{1}{2}x + 4$	$y = -\frac{1}{2}x - 3$	$y = 2x - 2$
$y = 4x - 1$	$y = 4x + 2$	$y = -\frac{1}{4}x + 1$
$y = 2$	$y = -2$	$x = 1$
$x = 2$	$x = 5$	$y = 1$

3.4 Punkte auf Geraden berechnen

Beispiel : Gegeben ist die Gerade mit $y = -2x + 5$.

a) Der Punkt P(2 |) liegt auf der Geraden. Berechnen Sie den y-Wert.

***y*-Wert eines Punktes berechnen**	
Einsetzen des x-Wertes.	Einsetzen von 2 für x: $y = -2 \cdot 2 + 5 = -4 + 5 = 1$. Somit P(2 | 1).

b) Der Punkt Q(| 6) liegt auf der Geraden. Berechnen Sie den x-Wert.

***x*-Wert eines Punktes berechnen**	
Einsetzen des y-Wertes. **Gleichung lösen.**	Einsetzen von 6 für y: $6 = -2x + 5 \quad \| -5$ $1 = -2x \quad \| :(-2)$ $-0,5 = x$ Somit Q(−0,5 | 6).

c) Überprüfen Sie, ob der Punkt R(1 | 3) auf der Geraden liegt.

Überprüfen, ob ein Punkt auf einer Geraden liegt (Punktprobe)	
Einsetzen des x- und y-Wertes. **Ausrechnen**. Bei einer **wahren Aussage** liegt der Punkt **auf** der Geraden. (Bei einer falschen Aussage nicht.)	Einsetzen von 1 für x und 3 für y: $y = -2x + 5$ $3 = -2 \cdot 1 + 5$ $3 = -2 + 5$ $3 = 3$ Wahre Aussage, somit liegt R auf der Geraden.

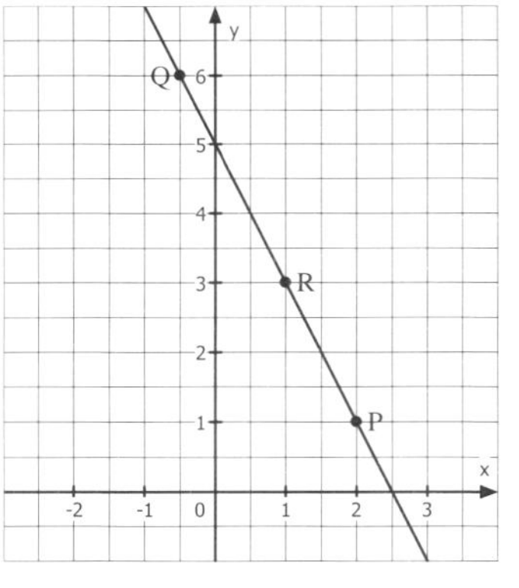

frv.tv/7w

3.5 Achsenschnittpunkte von Geraden berechnen

Beispiel: Gegeben ist die Gerade mit $y = -2x + 5$.

a) Berechnen Sie die Koordinaten des Schnittpunktes mit der y-Achse.

Schnittpunkt mit *y*-Achse berechnen	
Einsetzen von **0 für *x***.	$y = -2 \cdot 0 + 5 = 5$. Somit $S_y(0 \mid 5)$.

b) Berechnen Sie die Koordinaten des Schnittpunktes mit der x-Achse.

Schnittpunkt mit *x*-Achse berechnen (Nullstelle)	
Einsetzen von **0 für *y***. **Gleichung lösen**.	$0 = -2x + 5 \quad \mid +2x$ $2x = 5 \quad \mid :2$ $x = 2{,}5$ Somit $S_x(2{,}5 \mid 0)$.

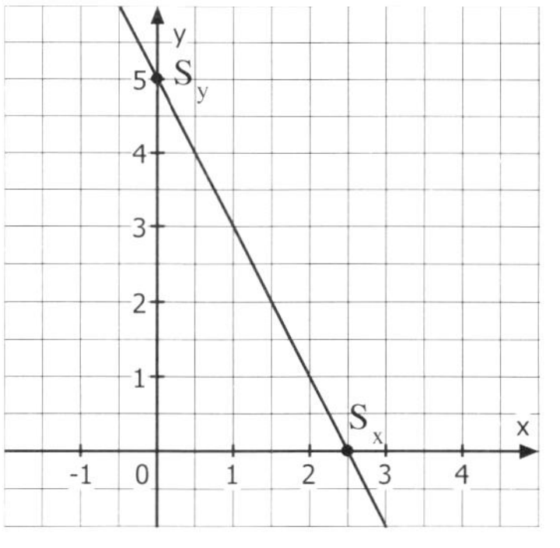

3.6 Schnittpunkte von Geraden berechnen

Beispiel 1 : Gegeben sind die Geraden g mit $y=-2x+5$ und h mit $y=x-1$.
Berechnen Sie den Schnittpunkt der beiden Geraden.

Schnittpunkt zweier Geraden berechnen	
1. Gleichsetzen der Geradengleichungen. **Gleichung** nach x **auflösen**.	$-2x+5=x-1 \quad \vert -5\ -x$ $-3x=-6 \quad \vert :(-3)$ $x=2$
2. x-Wert in eine der beiden Geradengleichungen **einsetzen**.	$x=2$ in $y=-2x+5$: $y=-2\cdot 2+5=-4+5=1$ Schnittpunkt S(2 | 1).

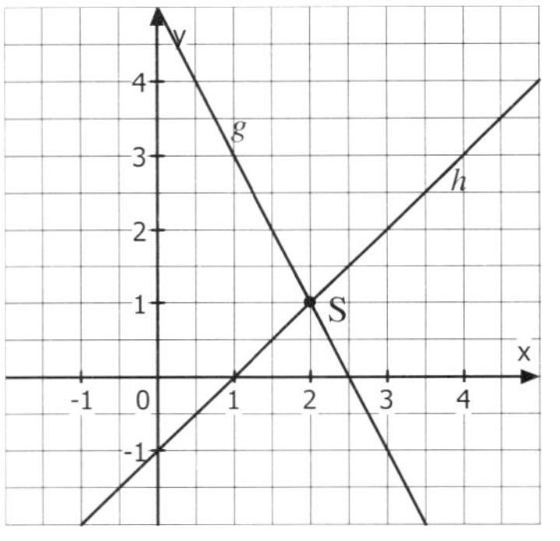

Beispiel 2 : Gegeben sind die Geraden g mit $y=\frac{1}{2}x+3$ und h mit $y=\frac{5}{2}x-3$.
Untersuchen Sie auf einen Schnittpunkt.

1. Gleichsetzen:

$$\frac{1}{2}x+3=\frac{5}{2}x-3 \quad \vert -\frac{1}{2}x\ +3$$
$$6=2x \quad \vert :2$$
$$3=x$$

2. Einsetzen:

$$y=\frac{1}{2}\cdot 3+3=\frac{3}{2}+3=4,5$$

Schnittpunkt S(3 | 4,5).

frv.tv/7x

Spezialfall: Untersuchung bei parallelen Geraden

Beispiel : Gegeben sind die Geraden g mit $y = -2x + 5$ und h mit $y = -2x + 3$.
Untersuchen Sie auf einen Schnittpunkt.

Gleichsetzen:

$$-2x + 5 = -2x + 3 \quad | +2x \; -5$$

$$0 = -2$$

Widerspruch, keine Lösung

Parallele Geraden haben **keinen Schnittpunkt**.

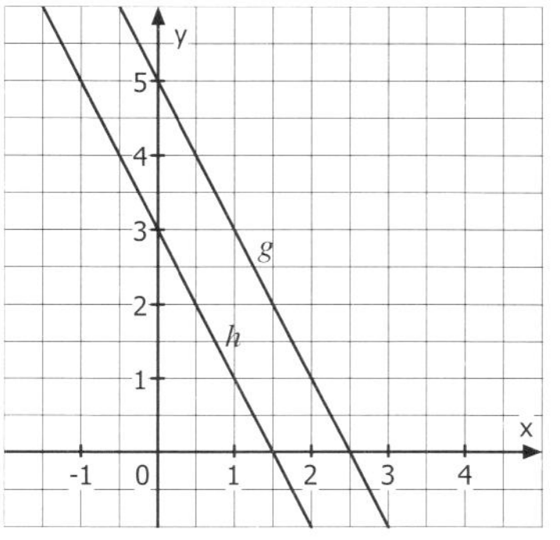

3.7 Aufstellen einer Geradengleichung

1. Aufgabentyp: Gegeben sind ein **Geradenpunkt (P)** und die **Steigung (*m*)**.

Beispiel: P(2 | 4); $m = -1$

Aufstellen aus Punkt (P) und Steigung (*m*) durch Einsetzen	
Koordinaten von P und Steigung m in $y = mx + c$ **einsetzen**. Gleichung nach c **auflösen**.	$y = m \cdot x + c$ $4 = (-1) \cdot 2 + c$ $4 = -2 + c \quad \mid +2$ $6 = c$ $\Rightarrow y = -x + 6$

2. Aufgabentyp: Gegeben sind ein **Geradenpunkt (P)** und der ***y*-Achsenabschnitt (*c*)**.

Beispiel: P(2 4); $c = 6$

Aufstellen aus Punkt (P) und *y*-Achsenabschnitt (*c*) durch Einsetzen	
Koordinaten von P und c in $y = mx + c$ **einsetzen**. Gleichung nach m **auflösen**.	$y = m \cdot x + c$ $4 = m \cdot 2 + 6 \quad \mid -6$ $-2 = 2m \quad \mid : 2$ $-1 = m$ $\Rightarrow y = -x + 6$

frv.tv/7y

3. Aufgabentyp : Gegeben sind **zwei Geradenpunkte (P_1, P_2)**

Beispiel: $P_1(1|2)$; $P_2(3|5)$

1. Möglichkeit: Aufstellen aus 2 Punkten durch Formel	
1. m durch **Formel** $m = \frac{y_2 - y_1}{x_2 - x_1}$ ermitteln.	$m = \frac{y_2 - y_1}{x_2 - x_1} = \frac{5-2}{3-1} = \frac{3}{2} = 1{,}5$
2. m und Koordinaten von (z.B.) P_1 in $y = mx + c$ **einsetzen**. Gleichung nach c **auflösen**.	$y = m \cdot x + c$ $2 = 1{,}5 \cdot 1 + c$ $2 = 1{,}5 + c \quad \vert -1{,}5$ $0{,}5 = c$ $\Rightarrow y = 1{,}5x + 0{,}5$

2. Möglichkeit: Aufstellen aus 2 Punkten durch lineares Gleichungssystem (LGS)	
1. Koordinaten von P_1 und P_2 in $y = mx + c$ **einsetzen**. Man erhält ein LGS.	$P_1: 2 = m \cdot 1 + c \quad (1)$ $P_2: 5 = m \cdot 3 + c \quad (2)$
2. LGS lösen, z.B. mit dem Additionsverfahren (S. 13).	(1) $\quad 2 = m \cdot 1 + c \quad \vert \cdot (-1)$ (2) $\quad 5 = m \cdot 3 + c$ (1') $\quad -2 = -m - c$ (2') $\quad 5 = 3m + c$ (1')+(2'): $\quad 3 = 2m \quad \vert :2$ $1{,}5 = m$ Einsetzen in (1): $2 = 1{,}5 + c \quad \vert -1{,}5$ $0{,}5 = c$ $\Rightarrow y = 1{,}5x + 0{,}5$

4. Quadratische Funktionen (Parabeln)

4.1 Parabeln der Form $y = a \cdot x^2 + c$

Allgemein : $y = a \cdot x^2 + c$

Streckfaktor
Für a zwischen -1 und 1 ist die Parabel weiter als die Normalparabel.
Ansonsten enger.

$a > 0$: nach oben geöffnet
$a < 0$: nach unten geöffnet

Scheitelpunkt S(0 | c)
c gibt den y-Wert des Scheitelpunktes an.

$c > 0$: Versch. nach oben
$c < 0$: Versch. nach unten

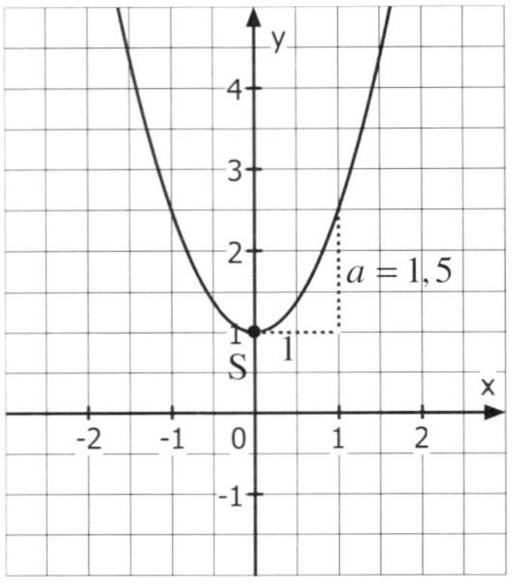

Am Beispiel : $y = 1,5 \cdot x^2 + 1$

Parabel enger
nach oben geöffnet

S(0 | 1)

Weitere Beispiele

$y = x^2$; S(0 | 0)
Normalparabel (nicht enger/weiter)

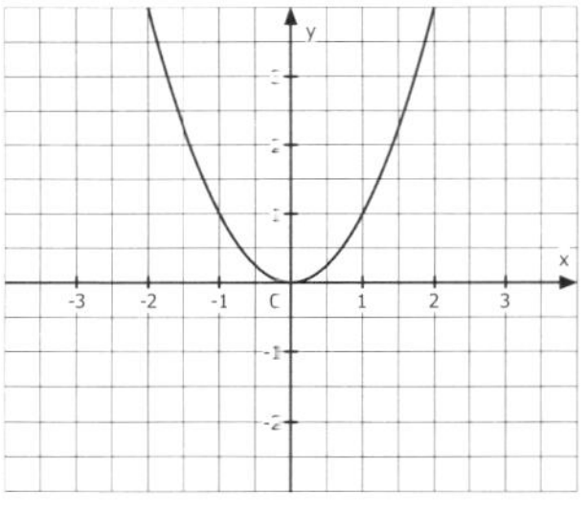

$y = x^2 - 1$; S(0 | −1)
Normalparabel (nicht enger/weiter)

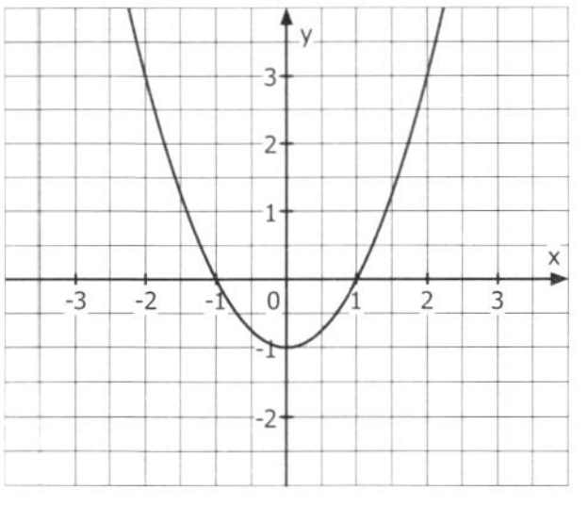

$y = -x^2 - 1$; S(0 | −1)
Normalparabel; nach unten geöffnet

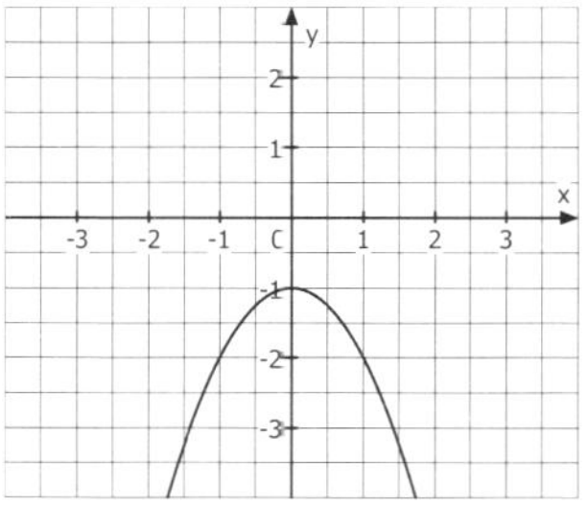

$y = -2x^2 + 3$; S(0 | 3)
enger als Normalparabel; nach unten geöffnet

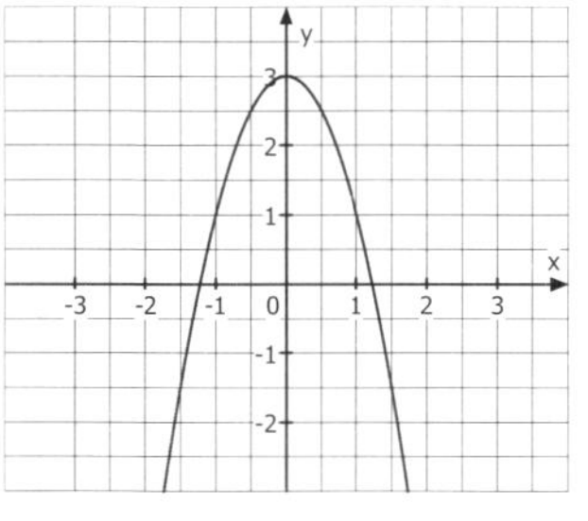

Hinweis: Parabeln dieser Form sind achsensymmetrisch zur y-Achse.

frv.tv/7z

4.2 Parabeln der Form $y = (x-d)^2 + e$ (Scheitelpunktform)

Verschobene Normalparabel (nicht enger bzw. weiter) mit Scheitelpunkt **S(*d* | *e*)**.

Beispiel 1 : $y=(x+4)^2+0{,}5$ mit $S(-4\,|\,0{,}5)$

Beispiel 2 : $y=(x-3)^2-2$ mit $S(3\,|\,-2\,)$

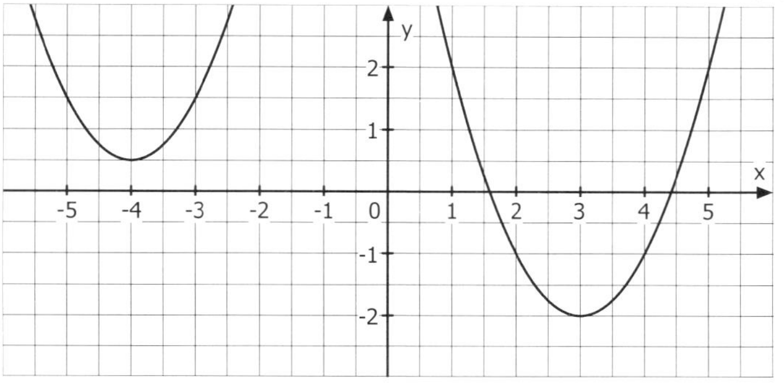

Hinweis: Beachten Sie die „**vertauschten Vorzeichen**" beim ***x*-Wert des Scheitels**.

Weitere Beispiele

$y=(x+1)^2-1$ mit $S(-1\,|\,-1)$

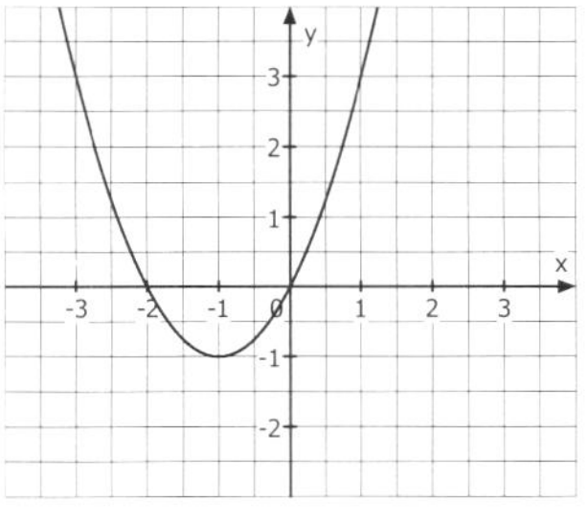

$y=(x+1{,}5)^2$ mit $S(-1{,}5\,|\,0)$

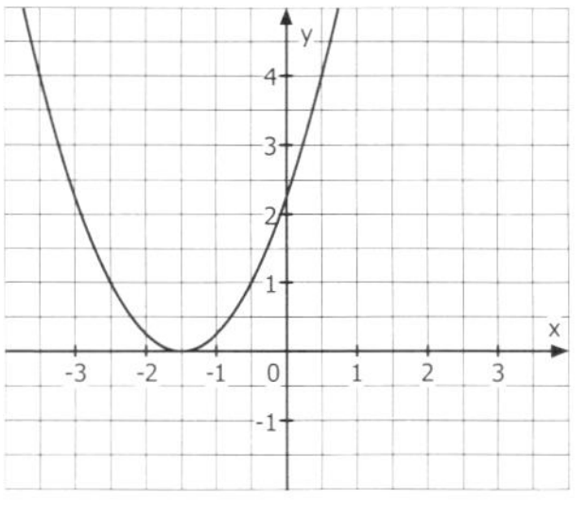

Umwandeln (in Normalform): Ausmultiplizieren

Beispiel : $y=(x+4)^2-0{,}5$

$y=(x+4)^2-0{,}5$ (Klammer **ausmultiplizieren**, mithilfe binomischer Formeln S. 8)

$y=x^2+8x+16\;-0{,}5$

$y=x^2+8x+15{,}5$

4.3 Parabeln der Form $y = x^2 + bx + c$ (Normalform)

Sind verschobene Normalparabeln (nicht enger bzw. weiter), welche die y-Achse in **(0 | *c*)** schneiden.

Beispiel : $y = x^2 - 2x + 2$

mit $(0 \mid 2)$

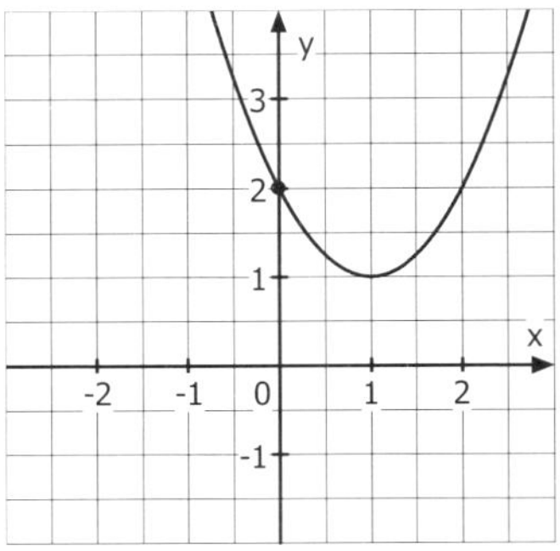

Beispiel : $y = x^2 + x - 1$

mit $(0 \mid -1)$

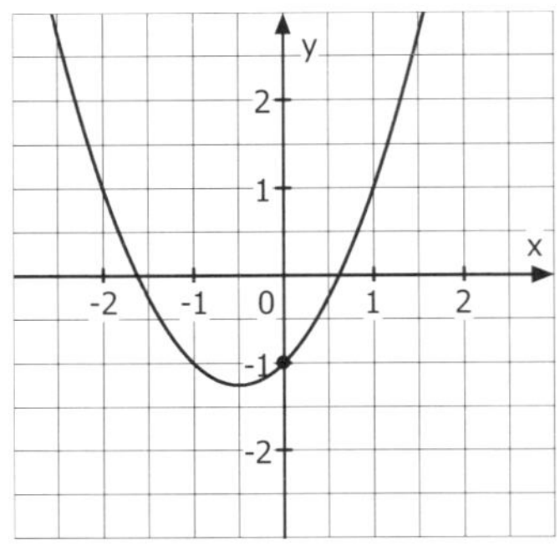

Weitere Beispiele

$y = x^2 - 3x$

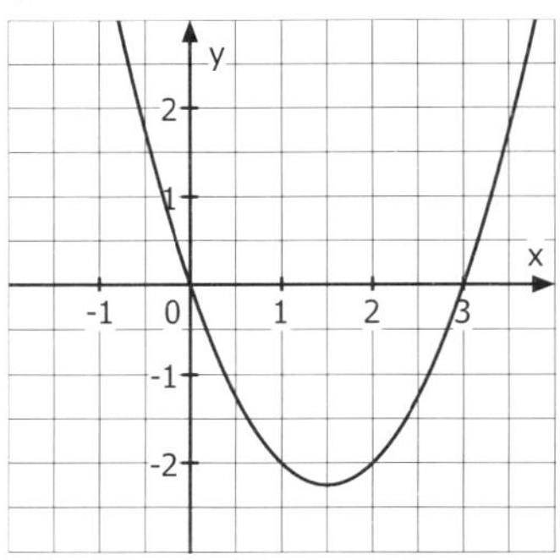

$y = x^2 + 0{,}5x + 1$

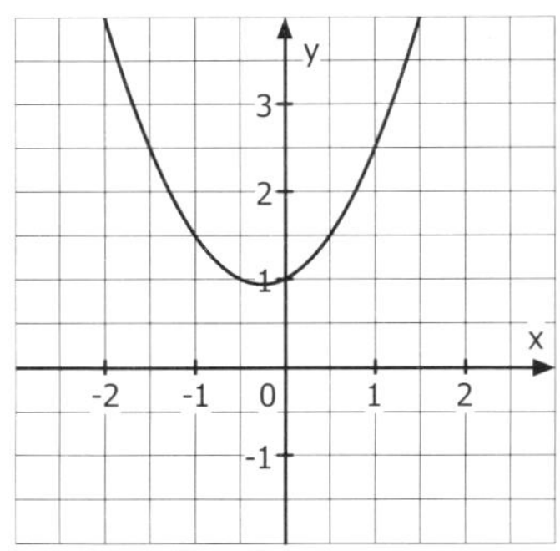

Bei einer Parabelgleichung in dieser Form kann der **Scheitelpunkt nicht abgelesen** werden.
Hierzu benötigt man die Vorgehensweisen, welche auf der **nächsten Seite** dargestellt sind.

frv.tv/8a

Bestimmung des Scheitelpunktes

Beispiel 1: $y = x^2 + 4x + 3$

1. Möglichkeit: Quadratische Ergänzung	
1. $\left(\frac{b}{2}\right)^2$ **hinzuaddieren und subtrahieren**	$b = 4;$ $y = x^2 + 4x + \left(\frac{4}{2}\right)^2 + 3 - \left(\frac{4}{2}\right)^2$ $y = x^2 + 4x + \mathbf{4} + 3 - \mathbf{4}$
2. Biomische Formel bilden (aus den ersten 3 Summanden; „hintere Zahlen verrechnen“)	$y = x^2 + 4x + 4 \quad + 3 - 4$ $y = \quad (x+2)^2 \quad -1$
3. Koordinaten des Scheitelpunktes ablesen	$S(-2 \mid -1)$

2. Möglichkeit: Formel (siehe Formelsammlung)	
Formel anwenden $S\left(-\frac{b}{2} \,\middle|\, c - \frac{b^2}{4}\right)$	$b = 4;\ c = 3$ $S\left(-\frac{4}{2} \,\middle|\, 3 - \frac{4^2}{4}\right) \Rightarrow S(-2 \mid 3-4) \Rightarrow S(-2 \mid -1)$

Beispiel 2: $y = x^2 - 6x - 2$

1. Möglichkeit (Quadratische Ergänzung)

1. $b = -6;$

$$y = x^2 - 6x + \left(\frac{-6}{2}\right)^2 - 2 - \left(\frac{-6}{2}\right)^2$$

$$y = x^2 - 6x + \mathbf{9} - 2 - \mathbf{9}$$

2. $y = (x-3)^2 - 11$

3. $S(3 \mid -11)$

2. Möglichkeit (Formel)

$b = -6;\ c = -2$

$$S\left(-\frac{(-6)}{2} \,\middle|\, -2 - \frac{(-6)^2}{4}\right) \Rightarrow S\left(3 \,\middle|\, -2 - \frac{36}{4}\right) \Rightarrow S(3 \mid -11)$$

4.4 Aufstellen einer Parabelgleichung

1. Situation: Falls der Scheitelpunkt gegeben ist

Beispiel

Eine verschobene Normalparabel hat den Scheitelpunkt $S(2 \mid -3)$.
Ermitteln Sie deren Gleichung.

Aufstellen aus dem Scheitelpunkt	
Einsetzen der Koordinaten $S(\boldsymbol{d} \mid \boldsymbol{e})$ in $y=(x-\boldsymbol{d})^2+\boldsymbol{e}$	Koordinaten von $S(2 \mid -3)$ einsetzen: $y=(x-2)^2-3$

2. Situation: Falls 2 Schnittpunkte mit der *x*-Achse (Nullstellen) gegeben sind

Beispiel

Eine verschobene Normalparabel schneidet die x-Achse in $N_1(-1 \mid 0)$ und $N_2(3 \mid 0)$.
Ermitteln Sie die Gleichung der Parabel.

1. Möglichkeit: Aufstellen aus 2 Schnittpunkten mit der *x*-Achse (mit der Scheitelpunktform)	
1. *x* - Wert des Scheitels ermitteln (immer in der Mitte zwischen den x - Werten der Nullstellen, siehe Schaubild unten)	$x=\frac{-1+3}{2}=1$ (Mitte zwischen $x=-1$ und $x=3$)
2. Scheitelpunktform (soweit bekannt) **angeben**	$y=(x-1)^2+e$
3. Koordinaten eines Schnittpunktes mit der *x*-Achse einsetzen	$N_2(3 \mid 0)$ einsetzen in $y=(x-1)^2+e$: $0=(3-1)^2+e$ $0=2^2+e$ $0=4+e \quad \mid -4$ $-4=e$ Somit: $y=(x-1)^2-4$

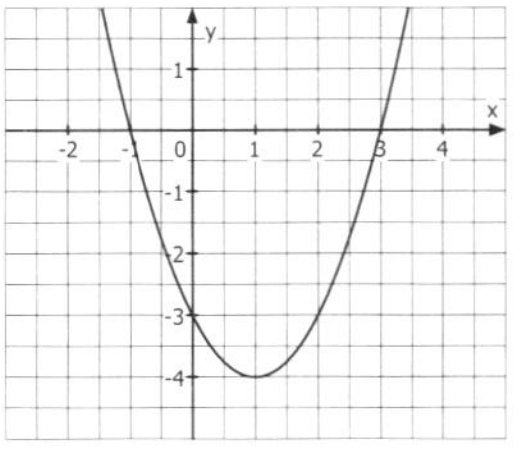

frv.tv/8b

2. Möglichkeit (Zusatz): Aufstellen aus 2 Schnittpunkten mit der x-Achse (mit dem Nullstellenansatz)	
Einsetzen der Nullstellen $\boldsymbol{x_1}$ und $\boldsymbol{x_2}$ in $y=(x-\boldsymbol{x_1})\cdot(x-\boldsymbol{x_2})$	$x_1=-1$ und $x_2=3$ einsetzen: $y=(x-(-1))\cdot(x-3)$ Somit: $y=(x+1)\cdot(x-3)$

Ausführliche Erklärung im Video.

3. Situation: Falls 2 beliebige Punkte gegeben sind

Beispiel

Eine verschobene Normalparabel verläuft durch die Punkte $P_1(-2\,|\,-1)$ und $P_2(1\,|\,2)$. Ermitteln Sie die Gleichung der Parabel.

Aufstellen einer Parabelgleichung aus 2 beliebigen Punkten	
1. Einsetzen der Punktkoordinaten in $y=x^2+bx+c$ (Man erhält ein Lineares Gleichungssystem LGS)	$y=x^2+bx+c$ $P_1(-2\,|\,-1)$: $-1=(-2)^2+b\cdot(-2)+c$ $-1=4-2b+c \quad |-4+2b$ $2b-5=c \quad (1)$ $P_2(1\,|\,2)$: $2=1^2+b\cdot1+c$ $2=1+b+c \quad |-1-b$ $-b+1=c \quad (2)$
2. LGS lösen (S. 12) (Z.B mit dem Gleichsetzungsverfahren)	Gleichsetzen: $2b-5=-b+1 \quad |+b\ +5$ $3b=6 \quad |:3$ $b=2$ Einsetzen in (1): $c=2\cdot2-5=-1$
3. Einsetzen in $y=x^2+bx+c$ und Parabelgleichung angeben.	$y=x^2+2x-1$

4.5 Parabel schneidet x-Achse / Gerade / Parabel (rechnen mit *abc*-Formel)

Parabel schneidet x-Achse

Beispiel: $y = x^2 - x - 2$

Ansatz: $\mathbf{x^2 - x - 2 = 0}$ ***(0 für y einsetzen)***

$$x_{1/2} = \frac{-b \pm \sqrt{b^2 - 4 \cdot a \cdot c}}{2 \cdot a} = \frac{-(-1) \pm \sqrt{(-1)^2 - 4 \cdot 1 \cdot (-2)}}{2 \cdot 1}$$

$$= \frac{1 \pm \sqrt{\mathbf{9}}}{2} = \frac{1 \pm 3}{2} \qquad \textbf{Diskriminante: D = 9 > 0}$$

$$x_1 = \frac{1-3}{2} = \frac{-2}{2} = -1; \quad x_2 = \frac{1+3}{2} = \frac{4}{2} = 2 \qquad \textbf{(2 Lösungen)}$$

Schnittpunkte mit x-Achse: $N_1(-1\,|\,0)$; $N_2(2\,|\,0)$

Parabel schneidet Gerade

Beispiel: $y = x^2 - x + 1{,}25$ (Parabel); $y = x + 0{,}25$ (Gerade)

Ansatz: $\mathbf{x^2 - x + 1{,}25 = x + 0{,}25}$ ***(gleichsetzen)***

$$x^2 - 2x + 1 = 0$$

$$x_{1/2} = \frac{-(-2) \pm \sqrt{(-2)^2 - 4 \cdot 1 \cdot 1}}{2 \cdot 1}$$

$$= \frac{2 \pm \sqrt{\mathbf{0}}}{2} = \frac{2 \pm 0}{2} = 1 \qquad \textbf{Diskriminante: D = 0}$$

$$x_{1/2} = 1 \qquad \textbf{(1 Lösung)}$$

y-Wert durch Einsetzen: $y = 1 + 0{,}25 = 1{,}25$ $S(1\,|\,1{,}25)$

Parabel schneidet weitere Parabel

Beispiel: $y = x^2 - x + 1{,}25$; $y = -x^2 + 3x - 1{,}75$

Ansatz: $\mathbf{x^2 - x + 1{,}25 = -x^2 + 3x - 1{,}75}$ ***(gleichsetzen)***

$$2x^2 - 4x + 3 = 0$$

$$x_{1/2} = \frac{-(-4) \pm \sqrt{(-4)^2 - 4 \cdot 2 \cdot 3}}{2 \cdot 2}$$

$$= \frac{4 \pm \sqrt{\mathbf{-8}}}{4} \qquad \textbf{Diskriminante: D < 0}$$

(keine Lösungen)

Der **Term unter der Wurzel** bei der *abc*-Formel wird als **Diskriminante (D)** bezeichnet. Deren **Vorzeichen** entscheidet über die Anzahl an Lösungen der Gleichung und damit über die Anzahl der Schnittstellen.

frv.tv/8c

Übersicht: Gegenseitige Lage in Abhängigkeit von der Diskriminante (D)

Parabel schneidet x-Achse

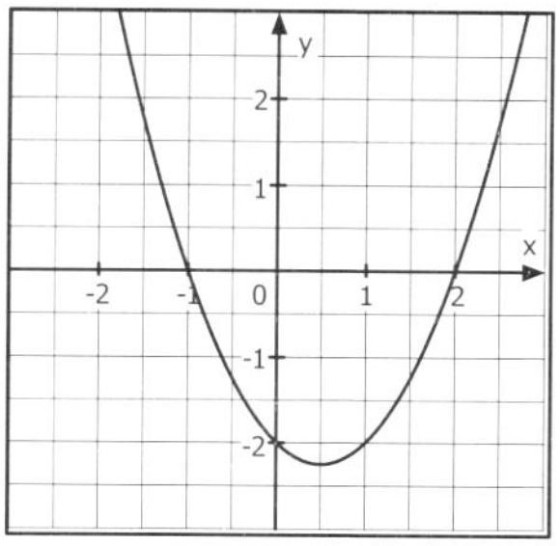

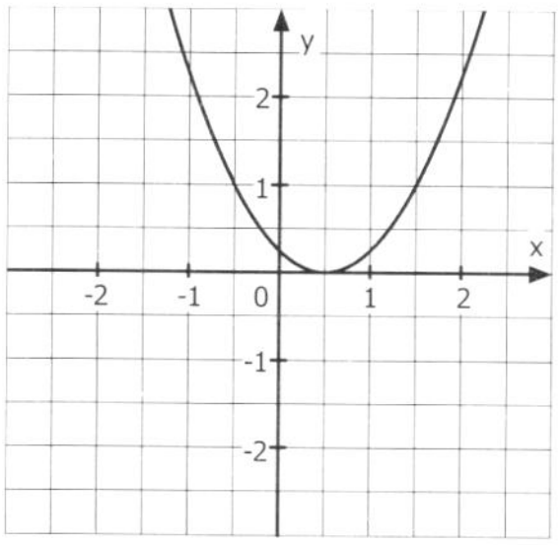

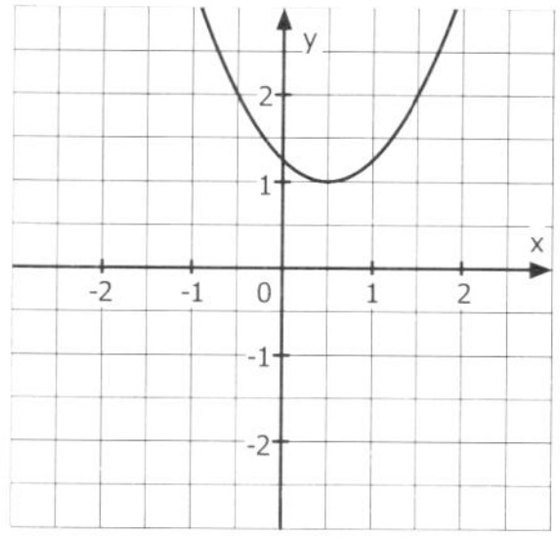

Parabel schneidet Gerade

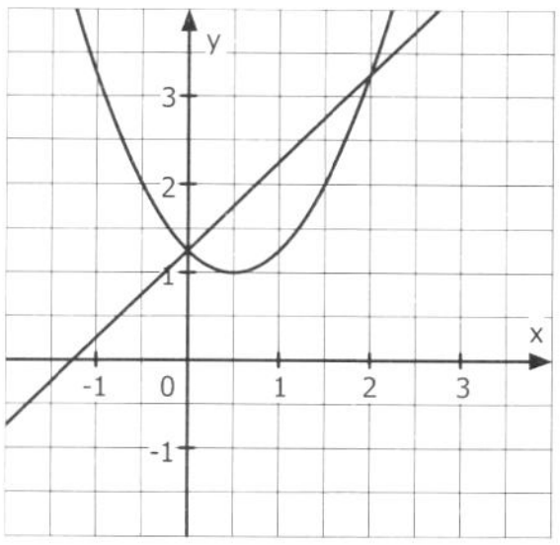

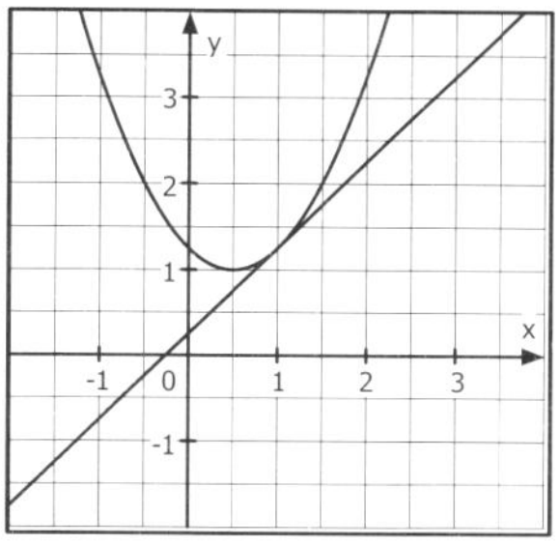

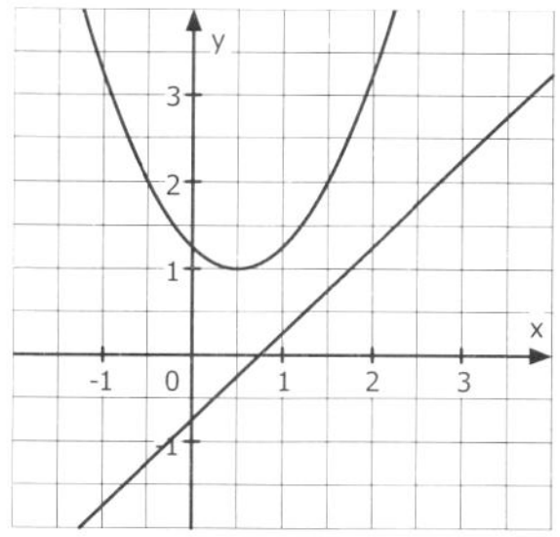

Parabel schneidet weitere Parabel

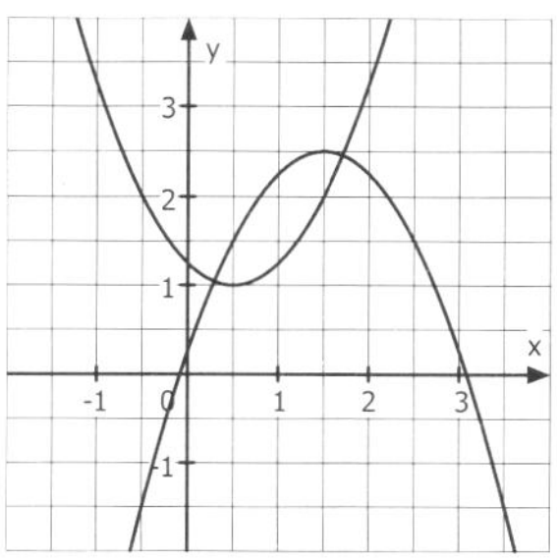

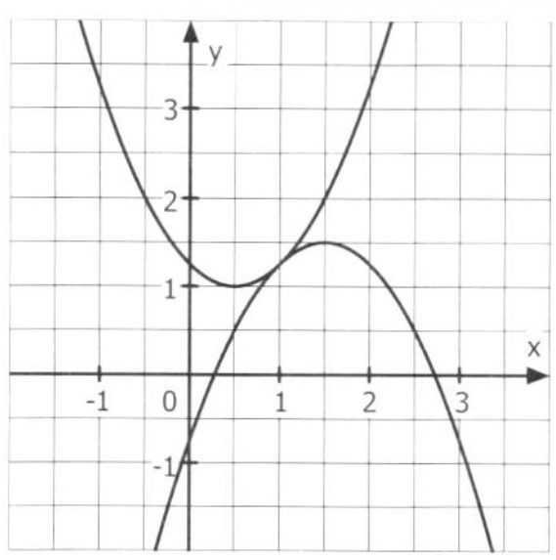

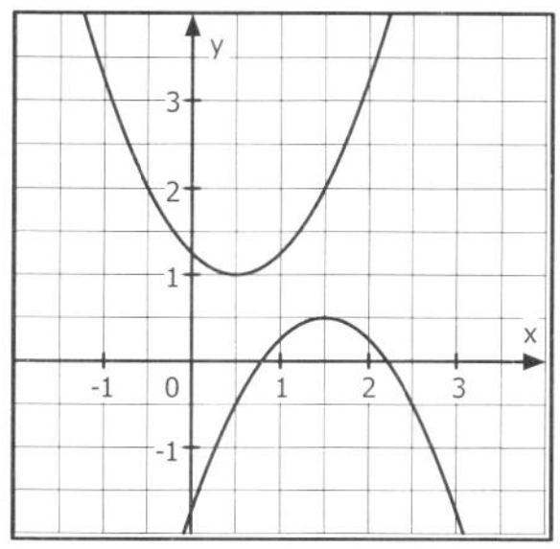

$\mathbf{D > 0}$	$\mathbf{D = 0}$	$\mathbf{D < 0}$
2 Lösungen, **2** Schnittstellen	**1** Lösung, **1** Schnittstelle (Berührstelle)	**keine** Lösungen, **keine** Schnittstellen

Hinweis: Umrahmt ist jeweils die auf der Vorseite berechnete Situation.

4.6 Parabel schneidet x-Achse / Gerade / Parabel (rechnen mit bc-Formel)

Parabel schneidet x-Achse

Beispiel: $y = x^2 - x - 2$

Ansatz: $\boldsymbol{x^2 - x - 2 = 0}$ **(*0 für y einsetzen*)**

$$x_{1/2} = -\frac{b}{2} \pm \sqrt{\left(\frac{b}{2}\right)^2 - c} = -(-0,5) \pm \sqrt{(-0,5)^2 - (-2)}$$

$= 0,5 \pm \sqrt{\mathbf{2,25}} = 0,5 \pm 1,5$ **Diskriminante: D = 2,25 > 0**

$x_1 = 0,5 - 1,5 = -1;\quad x_2 = 0,5 + 1,5 = 2$ **(2 Lösungen)**

Schnittpunkte mit x-Achse: $N_1(-1\,|\,0)$; $N_2(2\,|\,0)$

Parabel schneidet Gerade

Beispiel: $y = x^2 - x + 1,25$ (Parabel); $y = x + 0,25$ (Gerade)

Ansatz: $\boldsymbol{x^2 - x + 1,25 = x + 0,25}$ **(*gleichsetzen*)**

$x^2 - 2x + 1 = 0$

$x_{1/2} = -(-1) \pm \sqrt{(-1)^2 - 1}$

$= 1 \pm \sqrt{\mathbf{0}} = 1 \pm 0$ **Diskriminante: D = 0**

$x_{1/2} = 1$ **(1 Lösung)**

y-Wert durch Einsetzen: $y = 1 + 0,25 = 1,25$

Schnittpunkt: $S(1\,|\,1,25)$

Parabel schneidet weitere Parabel

Beispiel: $y = x^2 - x + 1,25$; $y = -x^2 + 3x - 1,75$

Ansatz: $\boldsymbol{x^2 - x + 1,25 = -x^2 + 3x - 1,75}$ **(*gleichsetzen*)**

$2x^2 - 4x + 3 = 0 \quad |:2$

$x^2 - 2x + 1,5 = 0$

$x_{1/2} = -(-1) \pm \sqrt{(-1)^2 - 1,5}$

$= 1 \pm \sqrt{\mathbf{-0,5}}$ **Diskriminante: D = −0,5 < 0**

(keine Lösungen)

Der **Term unter der Wurzel** bei der bc-Formel wird als **Diskriminante (D)** bezeichnet. Deren **Vorzeichen** entscheidet über die Anzahl an Lösungen der Gleichung und damit über die Anzahl der Schnittstellen.

frv.tv/8d

Übersicht: Gegenseitige Lage in Abhängigkeit von der Diskriminante (D)

Parabel schneidet x-Achse

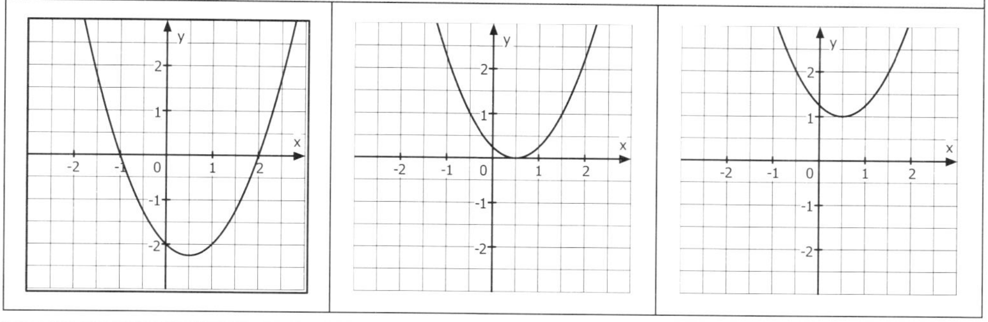

Parabel schneidet Gerade

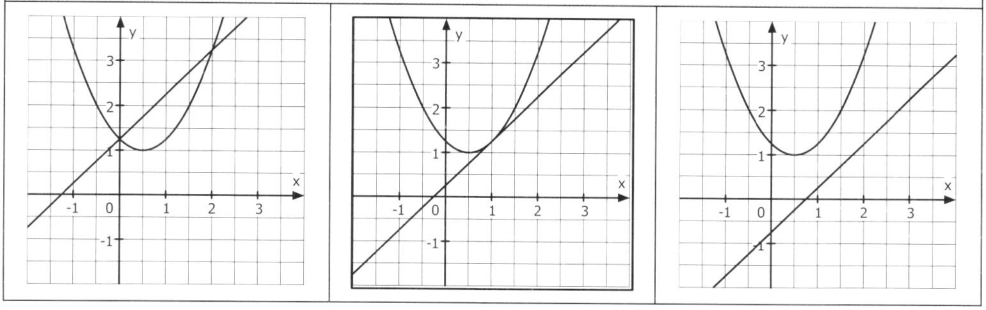

Parabel schneidet weitere Parabel

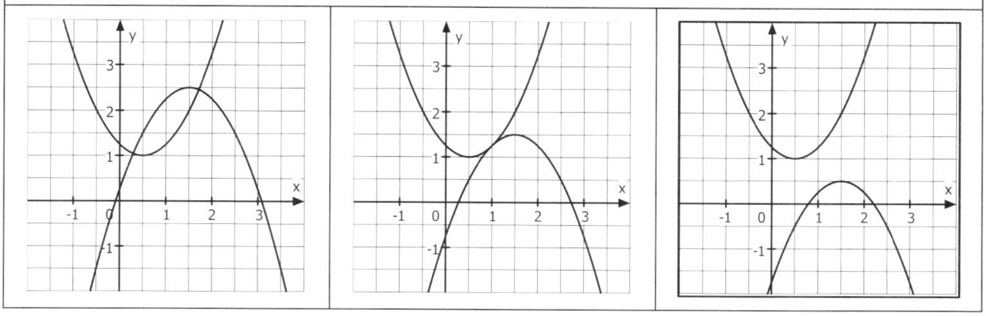

D > 0 **2** Lösungen, **2** Schnittstellen	**D = 0** **1** Lösung, **1** Schnittstelle (Berührstelle)	**D < 0** **keine** Lösungen, **keine** Schnittstellen

Hinweis: Umrahmt ist jeweils die auf der Vorseite berechnete Situation

5. Sachrechnen

5.1 Prozentrechen

Formel: $W = G \cdot \frac{p}{100}$	Beispiel
G: **Grundwert** (Ausgangsgröße; das „Ganze"; entspricht 100 %)	G = 200 €
p: **Prozentsatz in %** (gibt Verhältnis von Prozentwert und Grundwert an)	*p* = 20 (%)
W: **Prozentwert** (Anteil am Grundwert, entsprechend dem Prozentsatz)	W = 40 €

Beispiel 1: Eine Familie zahlt für ihre Wohnung monatlich 800 € Miete. Die Miete wird um 3 % erhöht. Wie viel mehr muss die Familie jetzt bezahlen.

$G = 800\ €$

$p = 3\ (\%)$

$$W = G \cdot \frac{p}{100} = 800 \cdot \frac{3}{100} = 24\ €$$

A: Die Familie muss nun 24 € mehr bezahlen.

Beispiel 2: Der Preis eines Fahrrades soll um 8 % erhöht werden. Das Fahrrad würde hierdurch um 40 € teurer werden. Wie viel kostet das Fahrrad aktuell?

$W = 40\ €$

$p = 8\ (\%)$

$$W = G \cdot \frac{p}{100}$$
$$40 = G \cdot \frac{8}{100} \quad \Big|: \frac{8}{100}$$
$$500\ € = G$$

Weiterer Lösungsweg über Dreisatz:

$$\begin{array}{rrcll} :8 & 8\,\% & \mathrel{\hat{=}} & 40\,€ & :8 \\ \cdot 100 & 1\,\% & \mathrel{\hat{=}} & 5\,€ & \cdot 100 \\ & 100\,\% & \mathrel{\hat{=}} & 500\,€ & \end{array}$$

A: Das Rad kostet aktuell 500 €.

frv.tv/8e

Beispiel 3: Ein Zylinder hat ein Volumen von $V_1 = 320\ cm^3$. Eine Kugel hat ein Volumen von $V_2 = 260\ cm^3$.

a) Um wieviel Prozent ist das Volumen der Kugel kleiner als das des Zylinders?

Der Bezugspunkt ist hier das Volumen des Zylinders. Somit stellt $G = 320\ cm^3$ den Grundwert dar.
Die Kugel hat ein um $60\ cm^3$ geringeres Volumen. Somit gilt $W = 60\ cm^3$.

$$W = G \cdot \frac{p}{100}$$

$$60 = 320 \cdot \frac{p}{100} \quad | \cdot 100 \quad : 320$$

$$18{,}75 = p$$

A: Das Volumen der Kugel ist um 18,75 % geringer als das des Zylinders.

b) Um wieviel Prozent ist das Volumen des Zylinders größer als das der Kugel?

Der Bezugspunkt ist hier das Volumen der Kugel. Somit stellt $G = 260\ cm^3$ den Grundwert dar.
Der Zylinder hat ein um $60\ cm^3$ größeres Volumen. Somit gilt $W = 60\ cm^3$.

$$W = G \cdot \frac{p}{100}$$

$$60 = 260 \cdot \frac{p}{100} \quad | \cdot 100 \quad : 260$$

$$23{,}08 = p$$

A: Das Volumen des Zylinders ist um 23,08 % geringer als das der Kugel.

Vermehrter und verminderter Grundwert

Beispiel: Nachdem der Verkaufspreis eines Autos um 10 % erhöht wurde, kostet es nun 22000 €. Welchen Preis hatte das Auto vor der Preiserhöhung?

Der eigentliche Grundwert (Bezugspunkt; 100 %) ist der Preis des Autos vor der Preiserhöhung. Durch die Preiserhöhung wurde der Grundwert um 10 % erhöht.
Die 22000 € entsprechen somit 110 %.

Lösung über Formel	**Lösung über Dreisatz**
Formel: $G' = G \cdot q$ $22000 = G \cdot 1{,}1 \quad |: 1{,}1$ $20000 = G$	$: 110$ (110 % $\hat{=}$ 22000 €) $: 110$ 1 % $\hat{=}$ 200€ $\cdot 100$ (100 % $\hat{=}$ 20000 €) $\cdot 100$

A: Das Auto kostete vor der Preiserhöhung 20000 €.

5.2 Zinsrechnen

Das Zinsrechnen ist ein Spezialfall des Prozentrechnens. Daher gilt im Prinzip die gleiche Formel, nur mit anderen Begriffen.

Formel: $\mathbf{Z = K \cdot \frac{p}{100}}$		Beispiel
K:	Angelegtes **Kapital** bzw. aufgenommene Schulden in € (bisher Grundwert; Ausgangsgröße; entspricht 100 %)	K = 200 €
p:	**Zinssatz in %** (bisher Prozentsatz; gilt immer für ein Jahr)	$p = 20$ (%)
Z:	**Zinsen** in €, welche man pro Jahr bekommt bzw. bezahlt (bisher Prozentwert)	Z = 40 €

Beispiel 1: Um für sein Auto zu sparen, legt Toni bei der Bank 4300 € für ein Jahr an. Die Bank gibt einen Zinssatz von 2,5 %. Welchen Zinsbetrag bekommt Toni?

$K = 4300$ €

$p = 2,5\,(\%)$

$$Z = K \cdot \frac{p}{100} = 4300 \cdot \frac{2,5}{100} = 107,50 \text{ €}$$

A: Toni bekommt in diesem Jahr 107,50 € an Zinsen.

Beispiel 2: Jakob möchte sich ein Auto kaufen, hat aber leider etwas zu wenig gespart. Ihm fehlen 2000 €. Seine geschäftstüchtigen Eltern bieten an, ihm das Geld für ein Jahr gegen eine Zinszahlung von 150 € zu leihen. Welchen Zinssatz berechnen die Eltern?

$K = 2000$ €

$Z = 150$ €

$$Z = K \cdot \frac{p}{100}$$

$$150 = 2000 \cdot \frac{p}{100} \quad | \cdot 100 \quad : 2000$$

$$7,5 = p$$

Weiterer Lösungsweg über Dreisatz:

	100 % ≙ 2000 €		
: 2000	0,05 % ≙ 1 €	: 2000	
· 150	7,5 % ≙ 150 €	· 150	

A: Die Eltern berechnen einen Zinssatz von 7,5 %.

frv.tv/8f

Beispiel 3: Klara ist sehr sparsam aber auch etwas vergesslich. Sie hat ihrer Freundin Geld geliehen, hat aber leider den Betrag vergessen.
Sie weiß nur noch, dass ein Zinssatz von 3 % verabredet war. Nach einem Jahr bekommt sie 18 € an Zinsen. Welchen Betrag hat Klara verliehen?

$Z = 18$ €

$p = 3$ (%)

$$Z = K \cdot \frac{p}{100}$$
$$18 = K \cdot \frac{3}{100} \quad |: \frac{3}{100}$$
$$600\text{ €} = K$$

Weiterer Lösungsweg über Dreisatz:

$$\begin{array}{rcll} :3 & 3\,\% & \hat{=}\ 18\,€ & :3 \\ \cdot 100 & 1\,\% & \hat{=}\ 6\,€ & \cdot 100 \\ & 100\,\% & \hat{=}\ 600\,€ & \end{array}$$

A: Klara hat an ihre Freundin 600 € verliehen.

Zinseszinsen

Beispiel: Tim möchte 10000 € für 3 Jahre fest anlegen. Die Zinsen, die er z.B. am Ende des ersten Jahres erhält, hebt er nicht ab. Diese vergrößern sein angelegtes Kapital und werden dann im zweiten Jahr mitverzinst … (Zinseszins).
Welchen Betrag bekommt Tim insgesamt am Ende des dritten Jahres?

a) Bank A bietet einen Zinssatz von 5 % für das erste Jahr, 4 % für das zweite Jahr und 3 % für das dritte Jahr.

$K = 10000 \cdot 1{,}05 \cdot 1{,}04 \cdot 1{,}03 = 11247{,}60\,€$

A: Bei Bank A erhält er am Ende insgesamt 11247,60 €.

b) Bank B bietet für jedes Jahr einen Zinssatz von 4 %.

$K = 10000 \cdot 1{,}04 \cdot 1{,}04 \cdot 1{,}04 = 10000 \cdot 1{,}04^3 = 11248{,}64\,€$

(oder mit der zugehörigen Formel: $\mathbf{K_3 = K_0 \cdot q^3} = 10000 \cdot 1{,}04^3$)

A: Bei Bank B erhält er am Ende insgesamt 11248,64 €.

5.3 Absolute und relative Häufigkeiten

Absolute Häufigkeit
Anzahl (in Stück)

Relative Häufigkeit
Anteil (in %)

Beispiel 1: Die Fussballfreunde Hall haben in der letzten Saison 84 Tore geschossen. Topstürmer Robin hat davon 21 erzielt. Geben Sie die absolute und relative Häufigkeit von Robins Toren an.

21 Tore $\qquad \frac{21}{84} = 0,25 = 25\ \%$ aller Tore

Beispiel 2: Mira hat 240 Kontakte in ihrem Handy. 180 davon sind auch bei WhatsApp. Geben Sie die absolute und relative Häufigkeit der WhatsApp-Kontakte an.

180 Kontakte (bei WhatsApp) $\qquad \frac{180}{240} = 0,75 = 75\ \%$ aller Kontakte

Beispiel 3: Von den 1200 Schülern einer Schule kommen 780 mit dem Bus, 15 % mit dem Fahrrad, 144 zu Fuß und der Rest mit dem Auto zur Schule.

a) Berechnen Sie die relative Häufigkeit der Schüler, die mit dem Bus kommen.

$\frac{780}{1200} = 0,65 = 65\ \%$ aller Schüler

b) Berechnen Sie die absolute Häufigkeit der Schüler, die mit dem Fahrrad kommen.

15 % von 1200: $0,15 \cdot 1200 = 180$

c) Geben Sie die absolute und relative Häufigkeit der Schüler an, die mit dem Auto kommen.

Absolute Häufigkeit: $1200 - (780 + 180 + 144) = 96$

Relative Häufigkeit: $\frac{96}{1200} = 0,08 = 8\ \%$ aller Schüler

Beispiel 4: Von den Einwohnern einer Stadt leben 4940, was 13 % der Gesamtbevölkerung der Stadt entspricht, in einem eigenen Haus. Die restlichen Einwohner wohnen in einer Mietwohnung oder in einer Eigentumswohnung. Es wohnen doppelt so viele Einwohner in einer Mietwohnung wie in einer Eigentumswohnung.

a) Berechnen Sie die Gesamtzahl der Einwohner der Stadt.

Über Dreisatz:

$$\begin{array}{lrcll} :13 & 13\,\% & \triangleq & 4940 & :13 \\ & 1\,\% & \triangleq & 380 & \\ \cdot 100 & 100\,\% & \triangleq & 38000 & \cdot 100 \end{array}$$

A: Die Stadt hat 38000 Einwohner.

b) Berechnen Sie die absolute Häufigkeit der Einwohner in einer Mietwohnung bzw. in einer Eigentumswohnung.

Die Stadt hat 38000 Einwohner. Davon wohnen 38000 – 4940 = 33060 Einwohner in einer Miet- oder Eigentumswohnung.

x sei die Anzahl der Einwohner in einer Eigentumswohnung.
Das Doppelte, $2x$, entspricht dann der Anzahl der Einwohner in einer Mietwohnung.

Zusammen muss dies 33060 ergeben:

$$\begin{aligned} x + 2x &= 330603 \\ 3x &= 33060 \qquad |:3 \\ x &= 11020 \end{aligned}$$

Somit wohnen 11020 Einwohner in einer Eigentumswohnung und 22040 Einwohner in einer Mietwohnung.

c) Berechnen Sie die relative Häufigkeit der Einwohner in einer Mietwohnung bzw. in einer Eigentumswohnung.

Mietwohnung: $\frac{11020}{38000} = 0{,}29 = 29\ \%$ aller Einwohner

Eigentumswohnung: $\frac{22040}{38000} = 0{,}58 = 58\ \%$ aller Einwohner

5.4 Säulen-, Balken-, Kreis- und Streifendiagramm

Beispiel: Von den 1200 Schülern einer Schule kommen 780 mit dem Bus, 180 mit dem Fahrrad, 144 zu Fuß und 96 mit dem Auto zur Schule.

1. Säulendiagramm

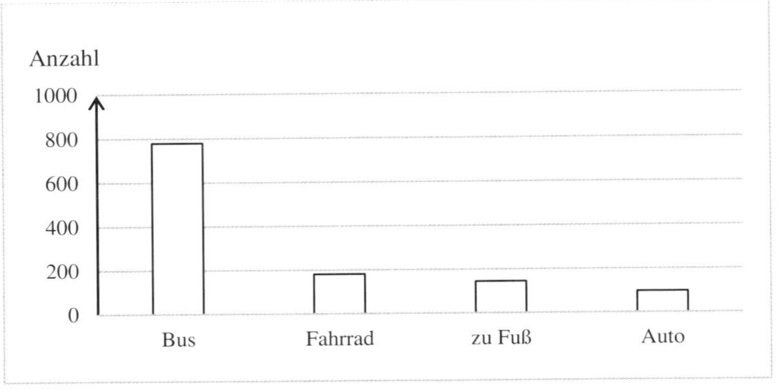

Hiermit werden in der Regel **absolute Häufigkeiten (Anzahlen)** dargestellt.

Die Höhe der Säulen muss proportional zur dargestellten Anzahl sein (z.B. 1 *cm* pro 100 Schüler; somit 7,8 *cm* Säulenhöhe bei Bus).

2. Balkendiagramm

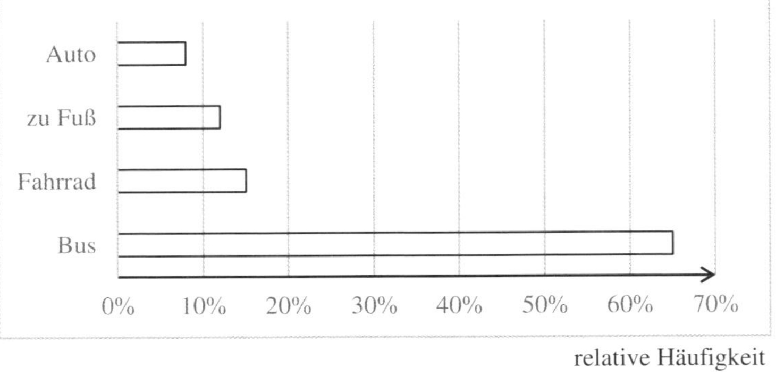

Hiermit werden in der Regel **relative Häufigkeiten (in %)** dargestellt.

Z.B. Bus: $\frac{780}{1200} = 0,65 = 65\ \%$; Fahrrad: $\frac{180}{1200} = 0,15 = 15\ \%$; ...

Die Breite der Balken muss proportional zur relativen Häufigkeit sein (z.B. 1 *cm* pro 10 %; somit 6,5 *cm* Balkenbreite bei Schulweg mit Bus).

3. Kreisdiagramm

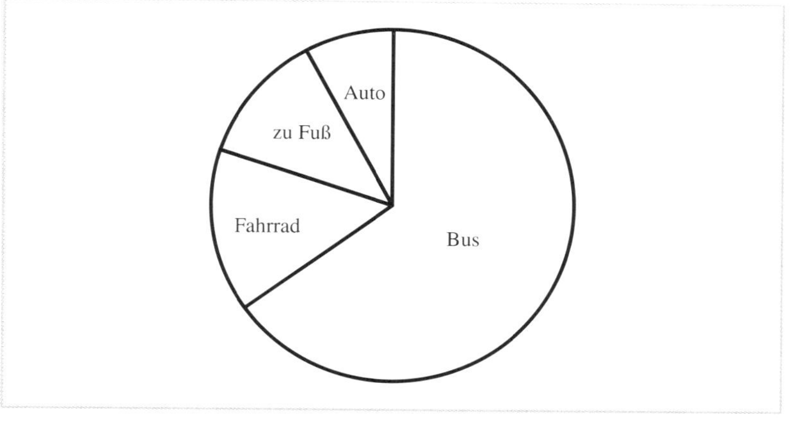

Hiermit werden in der Regel **relative Häufigkeiten (in %)** dargestellt

Durch Multiplikation mit 360 ° wird zu jeder relativen Häufigkeit der zugehörige Mittelpunktswinkel berechnet:

Z.B. Bus: $0{,}65 \cdot 360° = 234°$; Fahrrad: $0{,}15 \cdot 360° = 54°$;...

Man kann auch über die Regel „1 % entspricht 3,6°" auf die entsprechenden Winkel kommen.

4. Streifendiagramm

Hiermit werden in der Regel **relative Häufigkeiten (in %)** dargestellt.

Die Breite der Streifen muss proportional zur relativen Häufigkeit sein.

6. Statistik

6.1 Kennzahlen

Beispiel 1: Die Befragung von 11 Schülern nach ihrer Schuhgröße ergibt die folgende geordnete Liste: 37; 38; 38; 39; 40; 40; 40; 41; 42; 42; 45

Bezeichnung	**Berechnung bzw. Beschreibung** (im Beispiel 1)
Minimum x_{min}	**kleinster Wert** $x_{min} = 37$
Maximum x_{max}	**größter Wert** $x_{max} = 45$
Spannweite d	**Abstand/Differenz** von Minimum und Maximum $d = x_{max} - x_{min} = 45 - 37 = 8$
Modalwert m	**Häufigster Wert** (es kann mehrere Modalwerte geben) $m = 40$
Arithmetisches Mittel $\bar{x}$	**Mittelwert/Durchschnitt** $\bar{x} = \frac{37+38+38+39+40+40+40+41+42+42+45}{11} = 40{,}18$
Zentralwert (Median) z	Wert, der in der geordneten Liste **in der Mitte** steht. $z = 40$ (hier der 6. Wert) Achtung: Wenn **zwei Werte** in der Mitte stehen, nimmt man den **Durchschnitt** dieser beiden Werte.
unteres Quartil q_u	**Zentralwert** in der **unteren Hälfte**. $q_u = 38$
oberes Quartil q_o	**Zentralwert** in der **oberen Hälfte**. $q_u = 42$

x_{min} (37), q_u (38), z (40), q_o (42), x_{max} (45)

37 38 38 39 40 40 40 41 42 42 45

untere Hälfte: 37 38 38 39 40 — obere Hälfte: 40 41 42 42 45

frv.tv/8g

Berechnung: Unteres Quartil, Zentralwert und oberes Quartil

Bis zum unteren Quartil hat man ca. 25 % der Daten, bis zum Zentralwert ca. 50 % und bis zum oberen Quartil ca. 75 %.

Berechnung: Unteres Quartil, Zentralwert und oberes Quartil (am Beispiel 1)	
1. Anzahl der Datensätze n **notieren.**	$n = 11$
2. Multiplizieren für unteres Quartil q_u: $0,25 \cdot n$ für Zentralwert z: $0,50 \cdot n$ für oberes Quartil q_o: $0,75 \cdot n$	q_u: $0,25 \cdot 11 = 2,75$ z: $0,50 \cdot 11 = 5,5$ q_o: $0,75 \cdot 11 = 8,25$
3. Entscheiden und angeben Ist das Ergebnis **ganzzahlig**, nimmt man den **Durchschnitt** der Werte dieses und des nächst höheren Rangplatzes. Ist das Ergebnis **keine ganze Zahl** ist, so nimmt man den Wert des **nächst höheren Rangplatzes**.	$2,75 \rightarrow q_u = 38$ (3. Wert) $5,5 \rightarrow z = 40$ (6.Wert) $8,25 \rightarrow q_o = 42$ (9.Wert)

Beispiel 2: Die Befragung von 20 Schülern nach ihrer Schuhgröße ergibt die folgende geordnete Liste: 35; 35; 36; 37; 38; 39; 39; 40; 40; 40; 41; 42; 42; 44; 44; 44; 44; 45; 45; 47

a) Geben Sie das Minimum, das Maximum, die Spannweite, den Modalwert und das arithmetische Mittel an.

$x_{\text{min}} = 35$; $x_{\text{max}} = 47$; $d = 47 - 35 = 12$;

$m = 44$; $\bar{x} = \dfrac{35+35+36+37+\ldots+44+45+45+47}{20} = 40,85$

b) Geben Sie den Zentralwert und das untere und obere Quartil an.

1. $n = 20$ **2.** q_u: $0,25 \cdot 20 = 5$ **3.** $q_u = \dfrac{38+39}{2} = 38,5$ (Durchschnitt: 5. und 6. Wert)

m: $0,50 \cdot 20 = 10$ $z = \dfrac{40+41}{2} = 40,5$ (Durchschnitt: 10. und 11. Wert)

q_o: $0,75 \cdot 20 = 15$ $q_o = \dfrac{44+44}{2} = 44$ (Durchschnitt: 15. und 16. Wert)

6.2 Boxplot

Ein Boxplot ist ein Diagramm, welches die Kennzahlen (siehe Vorseite) übersichtlich darstellt.

Beispiel 1: Bei einem Zeltlager wurden 13 Teilnehmer nach ihrem Alter befragt. Es wurde folgende ungeordnete Liste notiert: 11; 5; 12; 14; 10; 8; 11; 5; 12; 12; 12; 12; 8

Erstellen Sie einen Boxplot.

Boxplot angeben (am Beispiel 1)
1. Daten aufsteigend sortieren.
5; 5; 8; 8; 10; 11; 11; 12; 12; 12; 12; 12; 14
2. Minimum und Maximum notieren.
$x_{\min} = 5$ $x_{\max} = 14$
3. Unteres Quartil, Zentralwert und oberes Quartil berechnen (siehe Vorseite).
1. $n = 13$ **2.** q_u: $0{,}25 \cdot 13 = 3{,}25$; z: $0{,}50 \cdot 13 = 6{,}5$; q_o: $0{,}75 \cdot 13 = 9{,}75$ **3.** $q_u = 8$ (4. Wert); $z = 11$ (7. Wert); $q_o = 12$ (10. Wert)
4. Boxplot zeichnen.
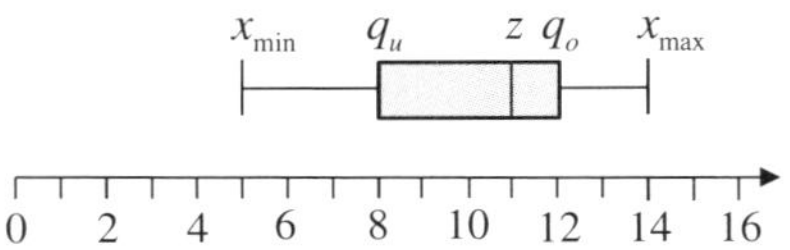

Beschreibung: Ca. 50 % der Teilnehmer sind zwischen 8 und 12 Jahre alt. Die Breite der Box und damit die Streuung sind recht gering. Unterhalb des Zentralwertes von 11 ist die Box breiter als oberhalb. Dies deutet darauf hin, dass die Altersangaben der Teilnehmer unterhalb des Zentralwertes mehr streuen als die oberhalb.

frv.tv/8h

Beispiel 2: 14 Schüler mussten einen Test nachschreiben. Es wurden folgende Punktzahlen (ungeordnet) notiert: 14; 4; 11; 6; 7; 19; 8; 10; 4; 13; 2; 18; 7; 20.

Erstellen Sie einen Boxplot.

Boxplot angeben (am Beispiel 2)
1. Daten aufsteigend sortieren.
2; 4; 4; 6; 7; 7; 8; 10; 11; 13; 14; 18; 19; 20
2. Minimum und Maximum notieren.
$x_{\min} = 2$ $x_{\max} = 20$
3. Unteres Quartil, Zentralwert und oberes Quartil berechnen.
1. $n = 14$ **2.** q_u: $0{,}25 \cdot 14 = 3{,}5$ **3.** $q_u = 6$ (4. Wert) z: $0{,}50 \cdot 14 = 7$ $z = \frac{8+10}{2} = 9$ (Durchschnitt: 7. und 8. Wert) q_o: $0{,}75 \cdot 14 = 10{,}5$ $q_o = 14$ (11. Wert)
4. Boxplot zeichnen.
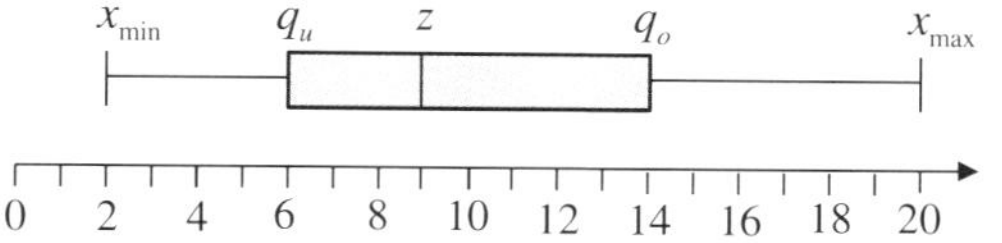

Beschreibung: Ca. 50 % der Schüler haben zwischen 6 und 14 Punkten erreicht. Oberhalb des Zentralwertes von 9 ist die Box breiter als unterhalb. Dies deutet darauf hin, dass die Punktzahlen der Schüler oberhalb des Zentralwertes mehr streuen als die unterhalb. Auch die rechte Antenne ist länger als die linke.

7. Geometrie

7.1 Dreiecke

1. Allgemeines Dreieck

Formeln

Flächeninhalt: $\mathbf{A = \frac{1}{2} \cdot c \cdot h_c}$

Winkelsumme: $\boldsymbol{\alpha + \beta + \gamma = 180°}$

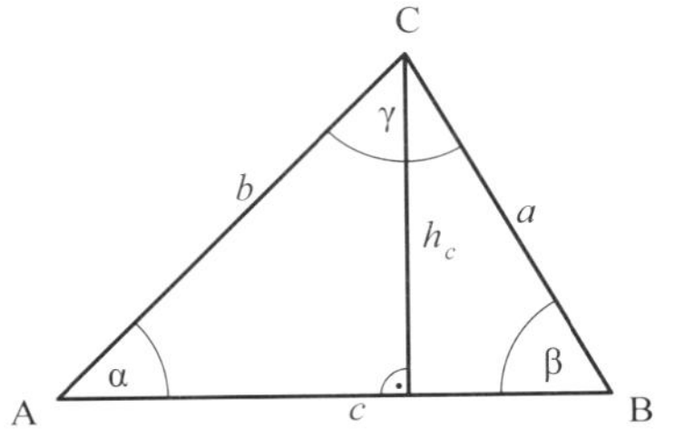

Aufgabe: Bei einem Dreieck sind $a = 2\,cm$, $b = 4\,cm$, $c = 5\,cm$ und $h_c = 1{,}5\,cm$.
Berechnen Sie Umfang und Flächeninhalt.

Umfang: $u = a + b + c = 2 + 4 + 5 = 11\ cm$

Flächeninhalt: $\mathrm{A} = \frac{1}{2} \cdot c \cdot h_c = \frac{1}{2} \cdot 5 \cdot 1{,}5 = 3{,}75\ cm^2$

2. Stumpfwinkliges Dreieck

Ein Winkel im Dreieck (hier β) ist größer als 90°.
h_c liegt außerhalb des Dreiecks.

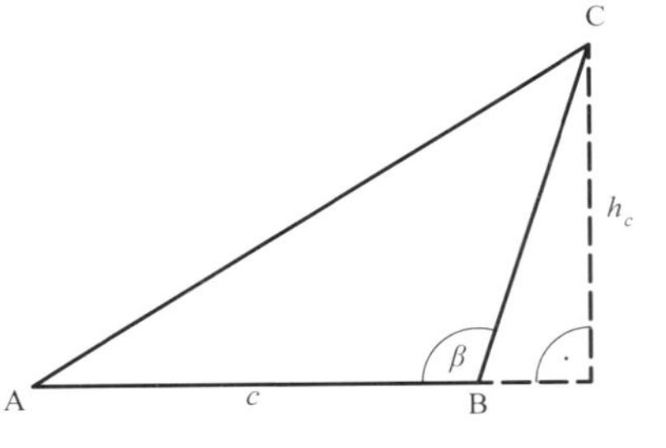

3. Spitzwinkliges Dreieck

Alle Winkel im Dreieck sind kleiner als 90°.

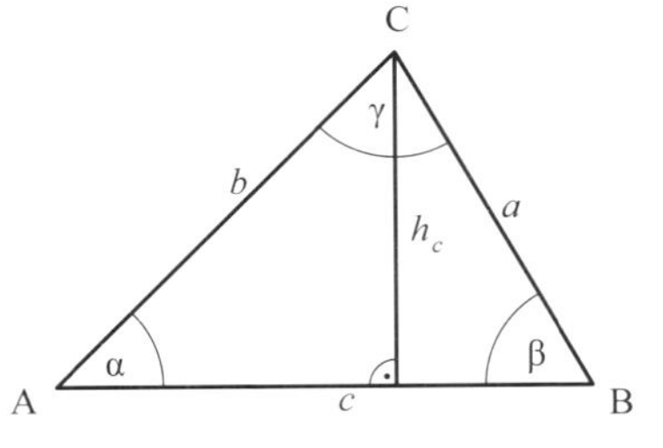

frv.tv/8k

4. Rechtwinkliges Dreieck

Ein Winkel im Dreieck beträgt genau 90°.

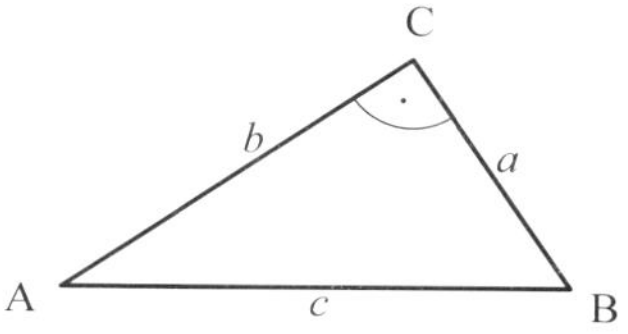

Zusatzformel

Flächeninhalt: $\mathbf{A = \frac{1}{2} \cdot a \cdot b}$

(a und b sind Katheten)

Aufgabe: Bei einem Dreieck mit $\gamma = 90°$ sind $a = 3\,cm$ und $b = 4\,cm$. Berechnen Sie den Flächeninhalt.

Flächeninhalt: $A = \frac{1}{2} \cdot a \cdot b = \frac{1}{2} \cdot 3 \cdot 4 = 6\ cm^2$

Hinweis: Nur in rechtwinkligen Dreiecken kann der **Satz des Pythagoras** und die **Trigonometrie** angewendet werden. Siehe nachfolgende Kapitel.

5. Gleichschenkliges Dreieck

2 Seiten und damit auch 2 Winkel im Dreieck sind gleich groß.

Aufgabe: Bei einem gleichschenkligen Dreieck mit Basis c gilt $\gamma = 40°$. Wie groß sind α und β?

Die Winkelsumme in jedem Dreieck beträgt 180°.
$180° - 40° = 140°$
Da das Dreieck gleichschenklig ist, gilt $\alpha = \beta = 70°$.

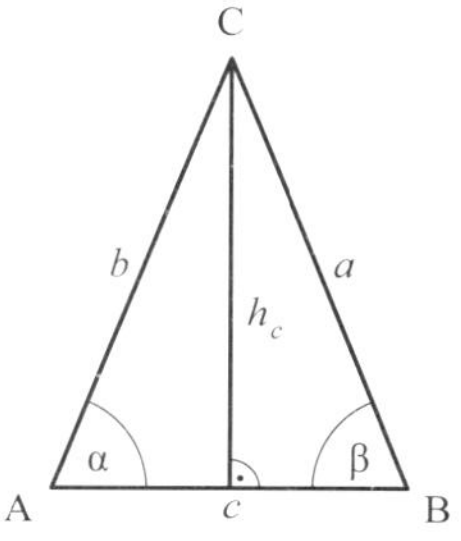

$a = b$
Basiswinkel: $\alpha = \beta$
Basis: c

6. Gleichseitiges Dreieck

Alle 3 Seiten sind gleich lang, damit sind auch alle Winkel gleich groß und betragen 60°.

Zusatzformel

Flächeninhalt: $\mathbf{A = \frac{1}{4} \cdot a^2 \cdot \sqrt{3}}$

Aufgabe: In einem gleichseitigen Dreieck ist $a = 4\,cm$. Berechnen Sie den Flächeninhalt.

Flächeninhalt: $A = \frac{1}{4} \cdot a^2 \cdot \sqrt{3} = \frac{1}{4} \cdot 4^2 \cdot \sqrt{3} \approx 6{,}93\,cm^2$

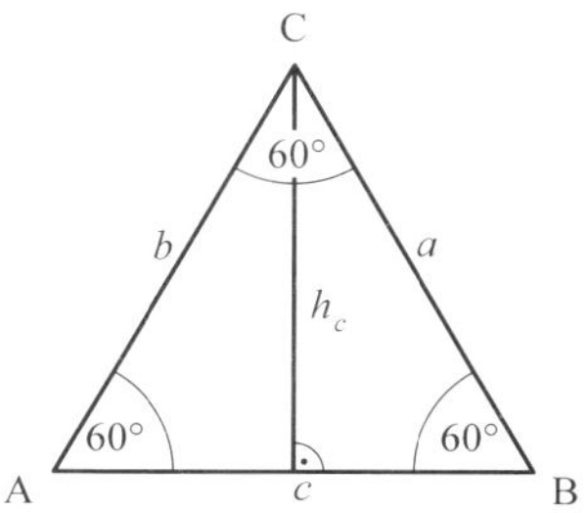

$a = b = c$

7.2 Satz des Pythagoras

Allgemein

In einem **rechtwinkligen Dreieck** wird die Seite gegenüber dem rechten Winkel (hier c) **Hypotenuse** genannt.
Die anderen Seiten (hier a und b) werden **Katheten** genannt.

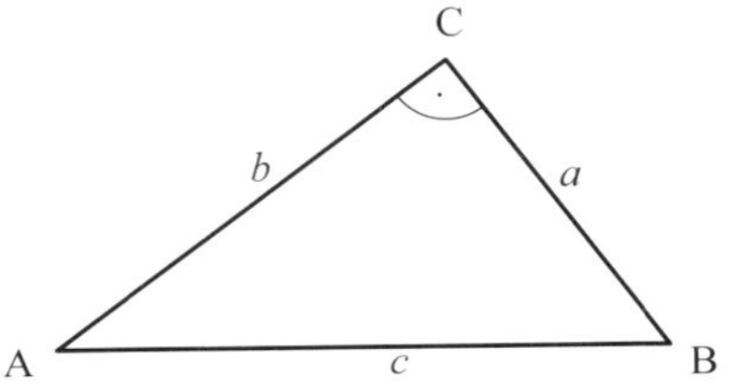

Es gilt:

$$\boldsymbol{a^2 + b^2 = c^2}$$

$$\textbf{Kathete}^2 + \textbf{Kathete}^2 = \textbf{Hypotenuse}^2$$

Beispiel 1

Berechnen Sie die Länge der Seite c.

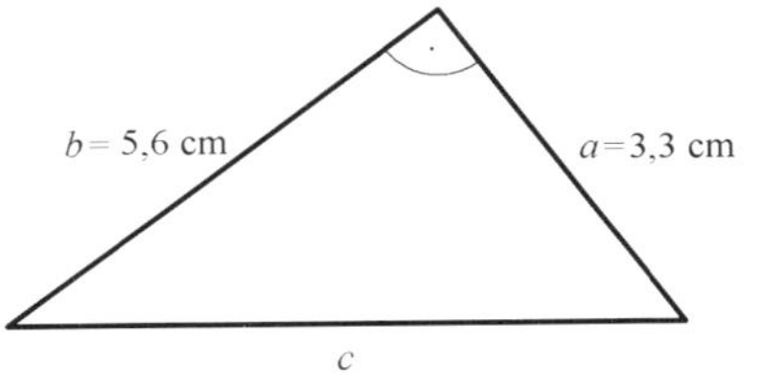

$$\begin{aligned} a^2 + b^2 &= c^2 \\ 3{,}3^2 + 5{,}6^2 &= c^2 \\ 10{,}89 + 31{,}36 &= c^2 \\ 42{,}25 &= c^2 \quad \Big|\sqrt{} \\ 6{,}5\ cm &= c \end{aligned}$$

Beispiel 2

Berechnen Sie die Länge der Seite b.

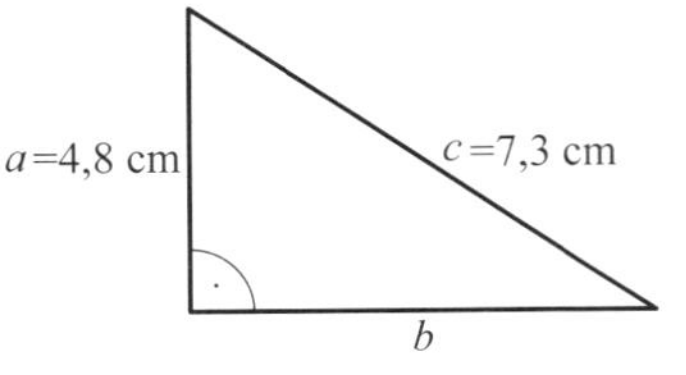

$$\begin{aligned} a^2 + b^2 &= c^2 \\ 4{,}8^2 + b^2 &= 7{,}3^2 \\ 23{,}04 + b^2 &= 53{,}29 \quad \big| -23{,}04 \\ b^2 &= 30{,}25 \quad \Big|\sqrt{} \\ b &= 5{,}5\ cm \end{aligned}$$

frv.tv/8i

Beispiel 3: Berechnen Sie die Länge der Seite b.

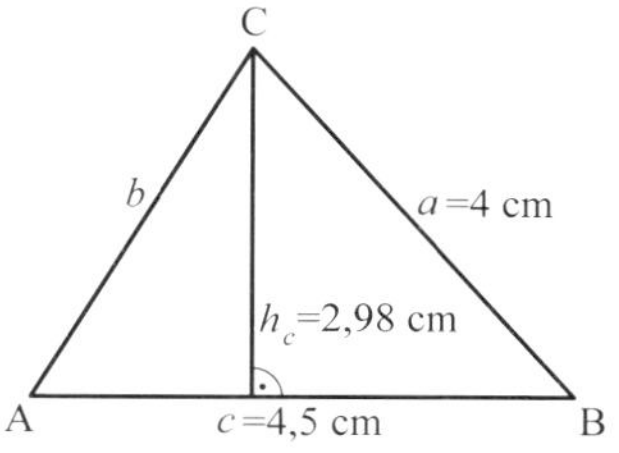

Vorgehen

1. Die Seite c wird unterteilt. Zunächst wird c_2 berechnet.

$$c_2^2 + h_c^2 = a^2$$
$$c_2^2 + 2{,}98^2 = 4^2 \quad \left| -2{,}98^2 \right.$$
$$c_2^2 = 7{,}12 \quad \left| \sqrt{} \right.$$
$$c_2 = 2{,}67\ cm$$

Man erhält: $c_1 = c - c_2 = 4{,}5 - 2{,}67 = 1{,}83\ cm$

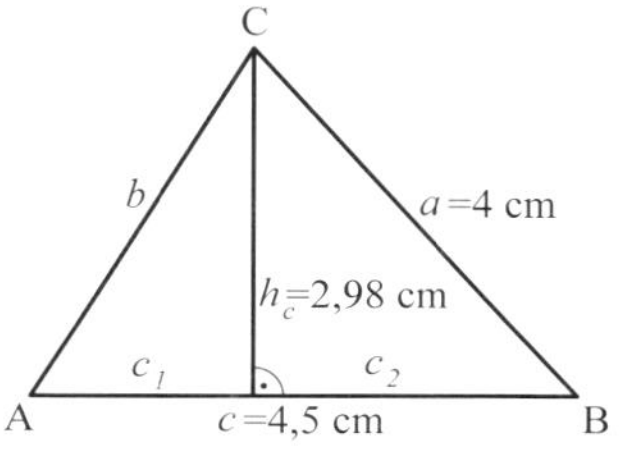

2. Nun wird b berechnet:

$$c_1^2 + h_c^2 = b^2$$
$$1{,}83^2 + 2{,}98^2 = b^2$$
$$12{,}23 = b^2 \quad \left| \sqrt{} \right.$$
$$3{,}50\ cm = b$$

Beispiel 4

Berechnen Sie den Abstand der Punkte A(0| 0,5) und B(2| 1,5).

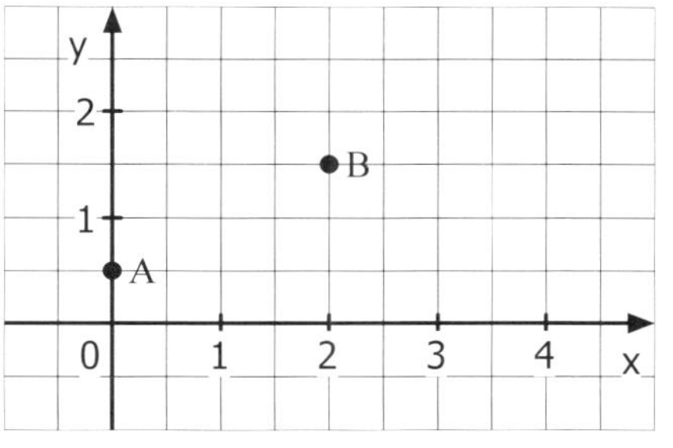

$$\overline{AB}^2 = (2-0)^2 + (1{,}5-0{,}5)^2$$
$$\overline{AB}^2 = 2^2 + 1^2$$
$$\overline{AB}^2 = 5 \quad \left| \sqrt{} \right.$$
$$\overline{AB} = \sqrt{5}$$
$$\overline{AB} = 2{,}24\ cm$$

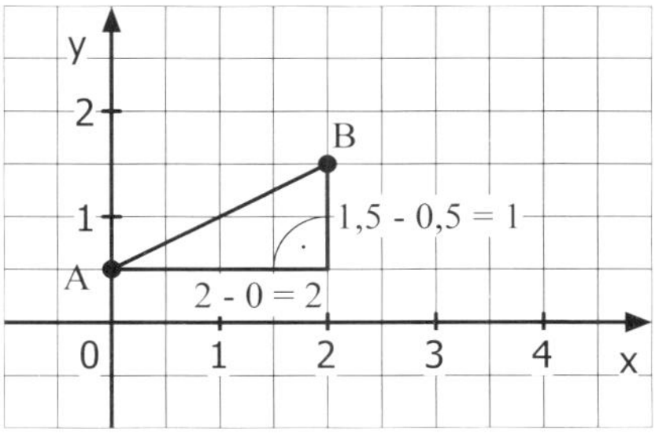

7.3 Trigonometrie

Allgemein
Die beiden kurzen Seiten eines **rechtwinkligen Dreiecks** werden als Katheten bezeichnet.
Die lange Seite, gegenüber dem rechten Winkel, heißt Hypotenuse.

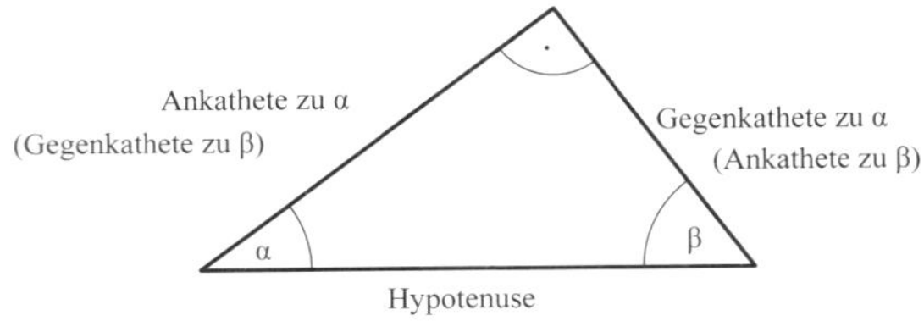

Es gelten:

$$\sin(\alpha)=\frac{\textbf{Gegenkathete zu }\alpha}{\textbf{Hypotenuse}};\ \cos(\alpha)=\frac{\textbf{Ankathete zu }\alpha}{\textbf{Hypotenuse}};\ \tan(\alpha)=\frac{\textbf{Gegenkathete zu }\alpha}{\textbf{Ankathete zu }\alpha}$$

Beispiel 1: Berechnen Sie die Länge der Seite *a*.

$$\sin(\alpha)=\frac{a}{c}$$
$$\sin(35°)=\frac{a}{7}$$
$$0{,}574=\frac{a}{7} \qquad |\cdot 7$$
$$4{,}02\,cm=a$$

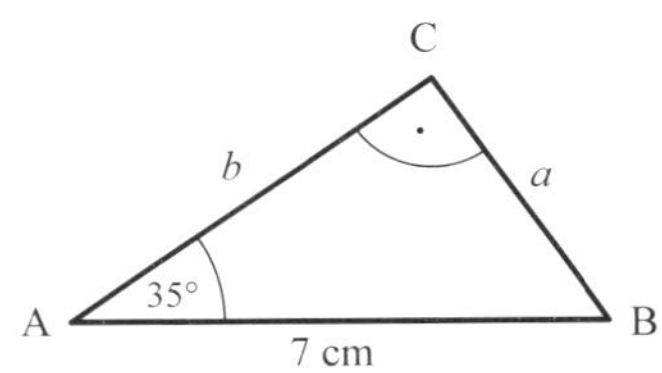

Beispiel 2: Berechnen Sie die fehlenden Seiten und Winkel des Dreiecks.

Die Winkelsumme in jedem Dreieck beträgt 180°.
$\beta=180°-90°-40°=50°$

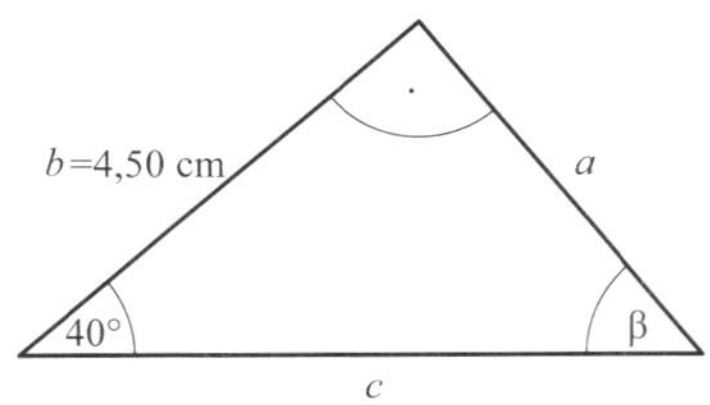

Berechnung von *c*:

$$\cos(\alpha)=\frac{b}{c}$$
$$\cos(40°)=\frac{4{,}50}{c}$$
$$0{,}766=\frac{4{,}50}{c} \qquad |\cdot c$$
$$0{,}766c=4{,}50 \qquad |:0{,}766$$
$$c=5{,}87\ cm$$

frv.tv/8j

Berechnung von a:

$$\tan(\alpha) = \frac{a}{b}$$

$$\tan(40°) = \frac{a}{4,50}$$

$$0,839 = \frac{a}{4,50} \qquad |\cdot 4,50$$

$$3,78\ cm = a$$

Hinweis: Die Berechnung der Seite a kann auch über den Satz des Pythagoras erfolgen.

Beispiel 3: Berechnen Sie die Innenwinkel und den Flächeninhalt des gleichschenkligen Dreiecks.

Es gelten: $c_1 = c_2 = \frac{1}{2}c = 3\ cm$ und $\alpha = \beta$.

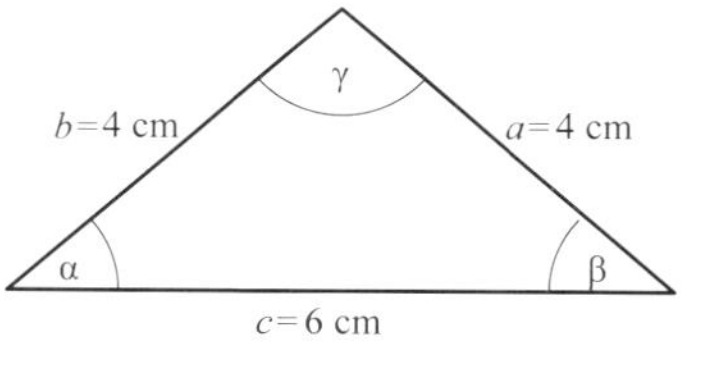

Berechnung der Innenwinkel

1. Berechnung von α:

$$\cos(\alpha) = \frac{c_1}{b}$$

$$\cos(\alpha) = \frac{3}{4} \qquad |\cos^{-1}$$

$$\alpha = 41,41° \ (= \beta)$$

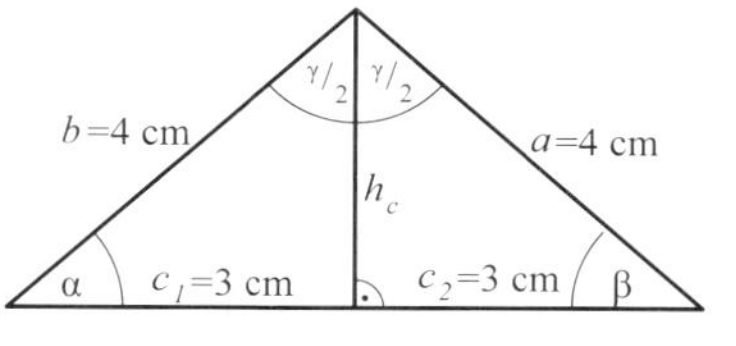

2. Die Winkelsumme in jedem Dreieck beträgt 180°:
$\gamma = 180° - 41,41° - 41,41° = 97,18°$

Berechnung des Flächeninhaltes

1. Berechnung der Höhe über den Satz des Pythagoras:

$$c_1^2 + h_c^2 = b^2$$

$$3^2 + h_c^2 = 4^2$$

$$9 + h_c^2 = 16 \qquad |-9$$

$$h_c^2 = 7 \qquad |\sqrt{\ }$$

$$h_c = 2,65\ cm$$

2. Berechnung des Flächeninhaltes:

$$A = \frac{1}{2} \cdot c \cdot h_c = \frac{1}{2} \cdot 6 \cdot 2,65 = 7,95\ cm^2$$

7.4 Vierecke

1. Quadrat und Rechteck

Formel

Flächeninhalt: $\mathbf{A} = \boldsymbol{a \cdot a}$ **(Quadrat)**

Flächeninhalt: $\mathbf{A} = \boldsymbol{a \cdot b}$ **(Rechteck)**

Quadrat

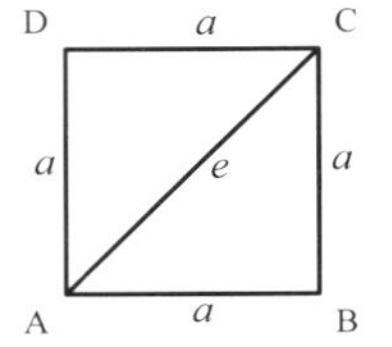

Rechteck

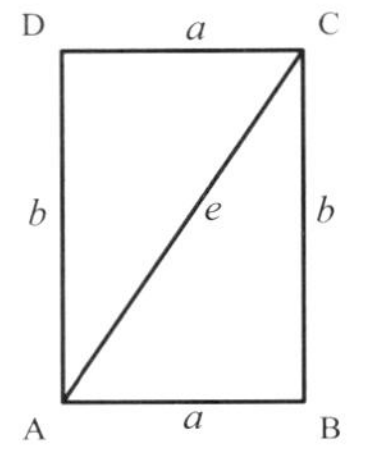

Aufgabe: Gegeben ist ein Rechteck mit $a = 3cm$ und $b = 4cm$. Berechnen Sie die Länge der Diagonale.

Berechnung mit dem Satz des Pythagoras:

$$a^2 + b^2 = e^2$$
$$3^2 + 4^2 = e^2$$
$$9 + 16 = e^2$$
$$25 = e^2 \qquad |\sqrt{}$$
$$5\ cm = e$$

2. Raute und Drache

Formel

Flächeninhalt: $\mathbf{A} = \frac{\mathbf{1}}{\mathbf{2}} \cdot \boldsymbol{e} \cdot \boldsymbol{f}$

Raute

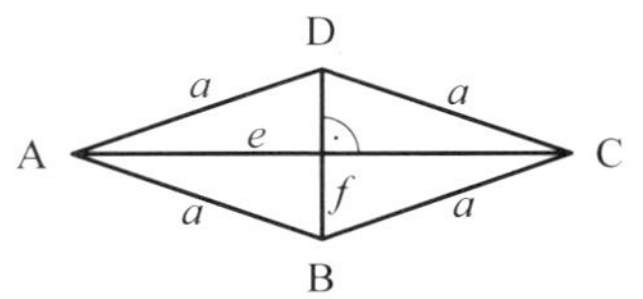

Drache

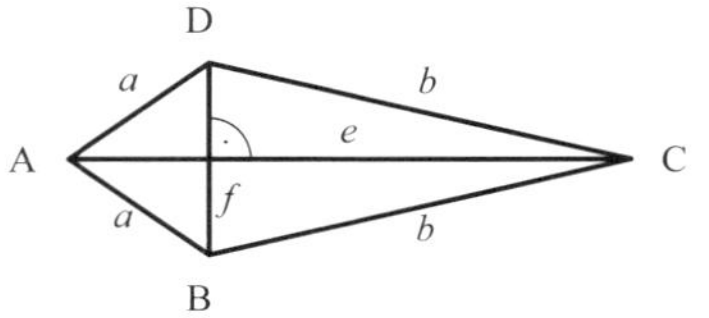

Aufgabe: Gegeben ist eine Raute mit $A = 12cm^2$ und $e = 4cm$. Berechnen Sie a.

1. Berechnung der Diagonale f:

$$A = \frac{1}{2} \cdot e \cdot f$$
$$12 = \frac{1}{2} \cdot 4 \cdot f$$
$$12 = 2 \cdot f \qquad |:2$$
$$6\ cm = f$$

2. Berechnung der Seitenlänge a mit dem Satz des Pythagoras:

$$\left(\frac{e}{2}\right)^2 + \left(\frac{f}{2}\right)^2 = a^2$$
$$2^2 + 3^2 = a^2$$
$$13 = a^2 \qquad |\sqrt{}$$
$$3{,}61\ cm = a$$

frv.tv/8l

3. Parallelogramm

Formel

Flächeninhalt : $\mathbf{A = a \cdot h_a = b \cdot h_b}$

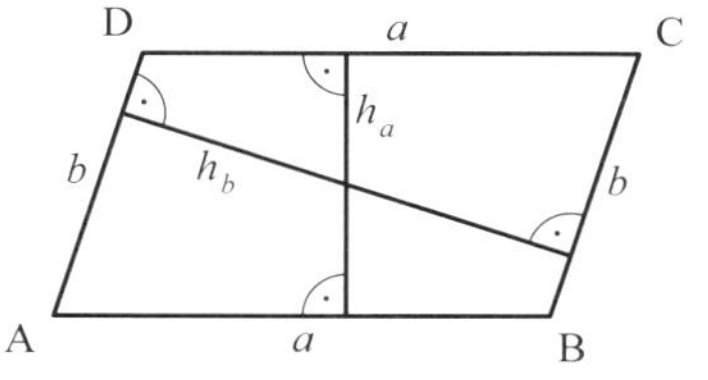

Aufgabe : Ein Parallelogramm mit $h_a = 4\,cm$ hat den Flächeninhalt $A = 12,2\ cm^2$. Berechnen Sie a.

Aus $12{,}2 = a \cdot 4$ erhält man $a = 3,05\,cm$.

4. Trapez

Formel

Flächeninhalt : $\mathbf{A = \frac{1}{2} \cdot (a + c) \cdot h = m \cdot h}$

(a und c sind parallel)

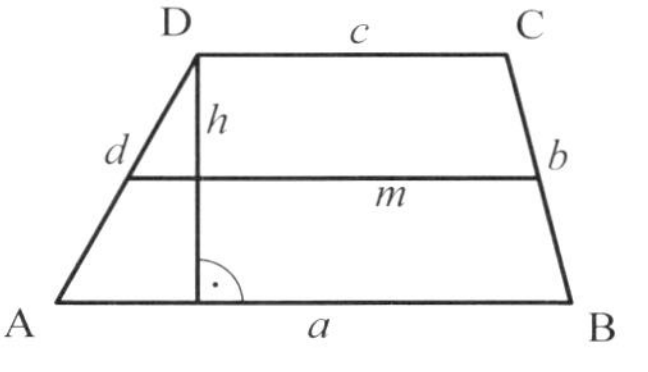

Aufgabe: Berechnen Sie die Fläche des gleichschenkligen Trapezes ABCD.
Tipp: Im gleichschenkligen Trapez gelten:
$\alpha = \beta;\ b = d$

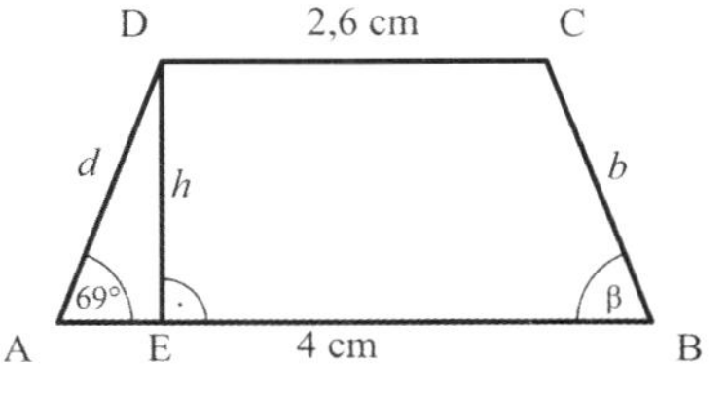

1. Berechnung von $\overline{AE}$:
$a - c = 4 - 2,6 = 1,4$ wird halbiert: $\overline{AE} = 0,7$

2. Im linken rechtwinkligen Dreieck wird die Länge der Strecke h berechnet:

$$\tan(\alpha) = \frac{h}{\overline{AE}}$$

$$\tan(69°) = \frac{h}{0,7}$$

$$2,61 = \frac{h}{0,7} \qquad |\cdot 0,7$$

$$1,83\ cm = h$$

3. Berechnung des Flächeninhaltes:

$$A = \frac{1}{2} \cdot (a + c) \cdot h = \frac{1}{2} \cdot (4 + 2,6) \cdot 1,83 = 6,04\ cm^2$$

7.5 Kreis, Kreisausschnitt und Kreisring

1. Der Kreis

Formeln

Flächeninhalt : $\mathbf{A = \pi \cdot r^2}$

Umfang : $\boldsymbol{u = 2\pi \cdot r = \pi \cdot d}$

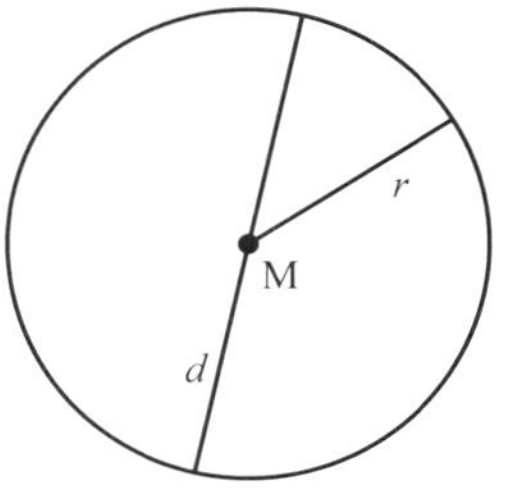

Beispiel 1: Ein Kreis hat den Radius $r = 2{,}50\ cm$.
Berechnen Sie den Durchmesser, die Kreisfläche und den Umfang des Kreises.

Durchmesser: $d = 2 \cdot r = 2 \cdot 2{,}50 = 5\ cm$

Kreisfläche: $\mathrm{A} = \pi \cdot r^2 = \pi \cdot 2{,}50^2 = 19{,}63\ cm^2$

Umfang: $u = 2 \cdot \pi \cdot r = 2 \cdot \pi \cdot 2{,}50 = 15{,}71\ cm$

Beispiel 2: Ein Kreis hat den Flächeninhalt $\mathrm{A} = 30{,}19\ dm^2$. Berechnen Sie den Radius.

$$\begin{aligned} \mathrm{A} &= \pi \cdot r^2 & \\ 30{,}19 &= \pi \cdot r^2 & \quad | :\pi \\ 9{,}61 &= r^2 & \quad | \sqrt{\ } \\ 3{,}1\ dm &= r & \end{aligned}$$

2. Der Kreisausschnitt

Formeln

Flächeninhalt : $\mathbf{A = A_{Kreis} \cdot \frac{\boldsymbol{\alpha}}{360°} = \boldsymbol{\pi} \cdot \boldsymbol{r}^2 \cdot \frac{\boldsymbol{\alpha}}{360°}}$

Bogenlänge : $\boldsymbol{b = u_{\mathbf{Kreis}} \cdot \frac{\alpha}{360°} = 2\pi \cdot r \cdot \frac{\alpha}{360°}}$

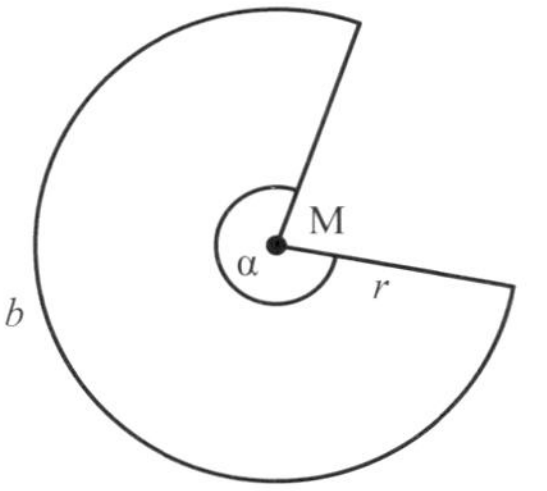

Beispiel 1: Ein Kreisausschnitt hat den Radius $r = 2{,}80\ cm$ und den Mittelpunktswinkel $\alpha = 215°$.
Berechnen Sie Flächeninhalt und die Bogenlänge b.

$$\mathrm{A} = \pi \cdot r^2 \cdot \frac{\alpha}{360°} = \pi \cdot 2{,}80^2 \cdot \frac{215°}{360°} = 14{,}71\ cm^2$$

$$b = 2 \cdot \pi \cdot r \cdot \frac{\alpha}{360°} = 2 \cdot \pi \cdot 2{,}80 \cdot \frac{215°}{360°} = 10{,}51\ cm$$

frv.tv/8m

Beispiel 2: Ein Kreisausschnitt hat den Flächeninhalt $A = 10,20\ dm^2$ und den Mittelpunktswinkel $\alpha = 187°$.

a) Berechnen Sie den Radius.

$$A = \pi \cdot r^2 \cdot \frac{\alpha}{360°}$$
$$10,2 = \pi \cdot r^2 \cdot \frac{187°}{360°}$$
$$10,2 = \pi \cdot r^2 \cdot 0,52 \quad |:0,52$$
$$19,62 = \pi \cdot r^2 \quad |:\pi$$
$$6,25 = r^2 \quad |\sqrt{\ }$$
$$2,5\ dm = r$$

b) Berechnen Sie die Bogenlänge.

$$b = 2 \cdot \pi \cdot r \cdot \frac{\alpha}{360°} = 2 \cdot \pi \cdot 2,50 \cdot \frac{187°}{360°} = 8,16\ dm$$

3. Der Kreisring

Formeln

Flächeninhalt: $\mathbf{A = A_{\text{äuß. Kreis}} - A_{\text{inn. Kreis}} = \pi \cdot (r_2^2 - r_1^2)}$

Umfang: $\boldsymbol{u = u_{\text{äuß. Kreis}} + u_{\text{inn. Kreis}} = 2\pi \cdot (r_1 + r_2)}$

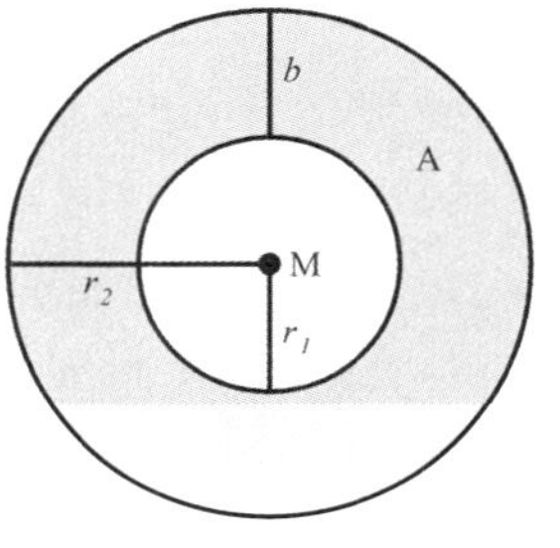

Beispiel 1: In einem großen Kreis mit Radius 8 *cm* wird um den Mittelpunkt ein kleiner Kreis mit Radius 3 cm gebildet. Es entsteht ein Kreisring.

a) Wie breit ist der Kreisring?

Breite: $b = r_2 - r_1 = 8 - 3 = 5\ cm$

b) Berechnen Sie den Flächeninhalt des Kreisrings.

$A = \pi \cdot (r_2^2 - r_1^2) = \pi \cdot (8^2 - 3^2) = 172,79\ cm^2$

c) Berechnen Sie den Umfang des Kreisrings.

$U = 2\pi \cdot (8 + 3) = 2\pi \cdot 11 = 69,12\ cm$

8. Stereometrie

8.1 Würfel

Formeln

Volumen: $\mathbf{V = a^3}$

Oberfläche: $\mathbf{O = 6 \cdot a^2}$

Raumdiagonale: $\boldsymbol{d = a \cdot \sqrt{3}}$

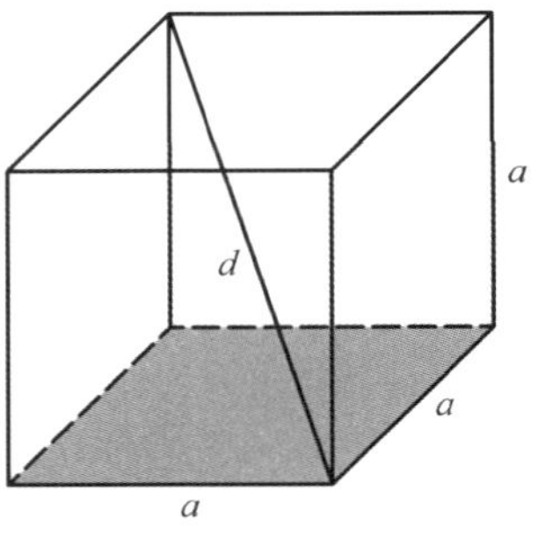

Aufgabe: Ein Würfel hat einer Oberfläche von 96 cm^2.

a) Berechnen Sie die Kantenlänge.

$$\begin{aligned} O &= 6 \cdot a^2 \\ 96 &= 6 \cdot a^2 \quad |:6 \\ 16 &= a^2 \quad |\sqrt{} \\ 4\,cm &= a \end{aligned}$$

b) Berechnen Sie die Länge der Raumdiagonalen.

$d = a \cdot \sqrt{3} = 4 \cdot \sqrt{3} = 6{,}93\,cm$

c) Berechnen Sie das Volumen.

$V = a^3 = 4^3 = 64\ cm^3$

d) Die Kantenlänge eines Würfels wird verdoppelt. Wie verändert sich sein Volumen?

Ein Würfel mit Kantenlänge a hat ein Volumen von: $V = a^3$
Ein Würfel mit Kantenlänge $2 \cdot a$ hat ein Volumen von: $V = (2 \cdot a)^3 = 2^3 \cdot a^3 = 8 \cdot a^3$
Somit verachtfacht sich das Volumen.

frv.tv/8n

8.2 Quader

Formeln

Volumen : $\mathbf{V = a \cdot b \cdot c}$

Oberfläche : $\mathbf{O = 2 \cdot (a \cdot b + a \cdot c + b \cdot c)}$

Raumdiagonale : $\mathbf{d = \sqrt{a^2 + b^2 + c^2}}$

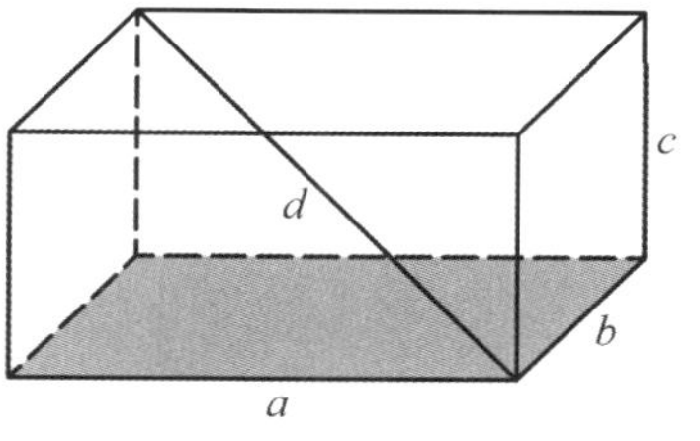

Aufgabe : Ein Quader hat Seitenlängen $a = 5\,cm,\ b = 7\,cm$ und ein Volumen von 210 cm^3.

a) Berechnen Sie die Länge der Raumdiagonalen.

1. Berechnung der Seitenlänge c.

$$\begin{aligned} V &= a \cdot b \cdot c \\ 210 &= 5 \cdot 7 \cdot c \\ 210 &= 35 \cdot c \qquad |:35 \\ 6\ cm &= c \end{aligned}$$

2. Berechnung der Länge der Raumdiagonalen.

$$d = \sqrt{a^2 + b^2 + c^2} = \sqrt{5^2 + 7^2 + 6^2} = \sqrt{110} = 10{,}49\,cm$$

b) Berechnen Sie die Oberfläche des Quaders.

$$O = 2 \cdot (a \cdot b + a \cdot c + b \cdot c) = 2 \cdot (5 \cdot 7 + 5 \cdot 6 + 7 \cdot 6) = 214\ cm^2$$

c) Welchen Winkel schließt die Raumdiagonale mit der Grundfläche ein?

$$\begin{aligned} \sin(\alpha) &= \frac{c}{d} \\ \sin(\alpha) &= \frac{6}{10{,}49} \\ \sin(\alpha) &= 0{,}57 \qquad |\sin^{-1} \\ \alpha &= 34{,}75° \end{aligned}$$

8.3 Zylinder

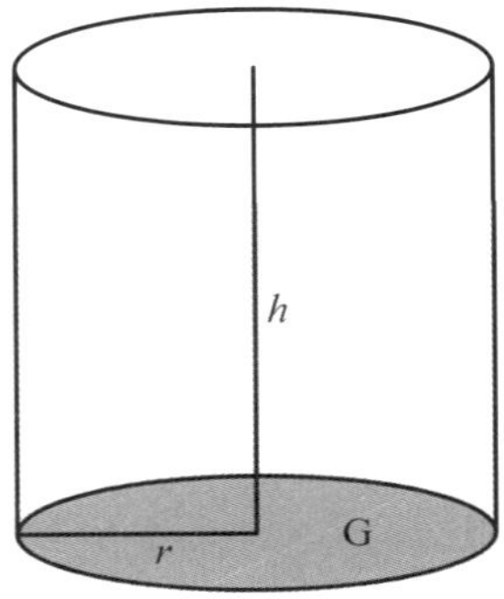

Formeln

Volumen: $\mathbf{V = \pi \cdot r^2 \cdot h}$

Mantelfläche: $\mathbf{M = 2\pi \cdot r \cdot h}$

Oberfläche: $\mathbf{O = 2 \cdot G + M = 2\pi \cdot r^2 + 2\pi \cdot r \cdot h}$

Aufgabe 1: Ein Zylinder hat ein Volumen von $V = 572{,}56\ cm^3$ und eine Höhe von $h = 9\ cm$.

a) Berechnen Sie den Radius r des Zylinders.

$$V = \pi \cdot r^2 \cdot h$$
$$572{,}56 = \pi \cdot r^2 \cdot 9$$
$$572{,}56 = 28{,}27 \cdot r^2 \quad | :28{,}27$$
$$20{,}25 = r^2 \quad | \sqrt{\ }$$
$$4{,}5\ cm = r$$

b) Berechnen Sie die Oberfläche O des Zylinders.

$$O = 2\pi \cdot r^2 + 2\pi \cdot r \cdot h = 2 \cdot \pi \cdot 4{,}5^2 + 2 \cdot \pi \cdot 4{,}5 \cdot 9 = 381{,}70\ cm^2$$

Aufgabe 2: Ein 15 cm langer Stab wird in einen oben offenen zylinderförmigen Behälter gelegt.
Sein oberes Ende ragt 3,39 cm aus dem Behälter hinaus.
Der Behälter hat die Höhe $h = 10{,}00\ cm$.

Berechnen Sie den Radius des Behälters.

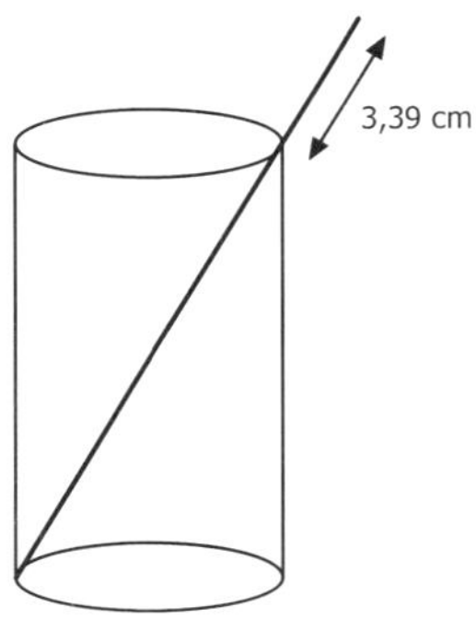

1. Die Raumdiagonale des Zylinders hat die Länge:
$l = 15{,}00 - 3{,}39 = 11{,}61\ cm$

2. Durch Satz des Pythagoras wird der Durchmesser berechnet:

$$d^2 + h^2 = l^2$$
$$d^2 + 10^2 = 11{,}61^2$$
$$d^2 + 100 = 134{,}79 \quad | -100$$
$$d^2 = 34{,}79 \quad | \sqrt{\ }$$
$$d = 5{,}9\,cm$$

3. Aus dem Durchmesser wird der Radius berechnet:

$$r = \frac{5{,}9}{2} = 2{,}95\ cm$$

frv.tv/8o

8.4 Kegel

Formeln

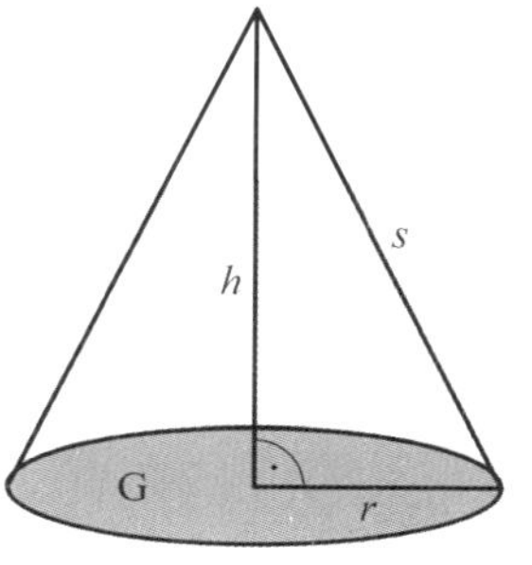

Volumen: $\mathbf{V = \frac{1}{3}\pi \cdot r^2 \cdot h}$

Mantelfläche: $\mathbf{M = \pi \cdot r \cdot s}$

Oberfläche: $\mathbf{O = G + M = \pi \cdot r^2 + \pi \cdot r \cdot s}$

Aufgabe 1: Ein Kegel mit Durchmesser 10 *cm* hat eine Höhe von 4 *cm*.

a) Berechnen Sie das Volumen des Kegels.

$$V = \frac{1}{3} \cdot \pi \cdot r^2 \cdot h = \frac{1}{3} \cdot \pi \cdot 5^2 \cdot 4 = 104{,}72\ cm^3$$

b) Berechnen Sie die Oberfläche des Kegels.

1. Mit dem Satz des Pythagoras wird die Seitenkante s berechnet:

$$h^2 + r^2 = s^2$$
$$4^2 + 5^2 = s^2$$
$$41 = s^2 \quad |\sqrt{\ }$$
$$6{,}4\ cm = s$$

2. Die Formel zur Berechnung der Oberfläche wird verwendet:

$$O = \pi \cdot r \cdot s + \pi \cdot r^2 = \pi \cdot 5 \cdot 6{,}4 + \pi \cdot 5^2 = 179{,}07\ cm^2$$

Aufgabe 2: Gegeben ist ein Kegel mit Radius 4,8 *cm* und der Seitenkante $s = 10\ cm$. Berechnen Sie den Öffnungswinkel γ (an der Spitze).

$$\sin\left(\frac{\gamma}{2}\right) = \frac{r}{s}$$
$$\sin\left(\frac{\gamma}{2}\right) = \frac{4{,}8}{10} \quad |\sin^{-1}$$
$$\frac{\gamma}{2} = 28{,}69 \quad |\cdot 2$$
$$\gamma = 57{,}38°$$

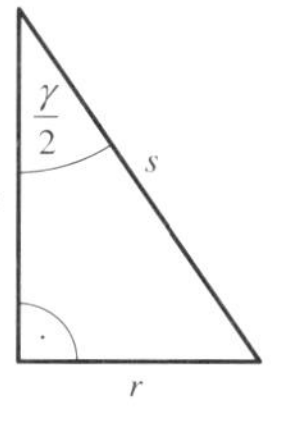

8.5 Pyramide

1. Die senkrechte quadratische Pyramide

Formeln

Volumen: $\mathbf{V = \frac{1}{3} \cdot a^2 \cdot h}$

Mantelfläche: $\mathbf{M = 2 \cdot a \cdot h_s}$

Oberfläche: $\mathbf{O = G + M = a^2 + 2 \cdot a \cdot h_s}$

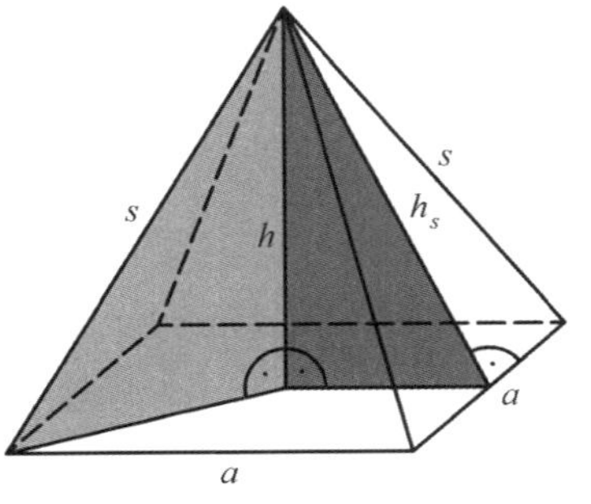

Aufgabe: Eine quadratische Pyramide hat die Grundfläche $G = 25\ cm^2$.
Die Seitenkante s und die Grundkante a schließen einen Innenwinkel von $\alpha = 58°$ ein.
Berechnen Sie die Oberfläche der Pyramide.

1. Berechnung von a:

$$G = a^2$$
$$25 = a^2 \quad |\sqrt{\ }$$
$$5\ cm = a$$

2. Berechnung von h_s:

$$\tan(\alpha) = \frac{h_s}{\frac{a}{2}}$$
$$\tan(58°) = \frac{h_s}{2,5}$$
$$1,6 = \frac{h_s}{2,5} \quad | \cdot 2,5$$
$$4\ cm = h_s$$

3. Berechnung der Oberfläche:

$$O = a^2 + 2 \cdot a \cdot h_s = 5^2 + 2 \cdot 5 \cdot 4 = 65\ cm^2$$

frv.tv/8p

2. Die regelmäßige Dreieckspyramide

Formeln

Volumen: $\mathbf{V = \frac{a^2}{12} \cdot \sqrt{3} \cdot h}$

Mantelfläche: $\mathbf{M = \frac{3}{2} \cdot a \cdot h_s}$

Oberfläche: $\mathbf{O = G + M = \frac{a^2}{4} \cdot \sqrt{3} + \frac{3}{2} \cdot a \cdot h_s}$

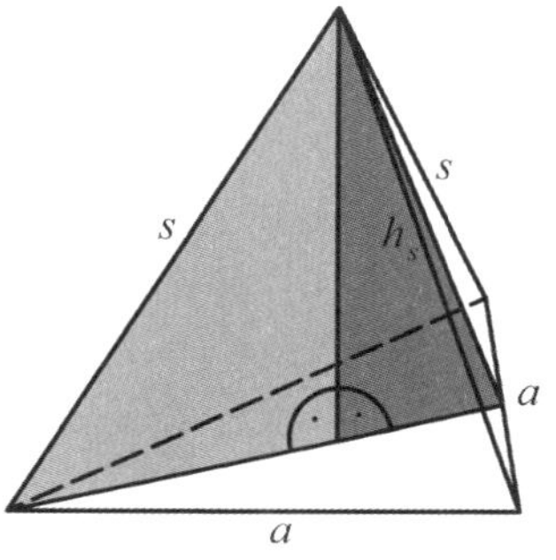

Die Grundfläche besteht aus einem gleichseitigen Dreieck.

Aufgabe: Bei einer regelmäßigen Dreieckspyramide gelten $s = 5\,cm$ und $h_s = 4\,cm$. Berechnen Sie die Oberfläche der Pyramide.

1. Berechnung von a:

$$h_s^2 + \left(\frac{a}{2}\right)^2 = s^2$$

$$4^2 + \left(\frac{a}{2}\right)^2 = 5^2$$

$$16 + \left(\frac{a}{2}\right)^2 = 25 \quad | -16$$

$$\left(\frac{a}{2}\right)^2 = 9 \quad | \sqrt{}$$

$$\frac{a}{2} = 3 \quad | \cdot 2$$

$$a = 6\ cm$$

2. Berechnung der Oberfläche:

$$O = \frac{a^2}{4} \cdot \sqrt{3} + \frac{3}{2} \cdot a \cdot h_s = \frac{6^2}{4} \cdot \sqrt{3} + \frac{3}{2} \cdot 6 \cdot 4 = 51{,}59\ cm^2$$

3. Die regelmäßige Sechseckspyramide

Formeln

Volumen: $\mathbf{V = \frac{a^2}{2} \cdot \sqrt{3} \cdot h}$

Mantelfläche: $\mathbf{M = 3 \cdot a \cdot h_s}$

Oberfläche: $\mathbf{O = G + M = \frac{3}{2} \cdot a^2 \cdot \sqrt{3} + 3 \cdot a \cdot h_s}$

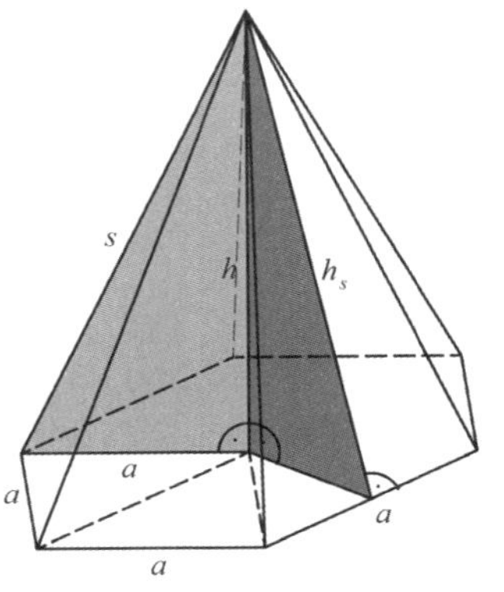

Die Grundfläche besteht aus 6 gleichseitigen Dreiecken.

Aufgabe: Bei einer regelmäßigen Sechseckspyramide gelten $a = 9{,}8\,cm$ und $h_s = 19{,}57\,cm$. Die Grundfläche und h_s schließen einen Winkel von 64,3° ein.
Berechnen Sie das Volumen der Pyramide.

1. Berechnung von h:

$$\sin(\beta) = \frac{h}{h_s}$$

$$\sin(64{,}3°) = \frac{h}{19{,}57}$$

$$0{,}9 = \frac{h}{19{,}57} \quad | \cdot 19{,}57$$

$$17{,}61\ cm = h$$

2. Berechnung des Volumens:

$$V = \frac{a^2}{2} \cdot \sqrt{3} \cdot h = \frac{9{,}8^2}{2} \cdot \sqrt{3} \cdot 17{,}61 = 1464{,}68\ cm^3$$

4. Die regelmäßige *n*-Ecks-Pyramide

Formeln

Volumen : $\mathbf{V = \frac{1}{3} \cdot G \cdot h = \frac{1}{3} \cdot \frac{n \cdot a \cdot h_a}{2} \cdot h}$

Mantelfläche: $\mathbf{M = n \cdot \frac{a \cdot h_s}{2}}$

Oberfläche: $\mathbf{O = G + M = \frac{n \cdot a \cdot h_a}{2} + n \cdot \frac{a \cdot h_s}{2}}$

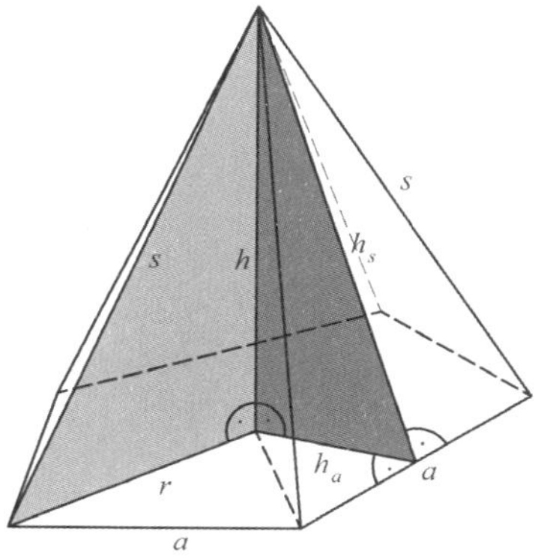

Aufgabe: Bei einer regelmäßigen Fünfeckspyramide gelten $h_a = 3{,}5\,cm$ und $h = 6\,cm$. Berechnen Sie das Volumen der Pyramide.

1. Berechnung des Innenwinkels α:

$$\alpha = \frac{360°}{n} = \frac{360°}{5} = 72°$$

2. Berechnung von a:

$$\tan\left(\frac{\alpha}{2}\right) = \frac{\frac{a}{2}}{h_a}$$

$$\tan(36°) = \frac{\frac{a}{2}}{3{,}5} \qquad |\cdot 3{,}5$$

$$2{,}54 = \frac{a}{2} \qquad |\cdot 2$$

$$5{,}08\ cm = a$$

3. Berechnung des Volumens:

$$V = \frac{1}{3} \cdot \frac{5 \cdot 5{,}08 \cdot 3{,}5}{2} \cdot 6 = 88{,}9\ cm^3$$

8.6 Prisma

1. Dreiecksprisma

Die Grundfläche G und die Deckfläche D sind parallel und deckungsgleich (kongruent). Die Seitenflächen bilden Rechtecke.

Formeln

Volumen: $\mathbf{V = G \cdot h}$

Mantelfläche: $\mathbf{M = u \cdot h}$

Oberfläche: $\mathbf{O = 2 \cdot G + M = 2 \cdot G + u \cdot h}$

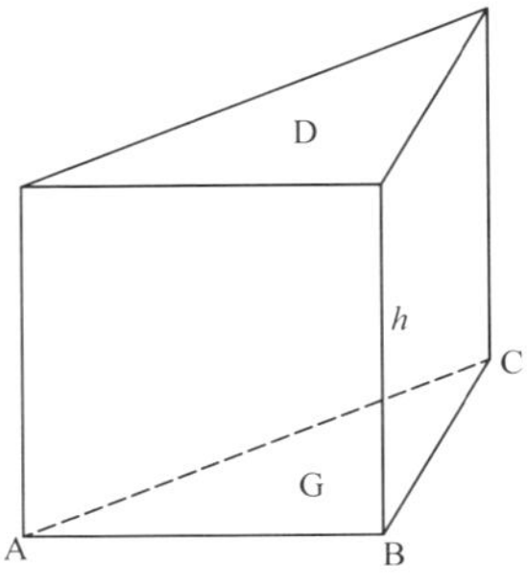

Erläuterung der Oberflächenformel am Netz

u stellt den Umfang der Grundfläche G dar. Wenn die Rechtecke M_1, M_2 und M_3 zusammengelegt werden, entsteht ein Rechteck der Länge u und der Breite h.

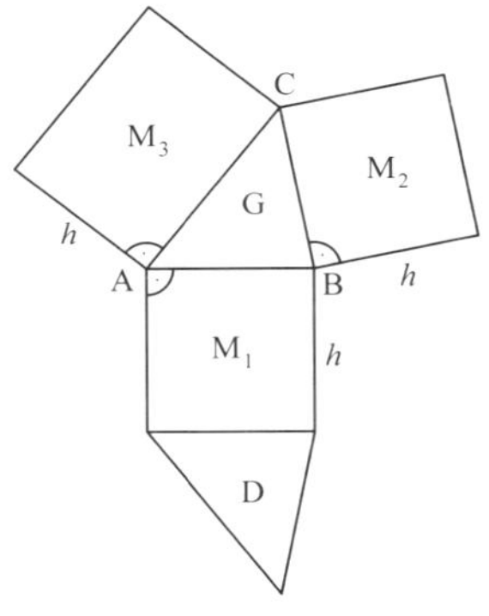

2. Das regelmäßige Sechseckprisma

Formeln

Volumen: $\mathbf{V = \frac{3a^2}{2} \cdot \sqrt{3} \cdot h}$

Mantelfläche: $\mathbf{M = 6 \cdot a \cdot h}$

Oberfläche: $\mathbf{O = 2 \cdot G + M = 3 \cdot a^2 \cdot \sqrt{3} + 6 \cdot a \cdot h}$

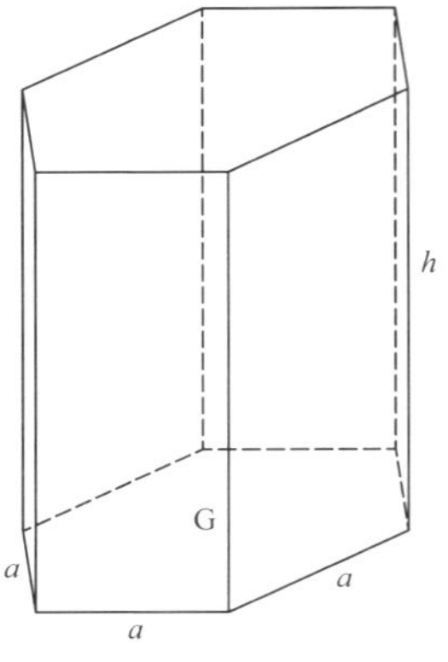

frv.tv/8q

8.7 Kugel

Formeln

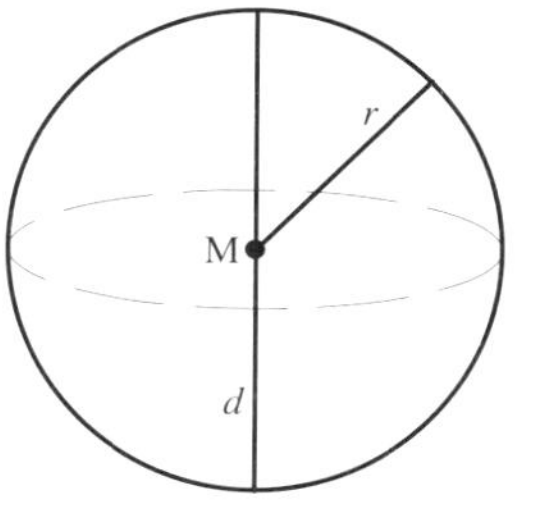

Volumen: $\mathbf{V = \frac{4}{3} \cdot \pi \cdot r^3}$

Oberfläche: $\mathbf{O = 4 \cdot \pi \cdot r^2}$

Aufgabe

Eine Kugel hat die Oberfläche 633 cm^2.

a) Berechnen Sie das Volumen der Kugel.

1. Berechnung von *r*:

$$O = 4 \cdot \pi \cdot r^2$$
$$633 = 4 \cdot \pi \cdot r^2 \qquad |:4\ :\pi$$
$$50{,}37 = r^2 \qquad |\sqrt{\ }$$
$$7{,}1\ cm = r$$

2. Berechnung von V:

$$V = \frac{4}{3} \cdot \pi \cdot r^3 = \frac{4}{3} \cdot \pi \cdot 7{,}1^3 = 1499{,}21\ cm^3$$

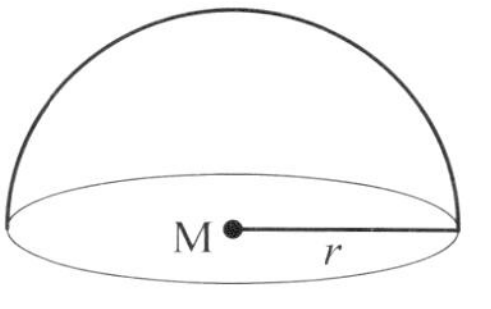

b) Die Kugel wird halbiert. Berechnen Sie die neue Oberfläche.

1. Berechnung der halben Oberfläche der (ganzen) Kugel.

$$\frac{O}{2} = \frac{633}{2} = 316{,}5\ cm^2$$

2. Berechnung der Kreisfläche.

$$A = \pi \cdot r^2 = \pi \cdot 7{,}1^2 = 158{,}37\ cm^2$$

3. Addition.

$$O = \frac{O}{2} + A = 316{,}5 + 158{,}37 = 474{,}87\ cm^2$$

Hinweis: Bei der Oberflächenberechnung einer Halbkugel muss man genau darauf achten, ob der Inhalt der **Schnittfläche/Kreisfläche** (wie hier) mit eingerechnet werden soll oder nicht.

8.8 Zusammengesetzte Körper

Das **Volumen** des zusammengesetzten Körpers entspricht der **Summe oder Differenz** der Teilvolumina.
Die **Oberfläche** entspricht der Summe **aller außen liegenden Flächen** (Flächen die „angemalt“ werden könnten).

Beispiel 1	Beispiel 2
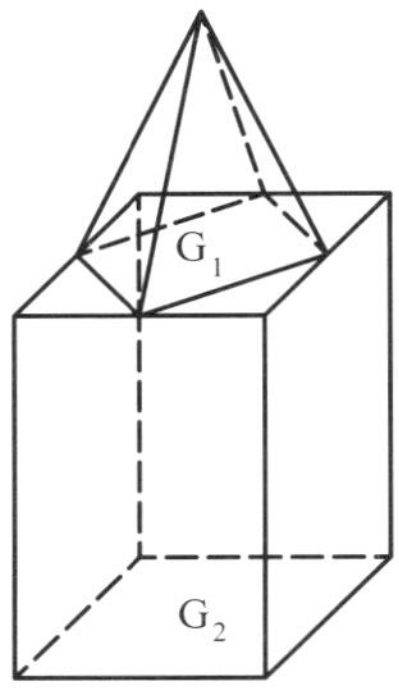	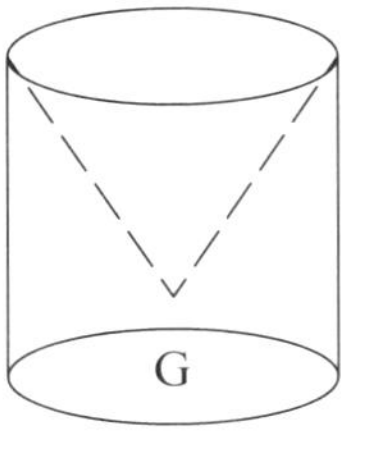
Volumen: $V = V_{Quader} + V_{Pyramide}$ Oberfläche: $O = O_{\text{Quader}} + O_{\text{Pyramide}} - 2 \cdot G_1$ $= M_{\text{Quader}} + M_{\text{Pyramide}} + 2 \cdot G_2 - G_1$	Volumen: $V = V_{Zylinder} - V_{Kegel}$ Oberfläche: $O = O_{\text{Zylinder}} + O_{\text{Kegel}} - 2 \cdot G$ $= M_{\text{Zylinder}} + M_{\text{Kegel}} + G$

Erläuterung: Die Berechnung der **Oberfläche** zusammengesetzter Körper ist meist **deutlich schwieriger** also die Berechnung des Volumens.
Im Beispiel 1 steht die Pyramide direkt auf dem Quader, wodurch die Grundfläche der Pyramide unten nicht mehr „angemalt“ werden muss und somit nicht in die Oberflächenberechnung eingehen darf. Ebenso muss der Quader oben auf der Standfläche der Pyramide nicht mehr „angemalt‘ werden.
Insgesamt muss diese Grundfläche also zwei Mal abgezogen werden:
$O = O_{\text{Quader}} + O_{\text{Pyramide}} - 2 \cdot G_1$

frv.tv/8r

Aufgabe

Auf einem Würfel mit Kantenlänge 8 *cm* steht eine Pyramide mit gleicher Grundfläche und einer Höhe von 10 *cm*.

a) Berechnen Sie das Volumen des zusammengesetzten Körpers.

1. Berechnung des Volumens des Quaders:

$V_{Quader} = a^3 = 8^3 = 512\ cm^3$

2. Berechnung des Volumens der Pyramide:

$V_{Pyramide} = \frac{1}{3} \cdot a^2 \cdot h = \frac{1}{3} \cdot 8^2 \cdot 10 = 213,33\ cm^3$

3. Berechnung des Volumens des zusammengesetzten Körpers:

$V = V_{Quader} + V_{Pyramide} = 512 + 213,33 = 725,33\ cm^3$

b) Berechnen Sie die Oberfläche des zusammengesetzten Körpers.

1. Berechnung der Oberfläche des Quaders:

$O_{Quader} = 6 \cdot a^2 = 6 \cdot 8^2 = 384\ cm^2$

2. Berechnung der Seitenhöhe der Pyramide mit dem Satz des Pythagoras:

$$h^2 + \left(\frac{a}{2}\right)^2 = h_s^{\,2}$$
$$10^2 + 4^2 = h_s^{\,2}$$
$$116 = h_s^{\,2} \quad |\sqrt{\ }$$
$$10,77\ cm = h_s$$

3. Berechnung der Oberfläche der Pyramide:

$O_{Pyramide} = a^2 + 2 \cdot a \cdot h_s = 8^2 + 2 \cdot 8 \cdot 10,77 = 236,32\, cm^2$

5. Berechnung der Grundfläche des Quaders bzw. der Pyramide:

$G = a^2 = 8^2 = 64\ cm^2$

6. Berechnung der Oberfläche des zusammengesetzten Körpers:

$O = O_{Quader} + O_{Pyramide} - 2 \cdot G = 384 + 236,32 - 2 \cdot 64 = 492,32\ cm^2$

9. Wahrscheinlichkeitsrechnung

9.1 Baumdiagramm und Pfadregeln

Beispiel 1: In einer Urne befinden sich 4 rote, 3 blaue und 2 grüne Kugeln. Es werden nacheinander 2 Kugeln entnommen. Mit welcher Wahrscheinlichkeit wird 2-mal die gleiche Farbe gezogen? Entnommene Kugeln werden hierbei …

a) … wieder zurückgelegt. | **b)** … nicht wieder zurückgelegt.

Ziehen mit Zurücklegen	Ziehen ohne Zurücklegen
1. Schritt: Baumdiagramm anlegen	

a)

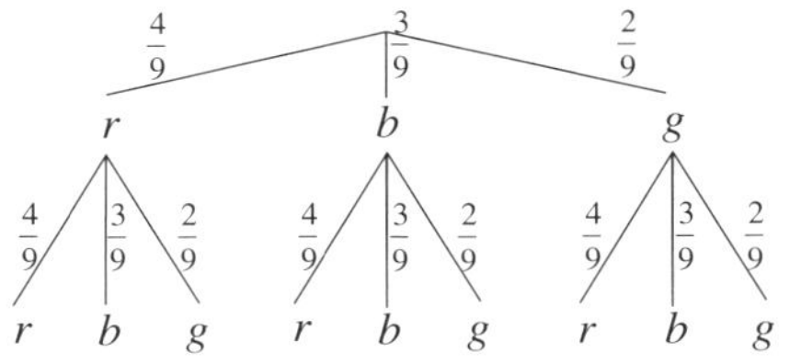

b)

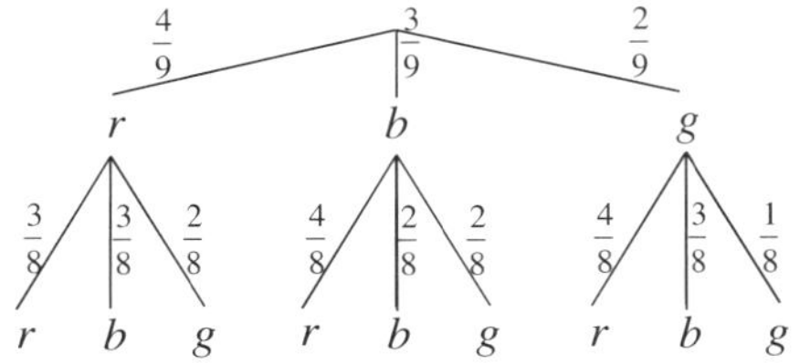

Achtung: Wahrscheinlichkeiten ändern sich von Stufe zu Stufe!

2. Schritt: Ereignis definieren, welches alle gefragten Ergebnisse enthält
$\mathrm{E} = \{rr; bb; gg\}$

3. Schritt: Wahrscheinlichkeit des Ereignisses berechnen	
$\mathrm{P(E)} = \mathrm{P}(rr) + \mathrm{P}(bb) + \mathrm{P}(gg)$ $= \frac{4}{9}\cdot\frac{4}{9} + \frac{3}{9}\cdot\frac{3}{9} + \frac{2}{9}\cdot\frac{2}{9} = \frac{29}{81} \approx 0,358$	$\mathrm{P(E)} = \mathrm{P}(rr) + \mathrm{P}(bb) + \mathrm{P}(gg)$ $= \frac{4}{9}\cdot\frac{3}{8} + \frac{3}{9}\cdot\frac{2}{8} + \frac{2}{9}\cdot\frac{1}{8} = \frac{5}{18} \approx 0,278$

Regeln

1. Pfadregel (Produktregel): Die Wahrscheinlichkeit für ein Ergebnis erhält man durch Multiplikation „entlang seines Ergebnispfades".

2. Pfadregel (Summenregel): Die Wahrscheinlichkeit für das gesuchte Ereignis erhält dadurch, dass man die Wahrscheinlichkeiten aller zugehörigen Ergebnisse addiert.

frv.tv/8s

Beispiel 2: Bei einer Polizeikontrolle sind üblicherweise 15 % der Fahrer alkoholisiert. Es werden 2 Autos kontrolliert.

a) Mit welcher Wahrscheinlichkeit sind beide Fahrer alkoholisiert?

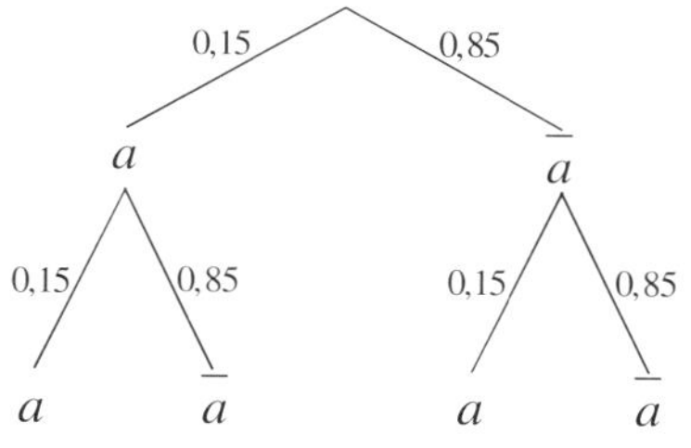

$E = \{aa\}$

$P(E) = P(aa) = 0,15 \cdot 0,15 = 0,0225 = 2,25\%$

b) Mit welcher Wahrscheinlichkeit ist genau ein Fahrer alkoholisiert?

$E = \{a\bar{a}; \bar{a}a\}$

$P(E) = P(a\bar{a}) + P(\bar{a}a)$

$= 0,15 \cdot 0,85 + 0,85 \cdot 0,15 = 0,255 = 25,5\%$

Beispiel 3: In einem Paket befinden sich 11 Smartphones. 4 davon sind vom Hersteller Samsung (*s*). Für 70 % der Handys eines jeden Herstellers wird eine Flatrate (*f*) gebucht. Ein Smartphone wird blind entnommen.
Mit welcher Wahrscheinlichkeit ist es nicht von Samsung und ohne Flatrate.

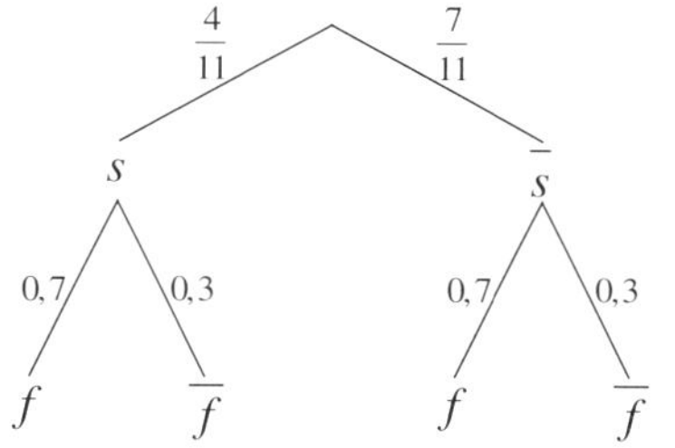

$E = \{\bar{s}\bar{f}\}$

$P(E) = P(\bar{s}\bar{f}) = \frac{7}{11} \cdot 0,3 \approx 0,191 = 19,1\%$

Beispiel 4: 30 % der 100 m-Läufer sind bei einem Wettkampf gedopt (*g*). Ein Dopingtest entlarvt gedopte Sportler mit einer Wahrscheinlichkeit von 99 %. Jedoch erhält auch ein nicht gedopter Sportler mit einer Wahrscheinlichkeit von 4 % ein positives Dopingtestergebnis (*p*). Mit welcher Wahrscheinlichkeit wird ein zufällig ausgewählter Läufer positiv getestet?

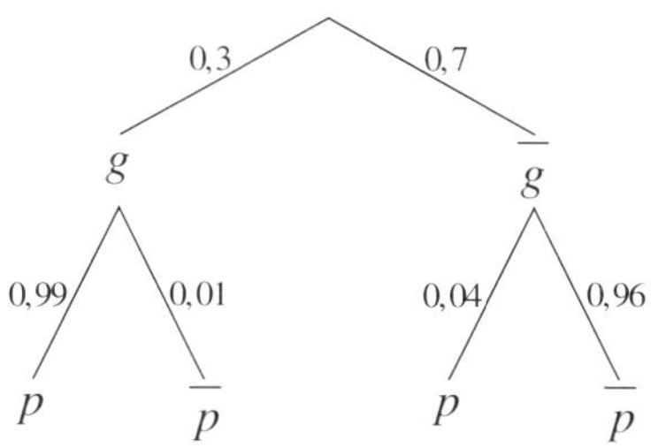

$E = \{gp; \bar{g}p\}$

$P(E) = P(gp) + P(\bar{g}p)$

$= 0,3 \cdot 0,99 + 0,7 \cdot 0,04 = 0,325 = 32,5\%$

Weitere Beispiele und Aufbau der zugehörigen Baumdiagramme

Ziehen mit Zurücklegen

Beispiel 1: Es befinden sich immer 10 Teile in einem Karton, von denen 3 Teile stets defekt sind.
Es werden 2 Kartons geöffnet und jeweils ein Bauteil wird entnommen.

Wahrscheinlichkeiten: $d: \frac{3}{10}$; $\overline{d}: \frac{7}{10}$

Beispiel 2: Ein Glücksrad mit 6 gleich großen Feldern (1 rotes Feld, 2 blaue Felder, 3 grüne Felder) wird 2-mal gedreht.

Wahrscheinlichkeiten: $r: \frac{1}{6}$; $b: \frac{2}{6}$; $g: \frac{3}{6}$

Beispiel 3: Ein Würfel wird 2-mal geworfen. (Oder: 2 Würfel werden gleichzeitig geworfen.)

Wahrscheinlichkeiten: $1: \frac{1}{6}$; $2: \frac{1}{6}$;...;$6: \frac{1}{6}$

Beispiel 4: Eine Prüfung besteht aus 2 Fragen. Bei jeder Frage gibt es 3 Antwortmöglichkeiten, von denen eine richtig ist. Der Prüfling rät.

Wahrscheinlichkeiten: $r: \frac{1}{3}$; $f: \frac{2}{3}$

Beispiel 5: Ein Schütze schießt 2-mal. Er trifft mit einer Wahrscheinlichkeit von 75 %.

Wahrscheinlichkeiten: $t: 0{,}75$; $\overline{t}: 0{,}25$

Ziehen ohne Zurücklegen

Beispiel 1: Es befinden sich 10 Teile in einem Karton. 3 Teile davon sind defekt. Aus dem Karton werden 2 Teile entnommen.

Wahrscheinlichkeiten: $d: \frac{3}{10}$; $\overline{d}: \frac{7}{10}$
(nur 1. Stufe)

Beispiel 2: In einer Lostrommel befinden sich 5 Gewinnlose und 25 Nieten. Es werden 2 Lose gezogen.

Wahrscheinlichkeiten: $G: \frac{5}{30}$; $N: \frac{25}{30}$
(nur 1. Stufe)

Beispiel 3: Eine Rubbelkarte hat 16 Felder. Nur eines davon führt zu einem Gewinn. Ein Spieler rubbelt 2 Felder auf.

Wahrscheinlichkeiten: $G: \frac{1}{16}$; $N: \frac{15}{16}$
(nur 1. Stufe)

Beispiel 4: Aus einem Skatkartenspiel mit jeweils 8 Karten der Farben Kreuz, Pik, Herz und Karo werden 2 Karten entnommen.

Wahrscheinlichkeiten (nur 1. Stufe):
$Kr: \frac{8}{32}$; $P: \frac{8}{32}$; $H: \frac{8}{32}$; $Ka: \frac{8}{32}$

Tipp

Sind in der Aufgabenstellung Wahrscheinlichkeitsangaben **in Prozent** angegeben, so liegt meist **„Ziehen mit Zurücklegen“** vor.

9.2 Aufgabentypen

Ausgangssituation (zu den Aufgabentypen 1-4)
In einer Urne befinden sich 5 rote, 4 blaue und 3 grüne Kugeln. Es werden 2 Kugeln ohne Zurücklegen entnommen.

Baumdiagramm

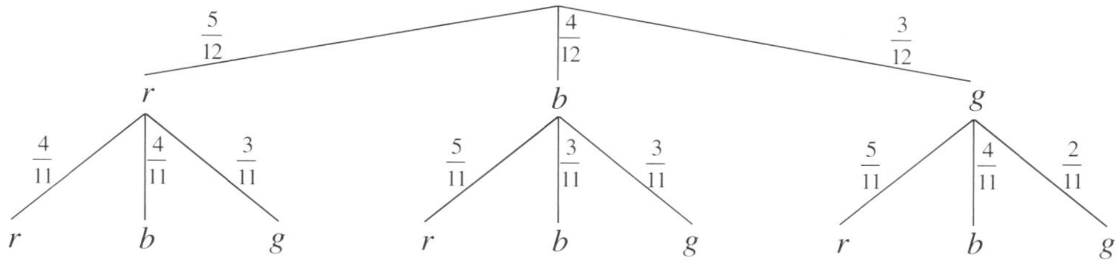

Aufgabentyp 1 (Vorgegebene Reihenfolge)

Mit welcher Wahrscheinlichkeit werden **zunächst** eine rote Kugel **und dann** eine blaue Kugel gezogen?

$\mathrm{E} = \{rb\}$

$\mathrm{P}(\mathrm{E}) = \mathrm{P}(rb) = \frac{5}{12} \cdot \frac{4}{11} = \frac{5}{33} \approx 0{,}152 = 15{,}2\ \%$

Aufgabentyp 2 (Ohne vorgegebene Reihenfolge, also ungeordnet)

Mit welcher Wahrscheinlichkeit werden (mit einem Griff) eine rote und eine blaue Kugel gezogen?

$\mathrm{E} = \{rb;\ br\}$ (keine vorgegebene Reihenfolge, größere Ergebnismenge)

$\mathrm{P}(\mathrm{E}) = \mathrm{P}(rb) + \mathrm{P}(br) = \frac{5}{12} \cdot \frac{4}{11} + \frac{4}{12} \cdot \frac{5}{11} = \frac{10}{33} = 0{,}303 = 30{,}3\ \%$

Hinweis: Bei der Ziehung „mit einem Griff“ liegt stets „Ziehen ohne Zurücklegen“ vor.

Aufgabentyp 3 (mit dem Gegenereignis arbeiten)

Mit welcher Wahrscheinlichkeit wird mindestens eine rote oder eine blaue Kugel gezogen?

$E = \{rr; rb; rg; bb; ...(\text{weitere})\}$

Idee: Nur wenige Ergebnisse aus der Ergebnismenge gehören nicht zum Ereignis E. Das **Gegenereignis** ($\overline{E}$: Nur grüne Kugeln) beinhaltet damit nur ein einziges Ergebnis, wodurch dessen Wahrscheinlichkeit schnell berechnet werden kann.

$\overline{E} = \{gg\}$

$$P(\overline{E}) = P(gg) = \frac{3}{12} \cdot \frac{2}{11} = \frac{3}{66} \approx 0{,}045 = 4{,}5\ \%$$

$$\mathbf{P(E)} = \mathbf{1 - P(\overline{E})} = 1 - \frac{3}{66} = \frac{63}{66} \approx 0{,}955 = 95{,}5\ \%$$

Falls die Signalwörter **„mindestens"** oder **„höchstens"** in Aufgabenstellungen enthalten sind, können diese oftmals mit dem **Gegenereignis** bearbeitet werden.

Aufgabentyp 4 („Äste zusammenlegen")

Mit welcher Wahrscheinlichkeit wird genau eine rote Kugel gezogen?

$E = \{rb; rg; ...(\text{weitere})\}$

Idee: Bei dieser Aufgabenstellung ist es nicht relevant, ob bei einem Zug eine blaue oder eine grüne Kugel gezogen wird. Es geht nur darum, ob die gezogene Kugel rot ist oder eben nicht. Deshalb können jene beiden Äste zu einem $\overline{r}$-Ast zusammengelegt werden. Hierdurch wird das Baumdiagramm kleiner.

$E = \{r\overline{r}; \overline{r}r\}$

$$P(E) = P(r\overline{r}) + P(\overline{r}r)$$
$$= \frac{5}{12} \cdot \frac{7}{11} + \frac{7}{12} \cdot \frac{5}{11}$$
$$= \frac{35}{66} \approx 0{,}5303 = 53{,}03\ \%$$

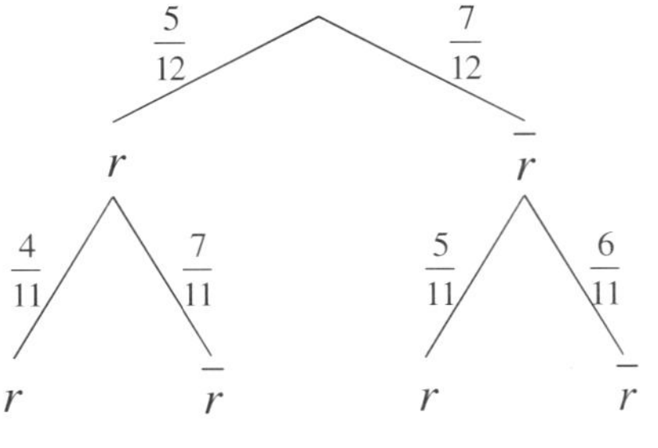

9.3 „Möglichkeitentabelle“ zur Wahrscheinlichkeitsberechnung

Aufgabenstellungen, die einen Überblick über viele Ergebnisse erfordern, können oftmals auch gut mit einer „Möglichkeitentabelle“ gelöst werden.

Beispiel: Ein Würfel wird zwei Mal geworfen. Berechne die Wahrscheinlichkeit, dass die Augensumme …

a) … größer als 10 ist.

b) … gerade ist.

c) … mindestens 3 und höchstens 6 beträgt.

„Möglichkeitentabelle“ mit 36 Möglichkeiten

In den Innenfeldern steht jeweils die Augensumme. Alle Ergebnisse sind gleich wahrscheinlich.

		Würfel 2						
		1	2	3	4	5	6	
Würfel 1	1	2	3	4	5	6	7	
	2	3	4	5	6	7	8	
	3	4	5	6	7	8	9	
	4	5	6	7	8	9	10	
	5	6	7	8	9	10	11	
	6	7	8	9	10	11	12	
								36

Durch die Regel: $\mathbf{P = \dfrac{Anzahl\ günstige\ Ergebnisse}{Anzahl\ mögliche\ Ergebnisse}}$ erhält man schnell die Lösungen:

a) $P = \dfrac{3}{36} \approx 0{,}0833 = 8{,}33\ \%$

b) $P = \dfrac{18}{36} = 0{,}5 = 50\ \%$

c) $P = \dfrac{14}{36} \approx 0{,}3889 = 38{,}89\ \%$

9.4 Erwartungswert

Beispiel 1: In einer Urne sind 2 rote Kugeln, eine blaue Kugel und eine grüne Kugel.
Bei einem Glückspiel zieht der Spieler eine Kugel.
Falls die Kugel rot ist, bekommt er 1 €. Falls die Kugel blau ist, bekommt er 2 €. Falls die Kugel grün ist, bekommt er 5 €.
Welche durchschnittliche Auszahlung kann ein Spieler pro Spiel erwarten?

Baumdiagramm

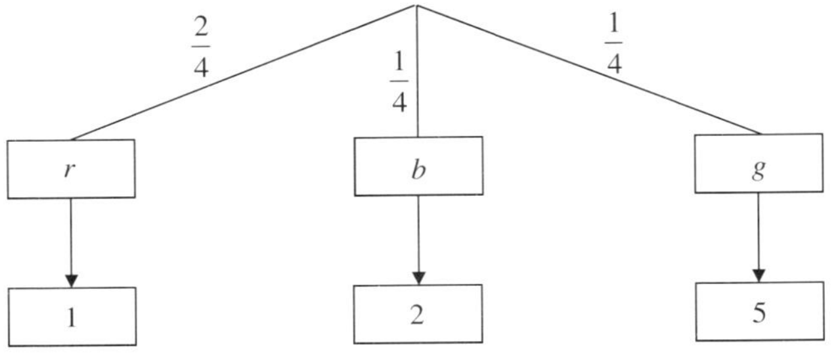

Auszahlungsplan an Spieler

Ergebnisse	*r*	*b*	*g*
Auszahlung	**1**	**2**	**5**
Wahrscheinlichkeit	$\mathbf{\frac{2}{4}}$	$\mathbf{\frac{1}{4}}$	$\mathbf{\frac{1}{4}}$

Erwartungswert

$$E = 1 \cdot \frac{2}{4} + 2 \cdot \frac{1}{4} + 5 \cdot \frac{1}{4} = 2,25 \text{ (im Beispiel)}$$

$$\mathbf{E = Wert_1 \cdot Wahrsch._1 + Wert_2 \cdot Wahrsch._2 + \ldots} \quad \textbf{(Formel)}$$

Ein Spieler kann pro Spiel eine Auszahlung von 2,25 € erwarten.

Beispiel 2

Beim Weihnachtsbasar führt die Klasse 10a der Realschule in Bühlertann ein Glücksspiel durch. Die Sektoren des dafür verwendeten Glücksrads sind rot, gelb und blau gefärbt.

Die Wahrscheinlichkeit für rot beträgt 20 % und für gelb $\frac{1}{4}$.

Der Spieler muss 2 € Einsatz bezahlen.
Bei rot bekommt der Spieler 4 €, bei gelb 3 € und bei blau 2 €.
Welchen Gewinn kann die Klasse 10a pro Spiel durchschnittlich erwarten?

Baumdiagramm

Zunächst wird die noch fehlende Wahrscheinlichkeit für die Farbe blau berechnet:

$$\text{P}(b) = 1 - P(r) - P(g) = 1 - 0{,}2 - \frac{1}{4} = 1 - 0{,}2 - 0{,}25 = 0{,}55$$

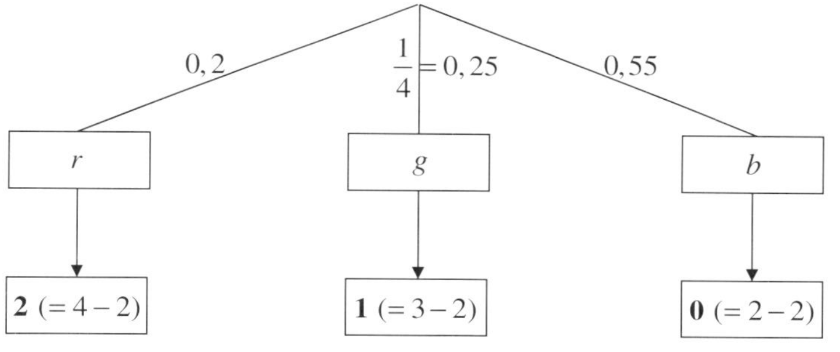

Hinweis: Gewinn des Spielers = Auszahlung − Einsatz

Gewinnplan der Klasse

Ergebnisse	r	g	b
Gewinn	**2**	**1**	**0**
Wahrscheinlichkeit	**0,20**	$\frac{1}{4} = \mathbf{0{,}25}$	**0,55**

Erwartungswert

$$\text{E} = 2 \cdot 0{,}20 + 1 \cdot 0{,}25 \; (+\, 0 \cdot 0{,}55\,) = 0{,}65$$

Die Klasse 10a kann pro Spiel durchschnittlich 0,65 € Gewinn erwarten.

Beispiel 3

Ein Spieler kann gegen einen Einsatz von 4 € an folgendem Spiel teilnehmen:
Er würfelt ein Mal. Bei einer geraden Zahl erhält er 3 €. Bei einer ungeraden Zahl erhält er den doppelten Betrag der gewürfelten Augenzahl.

Ist es günstig für den Spieler, bei diesem Spiel teilzunehmen?

1. Lösungsvariante: Man geht vom **Auszahlungsbetrag an den Spieler** aus.

Baumdiagramm

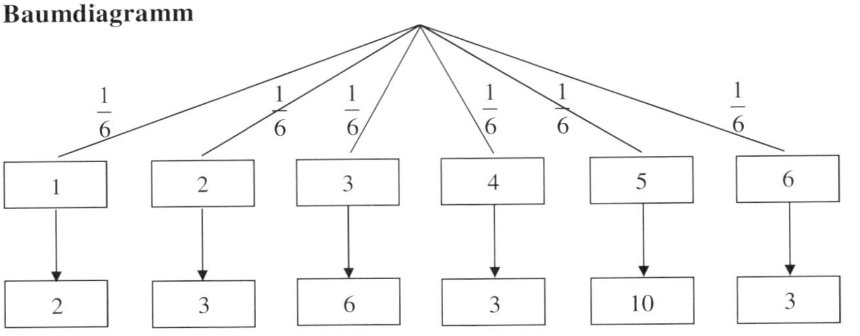

Auszahlungsplan an Spieler

Ergebnisse	2; 4; 6	5	3	1
Auszahlung	**3**	**10**	**6**	**2**
Wahrscheinlichkeit	$\frac{1}{6}+\frac{1}{6}+\frac{1}{6}=\mathbf{\frac{3}{6}}$	$\mathbf{\frac{1}{6}}$	$\mathbf{\frac{1}{6}}$	$\mathbf{\frac{1}{6}}$

Erwartungswert

$$E = 3\cdot\frac{3}{6} + 10\cdot\frac{1}{6} + 6\cdot\frac{1}{6} + 2\cdot\frac{1}{6} = 4{,}50\,€$$

Man geht vom Auszahlungsbetrag an den Spieler pro Spiel aus.
Somit gibt der Erwartungswert den zu **erwartenden Auszahlungsbetrag** pro Spiel an, den der Spieler (bei vielen Spielen) durchschnittlich pro Spiel erhalten würde.

Der Spieler erreicht hier durch seine Teilnahme einen erwarteten Auszahlungsbetrag von 4,50 € pro Spieldurchgang. Da dieser **höher als sein Einsatz** ist, ist das Spiel **günstig für den Spieler** (und ungünstig für den Anbieter).

2. Lösungsvariante: Man geht vom **Gewinn des Spielers** aus.

Hinweis : Gewinn des Spielers = Auszahlung – Einsatz

Gewinnplan des Spielers

Ergebnisse	2; 4; 6	5	3	1
Gewinn	**−1** $(=3-4)$	**6** $(=10-4)$	**2** $(=6-4)$	**−2** $(=2-4)$
Wahrscheinlichkeit	$\frac{1}{6}+\frac{1}{6}+\frac{1}{6}=\mathbf{\frac{3}{6}}$	$\mathbf{\frac{1}{6}}$	$\mathbf{\frac{1}{6}}$	$\mathbf{\frac{1}{6}}$

Erwartungswert

$$E = (-1)\cdot\frac{3}{6}+6\cdot\frac{1}{6}+2\cdot\frac{1}{6}+(-2)\cdot\frac{1}{6}=0{,}50\,€$$

Man geht vom Gewinn des Spielers pro Spiel aus.
Somit gibt der Erwartungswert den zu **erwartenden Gewinn** pro Spiel an, den der Spieler (bei vielen Spielen) durchschnittlich erhalten würde.
Der Spieler erreicht hier durch seine Teilnahme einen erwarteten Durchschnittsgewinn von 0,50 € pro Spieldurchgang. Da dieser **positiv** ist, ist das Spiel **günstig für den Spieler** (und ungünstig für den Anbieter).

Übersicht

Auszahlungsbetrag an Spieler	
E > **Einsatz**	günstig für Spieler
E = **Einsatz**	faires Spiel
E < **Einsatz**	günstig für Anbieter

Gewinn des Spielers	
E > **0**	günstig für Spieler
E = **0**	faires Spiel
E < **0**	günstig für Anbieter

II. Basisübungen

1. Rechengrundlagen

Aufgabe 1

Vereinfachen Sie die Terme, soweit wie möglich.

a) $3\cdot(7-x^2)$ **b)** $(3+2x)\cdot(6-4x)$ **c)** $6x-(5-3x)$

d) $(6+2x)\cdot(6-2x)$ **e)** $5x\cdot\left(-8-\frac{1}{5}x^2\right)$ **f)** $(4+8x)^2$

g) $-\sqrt{3}\cdot(\sqrt{3}-\sqrt{12}x)$ **h)** $(4-x)^2$ **i)** $(2x^3)^2\cdot\left(x+\frac{1}{4}\right)$

j) $(3+x)\cdot\left(\frac{1}{6}-2x\right)$ **k)** $\left(\frac{1}{2}+4x\right)^2$ **l)** $(\sqrt{6}+\sqrt{2}x)\cdot(\sqrt{6}-\sqrt{2}x)$

Aufgabe 2

Entscheiden Sie, ob es sich um eine der drei binomischen Formeln handelt.

Nr.	Term	1. Binomische Formel	2. Binomische Formel	3. Binomische Formel	Keine Binomische Formel
1	$(5+x)+(5-x)$	☐	☐	☐	☐
2	$\left(7+\frac{1}{4}x\right)\cdot\left(7-\frac{1}{4}x\right)$	☐	☐	☐	☐
3	$(6+x)\cdot(6+x)$	☐	☐	☐	☐
4	$\left(\frac{3}{4}-x\right)^2$	☐	☐	☐	☐
5	$\left(\frac{1}{2}+2x\right)\cdot\left(2-\frac{1}{2}x\right)$	☐	☐	☐	☐
6	$(3+1{,}5x)^2$	☐	☐	☐	☐
7	$(\sqrt{3}+x)\cdot(\sqrt{3}-x)$	☐	☐	☐	☐

2. Gleichungen

Aufgabe 3: Lösen Sie die Gleichungen.

a) $5x-6=4+3x$

b) $-\left(2x-\frac{1}{2}\right)=\frac{3}{2}-4x$

c) $x^2-30=2-x^2$

d) $x^2-4x+5=0$

e) $4x^2-8x=-4$

f) $3x^2+\frac{1}{2}x=\frac{1}{2}x+27$

g) $-\frac{1}{5}x^2=-\frac{3}{5}x-\frac{4}{5}$

h) $4x^2-4x-2=2x^2+4$

i) $\frac{3}{4}x^2=-\frac{1}{4}x^2+2x$

j) $2x^2-(40-x)=202+x$

k) $16x-8(x+1)=56$

l) $3x^2+9x+\frac{3}{4}=x+\frac{3}{4}$

Aufgabe 4: Lösen Sie die Linearen Gleichungssysteme.

a) (1) $y=7-3x$
(2) $y=2x-8$

b) (1) $2x-7y=10$
(2) $4x+7y=26$

c) (1) $y=5-x$
(2) $-2x+3y=20$

d) (1) $y=6-x$
(2) $y=x+8$

e) (1) $4x-3y=14$
(2) $6+y=2x$

f) (1) $3y=12-x$
(2) $-3x+8=-5y$

Aufgabe 5: Lösen Sie die Bruchgleichungen.

a) $\frac{x+3}{x+2}=\frac{1}{x}$

b) $\frac{7}{x+2}=\frac{6x-2}{x\cdot(x+2)}$

c) $\frac{30}{x}-\frac{16}{x+1}=\frac{13}{x-2}$

3. Lineare Funktionen (Geraden)

Aufgabe 6: Geben Sie die Gleichungen der eingezeichneten Geraden an.

A : ____________________

B : ____________________

C : ____________________

D : ____________________

E : ____________________

F : ____________________

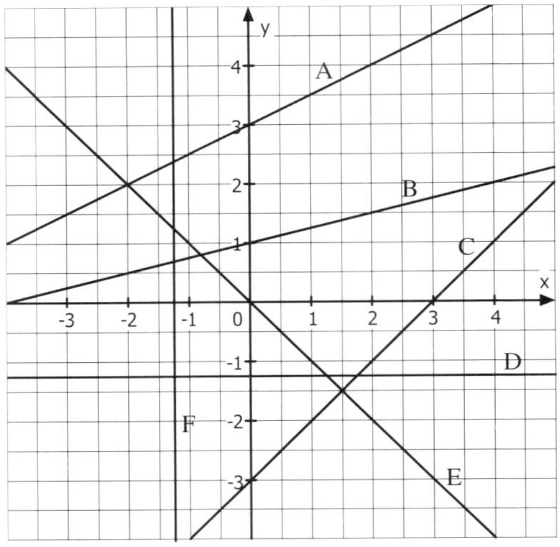

Aufgabe 7: Zeichnen Sie die Geraden ein.

A: $y = -\frac{3}{2}x - 2$

B: $y = -4x + 4$

C: $y = \frac{1}{3}x$

D: $y = x$

E: $y = 1 - x$

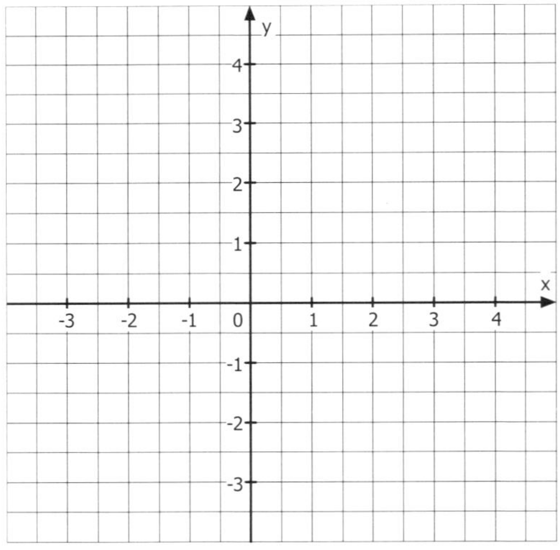

Aufgabe 8 : Geben Sie jeweils die Gleichung einer möglichen Geraden an.

a) Verläuft parallel zu $y = -2x + 3$: $y =$ ______________

b) Verläuft parallel zu $y = -x$: $y =$ ______________

c) Verläuft senkrecht zu $y = -2x + 3$: $y =$ ______________

d) Verläuft parallel zur x-Achse durch $P(2|-4)$: $y =$ ______________

e) Verläuft parallel zur y-Achse durch $P(2|-4)$: __ $=$ ______________

Aufgabe 9: Ermitteln Sie die Geradengleichungen rechnerisch. Kontrollieren Sie dann durch Einzeichnen in das Koordinatensystem.

a) Gerade verläuft durch $P(1|-2)$ und besitzt die Steigung -3.

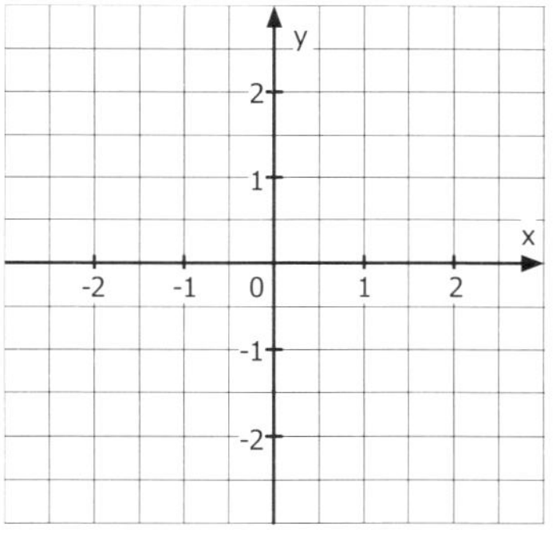

b) Gerade verläuft durch $P_1(-1|-1)$ und $P_2(2|1)$.

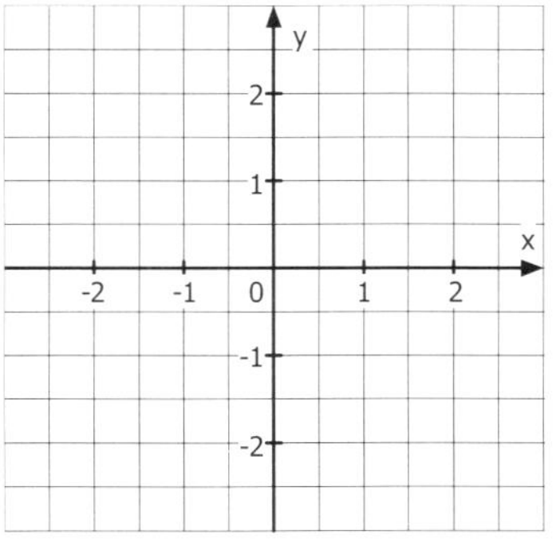

Aufgabe 10: Gegeben ist die Gerade g mit der Gleichung $y = 0,5x - 1$.

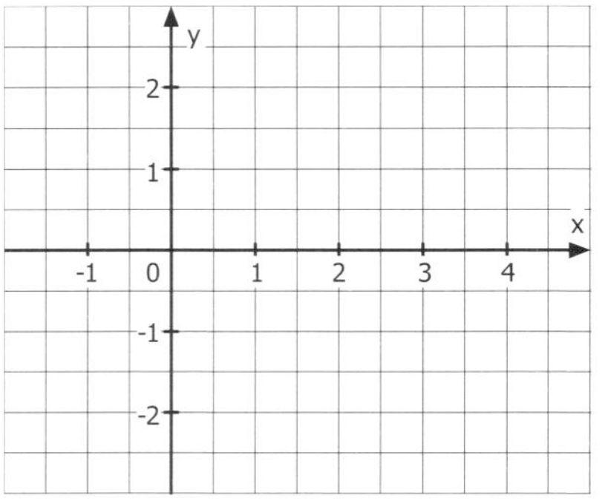

a) Zeichnen Sie diese in das nebenstehende Koordinatensystem ein.

(Kontrollieren Sie alle nachfolgenden Rechungen anhand der Zeichnung.)

b) Die Punkte $P_1(3\,|\,...)$ und $P_2(-1\,|\,...)$ liegen auf der Geraden. Berechnen Sie die zugehörigen y-Werte.

c) Die Punkte $P_3(...\,|\,1)$ und $P_4(...\,|\,-1,5)$ liegen auf g. Berechnen Sie die zugehörigen x-Werte.

d) Prüfen Sie rechnerisch nach, ob die beiden Punkte $P_5(-2\,|\,-2)$ und $P_6(5\,|\,2)$ auf g liegen.

e) Berechnen Sie die Schnittpunkte der Geraden g mit der x- und der y-Achse.

f) Zusätzlich sei die Gerade h mit der Gleichung $y = -1,5x + 3$ gegeben. Berechnen Sie die Koordinaten ihres Schnittpunktes mit der Geraden g.

4. Quadratische Funktionen (Parabeln)

Aufgabe 11: Ordnen Sie durch Buchstaben zu.

a) ___ : $y = 0{,}5x^2 - 0{,}5$

___ : $y = -0{,}5x^2 - 1$

___ : $y = 2x^2 + 1{,}5$

___ : $y = x^2 + 1$

___ : $y = -2x^2 - 1$

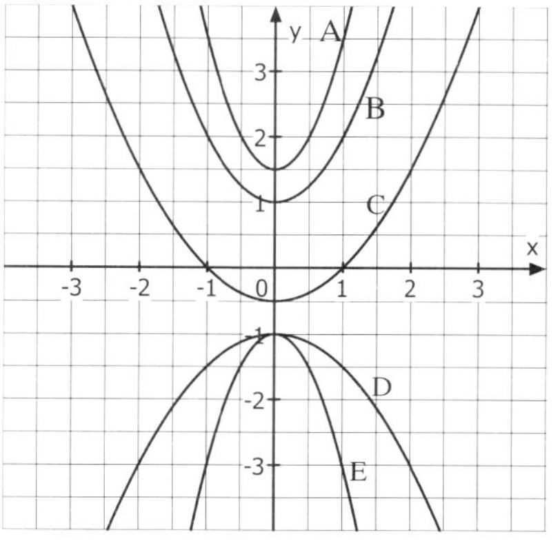

b) ___ : $y = (x-1)^2 - 1$

___ : $y = (x+1)^2 + 2$

___ : $y = (x+1)^2 - 2$

___ : $y = (x-3)^2$

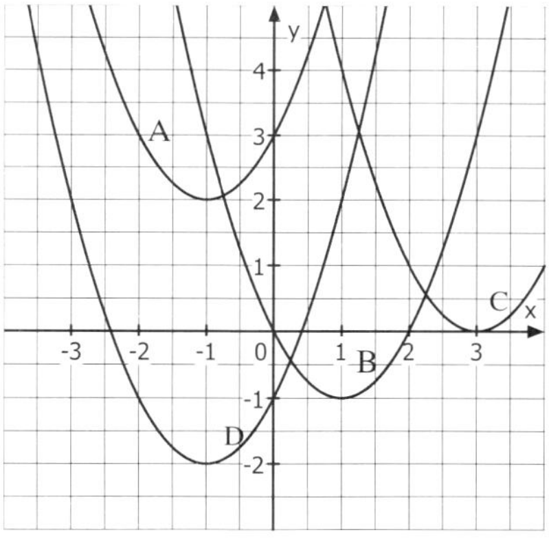

c) ___ : $y = x^2 - 2x + 2$

___ : $y = 2x^2 - 1$

___ : $y = (x-2)^2 + 2$

___ : $y = x^2 + x - 2$

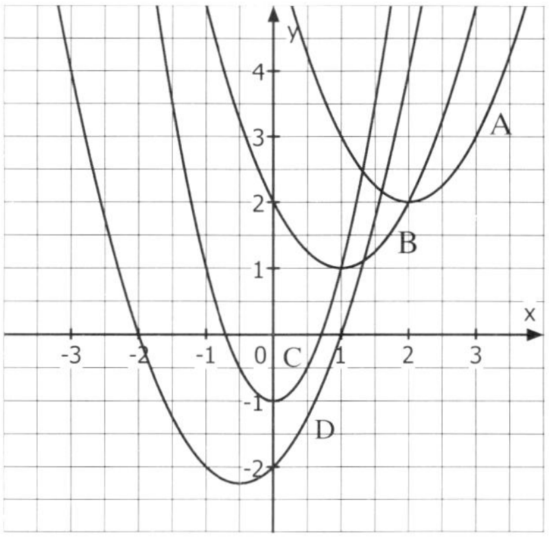

Aufgabe 12: Berechnen Sie die Koordinaten des Scheitelpunktes.

a) $y = x^2 - x + 7$

b) $y = x^2 - 2x + 1$

Aufgabe 13

Eine verschobene, nach oben geöffnete, Normalparabel schneidet in den Punkten $N_1(-2\,|\,0)$ und $N_2(1\,|\,0)$ die x-Achse.
Ermitteln Sie die Gleichung der Parabel.

Aufgabe 14

Eine verschobene, nach oben geöffnete, Normalparabel verläuft durch die Punkte $P_1(0\,|\,5)$ und $P_2(3\,|\,2)$.
Ermitteln Sie die Gleichung der Parabel.

Aufgabe 15

a) Geben Sie für jedes Schnittproblem den zugehörigen Rechenansatz an. Alle Rechenansätze führen auf die selbe quadratische Gleichung. Formen Sie hierzu eventuell um.

Schnitt von: $y = -x^2 - 4x - 4$ und x-Achse.	Schnitt von: $y = -x^2 - 3x$ und $y = x + 4$.	Schnitt von: $y = -x^2 - 4x - 3$ und $y = x^2 + 4x + 5$
________ = ________	________ = ________ ________ = ________	________ = ________ ________ = ________

b) Lösen Sie die quadratische Gleichung.

c) Ordnen Sie (durch Farben) jedem Schnittproblem aus **a)** jeweils eine der nachfolgenden Abbildungen zu.

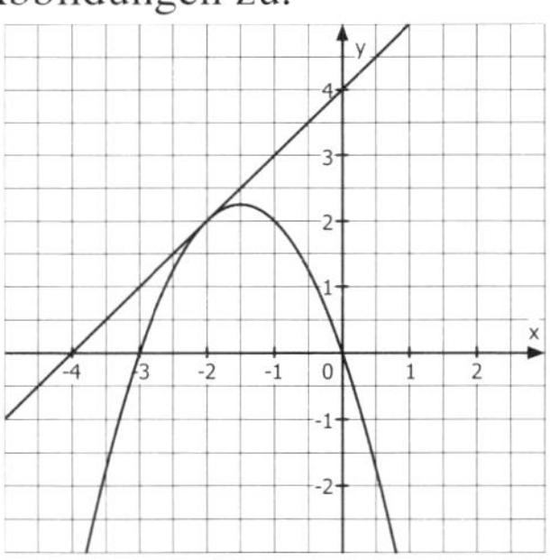

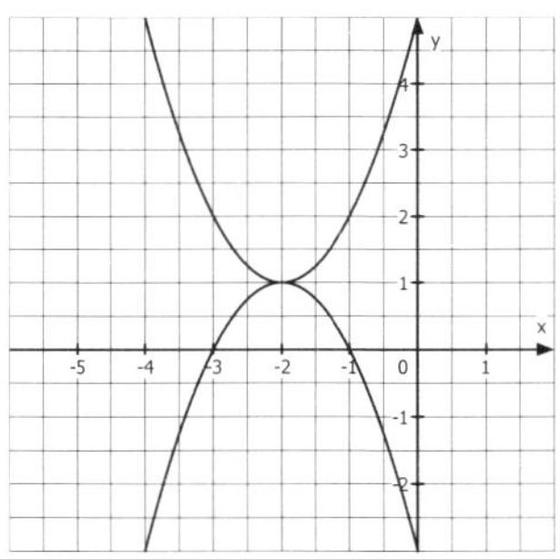

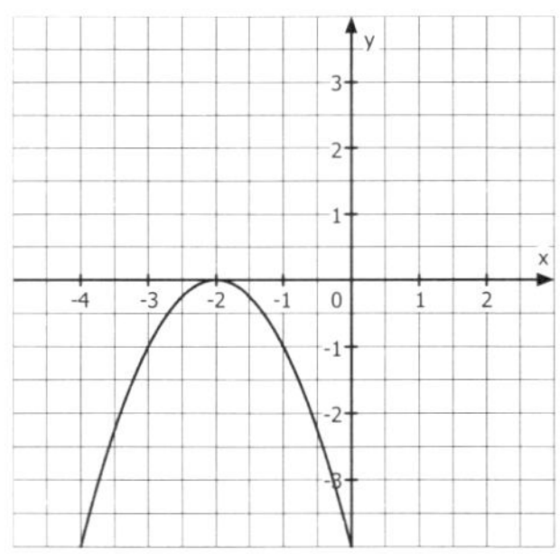

Aufgabe 16: Untersuchen Sie auf Schnittpunkte.

a) Der Parabel p mit $y = x^2 - x + 7$ und der x-Achse.

b) Der Gerade g mit $y = 8x + 5$ und der Parabel p mit $y = x^2 - 5$.

c) Der Parabel p_1 mit $y = 4x^2 - 6$ und der Parabel p_2 mit $y = x^2 - 9x + 6$.

5. Sachrechnen

Aufgabe 17: Das sich das neue iPhone schlecht verkauft, soll der Preis von 699 € auf 599 € gesenkt werden. Mit welcher prozentualen Preissenkung kann Apple werben?

Aufgabe 18: Eine Jacke kostet 110 €. Nun soll der Preis um 20 % gesenkt werden. Was kostet die Jacke dann?

Aufgabe 19: Nach einer Preissenkung um 20 % kostet eine Jacke noch 96 €. Was kostete die Jacke vor der Preissenkung?

Aufgabe 20: Eine Ware wird in einem Laden für 29,99 € angeboten. Der Umsatzsteuersatz bzw. Mehrwertsteuersatz beträgt 19 Prozent.
Wie hoch ist der Preis ohne Umsatzsteuer und wie hoch ist die Umsatzsteuer?

Aufgabe 21: Ein Kapital von 150 € wird ein Jahr lang zu einem Zinssatz von 2,5 % angelegt. Wie hoch ist der Zins und wie viel Geld hat man nach einem Jahr auf dem Konto?

Aufgabe 22: Eine Geldanlage bringt in einem Jahr bei einem Zinssatz von 1,75 % einen Zins von 31,50 €. Wie viel Kapital wurde angelegt und wie viel Geld hat man nach einem Jahr auf dem Konto?

Aufgabe 23: Nach der Anlage eines Kapitals von 1700 € für ein Jahr hat man nach der Zinsgutschrift 1738,25 € auf dem Konto. Wie hoch ist der Zinssatz?

Aufgabe 24: 11000 € werden für 5 Jahre angelegt. Einschließlich Zinseszinsen erhält man nach 5 Jahren 13383,18 €. Welchen Zinssatz hat die Bank gewährt?

6. Statistik

Aufgabe 25: Die Körpergröße von 13 Schülern wurde gemessen. Die gemessenen Werte (in *cm*) in der Reihenfolge, in der sie ermittelt wurden, ergeben die folgende ungeordnete Urliste: 169, 183, 178, 189, 173, 174, 166, 172, 163, 182, 171, 176, 166

a) Geben Sie das Minimum, das Maximum, die Spannweite, den Modalwert und das arithmetische Mittel an.

b) Erstellen Sie einen Boxplot.

Aufgabe 26

Dem nebenstehenden Diagramm können die Punktzahlen der Schüler einer Klasse bei einer Klassenarbeit entnommen werden.

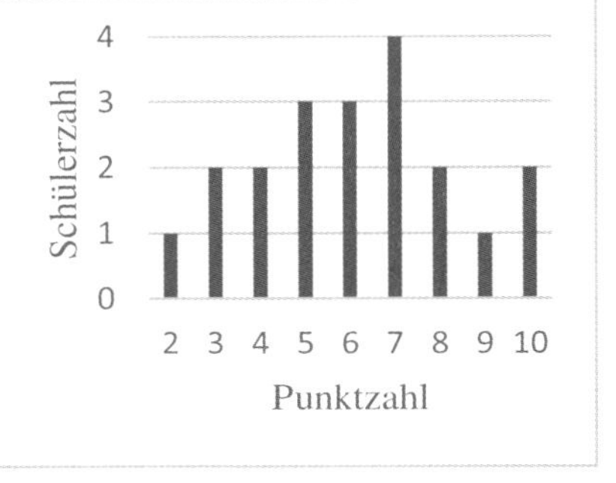

a) Stellen Sie die Daten als geordnete Liste dar.

b) Geben Sie das Minimum, das Maximum, die Spannweite, den Modalwert und das arithmetische Mittel an.

c) Erstellen Sie einen Boxplot.

7. Geometrie

Aufgabe 27 In einem rechtwinkligen Dreieck sind beide Katheten 3,5 *cm* lang. Wie lang ist die Hypotenuse?

Aufgabe 28: In einem rechtwinkligen Dreieck hat die Hypotenuse die Länge 0,8 *dm*. Eine Kathete ist 3 *cm* lang. Wie lang ist die andere Kathete?

Aufgabe 29 : Gegeben ist das Dreieck ABC mit $\alpha = 30°$, $\gamma = 90°$ und $b = 4\,cm$.

a) Wie groß ist der Winkel β?

b) Berechnen Sie die Länge der Seiten a und c.

c) Berechnen Sie den Flächeninhalt des Dreiecks.

d) Berechnen Sie den Umfang des Dreiecks.

Aufgabe 30 : In einem gleichseitigen Dreieck ist $a = 6\,cm$.

a) Berechnen Sie den Flächeninhalt des Dreiecks.

b) Berechnen Sie die Höhe.

Aufgabe 31

Gegeben ist das nebenstehende Dreieck.

a) Berechnen Sie die Winkel α und β'.

b) Berechnen Sie die Länge der Strecke $\overline{BD}$.

c) Berechnen Sie die Länge der Strecke $\overline{AD}$.

d) Berechnen Sie die Länge der Strecke $\overline{BP}$.

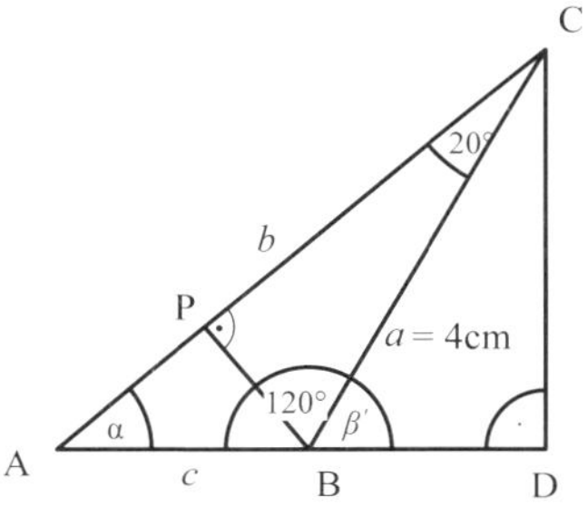

Aufgabe 32 : Ein Quadrat hat die Diagonale $e = 20\ cm$. Berechnen Sie die Seitenlänge.

Aufgabe 33 : Gegeben ist eine Raute mit $A = 21\,cm^2$ und $f = 4\ cm$. Berechnen Sie a.

Aufgabe 34

Ein Viereck hat die Eckpunkte A(1|1), B(5|2), C(4|4) und D(2|5).
Berechnen Sie Umfang und Flächeninhalt des Vierecks.

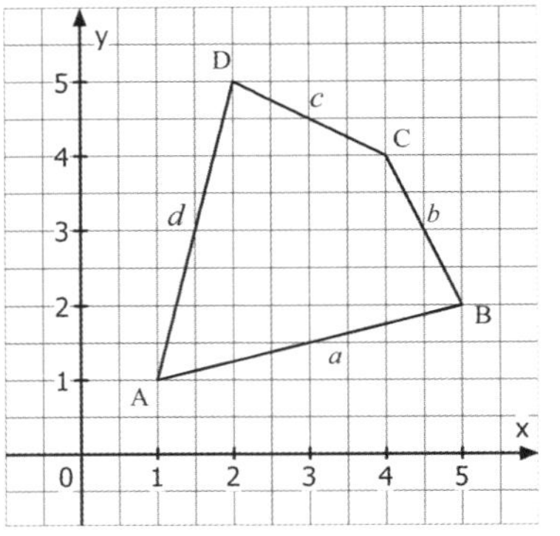

Aufgabe 35

Berechnen Sie die Fläche des regelmäßigen Fünfecks mit $a = 3\ cm$.

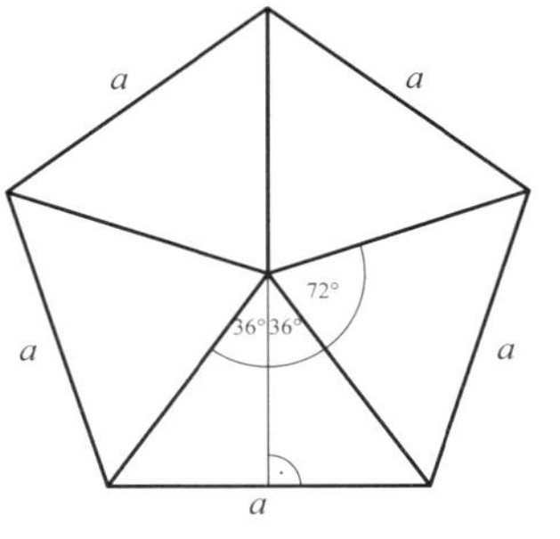

Aufgabe 36 : Ein Kreisausschnitt hat den Radius $2{,}8\,cm$ und den Mittelpunktswinkel $\alpha = 215°$.

a) Berechnen Sie den Flächeninhalt.

b) Berechnen Sie die Bogenlänge.

c) Berechnen Sie den Umfang.

Aufgabe 37 : Ein Kreisausschnitt hat den Flächeninhalt $A = 10{,}20\,dm^2$ und den Mittelpunktswinkel $\alpha = 187°$. Berechnen Sie den Radius.

Aufgabe 38 : Bei einem Kreisring hat der äußere Kreis eine Fläche von $706{,}86\,m^2$. Der innere Kreis hat einen Umfang von $62{,}83\ m$.

a) Berechnen Sie die Breite des Kreisrings.

b) Berechnen Sie den Flächeninhalt.

c) Berechnen Sie den Umfang.

8. Stereometrie

Aufgabe 39: Gegeben ist ein Würfel mit Kantenlänge 8 cm. Berechnen Sie das Volumen und die Oberfläche des Würfels.

Aufgabe 40 : Ein Würfel hat ein Volumen von $857{,}375\ cm^3$. Berechnen Sie die Kantenlänge.

Aufgabe 41 : Ein Zylinder hat ein Volumen von $572{,}56\ cm^3$ und eine Höhe von 9 cm. Berechnen Sie den Radius und die Oberfläche des Zylinders.

Aufgabe 42 : Ein Zylinder hat eine Oberfläche von $878{,}08\ m^2$ und eine Mantelfläche von $612{,}61 m^2$. Berechnen Sie den Radius und die Höhe.

Aufgabe 43 : Ein Kegel hat die Seitenkantenlänge $s = 5\ cm$ und den Öffnungswinkel $\gamma = 70°$ an der Spitze. Berechnen Sie das Volumen des Kegels.

Aufgabe 44 : Eine quadratische Pyramide hat die Grundfläche $G = 36\ cm^2$. Die Seitenkante s und die Grundkante a schließen einen Innenwinkel von $\alpha = 45°$ ein. Berechnen Sie die Oberfläche der Pyramide.

Aufgabe 45 : Bei einer regelmäßigen Fünfeckspyramide gelten $h_a = 4 cm$ und $h = 4 cm$. Berechnen Sie das Volumen der Pyramide.

Aufgabe 46 : Die Seitenkante einer quadratischen Pyramide hat die Länge 7,50 cm und schließt mit der Diagonalen der Grundfläche einen Winkel von 71,0° ein. Berechnen Sie das Volumen V der Pyramide.

Aufgabe 47 : Ein zusammengesetzter Körper besteht aus einem Zylinder und einer darüberliegenden Halbkugel mit gleichem Radius. Der Zylinder hat die Höhe 3 dm und der zusammengesetzte Körper hat die Oberfläche $75{,}40 dm^2$. Berechnen Sie den Radius.

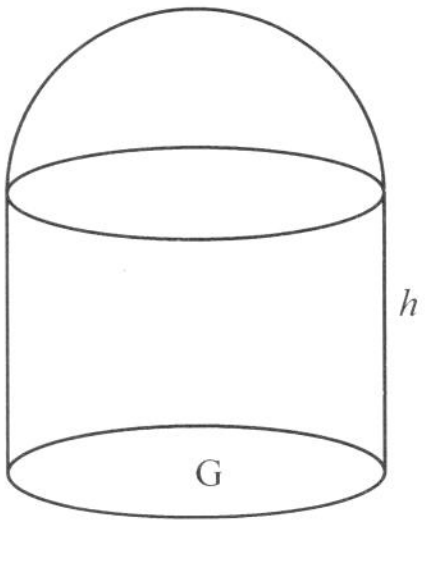

9. Wahrscheinlichkeitsrechnung

Aufgabe 48: Ein Würfel wird zwei Mal geworfen.

Mit welcher Wahrscheinlichkeit erhält man …

a) … zwei Mal die „6"?
b) … zwei Mal die gleiche Zahl?
c) … zuerst die „1" und dann die „2"?
d) … die „1" und die „2" (in beliebiger Reihenfolge)?
e) … keine „6"?
f) … bei mindestens einem Wurf die „3"?

Aufgabe 49: Auf einem Stapel befinden sich 10 Karten. 4 Asse, 3 Könige, 2 Damen und ein Bube. Ein Spieler hebt zwei Karten ab.

Mit welcher Wahrscheinlichkeit erhält er …

a) … zwei Buben?
b) … genau eine Dame und genau einen König?
c) … genau ein Ass und kein Bube?
d) … zwei Könige oder zwei Damen?
e) … höchstens ein Ass?

Aufgabe 50: Marco trifft einen Elfmeter mit einer Wahrscheinlichkeit von 80 %. Er schießt zwei Mal.
Mit welcher Wahrscheinlichkeit trifft er …

a) … gar nicht?
b) … genau ein Mal?

Aufgabe 51: Bei einem Spiel wird zwei Mal gewürfelt. Für jede „6" erhält der Spieler 4 €, ansonsten nichts. Das Spiel kostet 0,50 € Eintritt. Ist das Spiel fair?

Aufgabe 52: Ein Spiel kostet 3,20 € Eintritt. Der Spieler darf dann gleichzeitig 2 Kugeln aus einer Urne ziehen, welche zu Beginn 2 rote und 3 blaue Kugeln enthält. Für jede gezogene rote Kugel erhält der Spieler 1 €, für jede blaue Kugel 2 €. Ist das Spiel fair?

III. Lösungen zu den Basisübungen

Aufgabe 1

a)

$3 \cdot (7 - x^2) = 3 \cdot 7 - 3x^2 = 21 - 3x^2$

b)

$(3 + 2x) \cdot (6 - 4x)$

$= 3 \cdot 6 + 3 \cdot (-4x) + 2x \cdot 6 + 2x \cdot (-4x)$

$= 18 - 12x + 12x - 8x^2 = 18 - 8x^2$

c)

$6x - (5 - 3x) = 6x - 5 + 3x = 9x - 5$

d)

$(6 + 2x) \cdot (6 - 2x) = 6^2 - (2x)^2$

$= 36 - 4x^2$

e)

$5x \cdot (-8 - \frac{1}{5}x^2) = 5x \cdot (-8) + 5x \cdot (-\frac{1}{5}x^2)$

$= -40x - x^3$

f)

$(4 + 8x)^2 = 4^2 + 2 \cdot 4 \cdot 8x + (8x)^2 = 16 + 64x + 64x^2$

g)

$-\sqrt{3} \cdot (\sqrt{3} - \sqrt{12}x) = -\sqrt{3} \cdot \sqrt{3} - \sqrt{3} \cdot (-\sqrt{12}x)$

$= -\sqrt{9} + \sqrt{36}x = -3 + 6x$

h)

$(4 - x)^2 = 4^2 - 2 \cdot 4 \cdot x + x^2 = 16 - 8x + x^2$

i)

$(2x^3)^2 \cdot (x + \frac{1}{4}) = 4x^6 \cdot (x + \frac{1}{4}) = 4x^7 + x^6$

j)

$(3 + x) \cdot (\frac{1}{6} - 2x) = 3 \cdot \frac{1}{6} + 3 \cdot (-2x) + x \cdot \frac{1}{6} + x \cdot (-2x)$

$= \frac{1}{2} - 6x + \frac{1}{6}x - 2x^2 = \frac{1}{2} - \frac{35}{6}x - 2x^2$

k)

$(\frac{1}{2} + 4x)^2 = \frac{1}{4} + 4x + 16x^2$

l)

$(\sqrt{6} + \sqrt{2}x) \cdot (\sqrt{6} - \sqrt{2}x) = (\sqrt{6})^2 - (\sqrt{2}x)^2$

$= 6 - 2x^2$

Aufgabe 2.

Nr.	1. Bin. Formel	2. Bin. Formel	3. Bin. Formel	Keine Bin. Formel
1	☐	☐	☐	X
2	☐	☐	X	☐
3	X	☐	☐	☐
4	☐	X	☐	☐
5	☐	☐	☐	X
6	X	☐	☐	☐
7	☐	☐	X	☐

Aufgabe 3

a)

$$\begin{aligned} 5x-6 &= 4+3x \quad &|-3x \\ 2x-6 &= 4 \quad &|+6 \\ 2x &= 10 \quad &|:2 \\ x &= 5 \end{aligned}$$

b)

$$\begin{aligned} -(2x-\frac{1}{2}) &= \frac{3}{2}-4x \\ -2x+\frac{1}{2} &= \frac{3}{2}-4x \quad &|+4x \\ 2x+\frac{1}{2} &= \frac{3}{2} \quad &|-\frac{1}{2} \\ 2x &= 1 \quad &|:2 \\ x &= \frac{1}{2} \end{aligned}$$

c)

$$\begin{aligned} x^2-30 &= 2-x^2 \quad &|+x^2 \\ 2x^2-30 &= 2 \quad &|+30 \\ 2x^2 &= 32 \quad &|:2 \\ x^2 &= 16 \quad &|\sqrt{\ } \\ x_{1|2} &= \pm 4 \end{aligned}$$

$x_1 = -4;\ x_2 = 4$

d)

$x^2-4x+5=0$

mit *abc*-Formel

$$x_{1,2} = \frac{-b \pm \sqrt{b^2-4ac}}{2a}$$

$$x_{1,2} = \frac{4 \pm \sqrt{(-4)^2-4\cdot 1\cdot 5}}{2\cdot 1}$$

$$x_{1,2} = \frac{4 \pm \sqrt{16-20}}{2}$$

$$x_{1,2} = \frac{4 \pm \sqrt{-4}}{2}$$

aus einer negative Zahl darf man keine Wurzel ziehen (Diskriminante < 0) Also keine Lösung.

e)

$$\begin{aligned} 4x^2-8x &= -4 \quad &|+4 \\ 4x^2-8x+4 &= 0 \end{aligned}$$

mit *abc*-Formel

$$x_{1,2} = \frac{8 \pm \sqrt{(-8)^2-4\cdot 4\cdot 4}}{2\cdot 4}$$

$$x_{1,2} = \frac{8 \pm \sqrt{0}}{8}$$

$$x_{1,2} = \frac{8}{8} = 1$$

f)

$$\begin{aligned} 3x^2+\frac{1}{2}x &= \frac{1}{2}x+27 \quad &|-\frac{1}{2}x \\ 3x^2 &= 27 \quad &|:3 \\ x^2 &= 9 \quad &|\sqrt{\ } \end{aligned}$$

$x_1 = -3;\ x_2 = 3$

g)

$-\frac{1}{5}x^2 = -\frac{3}{5}x - \frac{4}{5} \qquad |+\frac{1}{5}x^2$

$0 = \frac{1}{5}x^2 - \frac{3}{5}x - \frac{4}{5} \quad |\cdot 5$

$0 = x^2 - 3x - 4$

mit *abc*-Formel

$x_{1,2} = \frac{+3 \pm \sqrt{(-3)^2 - 4\cdot 1\cdot(-4)}}{2\cdot 1}$

$x_{1,2} = \frac{3 \pm \sqrt{25}}{2}$

$x_{1,2} = \frac{3 \pm 5}{2}$

$x_1 = \frac{3+5}{2} = 4;$

$x_2 = \frac{3-5}{2} = -1$

h)

$4x^2 - 4x - 2 = 2x^2 + 4 \,|-2x^2 - 4$

$2x^2 - 4x - 6 = 0$

mit *abc*-Formel

$x_{1,2} = \frac{4 \pm \sqrt{(-4)^2 - 4\cdot 2\cdot(-6)}}{2\cdot 2}$

$x_{1,2} = \frac{4 \pm \sqrt{64}}{4}$

$x_{1,2} = \frac{4 \pm 8}{4}$

$x_1 = \frac{4+8}{4} = 3;$

$x_2 = \frac{4-8}{4} = -1$

i)

$\frac{3}{4}x^2 = -\frac{1}{4}x^2 + 2x \quad |-\frac{3}{4}x^2$

$0 = -1x^2 + 2x$

mit *abc*-Formel

$x_{1,2} = \frac{-2 \pm \sqrt{2^2 - 4\cdot(-1)\cdot 0}}{2\cdot(-1)}$

$x_{1,2} = \frac{-2 \pm \sqrt{4}}{-2}$

$x_{1,2} = \frac{-2 \pm 2}{-2}$

$x_1 = \frac{-2+2}{-2} = 0;$

$x_2 = \frac{-2-2}{-2} = 2$

j)

$2x^2 - (40 - x) = 202 + x$

$2x^2 - 40 + x = 202 + x \quad |-x$

$2x^2 - 40 = 202 \quad |+40$

$2x^2 = 242 \quad |:2$

$x^2 = 121 \quad |\sqrt{\ }$

$x_1 = -11;\ x_2 = 11$

k)

$16x - 8(x+1) = 56$

$16x - 8x - 8 = 56 \quad |+8$

$8x = 64 \quad |:8$

$x = 8$

l)

$3x^2 + 9x + \frac{3}{4} = x + \frac{3}{4} \qquad |-x-\frac{3}{4}$

$3x^2 + 8x = 0$

mit *abc*-Formel

$x_{1,2} = \frac{-8 \pm \sqrt{8^2 - 4\cdot 3\cdot 0}}{2\cdot 3}$

$x_{1,2} = \frac{-8 \pm \sqrt{64}}{6}$

$x_1 = \frac{-8+8}{6} = 0;$

$x_2 = \frac{-8-8}{6} = -\frac{16}{6} = -\frac{8}{3}$

Aufgabe 4

a)

(1) $y = 7 - 3x$

(2) $y = 2x - 8$

z.B. Gleichsetzungsverfahren

$7 - 3x = 2x - 8 \quad |+8$

$15 - 3x = 2x \quad |+3x$

$15 = 5x \quad |:5$

$3 = x$

$x = 3$ in Gleichung (2) einsetzen:

$y = 2\cdot 3 - 8 = -2$

b)

(1) $2x-7y=10$

(2) $4x+7y=26$

z.B. Additionsverfahren

$6x=36 \quad |:6$

$x=6$

$x=6$ in Gleichung (1) einsetzen:

$2\cdot 6-7y=10$

$12-7y=10 \quad |-12$

$-7y=-2 \quad |\div(-7)$

$y=\frac{2}{7}$

c)

(1) $y=5-x$

(2) $-2x+3y=20$

z.B. Einsetzungsverfahren (1) in (2) einsetzen:

$-2x+3\cdot(5-x)=20$

$-2x+15-3x=20 \quad |-15$

$-5x=5 \quad |:(-5)$

$x=-1$

x in Gleichung (1) einsetzen:

$y=5-(-1)=6$

d) (1) $y=6-x$

(2) $y=x+8$

z.B. Gleichsetzungsverfahren

$6-x=x+8 \quad |-6$

$-x=x+2 \quad |-x$

$-2x=2 \quad |:(-2)$

$x=-1$

$x=-1$ in Gleichung (1) einsetzen:

$y=6-(-1)=7$

e)

(1) $4x-3y=14$

(2) $6+y=2x \quad |-6$

z.B. Gleichung (2) nach y auflösen:

(2′) $y=2x-6$

Einsetzungsverfahren; (2′) in (1) einsetzen:

$4x-3\cdot(2x-6)=14$

$4x-6x+18=14 \quad |-18$

$-2x=-4 \quad |:(-2)$

$x=2$

x in Gleichung (2′) einsetzen:

$y=2\cdot 2-6=-2$

f)

(1) $3y=12-x \quad |\cdot(-3)$

(2) $-3x+8=-5y$

z.B. Gleichung (1) mit -3 multiplizieren und Gleichung (2) entsprechend anordnen:

(1) $-9y=-36+3x$

(2) $-5y=8-3x$

Additionsverfahren

$-14y=-28 \quad |:(-14)$

$y=2$

y in eine der Gleichungen einsetzen:

(1) $3\cdot 2=12-x \quad |-12$

$-6=-x \quad |:(-1)$

$x=6$

Aufgabe 5

a)

1. $\frac{x+3}{x+2}=\frac{1}{x}$

2. Hauptnenner (HN): $(x+2)\cdot x$

3. $D=R \setminus \{-2;\ 0\}$

4. $\frac{x+3}{x+2}=\frac{1}{x} \quad |\cdot(x+2)\cdot x$

$\cancel{(x+2)}\cdot x\cdot\frac{x+3}{\cancel{(x+2)}}=(x+2)\cdot\cancel{x}\cdot\frac{1}{\cancel{x}}$

$x\cdot(x+3)=x+2$

5. $x^2+3x=x+2$

$x^2+2x-2=0$

mit *bc*-Formel: $b=2;\ c=-2$

(oder *abc*-Formel)

$x_{1/2}=-\frac{2}{2}\pm\sqrt{\left(\frac{2}{2}\right)^2-(-2)}$

$x_{1/2}=-1\pm\sqrt{3}=-1\pm 1{,}73$

$x_1=-1-\sqrt{3}\approx-2{,}73;$

$x_2=-1+\sqrt{3}\approx 0{,}73$

6. $L=\{-2{,}73;\ 0{,}73\}$

b)

1. $\frac{7}{x+2}=\frac{6x-2}{x\cdot(x+2)}$

2. Hauptnenner (HN): $x\cdot(x+2)$

3. $D=R\setminus\{-2;\ 0\}$

4. $\frac{7}{x+2}=\frac{6x-2}{x\cdot(x+2)} \qquad |\cdot x\cdot(x+2)$

$x\cdot\cancel{(x+2)}\cdot\frac{7}{\cancel{x+2}}=\cancel{x}\cdot\cancel{(x+2)}\cdot\frac{6x-2}{\cancel{x}\cdot\cancel{(x+2)}}$

5. $7x=6x-2 \qquad |-6x$

$x=-2$

6. $L=\{\ \}$ ($x=-2$ nicht in Definitionsmenge)

c)1. $\frac{30}{x}-\frac{16}{x+1}=\frac{13}{x-2}$

2. Hauptnenner (HN): $x\cdot(x+1)\cdot(x-2)$

3. $D=R\setminus\{-1;\ 0;\ 2\}$

4. $\frac{30}{x}-\frac{16}{x+1}=\frac{13}{x-2} \qquad |\cdot x\cdot(x+1)\cdot(x-2)$

$\cancel{x}\cdot(x+1)\cdot(x-2)\cdot\frac{30}{\cancel{x}}-x\cdot\cancel{(x+1)}\cdot(x-2)\cdot\frac{16}{\cancel{x+1}}$

$=x\cdot(x+1)\cdot\cancel{(x-2)}\cdot\frac{13}{\cancel{x-2}}$

5.

$(x+1)\cdot(x-2)\cdot30-x\cdot(x-2)\cdot16=x\cdot(x+1)\cdot13$

$30x^2-30x-60-16x^2+32x=13x^2+13x$

$14x^2+2x-60=13x^2+13x$

$x^2-11x-60=0$

mit *bc*-Formel: $b=-11;\ c=-60$

$x_{1|2}=-\frac{-11}{2}\pm\sqrt{\left(\frac{-11}{2}\right)^2-(-60)}$

$=5,5\pm\sqrt{(-5,5)^2+60}=5,5\pm9,5$

$x_1=5,5-9,5=-4;$

$x_2=5,5+9,5=15$

6. $L=\{-4;\ 15\}$

Aufgabe 6

A: $y=\frac{1}{2}x+3 \quad (y=0,5x+3)$

B: $y=\frac{1}{4}x+1 \quad (y=0,25x+1)$

C: $y=x-3 \quad (y=1x-3)$

D: $y=-1,25$

E: $y=-x$ (2. Winkelhalbierende)

F: $x=-1,25$

Aufgabe 7

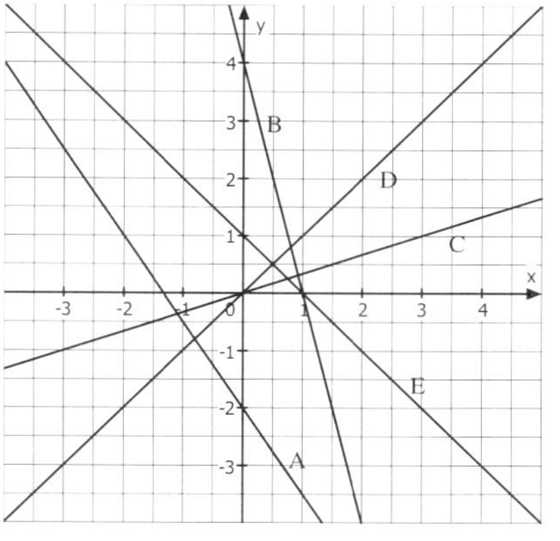

Aufgabe 8

a) $m_1 = -2;$
Bedingung für parallel: $m_1 = m_2$
$y = -2x + 1$ (c beliebig)

b) $m_1 = -1;$
Bedingung für parallel: $m_1 = m_2$
$y = -x + 1$ (c beliebig)

c) $m_1 = -2;$

Bedingung für senkrecht: $m_2 = \frac{-1}{m_1} = \frac{-1}{-2} = \frac{1}{2}$

$y = \frac{1}{2}x + 1$ (c beliebig)

d) $y = -4;$

e) $x = 2$

Aufgabe 9

a) Gegeben: P$(1 \mid -2)$; $m = -3$
Möglichkeit 1

$$\begin{aligned} y &= m \cdot x + c \\ -2 &= (-3) \cdot 1 + c \\ -2 &= -3 + c \quad \mid +3 \\ 1 &= c \end{aligned}$$

$\Rightarrow y = -3x + 1$

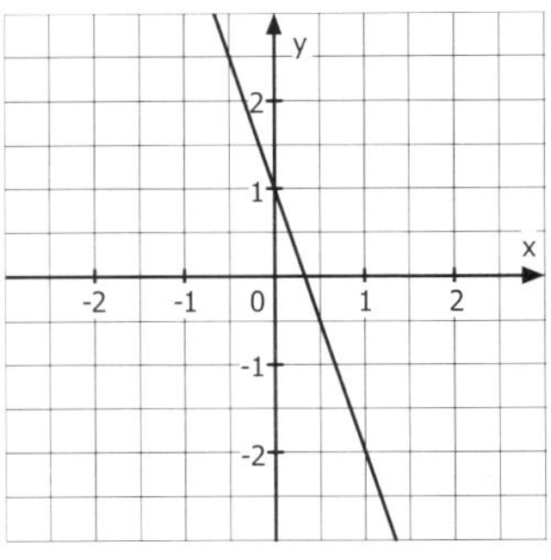

b) Gegeben: $P_1(-1 \mid -1)$; $P_2(2 \mid 1)$

$$m = \frac{y_2 - y_1}{x_2 - x_1} = \frac{1-(-1)}{2-(-1)} = \frac{2}{2+1} = \frac{2}{3}$$

$$\begin{aligned} y &= m \cdot x + c \\ -1 &= \frac{2}{3} \cdot (-1) + c \\ -1 &= -\frac{2}{3} + c \quad \mid +\frac{2}{3} \\ -\frac{1}{3} &= c \end{aligned}$$

$\Rightarrow y = \frac{2}{3}x - \frac{1}{3}$

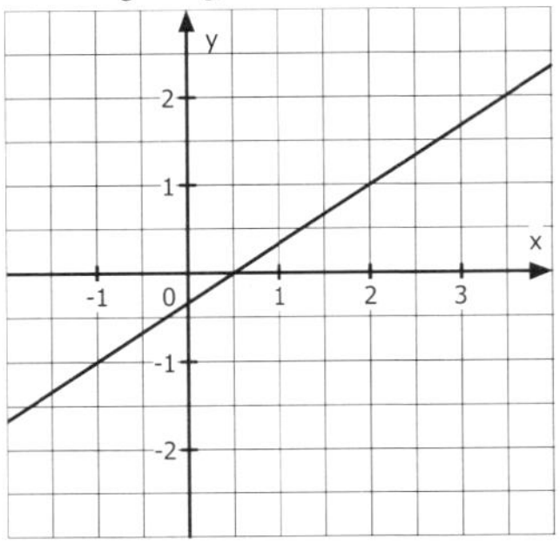

Aufgabe 10

a)

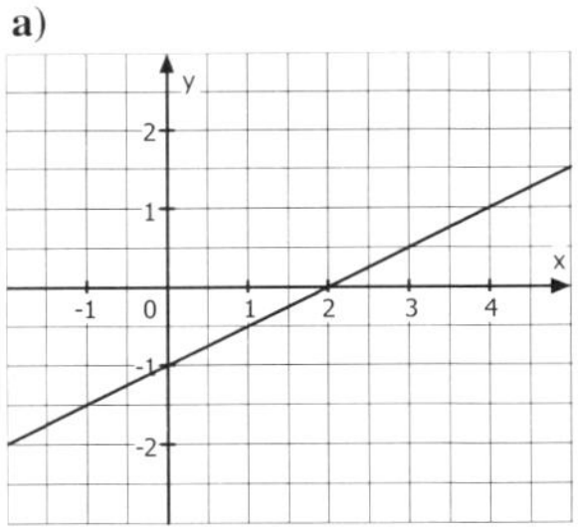

b) $P_1(3 \mid ...)$;
x-Wert einsetzen:
$y = 0,5 \cdot 3 - 1 = 1,5 - 1 = 0,5$
$\Rightarrow P_1(3 \mid 0,5)$

$P_2(-1 \mid ...)$;
x-Wert einsetzen:
$y = 0,5 \cdot (-1) - 1 = -0,5 - 1 = -1,5$
$\Rightarrow P_2(-1 \mid -1,5)$

c) $P_3(...\,|\,1)$;

$$\begin{aligned} 1 &= 0{,}5 \cdot x - 1 \quad &|+1 \\ 2 &= 0{,}5 \cdot x &|:0{,}5 \\ 4 &= x \end{aligned}$$

$\Rightarrow P_3(4\,|\,1)$

$P_4(...\,|\,-1{,}5)$;

$$\begin{aligned} -1{,}5 &= 0{,}5 \cdot x - 1 \quad &|+1 \\ -0{,}5 &= 0{,}5 \cdot x &|:0{,}5 \\ -1 &= x \end{aligned}$$

$\Rightarrow P_4(-1\,|\,-1{,}5)$

d) $P_5(-2\,|\,-2)$; Punktprobe

$$\begin{aligned} -2 &= 0{,}5 \cdot (-2) - 1 \\ -2 &= -1 - 1 \\ -2 &= -2 \end{aligned}$$

wahre Aussage $\Rightarrow$ P_5 auf Gerade

$P_6(5\,|\,2)$; Punktprobe

$$\begin{aligned} 2 &= 0{,}5 \cdot 5 - 1 \\ 2 &= 2{,}5 - 1 \\ 2 &\neq 1{,}5 \end{aligned}$$

falsche Aussage $\Rightarrow$ P_6 nicht auf Gerade

e) Schnittpunkt mit y-Achse:

$y = 0{,}5 \cdot 0 - 1 = 0 - 1 = -1$

$\Rightarrow S_y(0\,|\,-1)$

Schnittpunkt mit x-Achse:

$$\begin{aligned} 0{,}5x - 1 &= 0 \quad &|+1 \\ 0{,}5x &= 1 &|:0{,}5 \\ x &= 2 \end{aligned}$$

$\Rightarrow S_x(2\,|\,0)$

f) Gleichsetzen:

$$\begin{aligned} 0{,}5x - 1 &= -1{,}5x + 3 \quad &|+1{,}5x + 1 \\ 2x &= 4 &|:2 \\ x &= 2 \end{aligned}$$

Einsetzen:

$y = 0{,}5 \cdot 2 - 1 = 1 - 1 = 0$

(oder: $y = -1{,}5 \cdot 2 + 3 = -3 + 3 = 0$)

$\Rightarrow S(2\,|\,0)$

Aufgabe 11

a) <u>C</u> : $y = 0{,}5x^2 - 0{,}5$; Scheitel S(0|-0,5)

nach oben geöffnet, weiter als Normalparabel

<u>D</u> : $y = -0{,}5x^2 - 1$; Scheitel S(0|-1)

nach unten geöffnet, weiter als Normalparabel

<u>A</u> : $y = 2x^2 + 1{,}5$; Scheitel S(0|1,5)

nach oben geöffnet, enger als Normalparabel

<u>B</u> : $y = x^2 + 1$; Scheitel S(0|1)

nach oben geöffnete Normalparabel

<u>E</u> : $y = -2x^2 - 1$; Scheitel S(0|−1)

nach unten geöffnet, enger als Normalparabel

b) <u>B</u> : $y = (x-1)^2 - 1$; Scheitel S(1|1)

<u>A</u> : $y = (x+1)^2 + 2$; Scheitel S(−1|2)

<u>D</u> : $y = (x+1)^2 - 2$; Scheitel S(−1|−2)

<u>C</u> : $y = (x-3)^2$; Scheitel S(3|0)

c) <u>B</u> : $y = x^2 - 2x + 2 = (x-1)^2 + 1$

Scheitel S(1|1) nach oben geöffnete Normalparabel

<u>C</u> : $y = 2x^2 - 1$; Scheitel S(0|−1)

nach oben geöffnet, enger als Normalparabel

<u>A</u> : $y = (x-2)^2 + 2$; Scheitel S(2|2)

nach oben geöffnete Normalparabel

<u>D</u> : $y = x^2 + x - 2 = (x + 0{,}5)^2 - 2{,}25$

S(−0,5|−2,25) nach oben geöffnete Normalparabel

b) 1. Möglichkeit: abc-Formel

$$x_{1/2} = \frac{-b \pm \sqrt{b^2 - 4 \cdot a \cdot c}}{2 \cdot a}$$

$$= \frac{-(-4) \pm \sqrt{(-4)^2 - 4 \cdot (-1) \cdot (-4)}}{2 \cdot (-1)}$$

$$= \frac{4 \pm \sqrt{16-16}}{-2} = \frac{4 \pm \sqrt{0}}{-2} = \frac{4 \pm 0}{-2}$$

$$x_{1/2} = \frac{4 \pm 0}{-2} = \frac{4}{-2} = -2$$

Aufgabe 12

a) $y = x^2 - \mathbf{1}x + 7 = x^2 - x + \left(\frac{\mathbf{1}}{2}\right)^2 + 7 - \left(\frac{\mathbf{1}}{2}\right)^2$

$= x^2 - x + 0,25 + 7 - 0,25 = (x - 0,5)^2 + 6,75$

Scheitel S(0,5|6,75)

b) $y = x^2 - 2x + 1 = (x-1)^2$; Scheitel S(1|0)

Aufgabe 13

$N_1(-2\,|\,0)$; $N_2(1|0)$

x-Wert des Scheitels: $\frac{-2+1}{2} = -0,5$

$y = (x + 0,5)^2 + e$

N_1 einsetzen: $0 = (-2 + 0,5)^2 + e$

$0 = 2,25 + e \quad |-2,25$

$-2,25 = e$

Somit: $y = (x + 0,5)^2 - 2,25$

Aufgabe 14

$P_1(0\,|\,5)$; $P_2(3\,|\,2)$

$y = x^2 + bx + c$

P_1: $5 = 0^2 + b \cdot 0 + c$

$5 = c \qquad (1)$

P_2: $2 = 3^2 + b \cdot 3 + c \quad |-9-3b$

$-7 - 3b = c \qquad (2)$

Gleichsetzen von (1) und (2)

$5 = -7 - 3b \qquad |+7 \quad |:(-3)$

$-4 = b$

$y = x^2 - 4x + 5$

Aufgabe 15

a) Schnitt von $y = -x^2 - 4x - 4$ und x-Achse:

$-x^2 - 4x - 4 = 0$

Schnitt von $y = -x^2 - 3x$ und $y = x + 4$:

$-x^2 - 3x = x + 4 \qquad |-x-4$

$-x^2 - 4x - 4 = 0$

Schnitt der Parabeln:

$y = -x^2 - 4x - 3$ und $y = x^2 + 4x + 5$:

$-x^2 - 4x - 3 = x^2 + 4x + 5 \quad |-x^2 - 4x - 5$

$-2x^2 - 8x - 8 = 0 \qquad |:2$

$-x^2 - 4x - 4 = 0$

Mit bc-Formel

$-x^2 - 4x - 4 = 0 \quad |\cdot(-1)$

$x^2 + 4x + 4 = 0$

$x_{1/2} = -\frac{b}{2} \pm \sqrt{\left(\frac{b}{2}\right)^2 - c}$

$= -2 \pm \sqrt{2^2 - 4} = -2 \pm \sqrt{4 - 4} = -2 \pm \sqrt{0}$

$x_{1/2} = -2 \pm 0 = -2$

c)

Schnitt von: $y = -x^2 - 4x - 4$ und x-Achse.
Bild rechts

Schnitt von: $y = -x^2 - 3x$ und $y = x + 4$
Bild links

Schnitt von: $y = -x^2 - 4x - 3$
und $y = x^2 + 4x + 5$
Bild mittig

Hinweis: In allen Fällen erhält man einen Berührpunkt, da die Diskriminante den Wert 0 hat.

Aufgabe 16

a) Ansatz: $0 = x^2 - x + 7$

$$x_{1/2} = -\frac{-1}{2} \pm \sqrt{\left(\frac{-1}{2}\right)^2 - 7} = 0,5 \pm \sqrt{\mathbf{-6,75}}$$

Da die **Diskriminante** negativ ist, schneidet die Parabel die x-Achse nicht.

b) Ansatz: $8x + 5 = x^2 - 5 \quad | -8x - 5$

$$0 = x^2 - 8x - 10$$

$$x_{1/2} = -\frac{-8}{2} \pm \sqrt{\left(\frac{-8}{2}\right)^2 - (-10)} = 4 \pm \sqrt{26} = 4 \pm 5,10$$

$x_1 = 4 - 5,10 = -1,10$

$x_2 = 4 + 5,10 = 9,10$

y-Werte der Schnittpunkte durch Einsetzen von x.

x_1 in $g: y_1 = 8 \cdot (-1,10) + 5 = -3,80$

$\Rightarrow$ Schnittpunkt $P_1(-1,10 \mid -3,80)$

x_2 in $g: y_2 = 8 \cdot (9,10) + 5 = 77,80$

$\Rightarrow$ Schnittpunkt $P_2(9,10 \mid 77,80)$

c) Ansatz: $4x^2 - 6 = x^2 - 9x + 6 \quad | -x^2 + 9x - 6$

$$3x^2 + 9x - 12 = 0 \quad |:3$$

$$x^2 + 3x - 4 = 0$$

$$x_{1/2} = -\frac{3}{2} \pm \sqrt{\left(\frac{3}{2}\right)^2 - (-4)} = -1,5 \pm 2,5$$

$x_1 = -1,5 - 2,5 = -4$

$x_2 = -1,5 + 2,5 = 1$

x_1 in $p_1: y_1 = 4 \cdot (-4)^2 - 6 = 58$

$\Rightarrow$ Schnittpunkt $P_1(-4 \mid 58)$

x_2 in $p_1: y_2 = 4 \cdot 1^2 - 6 = -2$

$\Rightarrow$ Schnittpunkt $P_2(1 \mid -2)$

Aufgabe 17

$G = 699\,€; \; W = 599\,€$

$$W = G \cdot \frac{p}{100}$$

$$599 = 699 \cdot \frac{p}{100} \quad |: \frac{699}{100}$$

$85,69 = p$

A: Apple kann mit einer Preissenkung von $100\,\% - 85,69\,\% = 14,31\,\%$ werben.

Aufgabe 18

$G = 110\,€; \; p = 20\,\%$

$$W = G \cdot \frac{p}{100}$$

$$W = 110 \cdot \frac{20}{100} = 22\,€$$

A: Die Jacke kostet nach der Preissenkung $110\,€ - 22\,€ = 88\,€$.

Aufgabe 19

$W = 96\,€; \; p = 100 - 20 = 80\;(\%)$

$$W = G \cdot \frac{p}{100}$$

$$96 = G \cdot \frac{80}{100} \quad |: \frac{80}{100}$$

$120\,€ = G$

A: Die Jacke kostete vor der Preissenkung 120 €.

Aufgabe 20

$W = 29,99\,€; \; p = 100 + 19 = 119\,(\%)$

$$W = G \cdot \frac{p}{100}$$

$$29,99 = G \cdot \frac{119}{100} \quad |: \frac{119}{100}$$

$25,20\,€ = G$

A: Der Preis ohne Umsatzsteuer beträgt 25,20 €.

Die Umsatzsteuer beträgt $29,99\,€ - 25,20\,€ = 4,79\,€$.

Aufgabe 21

$K = 150\,€; \; p = 2,5\;(\%)$

$$Z = K \cdot \frac{p}{100} = 150 \cdot \frac{2,5}{100} = 3,75\,€$$

A: Der Zins ist 3,75 € hoch und man hat nach einem Jahr $150\,€ + 3,75\,€ = 153,75\,€$ auf dem Konto.

Aufgabe 22

$Z = 31{,}50\ €;\ p = 1{,}75\ (\%)$

$$Z = K \cdot \frac{p}{100}$$

$$31{,}50 = K \cdot \frac{1{,}75}{100} \quad | : \frac{1{,}75}{100}$$

$$1800\ € = K$$

A: Es wurden 1800 € angelegt. Nach einem Jahr hat man 1800 € + 31,50 € = 1831,50 € auf dem Konto.

Aufgabe 23

$K = 1700\ €;\ Z = 1738{,}25 - 1700 = 38{,}25\ €$

$$Z = K \cdot \frac{p}{100}$$

$$38{,}25 = 1700 \cdot \frac{p}{100} \quad | : \frac{1700}{100}$$

$$2{,}25 = p$$

A: Der Zinssatz beträgt 2,25 %.

Aufgabe 24

$K_0 = 11000\ €;\ K_5 = 13383{,}18\ €;\ n = 5$ (Jahre)

$$K_5 = K_0 \cdot q^5$$

$$13383{,}18 = 11000 \cdot q^5 \quad | : 11000$$

$$\frac{13383{,}18}{11000} = q^5 \quad | \sqrt[5]{\ }$$

$$1{,}0400 = q = 104{,}00\ \%$$

A: Die Bank hat einen Zinssatz von 104 % − 100 % = 4 % gewählt.

Aufgabe 25

a)

geordnete Liste:

163; 166; 166; 169; 171; 172; 173; 174; 176; 178; 182; 183; 189

$x_{min} = 163cm;\ x_{max} = 189cm;\ d = 189 - 163 = 26cm$

$m = 166cm;\ \bar{x} = \frac{163 + 166 + ... + 189}{13} = 174cm$

b)

1. $n = 13$ **2.** $q_u : 0{,}25 \cdot 13 = 3{,}25$ **3.** $q_u = 169cm$ (4. Wert)

$z:\ 0{,}5 \cdot 13 = 6{,}5 \qquad z = 173cm$ (7. Wert)

$q_o : 0{,}75 \cdot 13 = 9{,}75 \qquad q_o = 178cm$ (10. Wert)

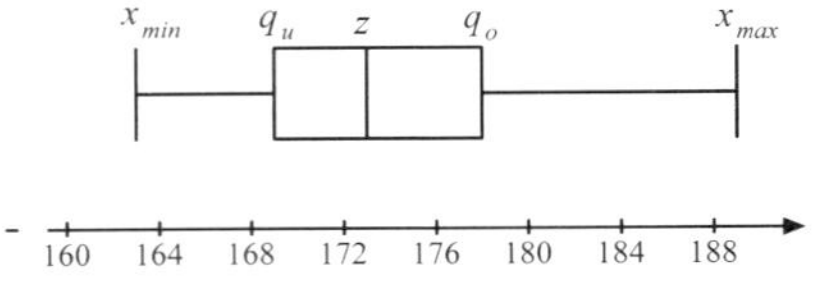

Aufgabe 26

a)

geordnete Liste:

2; 3; 3; 4; 4; 5; 5; 5; 6; 6; 6; 7; 7; 7; 7; 8; 8; 9; 10; 10

(3 hat z.B. die absolute Häufigkeit 2 und erscheint 2 Mal)

b)

$x_{min} = 2;\ x_{max} = 10;\ d = 10 - 2 = 8;\ m = 7$

$\bar{x} = \frac{2 + 3 + 3 + ... + 10}{20} = 6{,}1$

1. $n = 20$

2. $q_u : 0{,}25 \cdot 20 = 5$ **3.** $q_u = \frac{4+5}{2} = 4{,}5$

(∅ 5. und 6. Wert)

$z:\ 0{,}5 \cdot 20 = 10 \qquad z = \frac{6+6}{2} = 6$

(∅ 10. und 11. Wert)

$q_o : 0{,}75 \cdot 20 = 15 \qquad q_o = \frac{7+8}{2} = 7{,}5$

(∅ 15. und 16. Wert)

c)

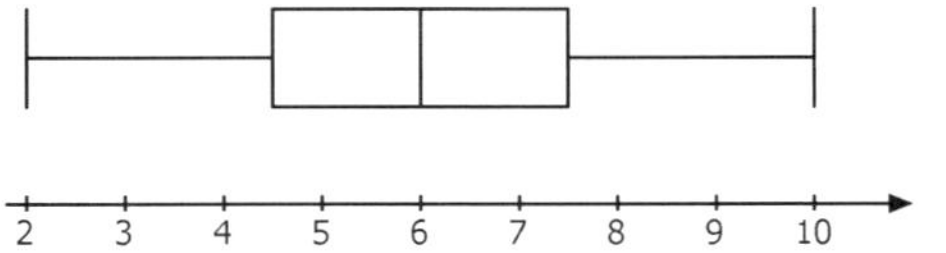

Aufgabe 27

$$a^2+b^2=c^2$$
$$3,5^2+3,5^2=c^2$$
$$12,25+12,25=c^2$$
$$24,5=c^2\ |\sqrt{\ }$$
$$4,95\,cm=c$$

Aufgabe 28

$c=0,8\,dm=8cm;\ b=3\,cm;$
gesucht ist a

$$a^2+b^2=c^2$$
$$a^2+3^2=8^2$$
$$a^2+9=64\quad |-9$$
$$a^2=55\quad |\sqrt{\ }$$
$$a=7,42\,cm$$

Aufgabe 29

a)
$\beta=180°-\alpha-\gamma=180°-30°-90°=60°$

b)

$$\tan(\alpha)=\frac{a}{b}$$
$$\tan(30°)=\frac{a}{4}$$
$$0,58=\frac{a}{4}\quad |\cdot 4$$
$$2,32cm=a$$
$$a^2+b^2=c^2$$
$$2,32^2+4^2=c^2$$
$$5,38+16=c^2$$
$$21,38=c^2\quad |\sqrt{\ }$$
$$4,62\,cm=c$$

c)
Das Dreieck ist rechtwinklig mit der Hypotenuse c.
$A=\frac{1}{2}\cdot a\cdot b=\frac{1}{2}\cdot 2,32\cdot 4=4,64\ cm^2$

d)
$u=a+b+c=2,32+4+4,62=10,94\ cm$

Aufgabe 30

a) $A=\frac{1}{4}\cdot a^2\cdot\sqrt{3}=\frac{1}{4}\cdot 6^2\cdot\sqrt{3}=15,59\,cm^2$

b) $A=\frac{1}{2}\cdot a\cdot h_a$

$$15,59=\frac{1}{2}\cdot 6\cdot h_a$$
$$15,59=3\cdot h_a\quad |:3$$
$$5,20cm=h_a$$

Aufgabe 31

a) $\alpha=180°-\beta-\gamma=180°-120°-20°=40°$
$\beta'=180°-\beta=180°-120°=60°$

b) $\cos(\beta')=\frac{\overline{BD}}{a}$

$$\cos(60°)=\frac{\overline{BD}}{4}$$
$$0,5=\frac{\overline{BD}}{4}\quad |\cdot 4$$
$$2\,cm=\overline{BD}$$

c)

$$\overline{BD}^2+\overline{CD}^2=a^2$$
$$2^2+\overline{CD}^2=4^2$$
$$4+\overline{CD}^2=16\quad |-4$$
$$\overline{CD}^2=12\quad |\sqrt{\ }$$
$$\overline{CD}=3,46\,cm$$

$$\tan(\alpha)=\frac{\overline{CD}}{\overline{AD}}$$
$$\tan(40°)=\frac{3,46}{\overline{AD}}$$
$$0,84=\frac{3,46}{\overline{AD}}\quad |\cdot\overline{AD}$$
$$0,84\cdot\overline{AD}=3,46\quad |:0,84$$
$$\overline{AD}=4,12\,cm$$

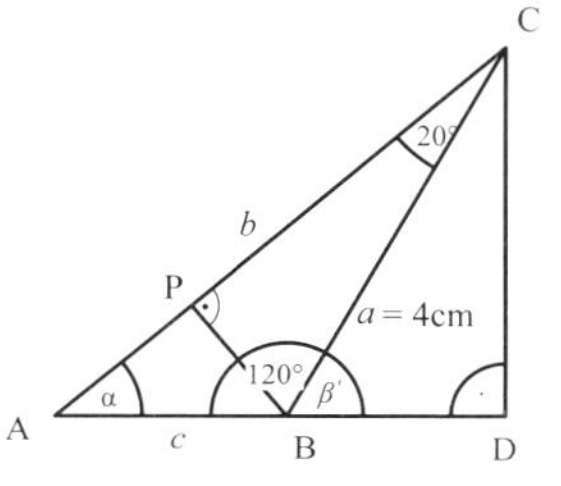

d) $c = \overline{AD} - \overline{BD} = 4{,}12 - 2 = 2{,}12cm$

$$\sin(\alpha) = \frac{\overline{BP}}{c}$$

$$\sin(40°) = \frac{\overline{BP}}{2{,}12}$$

$$0{,}64 = \frac{\overline{BP}}{2{,}12} \quad | \cdot 2{,}12$$

$$1{,}36\ cm = \overline{BP}$$

Aufgabe 32

$$a^2 + a^2 = e^2$$

$$2 \cdot a^2 = 20^2$$

$$2 \cdot a^2 = 400 \quad |:2$$

$$a^2 = 200 \quad |\sqrt{\ }$$

$$a = 14{,}14\ cm$$

oder

$$e = a \cdot \sqrt{2}$$

$$20 = a \cdot \sqrt{2} \quad |:\sqrt{2}$$

$$14{,}14\,cm = a$$

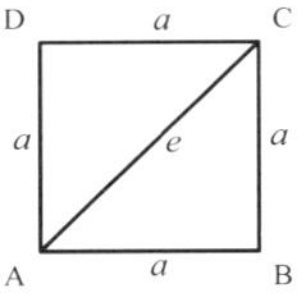

Aufgabe 33

$$A = \frac{1}{2} \cdot e \cdot f$$

$$21 = \frac{1}{2} \cdot e \cdot 4$$

$$21 = 2e \quad |:2$$

$$10{,}5\ cm = e$$

$$\left(\frac{e}{2}\right)^2 + \left(\frac{f}{2}\right)^2 = a^2$$

$$\left(\frac{10{,}5}{2}\right)^2 + \left(\frac{4}{2}\right)^2 = a^2$$

$$27{,}56 + 4 = a^2$$

$$31{,}56 = a^2 \quad |\sqrt{\ }$$

$$5{,}62\,cm = a$$

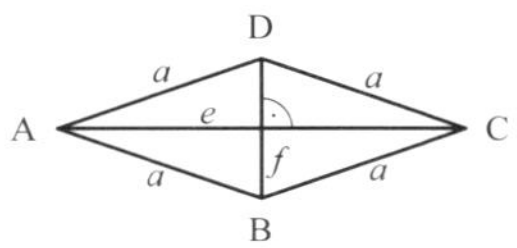

Aufgabe 34

$$a^2 = \overline{AB}^2 = (x_B - x_A)^2 + (y_B - y_A)^2$$

$$a^2 = (5-1)^2 + (2-1)^2$$

$$a^2 = 17 \quad |\sqrt{\ }$$

$$a = 4{,}12\,LE$$

$$b^2 = \overline{BC}^2 = (x_C - x_B)^2 + (y_C - y_B)^2$$

$$b^2 = (4-5)^2 + (4-2)^2$$

$$b^2 = 5 \quad |\sqrt{\ }$$

$$b = 2{,}24\,LE$$

$$c^2 = (2-4)^2 + (5-4)^2$$

$$c^2 = 5 \quad |\sqrt{\ }$$

$$c = 2{,}24\,LE$$

$$d^2 = (1-2)^2 + (1-5)^2$$

$$d^2 = 17 \quad |\sqrt{\ }$$

$$d = 4{,}12\ LE$$

$$u = a + b + c + d$$

$$= 4{,}12 + 2{,}24 + 2{,}24 + 4{,}12 = 12{,}72\ LE$$

Aufgabe 35

Das Fünfeck besteht aus 5 gleichschenkligen Dreiecken.

Der Basiswinkel ist $\alpha = \frac{360°}{5} = 72°$.

Durch Einzeichnen von h_a werden α und a halbiert.

$$\tan\left(\frac{\alpha}{2}\right) = \frac{a/2}{h_a}$$

$$\tan(36°) = \frac{1{,}5}{h_a}$$

$$0{,}73 = \frac{1{,}5}{h_a} \quad | \cdot h_a$$

$$0{,}73\,h_a = 1{,}5 \quad |:0{,}73$$

$$h_a = 2{,}05\ cm$$

$$A_{\text{Dreieck}} = \frac{1}{2} \cdot a \cdot h_a = \frac{1}{2} \cdot 3 \cdot 2{,}05 = 3{,}08\ cm^2$$

$$A = 5 \cdot A_{\text{Dreieck}} = 5 \cdot 3{,}08 = 15{,}40\ cm^2$$

Aufgabe 36

a)

$$A=\pi\cdot r^2\cdot\frac{\alpha}{360°}=\pi\cdot 2{,}80^2\cdot\frac{215°}{360°}=14{,}71\,cm^2$$

b)

$$b=2\pi\cdot r\cdot\frac{\alpha}{360°}=2\pi\cdot 2{,}80\cdot\frac{215°}{360°}=10{,}51\,cm$$

c)

$$u=b+2r=10{,}51+2\cdot 2{,}80=16{,}11\,cm$$

Aufgabe 37

$$\begin{aligned}A&=\pi\cdot r^2\cdot\frac{\alpha}{360°}\\10{,}20&=\pi\cdot r^2\cdot\frac{187°}{360°}\\10{,}20&=1{,}63r^2 && |:1{,}63\\6{,}26&=r^2 && |\sqrt{\ }\\2{,}50\,dm&=r\end{aligned}$$

Aufgabe 38

a)

$$\begin{aligned}A_{\text{äuß. Kreis}}&=\pi\cdot r_2^2\\706{,}86&=\pi\cdot r_2^2 && |:\pi\\225{,}00&=r_2^2 && |\sqrt{\ }\\15{,}00\,m&=r_2\end{aligned}$$

$$\begin{aligned}u_{\text{inn. Kreis}}&=2\pi\cdot r_1\\62{,}83&=2\pi\cdot r_1 && |:(2\pi)\\10{,}00\,m&=r_1\end{aligned}$$

$$b=r_2-r_1=15{,}00-10{,}00=5{,}00\ m$$

b)

$$A=\pi\cdot(r_2^2-r_1^2)=\pi\cdot(15{,}00^2-10{,}00^2)=392{,}70\ m^2$$

c)

$$u=2\pi\cdot(r_1+r_2)=2\pi\cdot(10{,}00+15{,}00)=157{,}08\ m$$

Aufgabe 39

$$V=a^3=8^3=512\,cm^3$$
$$O=6\cdot a^2=6\cdot 8^2=384\,cm^2$$

Aufgabe 40

$$\begin{aligned}V&=a^3\\857{,}375&=a^3 && |\sqrt[3]{\ }\\9{,}50\,cm&=a\end{aligned}$$

Aufgabe 41

$$\begin{aligned}V&=\pi\cdot r^2\cdot h\\572{,}56&=\pi\cdot r^2\cdot 9 && |:(9\pi)\\20{,}25&=r^2 && |\sqrt{\ }\\4{,}50\,cm&=r\end{aligned}$$

$$\begin{aligned}O&=2\pi\cdot r^2+2\pi\cdot r\cdot h\\&=2\pi\cdot 4{,}50^2+2\pi\cdot 4{,}50\cdot 9=381{,}70cm^2\end{aligned}$$

Aufgabe 42

O – M ergibt 2 Mal die Grundfläche G.

$$\begin{aligned} O - M &= 2G \\ 878{,}08 - 612{,}61 &= 2\pi \cdot r^2 \\ 265{,}47 &= 2\pi \cdot r^2 \quad |:(2\pi) \\ 42{,}25 &= r^2 \quad |\sqrt{\ } \\ 6{,}50\ cm &= r \end{aligned}$$

$$\begin{aligned} M &= 2\pi \cdot r \cdot h \\ 612{,}61 &= 2\pi \cdot 6{,}50 \cdot h \\ 612{,}61 &= 40{,}84h \quad |:40{,}84 \\ 15{,}00\,cm &= h \end{aligned}$$

Aufgabe 43

Gerechnet wird mit 35° (der Hälfte des Öffnungswinkels).

$$\begin{aligned} \sin(35°) &= \frac{r}{s} \\ 0{,}57 &= \frac{r}{5} \quad |\cdot 5 \\ 2{,}85\,cm &= r \end{aligned}$$

$$\begin{aligned} r^2 + h^2 &= s^2 \\ 2{,}85^2 + h^2 &= 5^2 \\ 8{,}12 + h^2 &= 25 \quad |-8{,}12 \\ h^2 &= 16{,}88 \quad |\sqrt{\ } \\ h &= 4{,}11cm \end{aligned}$$

$$V = \frac{1}{3}\pi \cdot r^2 \cdot h = \frac{1}{3}\pi \cdot 2{,}85^2 \cdot 4{,}11 = 34{,}96\ cm^3$$

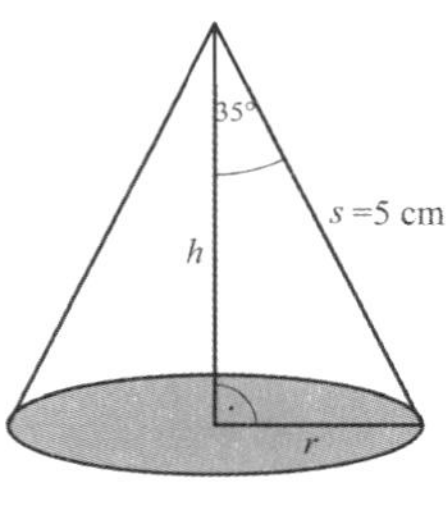

Aufgabe 44

$$\begin{aligned} G &= a^2 \\ 36 &= a^2 \quad |\sqrt{\ } \\ 6\,cm &= a \end{aligned}$$

$$\begin{aligned} \tan(45°) &= \frac{h_s}{a/2} \\ 1 &= \frac{h_s}{6/2} \quad |\cdot 3 \\ 3\,cm &= h_s \end{aligned}$$

$$O = a^2 + 2 \cdot a \cdot h_s = 6^2 + 2 \cdot 6 \cdot 3 = 72\,cm^2$$

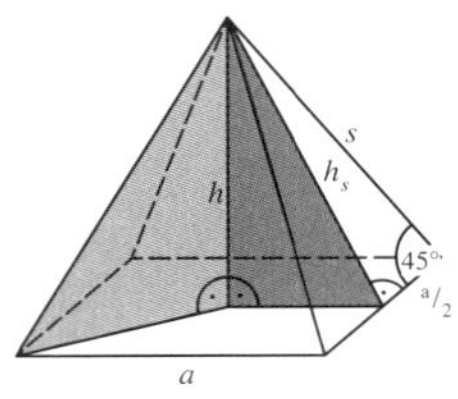

Aufgabe 45

$$\alpha = \frac{360°}{n} = \frac{360°}{5} = 72°$$

$$\begin{aligned} \tan\left(\frac{\alpha}{2}\right) &= \frac{a/2}{h_a} \\ \tan(36°) &= \frac{a/2}{4} \\ 0{,}73 &= \frac{a}{8} \quad |\cdot 8 \\ 5{,}84\,cm &= a \end{aligned}$$

$$V = \frac{1}{3} \cdot \frac{n \cdot a \cdot h_a}{2} \cdot h = \frac{1}{3} \cdot \frac{5 \cdot 5{,}84 \cdot 4}{2} \cdot 4 = 77{,}87\,cm^3$$

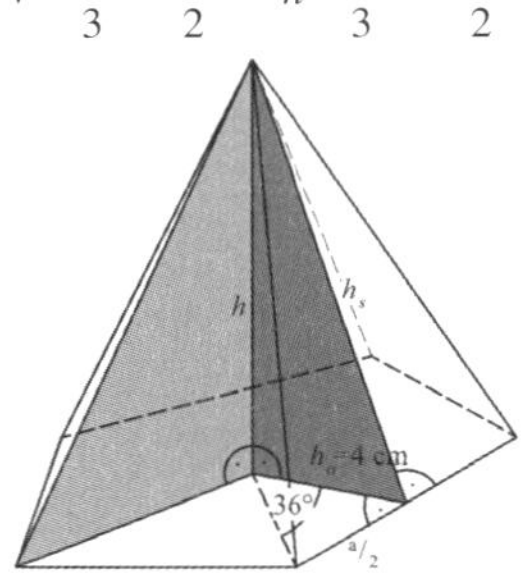

Aufgabe 46

$$\sin(71°) = \frac{h}{s}$$
$$0{,}95 = \frac{h}{7{,}5} \quad |\cdot 7{,}5$$
$$7{,}13\,cm = h$$

Die dritte Seite des Dreiecks ist halb so lang wie die Diagonale der Grundfläche.

$$\frac{1}{2}\cdot d = \frac{1}{2}\cdot a\cdot\sqrt{2} = \frac{a}{2}\sqrt{2}$$
$$\cos(71°) = \frac{\frac{a}{2}\sqrt{2}}{s}$$
$$0{,}33 = \frac{\frac{a}{2}\sqrt{2}}{7{,}5}$$
$$0{,}33 = 0{,}094a \quad |:0{,}094$$
$$3{,}51\,cm = a$$

$$V = \frac{1}{3}\cdot a^2\cdot h = \frac{1}{3}\cdot 3{,}51^2\cdot 7{,}13 = 29{,}28\ cm^3$$

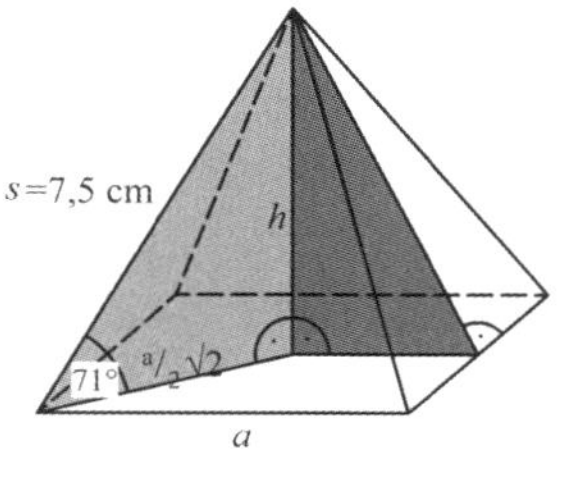

Aufgabe 47

$$O = G + M_{\text{Zylinder}} + \frac{1}{2}\cdot O_{\text{Kugel}}$$
$$O = \pi\cdot r^2 + 2\pi\cdot r\cdot h + \frac{1}{2}\cdot 4\pi\cdot r^2$$
$$75{,}40 = 3\pi\cdot r^2 + 2\pi\cdot r\cdot 3 \quad |-75{,}40$$
$$0 = 3\pi\cdot r^2 + 6\pi\cdot r - 75{,}40 \ |:(3\pi)$$
$$0 = r^2 + 2\cdot r - 8{,}00$$

$$r_{1/2} = -\frac{2}{2} \pm \sqrt{\left(\frac{2}{2}\right)^2 - (-8)} = -1 \pm \sqrt{9} = -1 \pm 3$$

($r_1 = -1-3 = -4$; entfällt da negativ)

$r_2 = -1+3 = 2\,dm \Rightarrow r = 2\,dm$

Aufgabe 48

a)

$E = \{6,6\}$

$$P(E) = P(6,6) = \frac{1}{6}\cdot\frac{1}{6} = \frac{1}{36} = 2{,}78\%$$

b)

$E = \{1,1;\ 2,2;\ 3,3;\ 4,4;\ 5,5;\ 6,6\}$

$$P(E) = P(1,1) + P(2,2) + P(3,3) + P(4,4) + P(5,5) + P(6,6)$$
$$= \frac{1}{6}\cdot\frac{1}{6} + \frac{1}{6}\cdot\frac{1}{6} + \frac{1}{6}\cdot\frac{1}{6} + \frac{1}{6}\cdot\frac{1}{6} + \frac{1}{6}\cdot\frac{1}{6} + \frac{1}{6}\cdot\frac{1}{6}$$
$$= 6\cdot\frac{1}{6}\cdot\frac{1}{6} = \frac{1}{6} = 16{,}67\%$$

c)

$E = \{1,2\}$

$$P(E) = P(1,2) = \frac{1}{6}\cdot\frac{1}{6} = \frac{1}{36} = 2{,}78\%$$

d)

$E = \{1,2;\ 2,1\}$

$$P(E) = P(1,2) + P(2,1) = \frac{1}{6}\cdot\frac{1}{6} + \frac{1}{6}\cdot\frac{1}{6}$$
$$= \frac{1}{18} = 5{,}56\,\%$$

e)

$\overline{6}$ steht für keine 6 und hat bei einem Wurf die Wahrscheinlichkeit $\frac{5}{6}$.

$E = \{\overline{6};\ \overline{6}\}$

$$P(E) = P(\overline{6},\overline{6}) = \frac{5}{6}\cdot\frac{5}{6} = \frac{25}{36} = 69{,}44\%$$

f)

$\overline{E} = \{\overline{3},\overline{3}\}$

$$P(E) = 1 - P(\overline{E}) = 1 - \frac{5}{6}\cdot\frac{5}{6} = \frac{11}{36} = 30{,}56\%$$

Aufgabe 49

Zwei Karten abheben entspricht zwei Mal ziehen ohne Zurücklegen.
A steht für Ass, K für König, D für Dame und B für Bube.

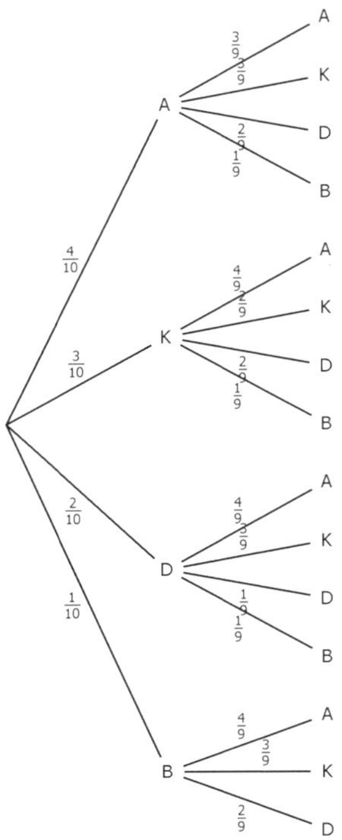

a) $E = \{BB\}$
$P(E) = 0$; (unmögliches Ereignis)

b) $E = \{DK;\ KD\}$
$P(E) = P(DK) + P(KD)$
$= \frac{2}{10} \cdot \frac{3}{9} + \frac{3}{10} \cdot \frac{2}{9} = \frac{2}{15} = 13{,}33\%$

c) $E = \{AK;\ AD;\ KA;\ DA\}$
$P(E) = P(AK) + P(AD) + P(KA) + P(DA)$
$= \frac{4}{10} \cdot \frac{3}{9} + \frac{4}{10} \cdot \frac{2}{9} + \frac{3}{10} \cdot \frac{4}{9} + \frac{2}{10} \cdot \frac{4}{9} = \frac{4}{9} = 44{,}44\ \%$

d) $E = \{KK;\ DD\}$
$P(E) = P(KK) + P(DD)$
$= \frac{3}{10} \cdot \frac{2}{9} + \frac{2}{10} \cdot \frac{1}{9} = \frac{4}{45} = 8{,}89\ \%$

e) $\overline{E} = \{AA\}$
$P(E) = 1 - P(\overline{E}) = 1 - \frac{4}{10} \cdot \frac{3}{9} = \frac{13}{15} = 86{,}67\,\%$

Aufgabe 50

t: "trifft" bei einem Versuch (mit Wahrscheinlichkeit 0,8)
$\bar{t}$: "trifft nicht" (mit Wahrscheinlichkeit 0,2)
a) $E = \{\bar{t}\bar{t}\}$
$P(E) = P(\bar{t}\bar{t}) = 0{,}2 \cdot 0{,}2 = 0{,}04 = 4\%$

b) $E = \{t\bar{t};\ \bar{t}t\}$
$P(E) = P(t\bar{t}) + P(\bar{t}t) = 0{,}8 \cdot 0{,}2 + 0{,}2 \cdot 0{,}8 = 0{,}32 = 32\%$

Aufgabe 51

Erwartungswert für den Gewinn des Spielers in €.
$E = \frac{1}{6} \cdot \frac{1}{6} \cdot 7{,}50 + 2 \cdot \frac{1}{6} \cdot \frac{5}{6} \cdot 3{,}50 + \frac{5}{6} \cdot \frac{5}{6} \cdot (-0{,}50) = 0{,}83\,€$
Das Spiel ist nicht fair, da der Erwartungswert für den Gewinn nicht Null ist.

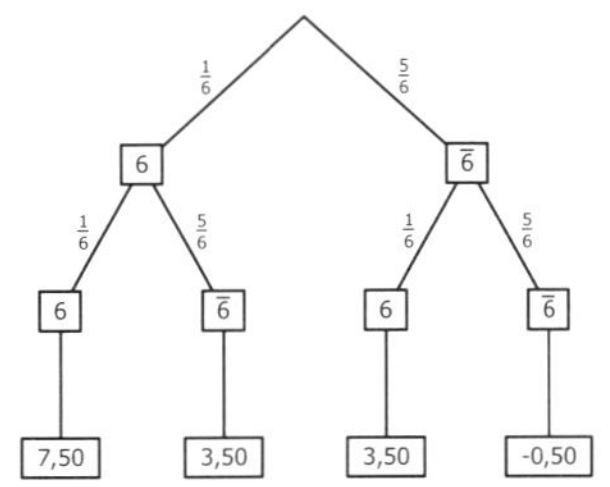

Aufgabe 52

Erwartungswert für den Gewinn des Spielers in €.
$E = \frac{2}{5} \cdot \frac{1}{4} \cdot (-1{,}20) + 2 \cdot \frac{2}{5} \cdot \frac{3}{4} \cdot (-0{,}20) + \frac{3}{5} \cdot \frac{2}{4} \cdot 0{,}80 = 0\,€$
Das Spiel ist fair, da der Erwartungswert für den Gewinn Null ist.

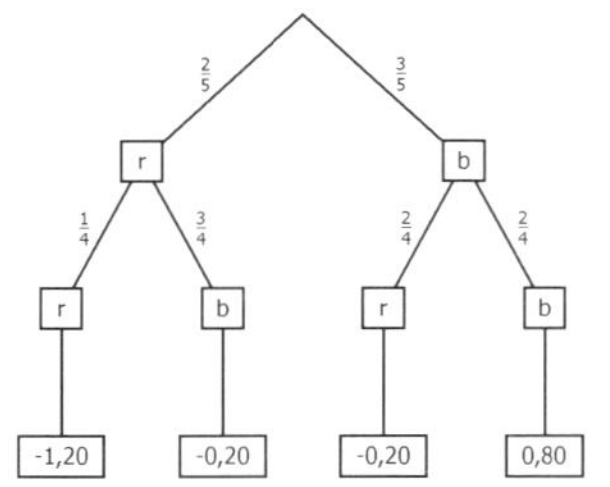

1 Realschulabschlussprüfung 2019

Tipps ab Seite 155, Lösungen ab Seite 179

Realschulabschlussprüfung 2019, Teil A1 *

Im Teil A 1 (10 P) sind alle Aufgaben zu bearbeiten.
Zugelassene Hilfsmittel: Parabelschablone, Zeichengeräte

1) Lösen Sie folgendes Gleichungssystem: 1 P

$$\begin{array}{lcccccc} \text{I} & 3x & - & 4y & = & 2 \\ \text{II} & 2x & + & y & = & 5 \end{array}$$

2) Eva legt Plättchen nach dem folgenden Muster 1 P

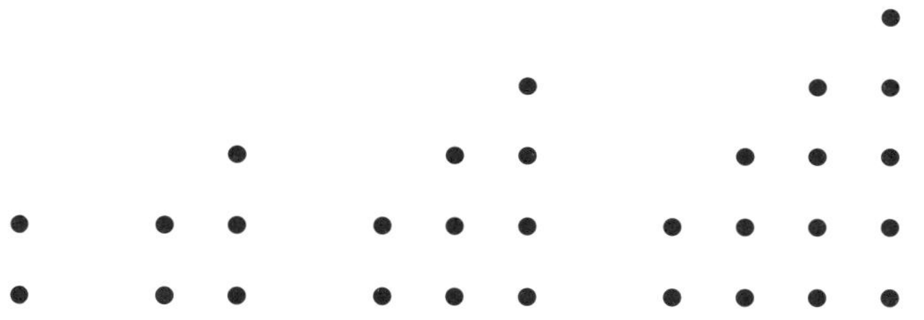

Wie viele Plättchen benötigt sie für das 9. Muster? Begründen Sie.

3) Ein Prisma mit quadratischer Grundfläche und der Höhe 6,0 cm hat ein Volumen von $54{,}0\,\text{cm}^3$ und ist vollständig mit Wasser gefüllt. 2 P
Das Wasser wird in eine quadratische Pyramide mit der Grundkante 3,0 cm und der Höhe 6,0 cm gegossen, bis sie vollständig gefüllt ist.
Wie viele Kubikzentimeter Wasser verbleiben im Prisma?
Berechnen Sie, wie hoch das Wasser anschließend im Prisma steht.

* Der Aufgabenteil A1 wurde ergänzt. Bei der Bearbeitung dieses Teils sind keine weiteren Hilfsmittel erlaubt.

4) In einer Schale befinden sich 20 Kugeln, die rot, gelb und blau sind. Es wird ohne Zurücklegen gezogen.
Ergänzen Sie die fehlenden Wahrscheinlichkeiten. 2 P

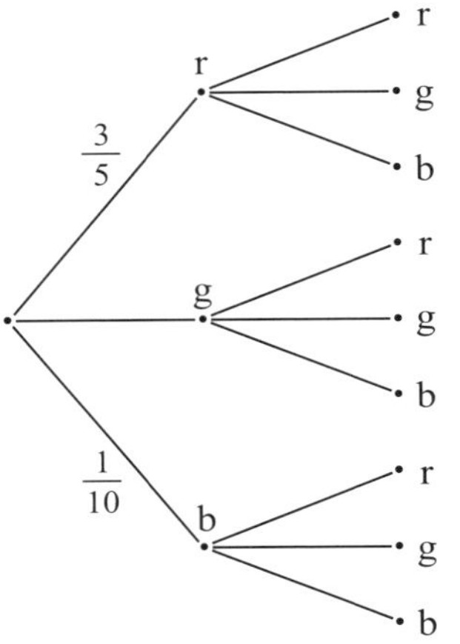

5) Kreuzen Sie die richtigen Aussagen an: 1 P

□ $\sin\alpha = \frac{a}{c}$ □ $\cos\beta = \frac{c}{a}$ □ $\tan\alpha = \frac{c}{b}$
□ $\tan\beta = \frac{b}{a}$ □ $\sin\beta = \frac{b}{c}$ □ $a^2 + b^2 = c^2$

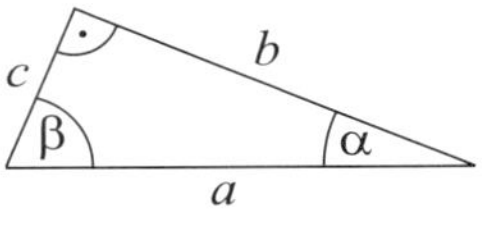

6) Gegeben ist das Netz und das Schrägbild eines Quaders. Auf dem Netz ist ein Streckenzug ABCD eingezeichnet. 1 P
Übertragen Sie den Streckenzug auf das Schrägbild des Quaders.

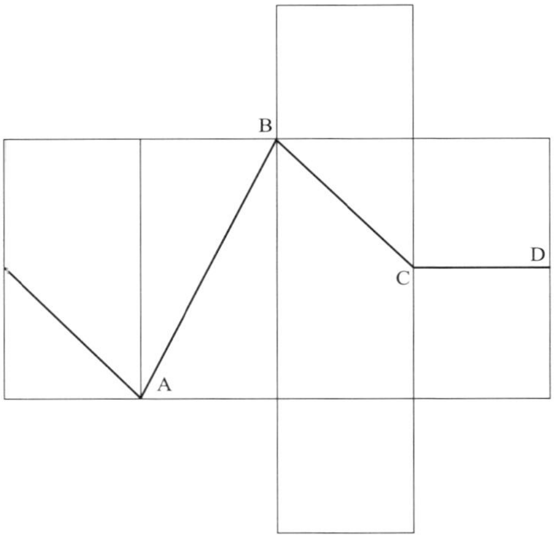

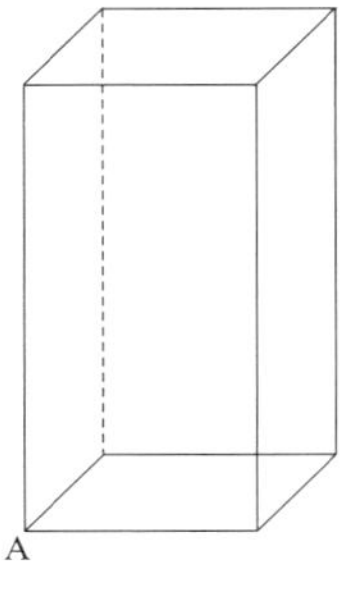

7) Anton behauptet:
Die gezeichnete Gerade g hat die Gleichung $g: y = 4x - 2$, die gezeichnete Normalparabel p hat die Gleichung
$y = x^2 - 4x + 5$.
Hat er Recht? Begründen Sie.

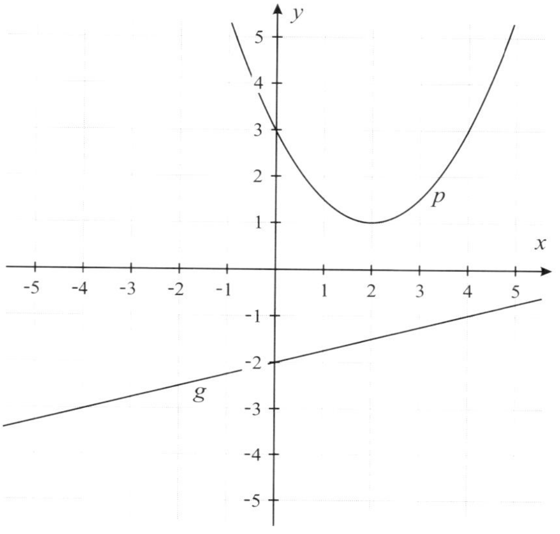

2 P

Tipps ab Seite 155, Lösungen ab Seite 182

Realschulabschlussprüfung 2019, Teil A 2

Im Teil A 2 (20 P) sind alle sechs Aufgaben zu bearbeiten.
Zugelassene Hilfsmittel: Formelsammlung, wissenschaftlicher Taschenrechner (nicht programmierbar), Parabelschablone, Zeichengeräte

1) Das Dreieck ABC und das Rechteck ABDF überdecken sich teilweise. **3 P**
Es gilt:
$\overline{CE} = 6{,}3$ cm
$\overline{DE} = 5{,}1$ cm
$\gamma = 38{,}0°$
Berechnen Sie den Flächeninhalt des Trapezes ABEF.

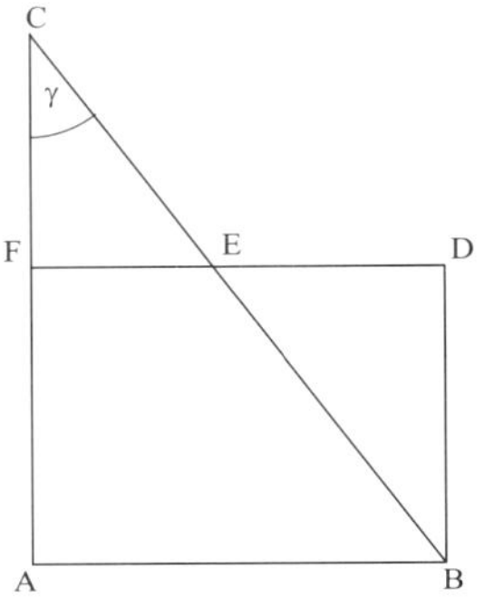

2) Ein zusammengesetzter Körper besteht aus einem Würfel und zwei quadratischen Pyramiden. **4 P**
Die Pyramiden haben die gleiche Höhe.
Es gilt:
$s = 8{,}5$ cm
$\varepsilon = 41{,}4°$
Berechnen Sie den Oberflächeninhalt des zusammengesetzten Körpers.
Wie weit sind die beiden Pyramidenspitzen A und B voneinander entfernt ?

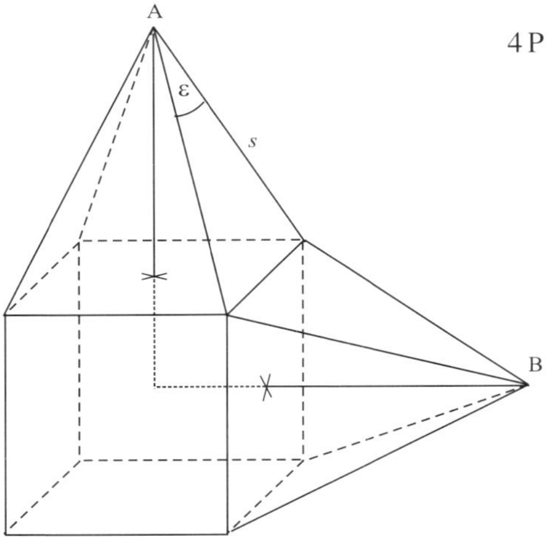

3) Gegeben sind eine Wertetabelle, die Graphen von zwei verschobenen Normalparabeln und drei Funktionsgleichungen. **3 P**

x	0	1	2	3
y	5	0	-3	-4

(A) $y = x^2 - 6x + 5$

(B) $y = x^2 - 2x + 5$

(C) $y = x^2 + 4x + 5$

Zur Wertetabelle gehören einer der beiden Graphen sowie eine der drei Funktionsgleichungen.

Ordnen Sie der Wertetabelle ihren Graphen und ihre Funktionsgleichung zu.

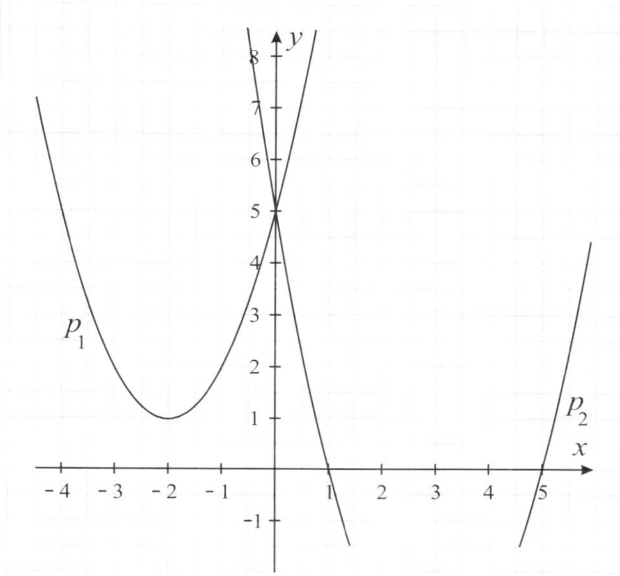

Begründen Sie Ihre Entscheidung.

Im Schaubild fehlt der Graph p_3 der dritten Parabel.
Zeichnen Sie den fehlenden Graphen p_3 in das Koordinatensystem ein.

4) In Deutschland boomt der Verkauf von E-Bikes. 3 P

Verkaufszahlen von E-Bikes

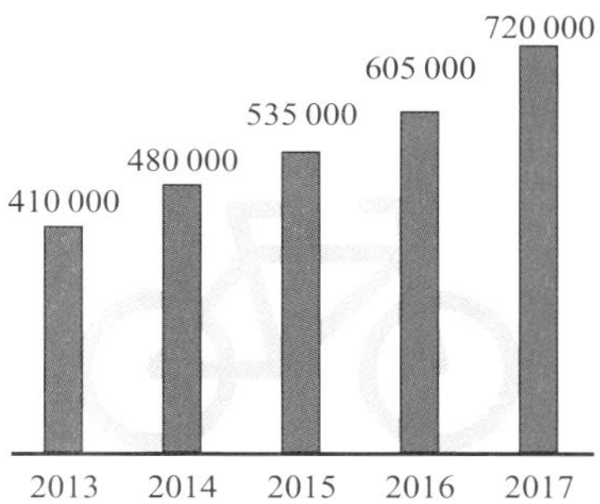

Verteilung der Fahrradverkäufe 2017

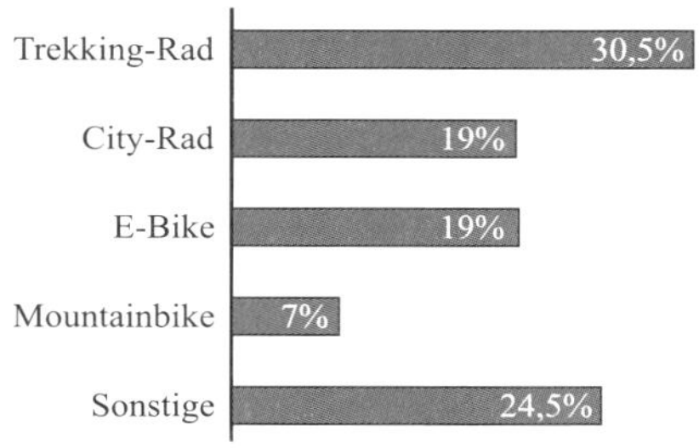

Quelle: statista.com

Um wieviel Prozent ist der Verkauf von E-Bikes von 2013 bis 2017 insgesamt gestiegen?

Berechnen Sie die Anzahl aller Fahrräder, die im Jahr 2017 verkauft wurden.

In einer Fachzeitschrift war zu lesen, dass 22% der im Jahr 2017 verkauften Mountainbikes eine Vollfederung hatten.
Wie viele Mountainbikes hatten eine Vollfederung?

5) In einem Kaugummiautomaten befinden sich 10 rote, 9 weiße und 6 grüne Kaugummis. **3 P**
Betätigt man den Drehgriff, erhält man einen Kaugummi.
Luisa dreht zweimal.
Mit welcher Wahrscheinlichkeit erhält sie

- zuerst einen roten, dann einen weißen Kaugummi?
- keinen grünen Kaugummi?

Von den 25 Kaugummis sind die Hälfte der roten und die Hälfte der grünen Kaugummis mit Brause gefüllt.
Mit welcher Wahrscheinlichkeit erhält Luisa zwei mit Brause gefüllte Kaugummis?

6) Die beiden Ranglisten zeigen die monatlichen Vergütungen von zwei Berufsgruppen im ersten Ausbildungsjahr. **4 P**
17 Jugendliche machen eine Ausbildung in einem technischen Beruf und 13 Jugendliche in einem kaufmännischen Beruf.

Ausbildungsvergütung in technischen Berufen (in Euro)
760 | 780 | 800 | 820 | 820 | 840 | 840 | 860 | 890 | 910 | 910 | 920 | 920 | 920 | 950 | 960 | 970

Ausbildungsvergütung in kaufmännischen Berufen (in Euro)
760 | 770 | 820 | 820 | 840 | 880 | 890 | 910 | 920 | 940 | 940 | 950 | 970

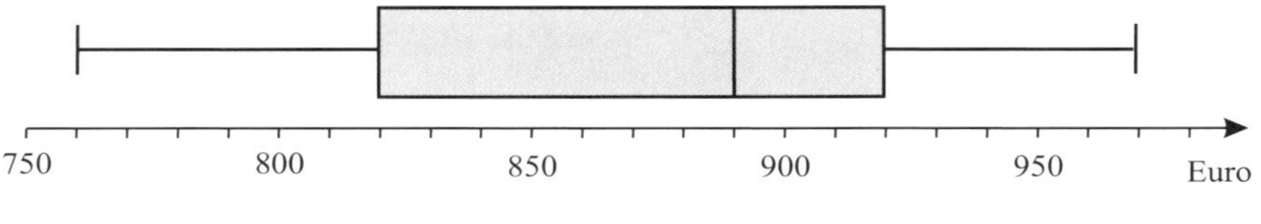

Zu welcher Rangliste gehört der dargestellte Boxplot? Begründen Sie.

Zeichnen Sie den Boxplot der anderen Berufsgruppe ein.

Vier Jugendliche, die eine kaufmännische Ausbildung machen, wurden nachträglich befragt.
Sie verdienen monatlich 800 €, 850 €, 900 € und 950 €.
Wie verändert sich der zugehörige Boxplot, wenn diese Werte hinzukommen? Begründen Sie.

Tipps ab Seite 157, Lösungen ab Seite 191

Realschulabschlussprüfung 2019, Teil B

Aufgabe 1

a) Ein DIN-A4-Blatt mit den Eckpunkten A, B, C und D wird entlang von $\overline{FG}$ gefaltet. 5 P
Dadurch entsteht der Punkt A′ auf $\overline{CD}$.
Es gilt:
$\overline{AF} = 13{,}3$ cm
Berechnen Sie den Flächeninhalt des Vierecks GBCA′.

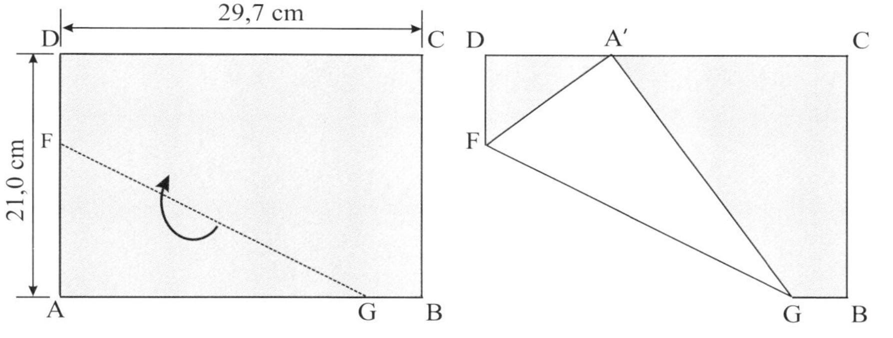

b) Die nach oben geöffnete Normalparabel p_1 hat den Scheitelpunkt $S_1\,(2\mid 2)$. 5 P
Die nach unten geöffnete Normalparabel p_2 hat mit der x-Achse die Schnittpunkte $N_1\,(-2\mid 0)$ und $N_2\,(2\mid 0)$.
Berechnen Sie die Koordinaten des gemeinsamen Punktes T der beiden Parabeln.
Die Gerade g mit der Steigung $m = 2$ schneidet beide Parabeln ebenfalls im Punkt T.
Berechnen Sie die Gleichung von g.
Geben Sie die Gleichung einer Parabel p_3 an, die weder mit p_1 noch mit p_2 einen gemeinsamen Punkt hat.

Aufgabe 2 *

a) Ein Reagenzglas, das aus einer Halbkugel von 3 cm Innendurchmesser und einem 17,5 cm hohen Kreiszylinder zusammengesetzt ist, enthält $100\,\text{cm}^3$ Wasser (vgl. Abb. 1). 5 P
Berechnen Sie den Abstand d des Wasserspiegels von der Oberkante des Reagenzglases.
Das Wasser aus dem Reagenzglas wird vollständig in ein Kelchglas, das innen die Form eines geraden Kreiskegels besitzt (vgl. Abb. 2), eingefüllt.

Abb. 1 Reagenzglas (nicht maßstäblich) Abb. 2 Kelchglas (nicht maßstäblich)

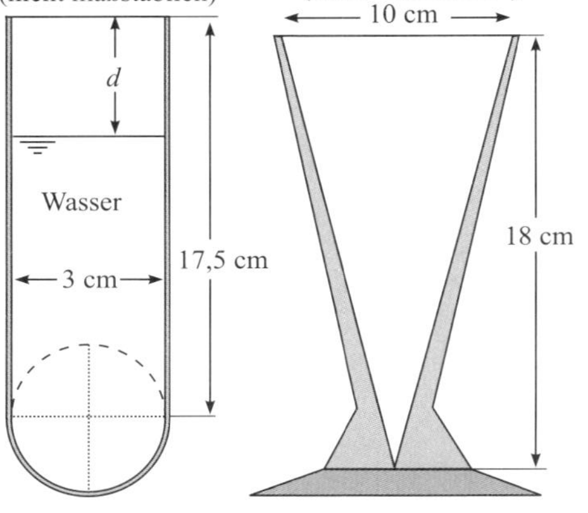

Zu wie viel Prozent seines Gesamtvolumens ist das Kelchglas dann gefüllt?

b) Eine Parabel p_1 mit der Gleichung $y = ax^2 + c$ hat den Scheitelpunkt $S_1\,(0 \mid 6)$. 5 P
Eine zweite Parabel p_2 hat die Gleichung $y = x^2 + 3x + c$.
Der Punkt $B\,(2 \mid 4)$ ist einer der beiden Schnittpunkte von p_1 und p_2.
Berechnen Sie die Koordinaten des zweiten Schnittpunkts A der beiden Parabeln.
Zeigen Sie rechnerisch, dass die Punkte A, B und $C\,(0 \mid 2)$ auf einer Geraden liegen.

* Aufgabe an die neuen Prüfungsvorgaben angepasst

Aufgabe 3

a) Beim Würfelspiel «Augensumme 4 gewinnt» wird gleichzeitig mit zwei Spielwürfeln geworfen. Die Augenzahlen werden addiert (Augensumme). Dieses Spiel soll als Glücksspiel eingesetzt werden. Dazu wird nebenstehender Gewinnplan verwendet. 5 P

Ereignisse	Gewinn
„Augensumme gleich 4"	4,00 €
„Augensumme kleiner 4"	2,00 €
„Augensumme größer 4"	kein Gewinn
Einsatz pro Spiel: 1,00 €	

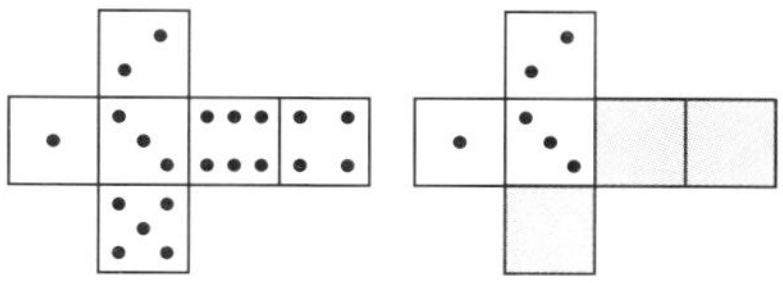

Berechnen Sie den Erwartungswert.

Der Betreiber bekommt die Vorgabe, das Glücksspiel zu verändern. Er soll auf einem der beiden Spielwürfel die Vier, die Fünf und die Sechs entweder durch drei Einsen oder durch drei Dreien ersetzen.

Wofür sollte sich der Betreiber entscheiden? Begründen Sie Ihre Entscheidung durch Rechnung oder Argumentation.

b) Im Querschnitt einer Skater-Rampe sieht man die beiden geraden Teilstücke $\overline{AC}$ und $\overline{BD}$ sowie das parabelförmige Teilstück AB. Die beiden Punkte A und B liegen auf gleicher Höhe und sind 4,00 m voneinander entfernt. Der tiefste Punkt T der Skater-Rampe liegt 20 cm über dem Boden. 5 P

Bestimmen Sie eine mögliche Funktionsgleichung für das parabelförmige Teilstück AB.

Die beiden Punkte C und D liegen ebenfalls auf gleicher Höhe und sind 8,00 m voneinander entfernt.

Bestimmen Sie eine mögliche Funktionsgleichung für die Gerade, auf der das gerade Teilstück $\overline{BD}$ liegt.

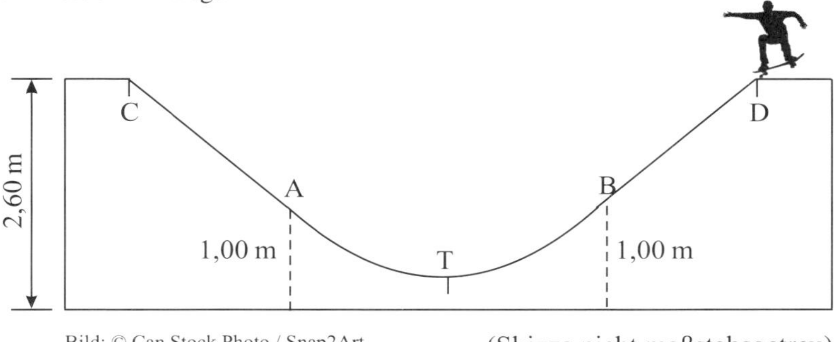

Bild: © Can Stock Photo / Snap2Art

(Skizze nicht maßstabsgetreu)

2 Realschulabschlussprüfung 2020

Tipps ab Seite 159, Lösungen ab Seite 199

Realschulabschlussprüfung 2020, Teil A1[*]

Im Teil A 1 (10 P) sind alle Aufgaben zu bearbeiten.
Zugelassene Hilfsmittel: Parabelschablone, Zeichengeräte

1) Zeigen Sie, dass gilt: 1 P

$$\left(10^8 \cdot 0{,}001\right) \div 5^5 = 32$$

2) Sonja legt Plättchen nach dem folgenden Muster: 2 P

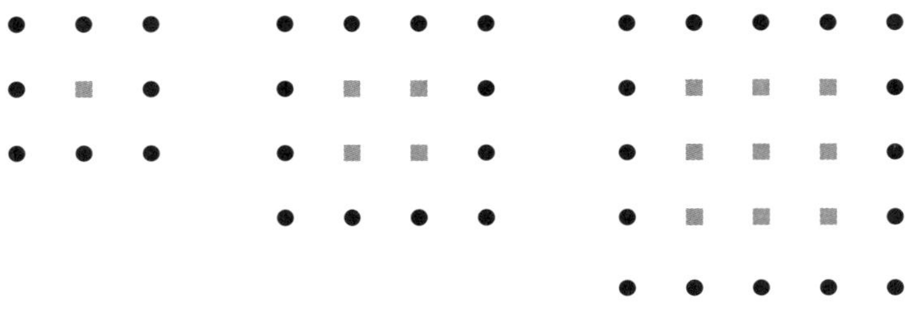

Nach einer gewissen Schrittzahl ist die Anzahl der eckigen Plättchen größer als die Anzahl der runden Plätchen. Geben Sie an, wann dies der Fall ist und begründen Sie Ihre Lösung.

3) Eine quadratische Pyramide mit Grundkante 3,0 cm und Höhe 8,0 cm wird vollständig mit Wasser gefüllt. 2 P
Das Wasser wird in einen Würfel mit Kantenlänge 2,0 cm gegossen, bis er vollständig gefüllt ist.
Wie viele Kubikzentimeter Wasser verbleiben in der Pyramide?
Die verbliebene Wassermenge füllt eine zweite Pyramide mit der Grundkante 4,0 cm vollständig.
Bestimmen Sie die Höhe der zweiten Pyramide.

[*] Der Aufgabenteil A1 wurde ergänzt. Bei der Bearbeitung dieses Teils sind keine weiteren Hilfsmittel erlaubt.

4) In der Abbildung ist ein spezieller Würfel dargestellt. Dieser Würfel wird zwei Mal geworfen. Beschriften Sie die freie Fläche auf dem Würfelnetz, so dass die beiden folgenden Wahrscheinlichkeiten gelten: $P(1;3) = \frac{1}{12}$, $P(3;3) = \frac{1}{4}$ 1 P

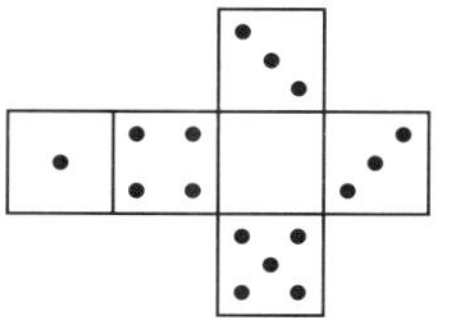

5) Welche der angegebenen Sinuswerte sind gleich? 1 P
Kreuzen Sie an und begründen Sie Ihre Entscheidung:

☐ $\sin 137°$ ☐ $\sin 53°$
☐ $\sin 37°$ ☐ $\sin 143°$

6) Gegeben sind das Schrägbild und das Netz einer quadratischen Pyramide. 1 P
Auf dem Schrägbild ist ein Streckenzug ABCD eingezeichnet. Dabei halbieren die Punkte B, C und D die Streckenkanten.
Übertragen Sie den Streckenzug auf das Netz der Pyramide.

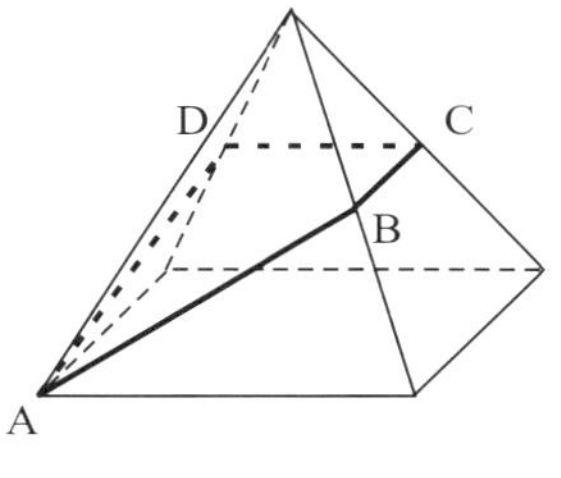

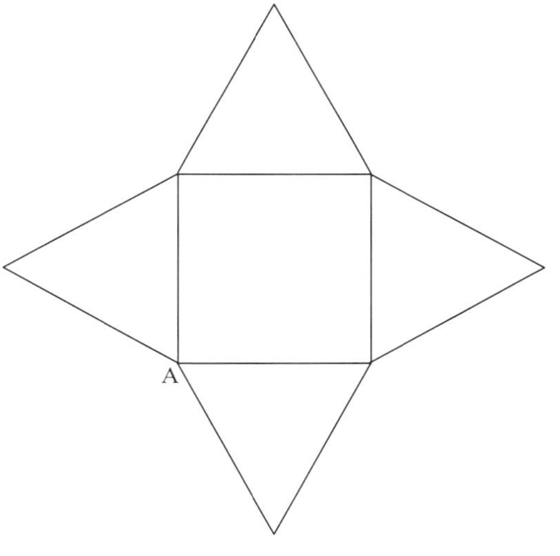

7) Johanna hat die Parabel p mit der Gleichung $p\colon\ y = (x-2)^2 + 1{,}5$ und die Gerade g mit der Gleichung $g\colon\ y = -2 \cdot x - 2{,}5$ in ein Koordinatensystem gezeichnet. Welche Fehler hat sie dabei gemacht?
Zeichnen Sie die Parabel und die Gerade korrekt ein. 2 P

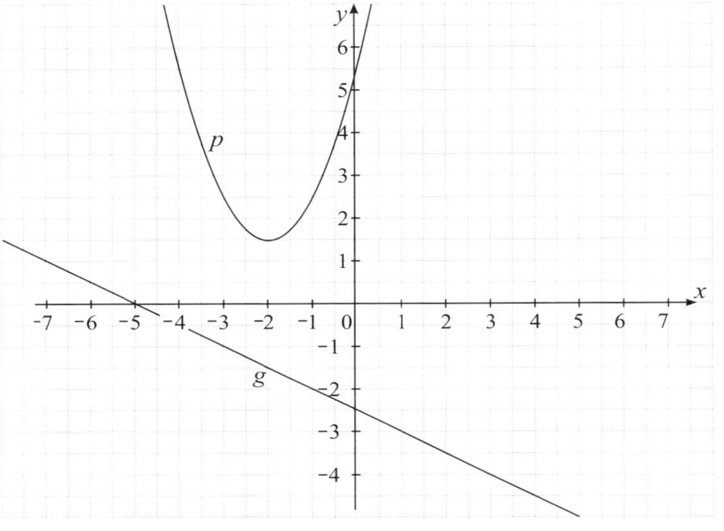

Realschulabschlussprüfung 2020, Teil A 2

Im Teil A 2 (20 P) sind alle sechs Aufgaben zu bearbeiten.
Zugelassene Hilfsmittel: Formelsammlung, wissenschaftlicher Taschenrechner (nicht programmierbar), Parabelschablone, Zeichengeräte

1) Im Quadrat ABCD liegt der Streckenzug DEFB. Es gilt: **3 P**
$\overline{BF} = 8{,}5$ cm
$\overline{EF} = 8{,}3$ cm
$\overline{AB} = 16{,}7$ cm
$\beta_1 = 52{,}0°$
$\overline{EF}$ verläuft parallel zu $\overline{AB}$.
Berechnen Sie den Winkel δ_1.

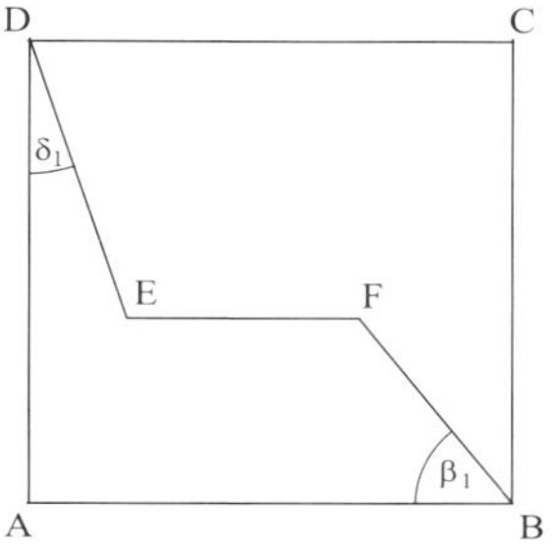

2) Ein Werkstück besteht aus einem Kegel und einem halben Zylinder. Berechnen Sie den Oberflächeninhalt des Werkstücks. **4 P**

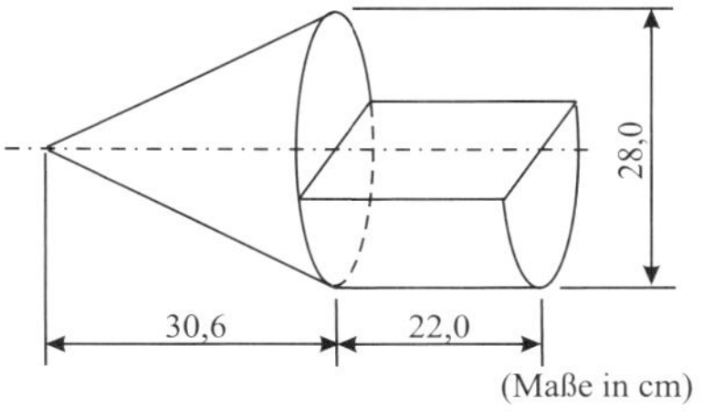

3) Gegeben sind fünf Funktionsgleichungen und drei Graphen. **3 P**
(1) $y = \frac{1}{2}x + 3$
(2) $y = x^2 + 4x + 3$
(3) $y = \frac{1}{2}x^2 + 3$
(4) $y = x^2 - 4x + 3$
(5) $y = -\frac{1}{2}x + 3$

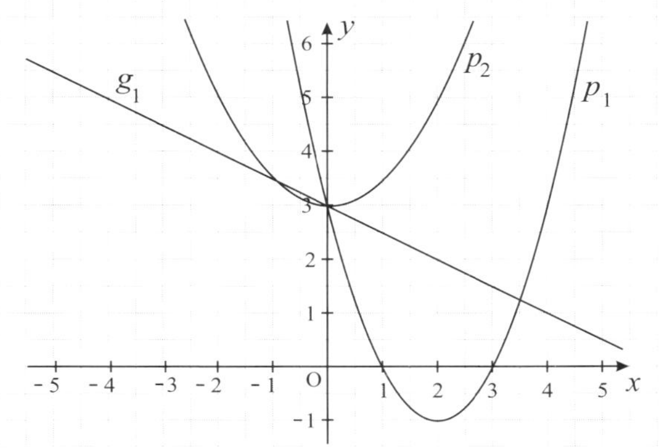

Ordnen Sie jedem Graphen die zugehörige Funktionsgleichung zu.
Begründen Sie Ihre Entscheidung.
Zeichnen Sie die beiden fehlenden Graphen in das Koordinatensystem ein.

4) Die Diagramme zeigen den Verbrauch von Getränkeverpackungen. 3 P

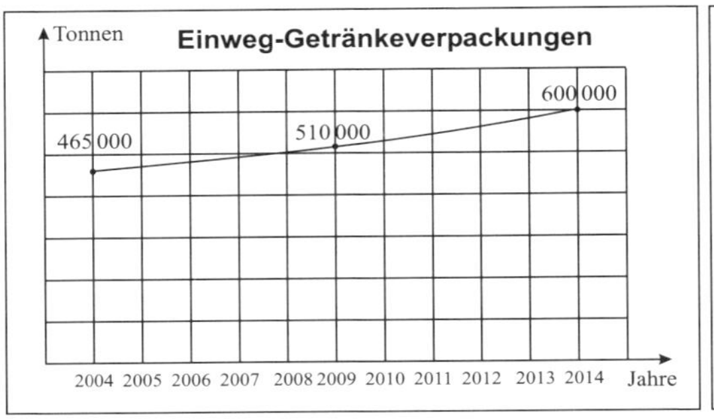

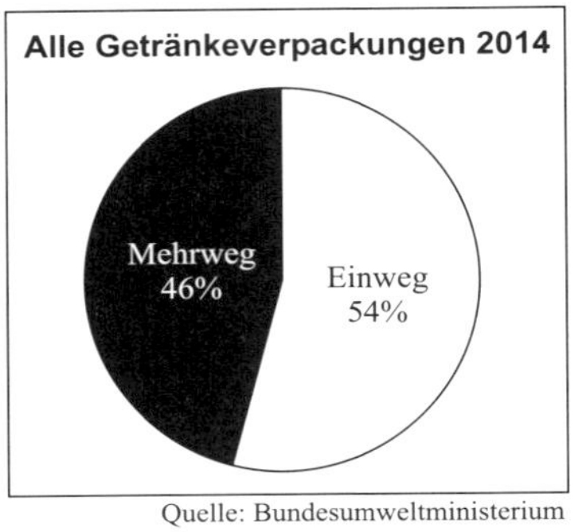

Quelle: Bundesumweltministerium

Um wie viel Prozent ist der Verbrauch der Einweg-Getränkeverpackungen von 2004 bis 2014 insgesamt gestiegen?

Wie viele Tonnen Getränkeverpackungen (Einweg und Mehrweg) wurden im Jahr 2014 insgesamt verbraucht?

Der Verbrauch von Einweg-Getränkeverpackungen soll in den zehn Jahren von 2014 bis 2024 jährlich um jeweils 5% gegenüber dem Vorjahr sinken.
Wie viele Tonnen Einweg-Getränkeverpackungen wären es dann im Jahr 2024?

5) Ben, Laura und Emma besitzen jeweils ein Rubbel-Los. 3 P
Auf jedem Los befinden sich 16 gleich große Felder.
Nur zwei der 16 Felder werden freigerubbelt. Die beiden Beträge, die dadurch sichtbar werden, werden addiert und ergeben den Gewinn.
Auf acht Feldern steht der Betrag 0 €, auf sechs Feldern steht der Betrag 1 € und auf zwei Feldern der Betrag 10 €.

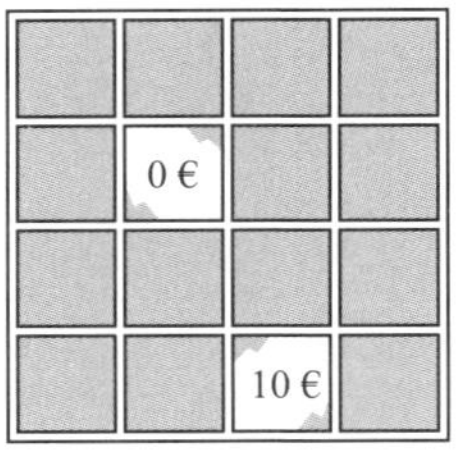

- Ben hat auf seinem Los zwei Felder freigerubbelt (siehe Abbildung).
  Berechnen Sie die Wahrscheinlichkeit für das Ereignis «Gewinn 10 €».
- Laura überlegt sich, wie groß die Wahrscheinlichkeit ist, den Hauptgewinn von 20 € zu erhalten.
  Berechnen Sie die Wahrscheinlichkeit.
- Emma möchte mehr als 10 € gewinnen.
  Berechnen Sie diese Wahrscheinlichkeit.

6) Im Rahmen einer Untersuchung wurden die Wartezeiten beim Anruf zweier Hotlines notiert. 4 P

Das Diagramm zeigt die Wartezeiten von 41 Anrufern der Hotline QUICK-TEL.

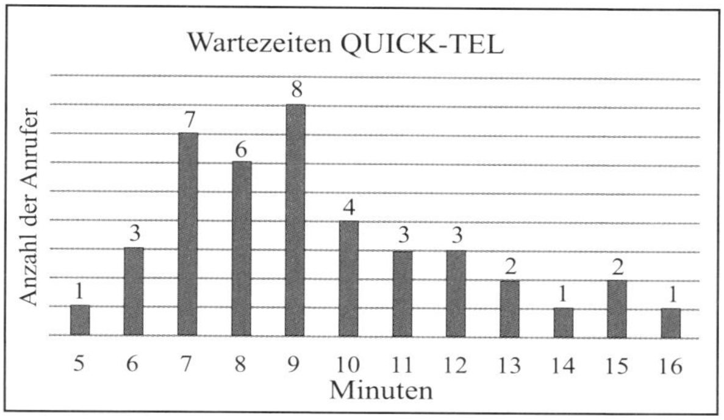

Welcher der beiden Boxplots stellt die Verteilung der Wartezeiten aus dem Diagramm dar?

Begründen Sie mit Hilfe der Kennwerte.

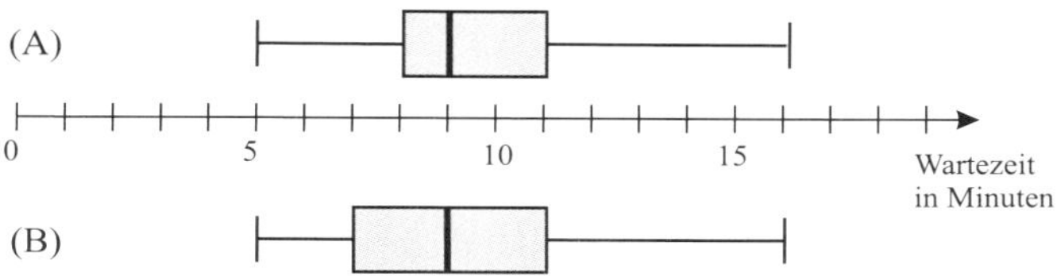

Der andere Boxplot zeigt die Verteilung der Wartezeiten der Hotline FAST-PHONE. Hier wurden ebenfalls 41 Wartezeiten erfasst.

In der Strichliste fehlen die Werte für 8, 9 und 11 Minuten.

Ergänzen Sie diese drei Felder mit möglichen Werten.

Minuten	5	6	7	8	9	10	11	12	13	14	15	16
Anzahl der Anrufer	II	IIII	III			IIII̸		IIII	I	I	II	I

Tipps ab Seite 160, Lösungen ab Seite 209

Realschulabschlussprüfung 2020, Teil B

Hinweis: Im Teil B (20 P) sind zwei der drei Aufgaben zu bearbeiten.
Zugelassene Hilfsmittel: Formelsammlung, wissenschaftlicher Taschenrechner (nicht programmierbar), Parabelschablone, Zeichengeräte

Aufgabe 1

a) Im Fünfeck ABCDE gilt: 5 P

$\overline{CD} = 9,5$ cm
$\varepsilon_1 = 64,0°$
$\gamma = 95,0°$
$\overline{AB} \parallel \overline{CE}$

Der Abstand des Punktes D zu $\overline{AB}$ beträgt 12,9 cm.
Berechnen Sie den Flächeninhalt des Vierecks ABCE.

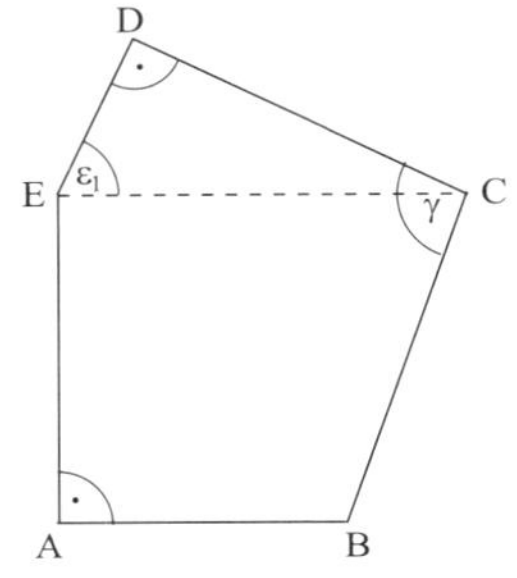

b) Die nach oben geöffnete Normalparabel p_1 hat mit der x-Achse die Schnittpunkte $N_1\,(-5 \mid 0)$ und $N_2\,(-1 \mid 0)$. Sie schneidet die y-Achse im Punkt A. 5 P

Die Parabel p_2 hat die Funktionsgleichung $y = x^2 - 6x + 11$ und schneidet die y-Achse im Punkt B.

Durch die Scheitelpunkte S_1 und S_2 der beiden Parabeln verläuft die Gerade g.
Berechnen Sie die Funktionsgleichung der Geraden g.

Der Punkt C ist der Mittelpunkt der Strecke $\overline{AB}$.
Die Gerade h mit der Steigung $m = -1$ geht durch C.
Unter welchen Winkeln schneiden sich die Geraden g und h?
Begründen Sie Ihre Antwort durch Rechnung oder Argumentation.

Aufgabe 2

a) Von einer regelmäßigen achtseitigen Pyramide sind bekannt: 5 P

$a = 6{,}2$ cm

$s = 32{,}0$ cm

Der Punkt C liegt auf der Höhe h der Pyramide.
Das Dreieck ABC soll den gleichen Flächeninhalt haben wie eines der Manteldreiecke.
Berechnen Sie die Länge von $\overline{SC}$.

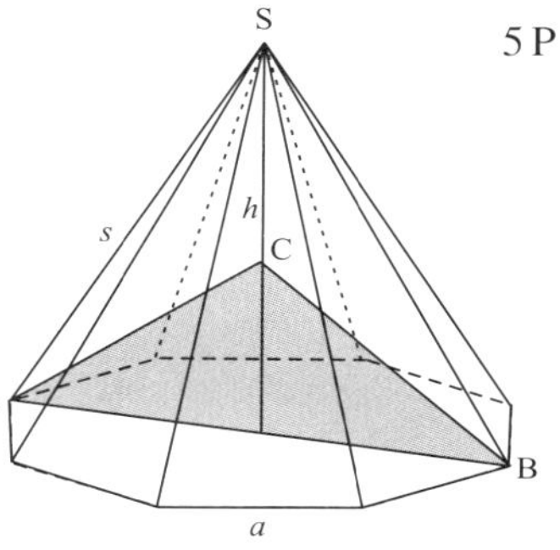

b) Die Parabel p mit der Funktionsgleichung $y = x^2 + 6x$ schneidet die x-Achse in den Punkten N_1 und N_2. Die Gerade g mit der Funktionsgleichung $y = x$ schneidet die Parabel in den Punkten N_1 und C. 5 P

Berechnen Sie den Flächeninhalt des Dreiecks N_1N_2C.

Die Gerade h mit der Funktionsgleichung $y = \frac{1}{2}x$ schneidet die Parabel in den Punkten N_1 und D.
Peter behauptet: »Die Steigung der Geraden h ist nur halb so groß wie die der Geraden g. Daher ist der Flächeninhalt des Dreiecks N_1N_2D auch nur halb so groß wie der des Dreiecks N_1N_2C.»

Hat Peter Recht? Begründen Sie rechnerisch.

Aufgabe 3

a) Die beiden Glücksräder werden gedreht. Nachdem sie stehen bleiben, erkennt man im Sichtfenster eine Kombination zweier Symbole. 5 P

Wie groß ist die Wahrscheinlichkeit, zwei gleiche Symbole im Sichtfenster zu sehen?

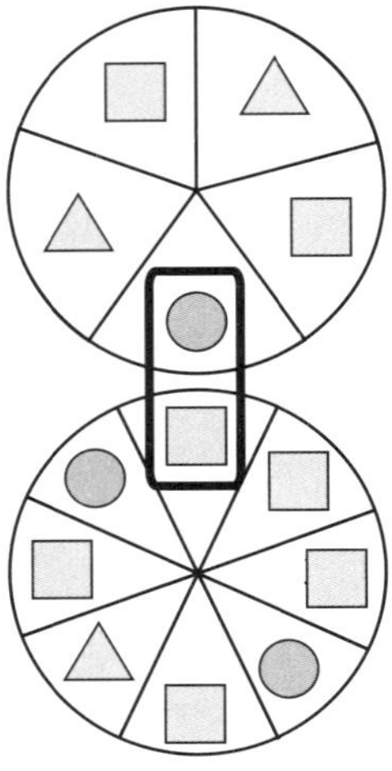

Die Glücksräder werden für ein Glücksspiel eingesetzt. Dazu wird der abgebildete Gewinnplan geprüft.

Berechnen Sie den Erwartungswert.

Ereignis	Gewinn
gleiche Symbole	2,00 €
Kreis und Dreieck	4,00 €
restliche Möglichkeiten	kein Gewinn
Einsatz pro Spiel 1,50 €	

Der Gewinnplan soll so verändert werden, dass das Spiel fair wird.

Wie hoch muss dann der Gewinn für das Ereignis «Kreis und Dreieck» sein, wenn alles andere unverändert bleibt?

b) Thea trainiert Aufschläge beim Volleyball (siehe Skizze). Die Flugkurve des Balles lässt sich mit einer Funktionsgleichung der Form $y = ax^2 + c$ annähernd beschreiben. 5 P

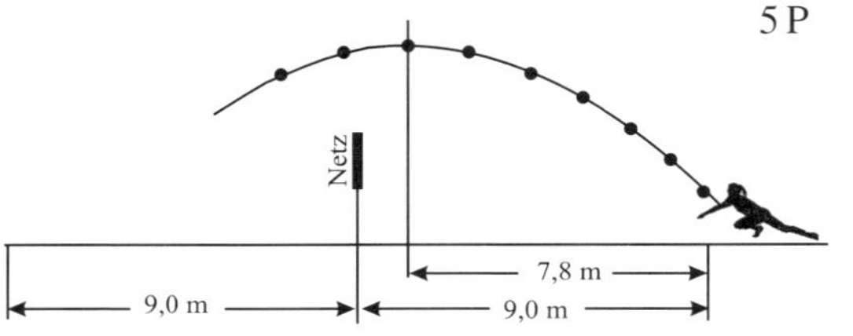

Bild: https://creazilla.com

Der Ball verlässt beim Aufschlag von unten die Hand in einer Höhe von 90 cm über der Grundlinie. Nach $7,8\,\text{m}$ (horizontal gemessen) erreicht die Flugkurve des Balles ihre maximale Höhe von $4,0\,\text{m}$.
Geben Sie eine mögliche Funktionsgleichung der zugehörigen Parabel p an.

In welchem Abstand überquert der Ball das $2,24\,\text{m}$ hohe Netz?

Die Grundlinien des Volleyballspielfeldes sind jeweils $9,0\,\text{m}$ vom Netz entfernt (siehe Skizze).
In welcher Entfernung zur Grundlinie trifft der Ball auf dem Boden auf?

3 Realschulabschlussprüfung 2021

Tipps ab Seite 163, Lösungen ab Seite 222

Realschulabschlussprüfung 2021, Teil A1

Hinweis: Im Teil A 1 (10 P) sind alle Aufgaben zu bearbeiten.
Zugelassene Hilfsmittel: Parabelschablone, Zeichengeräte

Aufgabe 1 (1,5 P)

a) Auf der Mantelfläche der quadratischen Pyramide ist ein Streckenzug eingezeichnet. Auf welchem der vier abgebildeten Netze wird der Streckenzug richtig dargestellt?

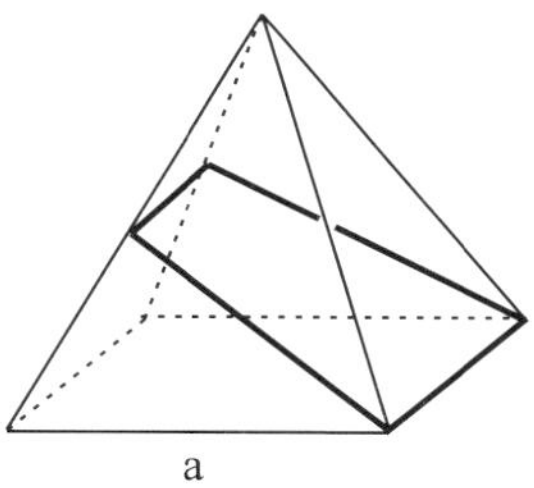

(A)

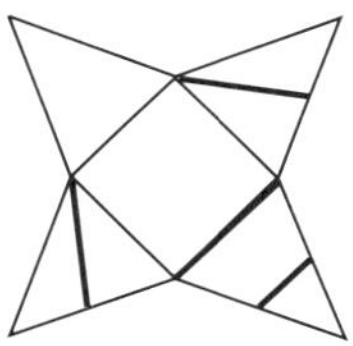

(B)

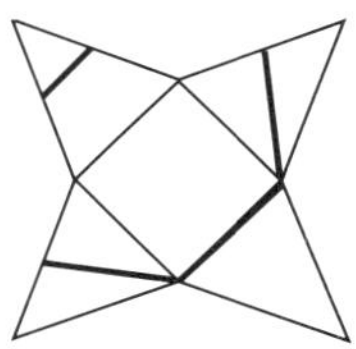

(C)

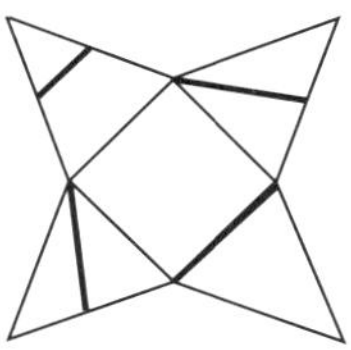

(D)

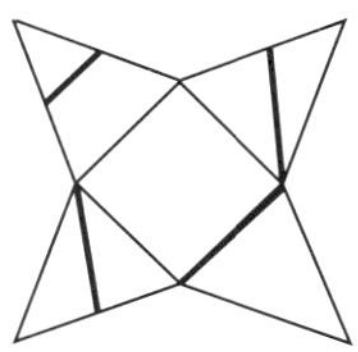

b) Die Grundkante a der quadratischen Pyramide ist 5 cm lang.
Die Körperhöhe h beträgt 6 cm.
Berechnen Sie das Volumen der quadratischen Pyramide.

Aufgabe 2 (1,5 P)

Lösen Sie die Gleichung.

$$(x-3)(x+5)+7=8(x-2)$$

Aufgabe 3 (2 P)

In einem Behälter liegen gelbe, rote und blaue Kugeln.
Insgesamt sind es sechs Stück.
Kim zieht ohne hinzuschauen zwei Kugeln gleichzeitig.
Im Baumdiagramm sind zwei Wahrscheinlichkeiten angegeben.

a) Ergänzen Sie in den leeren Feldern die Wahrscheinlichkeitsangaben.

b) Wie groß ist die Wahrscheinlichkeit, dass Kim zwei rote Kugeln zieht?

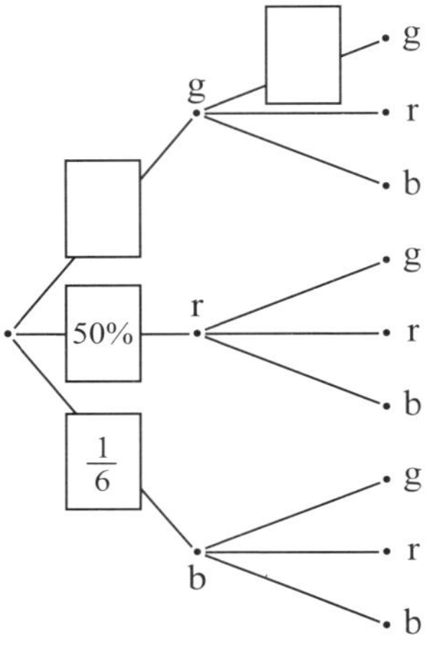

Aufgabe 4 (2 P)

a) Sechs Funktionsgleichungen – drei Graphen.
Welche Funktionsgleichung gehört zu welchem Graphen?

(1) $y = -3x + 3$

(2) $y = -\frac{1}{2}x^2 + 3$

(3) $y = x^2 - 4x + 3$

(4) $y = 3x + 3$

(5) $y = x^2 + 4x + 3$

(6) $y = -\frac{1}{4}x^2 + 3$

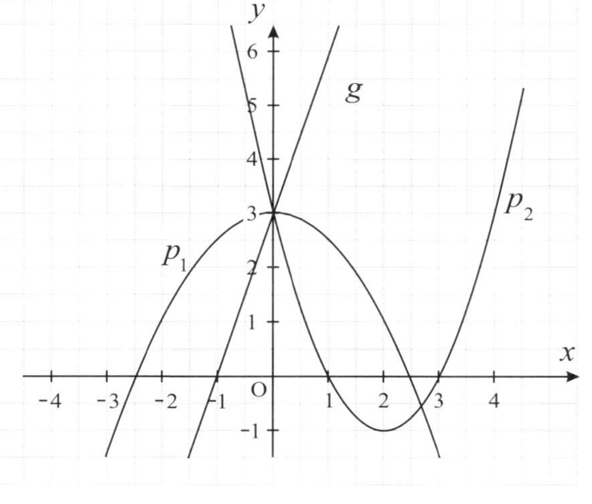

b) Die Gerade h hat die Funktionsgleichung $y = -\frac{1}{2}x + 2$.
Zeichnen Sie die Gerade h in das abgebildete Koordinatensystem.

Aufgabe 5 (1 P)

Weisen Sie nach, dass gilt:

$$\frac{10^6}{5^4 \cdot 5^2} : 2^4 = 4$$

Aufgabe 6 (1 P)

Johannes legt drei Muster mit quadratischen Kärtchen.

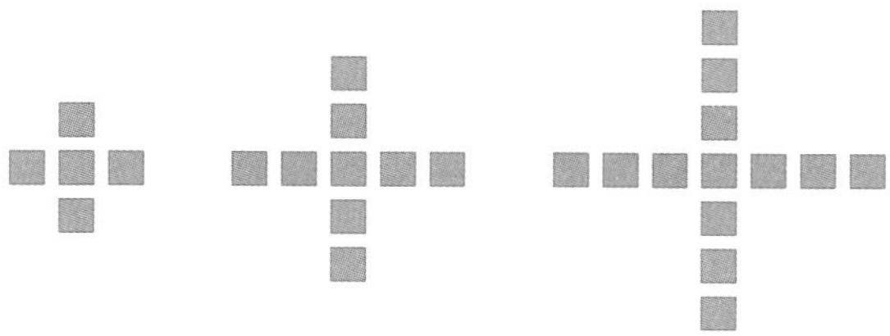

(1.) (2.) (3.)

Er behauptet: «Das 10. Muster besteht aus 43 Kärtchen.»
Hat Johannes Recht?
Begründen Sie Ihre Aussage.

Aufgabe 7 (1 P)

Ordnen Sie jedem Kreisdiagramm die passende Aussage zu.
Tragen Sie den Buchstaben in das Kästchen ein.

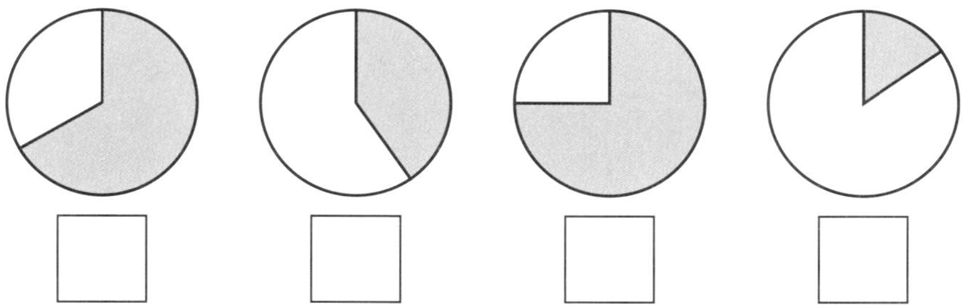

(A) Drei Viertel der Schülerinnen und Schüler kommen im Winter mit dem Bus zur Schule.

(B) 15% der Schülerinnen und Schüler besuchen die Klassenstufe 10.

(C) 200 von 300 Schülerinnen und Schülern haben Geschwister.

(D) 40% der Schülerinnen und Schüler fahren im Sommer mit dem Fahrrad zur Schule.

Tipps ab Seite 164, Lösungen ab Seite 225

Realschulabschlussprüfung 2021, Teil A 2 (Pflichtteil)

Im Teil A 2 (20 P) sind alle sechs Aufgaben zu bearbeiten.
Zugelassene Hilfsmittel: Formelsammlung, wissenschaftlicher Taschenrechner (nicht programmierbar), Parabelschablone, Zeichengeräte

Aufgabe 1 (3,5 P)

Das gleichschenklige Dreieck ABC und das Quadrat ADEF überdecken sich teilweise.
Es gilt:

$$\overline{BD} = 10{,}0\,\text{cm}$$
$$\beta = 67{,}0^\circ$$
$$\overline{AC} = \overline{BC}$$

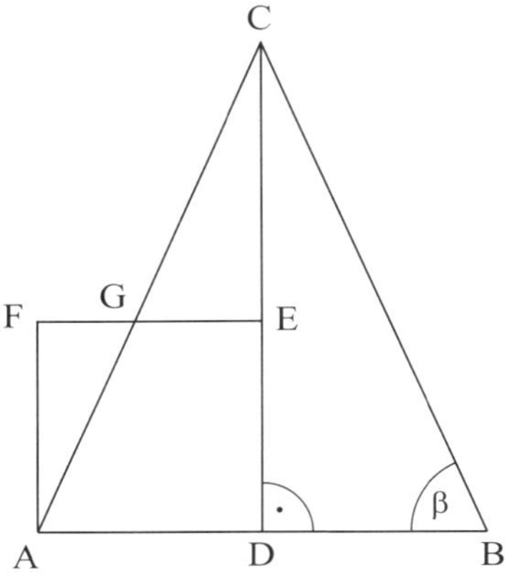

Berechnen Sie den Umfang des Dreiecks GEC.

Aufgabe 2 (3,5 P)

Ein Kunstwerk setzt sich aus einer Halbkugel und einem Kegel zusammen.
Es gilt:

$$s = 3{,}7\,\text{m}$$
$$h_{ges} = 5{,}1\,\text{m}$$
$$\alpha = 72{,}0^\circ$$

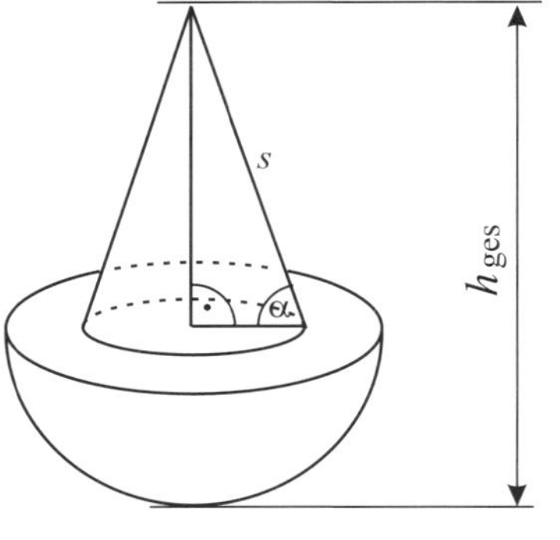

Berechnen Sie den Oberflächeninhalt des zusammengesetzten Körpers.
Dieses Kunstwerk soll mit Farbe angestrichen werden.
Eine 1-Liter-Farbdose reicht für $10\,\text{m}^2$.
Wie viele Dosen müssen gekauft werden?
Überprüfen Sie durch Rechnung.

Aufgabe 3 (3,5 P)

Die beiden Glücksräder werden gedreht. Wenn sie stehen bleiben, erkennt man im Sichtfenster eine zweistellige Zahl. Die Abbildung zeigt die Zahl 43. Mit welcher Wahrscheinlichkeit ist im Sichtfenster

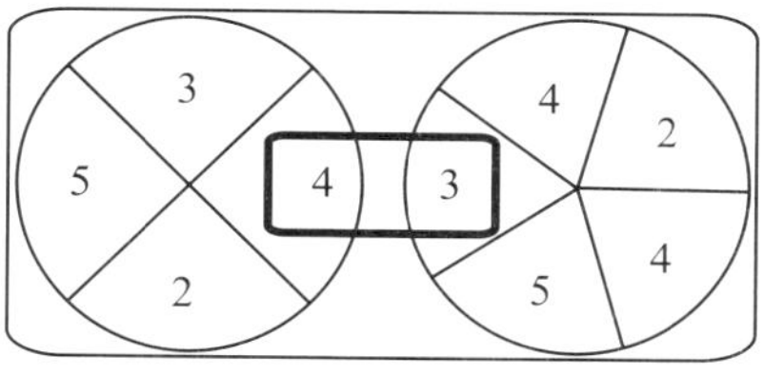

- eine Zahl mit zwei gleichen Ziffern zu sehen?
- eine durch 12 teilbare Zahl zu sehen?
- höchstens einmal die Ziffer 4 zu sehen?

Aufgabe 4 (3 P)

Immer mehr Menschen kaufen im Internet ein. Die Grafik zeigt die Umsatzentwicklung des Onlinehandels in Deutschland.

- Um wie viel Prozent ist der Umsatz des Onlinehandels von 2016 bis 2019 insgesamt gestiegen?

Das Kreisdiagramm zeigt die Umsatzanteile verschiedener Bereiche am Gesamtumsatz des Onlinehandels im Jahr 2017.

- Wie hoch war der Umsatz (in Euro) für den Bereich «Freizeit und Hobby»?

Laut einer Untersuchung entfielen im Jahr 2017 allein 53,0 % des Bereichs «Elektronik» auf den Onnlinehandel mit Smartphones.

- Wie viele Euro wurden nach dieser Untersuchung im Onlinehandel für Smartphones ausgegeben?

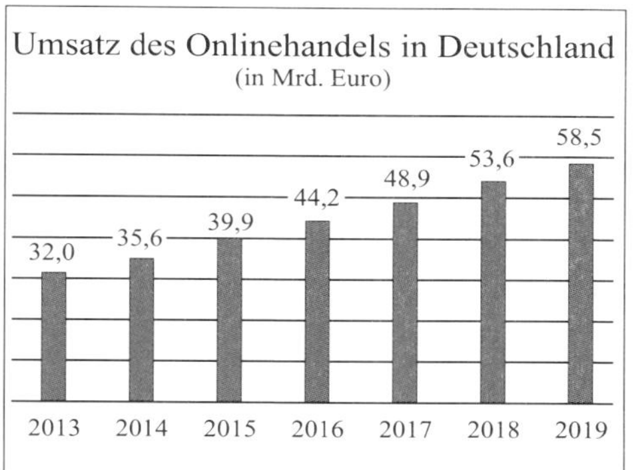

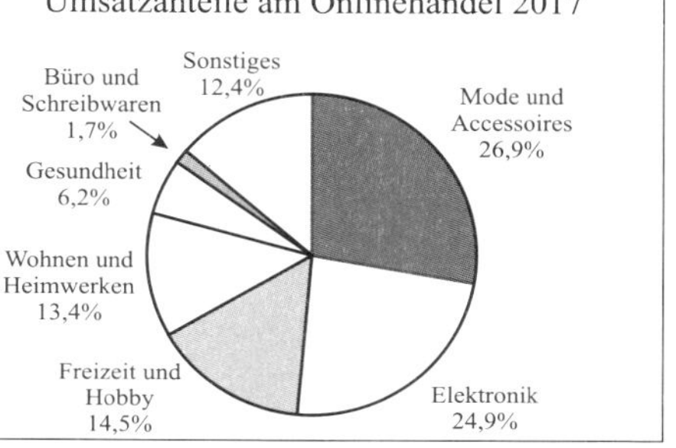

Quelle: HDE Handelsverband Deutschland
https://einzelhandel.de/presse/zahlenfaktengrafiken/861-online-handel/1889-e

Aufgabe 5 (3 P)

Die Parabel p hat die Funktionsgleichung $y = x^2 - 6x + 10$.
Eine Gerade g besitzt die Steigung $m = -2$.
Sie geht durch den Scheitelpunkt S der Parabel.
Berechnen Sie die Koordinaten des zweiten Schnittpunkts Q der Parabel p mit der Geraden g.
Die Gerade h verläuft senkrecht zur Geraden g und geht durch den Punkt Q.
Berechnen Sie eine Funktionsgleichung der Geraden h.

Aufgabe 6 (3,5 P)

Im Rahmen einer Umfrage wurden 25 Männer und 25 Frauen getrennt voneinander befragt, wie viele Stunden sie pro Woche lesen.
Die Ergebnisse dieser Befragungen sind in den beiden Boxplots dargestellt.

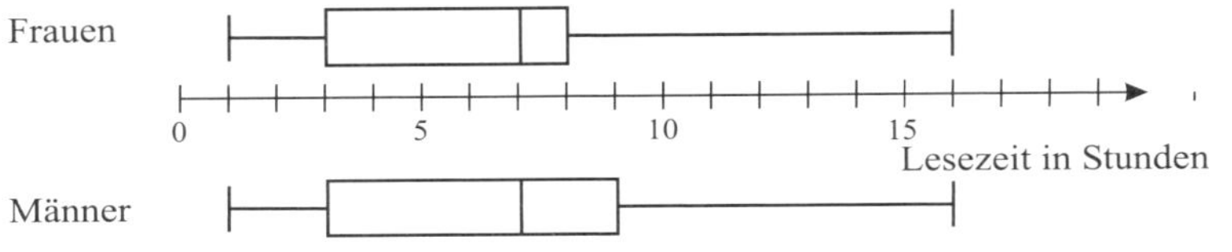

Außerdem sind die Ergebnisse der Befragungen in den beiden Säulendiagrammen abgebildet, wobei das Diagramm (2) unvollständig ist.
Welcher Boxplot gehört zu Diagramm (1)? Begründen Sie mit Hilfe der Kennwerte.

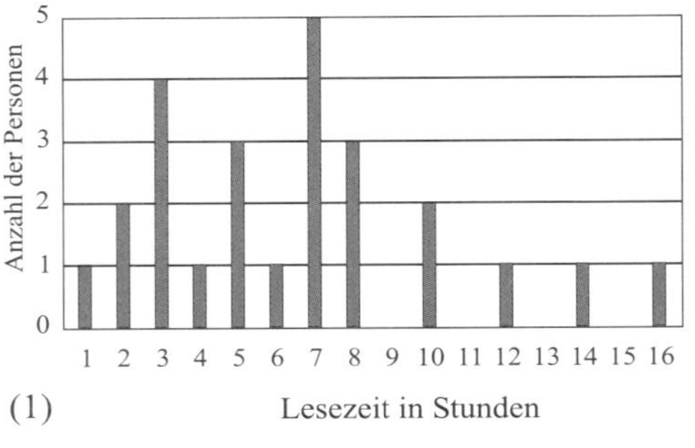

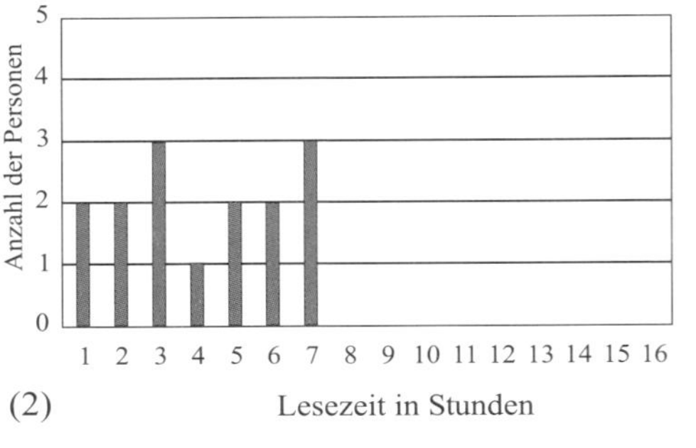

Der andere Boxplot gehört zu Diagramm (2). Hier fehlen die Säulen von 8 bis 16 Stunden Lesezeit.
Ergänzen Sie mögliche Säulen im Diagramm (2) für die Werte von 8 bis 16 Stunden Lesezeit mit Hilfe des zugehörigen Boxplots.
Finn behauptet: «Über die Hälfte der Männer liest 7 Stunden oder mehr pro Woche.»
Hat Finn Recht? Begründen Sie.

Tipps ab Seite 165, Lösungen ab Seite 234

Realschulabschlussprüfung 2021, Teil B

Hinweis: Im Teil B (20 P) sind zwei der drei Aufgaben zu bearbeiten.

Zugelassene Hilfsmittel: Formelsammlung, wissenschaftlicher Taschenrechner (nicht programmierbar), Parabelschablone, Zeichengeräte

Aufgabe 1

a) Gegeben sind das rechtwinklige Dreieck ABC und das gleichschenklige Dreieck ADE. (5 P)

Es gilt:

$\overline{AB} = 13{,}2$ cm

$\alpha = 55{,}0°$

$\overline{CE} = 8{,}0$ cm

$\overline{AE} = \overline{DE}$

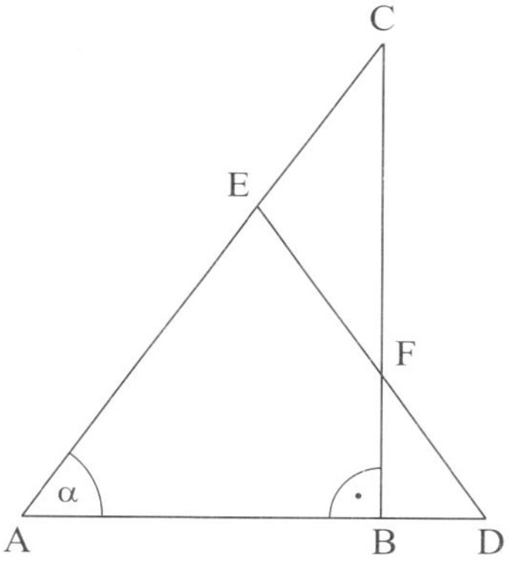

Berechnen Sie die Länge von $\overline{DF}$.

Berechnen Sie den Umfang des Vierecks ABFE.

b) Die Punkte A(1 | −8) und B(3 | −8) liegen auf einer nach oben geöffneten verschobenen Normalparabel p. (5 P)

Geben Sie die Funktionsgleichung der Parabel p in der Normalform $y = x^2 + bx + c$ an.

Die Schnittpunkte der Parabel p mit der x-Achse und die Punkte A und B bilden ein Viereck.

Berechnen Sie den Flächeninhalt dieses Vierecks.

Die Geraden g und h verlaufen jeweils auf den Diagonalen des Vierecks. Sie schneiden sich im Punkt Q.

Berechnen Sie die Koordinaten des Schnittpunktes Q.

Aufgabe 2

a) Der Punkt A$(-4 \mid -1)$ liegt auf der Parabel p_1 mit der Funktionsgleichung $y = x^2 + bx + 7$. (5 P)
Die Gerade g schneidet die Parabel p_1 im Punkt A und im Scheitelpunkt S_1.
Berechnen Sie die Funktionsgleichungen der Parabel p_1 und der Geraden g.
Durch Spiegelung des Scheitelpunkts S_1 an der y-Achse entsteht der Punkt S_2.
S_2 ist der Scheitelpunkt einer nach oben geöffneten verschobenen Normalparabel p_2.
Geben Sie die Funktionsgleichung von p_2 in der Form $y = x^2 + bx + c$ an.
Der Schnittpunkt der Geraden g mit der y-Achse ist der Scheitelpunkt S_3 der Parabel p_3. Die Parabel p_3 der Form $y = ax^2 + c$ geht außerdem durch die Scheitelpunkte S_1 und S_2.
Berechnen Sie die Funktionsgleichung der Parabel p_3.

b) In einer quadratischen Pyramide liegt das gleichschenklige Dreieck EFS. (5 P)
Es gilt:

$\overline{AB} = \overline{EF} = 12{,}6\,\text{cm}$

$\alpha = 72{,}0^\circ$

$\overline{EF} \parallel \overline{AC}$

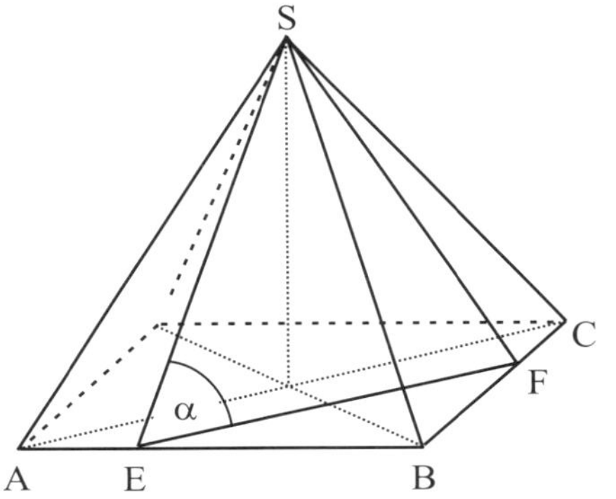

Berechnen Sie den Flächeninhalt des Dreiecks EFS.

Berechnen Sie das Volumen der quadratischen Pyramide.

Aufgabe 3

a) Zehn gleich große Karten sind mit vier verschiedenen Symbolen (Handball, Radfahren, Laufen, Fußball) bedruckt. (5 P)
Sie sind nach den vier Symbolen in Stapeln sortiert (siehe Abbildung).
Die Karten werden gemischt und verdeckt auf den Tisch gelegt.
Sie werden für ein Glücksspiel eingesetzt.
Dabei werden zwei Karten gleichzeitig gezogen.
Für das Spiel wird der abgebildete Gewinnplan geprüft.

Ereignis	Gewinn
zweimal 	9,00 €
 und 	6,00 €
 und 	3,00 €
andere Ereignisse	kein Gewinn
Einsatz pro Spiel 1,00 €	

- Berechnen Sie den Erwartungswert.

Der Veranstalter möchte langfristig pro Spiel einen Erlös von $0,50$ € erzielen.

- Wie hoch muss dann der Gewinn für « und » sein, wenn alles andere unverändert bleibt?

b) Die Flugbahn eines Speers ist nahezu parabelförmig. (5 P)
Der Abwurfpunkt A liegt $1,80$ m über der Abwurflinie.
Der Speer erreicht nach 20 m, in horizontaler Richtung von der Abwurflinie gemessen, seine maximale Höhe von $9,80$ m.

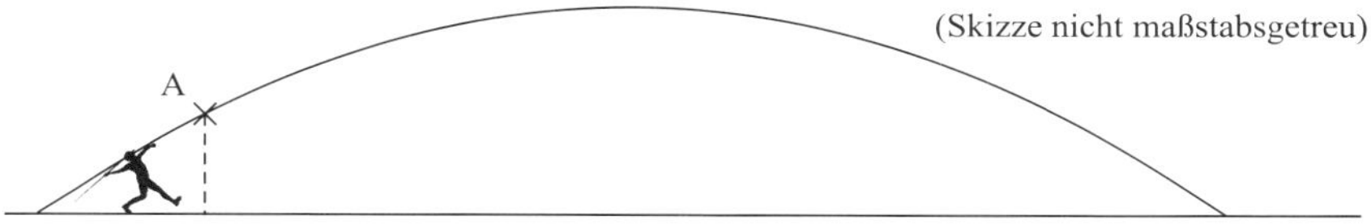

(Skizze nicht maßstabsgetreu)

Berechnen Sie eine mögliche Funktionsgleichung der Flugkurve des Speers.
Wie weit fliegt der Speer?
Ein zweiter Wurfversuch kann mit der Funktionsgleichung $y = -\frac{1}{30}x^2 + 13$ beschrieben werden. Die Wurfweite beträgt $38,15$ m.
Geben Sie die Höhe dieses Abwurfpunktes an.

Aufgabe 4

a) Die Gerade g und die verschobene Normalparabel p gehen durch die beiden Punkte $A(2 \mid 3)$ und $B(6 \mid 11)$. (5 P)
Der Punkt $C(4 \mid y_C)$ liegt auf der Parabel p.
Die Gerade h steht senkrecht auf g und geht durch C.
Die Gerade h schneidet die beiden Koordinatenachsen in den Punkten P und Q.

Berechnen Sie die Koordinaten von P und Q.

b) Ein DIN A4-Blatt hat die Eckpunkte A, B, C und D. (5 P)
Die Punkte M_1 und M_2 halbieren die Seitenlängen des DIN A4-Blatts.
Das DIN A4-Blatt wird wie abgebildet gefaltet. Der Punkt A wird zu A' und liegt nach dem Falten auf M_1.
Der Punkt C wird zum Punkt C'. Die beiden Papierkanten stoßen entlang von $\overline{M_1F}$ aneinander.

Berechnen Sie die Flächeninhalte des Dreiecks EM_1D und des Vierecks FBM_2C'.

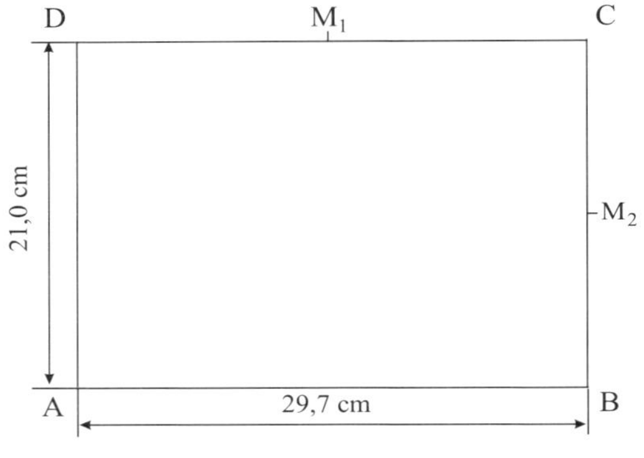

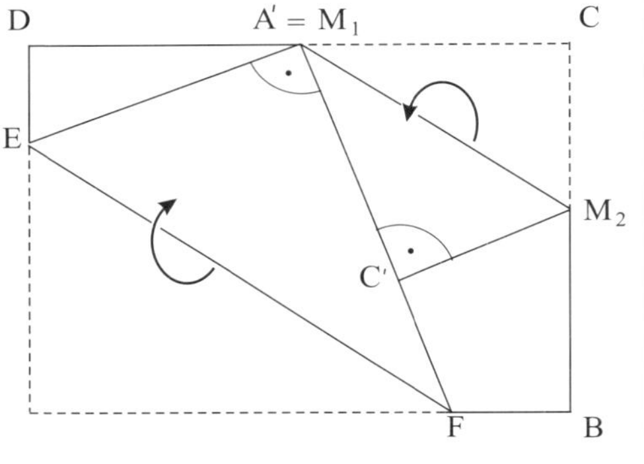

4 Realschulabschlussprüfung 2022

Tipps ab Seite 169, Lösungen ab Seite 250

Realschulabschlussprüfung 2022 Pflichtteil A1

Zugelassene Hilfsmittel: Parabelschablone, Zeichengeräte
Teil A 1 (Pflichtteil) Es sind alle Aufgaben (10 Punkte) zu bearbeiten.

Aufgabe 1 (1,5 P)

Vervollständigen Sie die Gleichungen.

1) $\sin\alpha = \frac{\dots\dots}{\overline{AB}}$

2) $\dots\dots = \frac{\overline{DE}}{\overline{BE}}$

3) $\cos\varepsilon_1 = \frac{\dots\dots}{\dots\dots}$

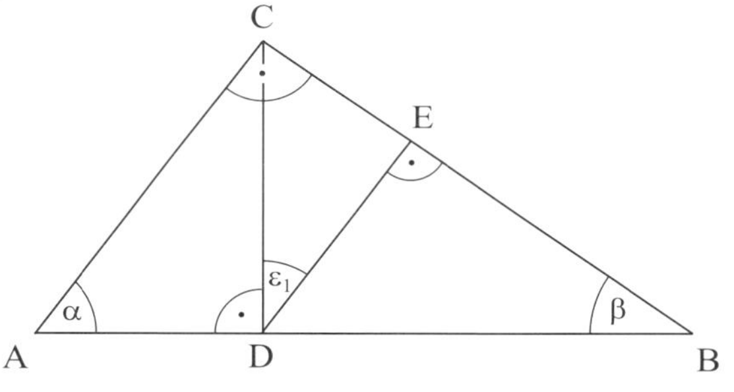

Aufgabe 2 (1,5 P)

Eine quadratische Pyramide mit der Grundkante
$a = 6$ cm und der Körperhöhe $h = 4$ cm wird vollständig mit Wasser gefüllt.

1) Berechnen Sie das Volumen der Wassermenge.

2) Die Wassermenge wird in ein quadratisches Prisma umgefüllt.
Die Grundkante des quadratischen Prismas beträgt 4 cm.
Wie hoch steht das Wasser im Prisma?

Aufgabe 3 (1,5 P)

Ein Glücksrad mit vier gleich großen Feldern ist weiß, schwarz und grau gefärbt.
Es wird zweimal nacheinander gedreht.
Berechnen Sie die Wahrscheinlichkeit des Ereignisses.

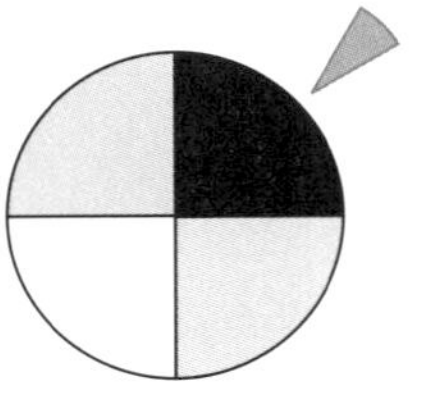

1) P(zweimal weiß)

2) P(grau und schwarz)

Aufgabe 4 (1,5 P)

Welcher der drei Boxplots gehört zur abgebildeten Rangliste?
Begründen Sie mithilfe der Kennwerte.

Rang	1	2	3	4	5	6	7	8	9	10	11	12	13
Gewicht (in kg)	20	30	30	40	50	80	90	100	110	120	150	160	180

(A)

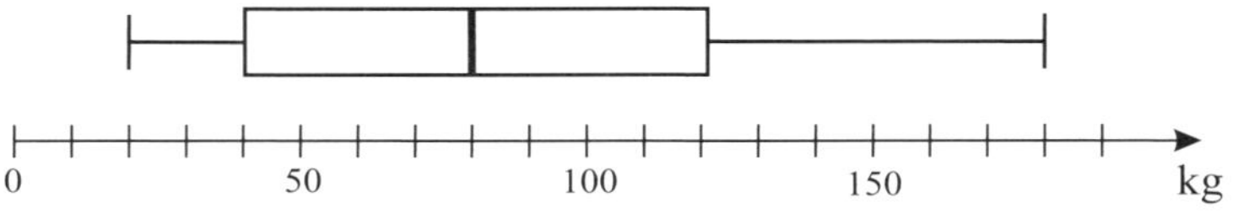

(B)

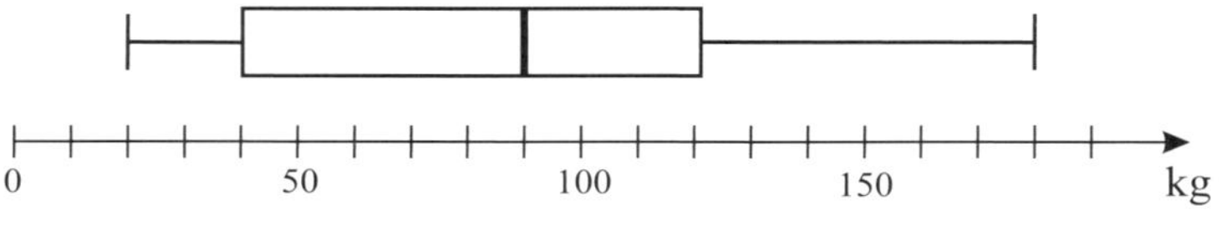

(C)

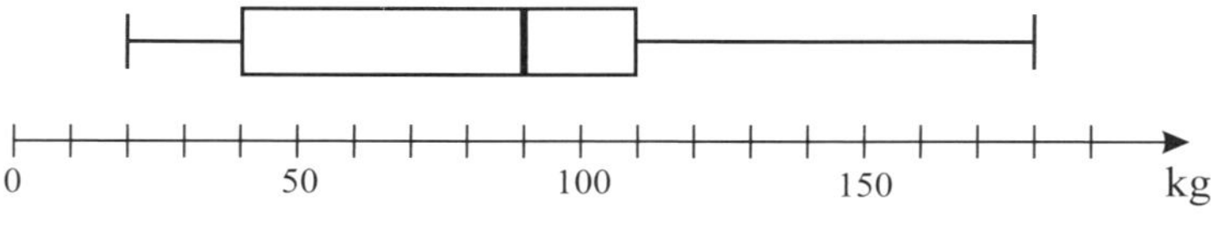

Aufgabe 5 (1,5 P)

Berechnen Sie den Term.

$58 \cdot 10^4 + 42 \cdot 10^4$

Kreuzen Sie das zum Ergebnis zugehörige Zahlwort an.

☐ 1 Million ☐ 10 Millionen ☐ 1 Milliarde

Aufgabe 6 (1 P)

Emma legt Muster aus Kärtchen.
Die ersten drei Muster hat sie bereits gelegt.

(1.) (2.) (3.)

1) Geben Sie die Anzahl der Kärtchen für das 7. Muster an ($n = 7$).

2) Eine der folgenden Formeln kann zur Berechnung der Anzahl der Kärtchen bei allen Mustern verwendet werden.
Welche Formel sollte Emma auswählen?

$s = 3n - 2$ $s = n^2$ $s = n^2 + n - 2$

→ n gibt die Stelle des jeweiligen Musters an.
→ s ist die Summe der einzelnen Kärtchen.

Aufgabe 7 (1,5 P)

Ein Paar Sportschuhe kostet 120 €.
Im Rahmen einer Rabattaktion wird der Preis um 30 % reduziert.
Anschließend wird der reduzierte Preis nochmals um 20% gesenkt.
Liam behauptet: «Die Sportschuhe kosten somit nur noch die Hälfte des ursprünglichen Preises.»
Hat Liam Recht?
Begründen Sie Ihre Entscheidung durch Rechnung oder Argumentation.

Tipps ab Seite 170, Lösungen ab Seite 253

Realschulabschlussprüfung 2022, Pflichtteil A 2

Zugelassene Hilfsmittel: Formelsammlung, wissenschaftlicher Taschenrechner (nicht programmierbar), Parabelschablone, Zeichengeräte

Teil A 2 (20 P) Es sind alle sechs Aufgaben zu bearbeiten.

Aufgabe 1 4 P

Im rechtwinkligen Dreieck ABC gilt:

$$\overline{AC} = 9{,}5\text{ cm}$$
$$\alpha = 40{,}0°$$
$$\overline{BC} = \overline{BD}$$

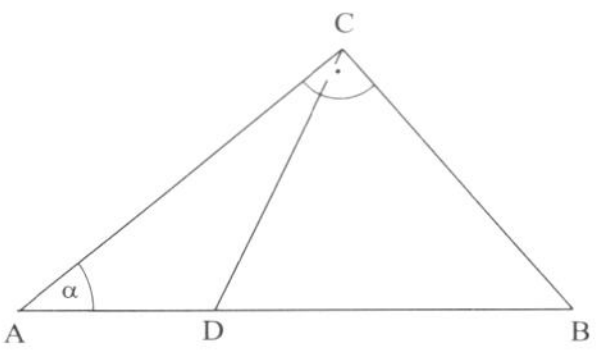

Berechnen Sie den Umfang des Dreiecks ADC.

Aufgabe 2 3,5 P

1000 Wachskugeln werden eingeschmolzen. Sie haben jeweils einen Radius von 1,5 cm. Mit diesem eingeschmolzenen Wachs werden quadratische Pyramiden gegossen.
Dazu wird die abgebildete Gussform verwendet. Diese wird vollständig mit Wachs gefüllt.
Es gilt:

a_w = 10,0 cm (Grundkante Würfel)

s = 9,0 cm

t = 1,0 cm

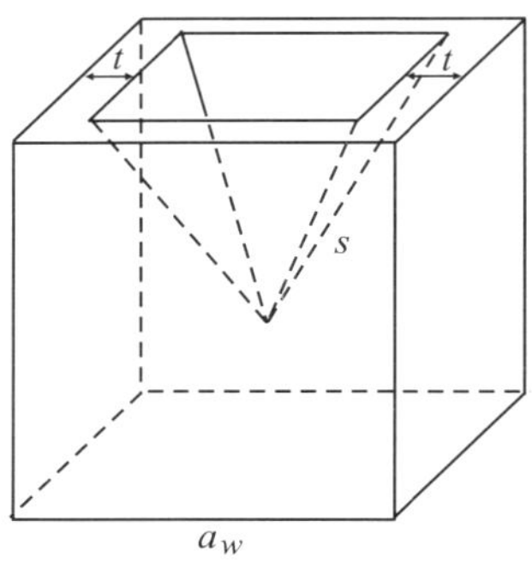

Wie viele solcher Pyramiden können mit dem eingeschmolzenen Wachs gegossen werden?

Aufgabe 3 3 P

Lösen Sie die Gleichung.

$$(x+2)(x-4)-x=2(x-3)^2-12$$

Aufgabe 4 3,5 P

Das Schaubild zeigt den Ausschnitt einer verschobenen Normalparabel p.

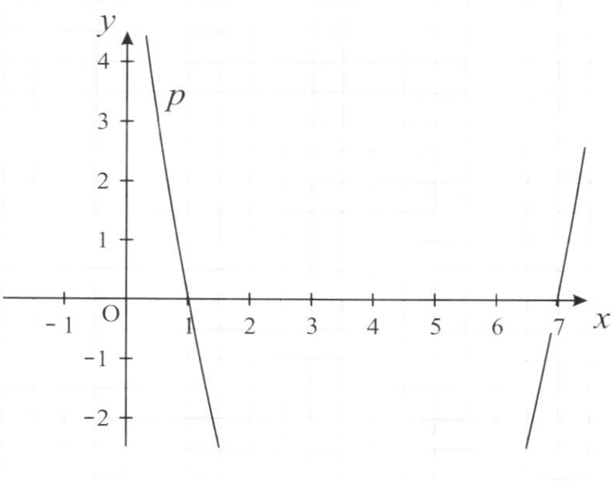

- Bestimmen Sie die Funktionsgleichung von p.

Die Wertetabelle gehört zur Parabel p.

x	-3	-2	-1	0
y				

- Ergänzen Sie die fehlenden y-Werte in der Wertetabelle.

Die Gerade g mit der Funktionsgleichung $y=-2x+2$ schneidet die Parabel p in den Punkten A und B.
Berechnen Sie die Koordinaten der Schnittpunkte A und B.

Aufgabe 5 3 P

Die Klasse 5c verkauft Lose beim Schulfest.
Es gibt folgende Gewinne: 12 Fußbälle und 8 Basketbälle.
Die restlichen 80 Lose sind Nieten.
Francesca möchte zwei Lose ziehen.
Wie groß ist die Wahrscheinlichkeit, dass sie

- zwei Nieten zieht?
- einen Fußball und einen Basketball gewinnt?

Aufgabe 6 3 P

Die Paketzustellungen in Deutschland haben in den letzten Jahren zugenommen.
Im Schaubild ist diese Entwicklung dargestellt.

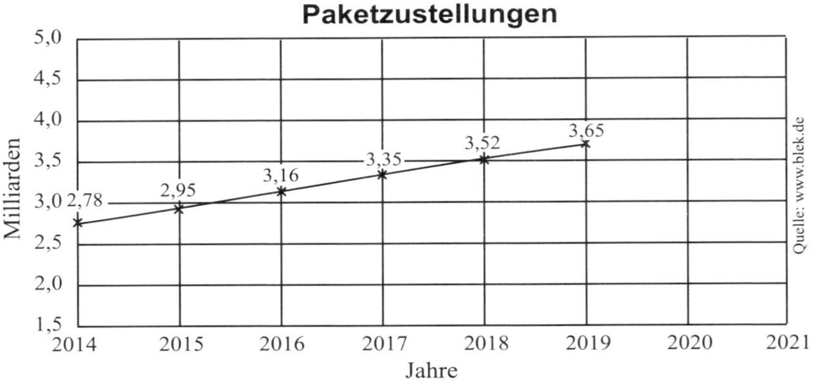

Um wie viel Prozent haben die Paketzustellungen von 2014 bis 2019 insgesamt zugenommen?
Der Dienstleister DHL hatte im Jahr 2019 einen Anteil von 57,0 % an den gesamten Zustellungen.
Wie viele Pakete wurden von DHL im Jahr 2019 zugestellt?
Im Jahr 2020 nahm die Anzahl der Paketzustellungen um 9,7 % zu.
Im drauffolgenden Jahr 2021 stieg die Anzahl der Paketzustellungen um 12,5 %.
Tragen Sie die Werte für 2020 und 2021 in das oben abgebildete Diagramm ein. ✎

Tipps ab Seite 171, Lösungen ab Seite 259

Realschulabschlussprüfung 2022, Wahlteil B

Hinweis: In Teil B (20 P) sind zwei der drei Aufgaben zu bearbeiten.

Zugelassene Hilfsmittel: Formelsammlung, wissenschaftlicher Taschenrechner (nicht programmierbar), Parabelschablone, Zeichengeräte

Aufgabe 1

a) Im Quadrat ABCD liegen die beiden gleichschenkligen Dreiecke ABF und DEF. 5 P

Es gilt:

$\overline{AB} = 14{,}0\,\text{cm}$

$\overline{AF} = 12{,}0\,\text{cm}$

$\overline{AF} = \overline{BF}$

$\overline{EF} = \overline{DF}$

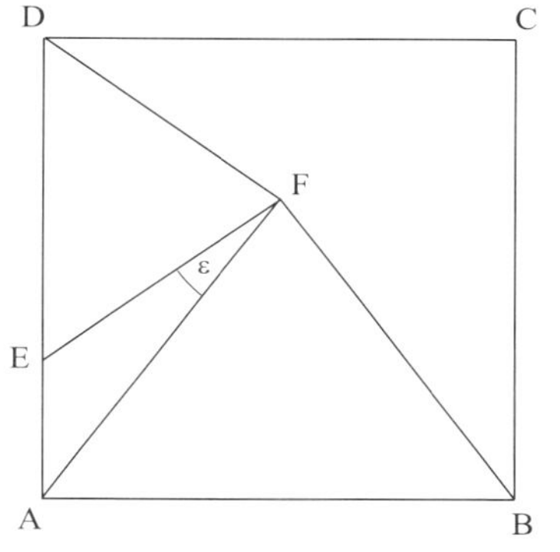

- Berechnen Sie den Flächeninhalt des Dreicks AFE.
- Berechnen Sie den Winkel ε.

b) Die Gerade g hat die Funktionsgleichung $y = x + 2$. 5 P

Die Parabel p_1 hat die Funktionsgleichung $y = -x^2 + 8$.

Die Parabel p_1 schneidet die Gerade g in den Punkten P und Q.

- Berechnen Sie die Koordinaten der Schnittpunkte P und Q.

Durch die beiden Schnittpunkte P und Q verläuft die verschobene nach oben geöffnete Normalparabel p_2.

- Berechnen Sie die Koordinaten des Scheitelpunkts S_2 von p_2.

Robin behauptet: «Das Dreieck mit den Punkten P, Q und S_2 ist rechtwinklig.»

- Hat Robin Recht? Begründen Sie Ihre Antwort rechnerisch.

Aufgabe 2

a) Das Schaubild zeigt Ausschnitte der verschobenen Normalparabel p_1 und der nach unten geöffneten Parabel p_2. — 5 P

- Bestimmen Sie die Funktionsgleichungen der beiden Parabeln. Entnehmen Sie dazu geeignete Werte aus dem Schaubild.

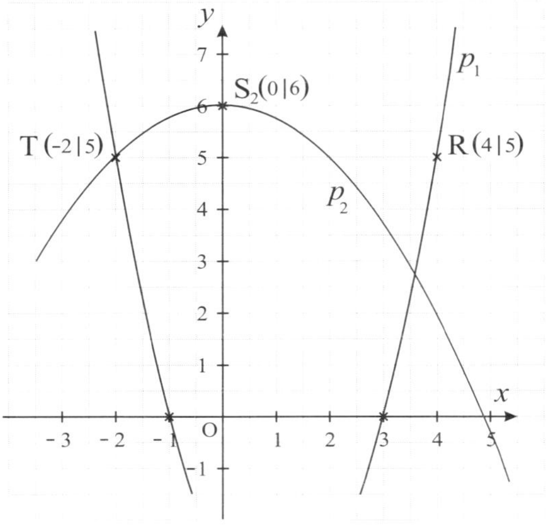

Die Gerade g verläuft durch die beiden Scheitelpunkte S_1 und S_2.

- Berechnen Sie die Funktionsgleichung von g.

Die Gerade h verläuft senkrecht zu g und geht durch den Punkt $R(4 \mid 5)$.

- Berechnen Sie die Funktionsgleichung von h.
- Geben Sie die Funktionsgleichung einer weiteren verschobenen nach oben geöffneten Normalparabel p_3 an, die keine Punkte mit p_1 und p_2 gemeinsam hat.

b) Ein zusammengesetzter Körper besteht aus einem regelmäßigen Fünfecksprisma mit aufgesetzter regelmäßiger fünfseitiger Pyramide. — 5 P

Es gilt:

$s = 12{,}6$ cm

$\varepsilon = 33{,}0°$

$h_2 = 5{,}6$ cm (Höhe Prisma)

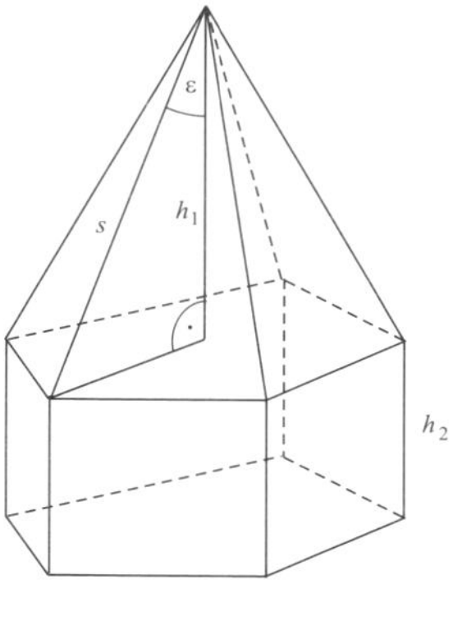

Berechnen Sie den Oberflächeninhalt des zusammengesetzten Körpers.

Aufgabe 3

a) In einem Gefäß liegen acht Kugeln, die rot, blau und gelb gefärbt sind. Es werden zwei Kugeln ohne Zurücklegen gezogen. 5 P

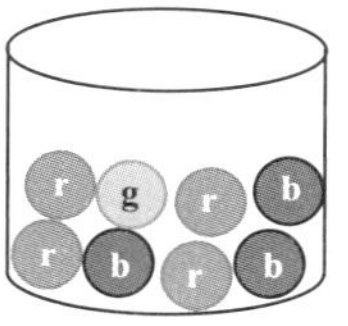

- Wie groß ist die Wahrscheinlichkeit, zwei gleichfarbige Kugeln zu ziehen?

Die Kugeln werden für ein Gewinnspiel eingesetzt. Dazu wird nebenstehender Gewinnplan geprüft.

Ereignis	Gewinn
zwei gleichfarbige Kugeln	4,00 €
eine gelbe und eine blaue Kugel	10,00 €
Einsatz: 2,50 € pro Spiel	

- Berechnen Sie den Erwartungswert.

Der Veranstalter des Gewinnspiels möchte seinen Gewinn pro Spiel auf lange Sicht verdoppeln.

- Wie hoch müsste dann der Gewinn für «eine gelbe und eine blaue Kugel» sein, wenn alles andere unverändert bleibt?

b) Das Foto zeigt ein «Tiny House». Die Vorderseite des Hauses ist annähernd parabelförmig. Die maximale Höhe des Hauses beträgt $3,00\,\text{m}$. Am Boden ist es 2,70 m breit. 5 P

- Berechnen Sie eine mögliche Funktionsgleichung für die parabelförmige Außenkante des Hauses

Quelle: https://tiny-houses.de

Die $2,00$ m hohe Eingangstür befindet sich mittig auf der Vorderseite des Hauses. Am oberen Ende der Eingangstür befindet sich ein Vordach, das von Außenkante zu Außenkante reicht.

- Berechnen Sie die Länge dieses Vordachs.

In $1,00$ m Höhe hat der Türrahmen eine waagrechte Entfernung von $0,70$ m zu den Außenkanten.

- Berechnen Sie den Flächeninhalt der Tür.

Aufgabe 4

a) Die Parabel p_1 hat die Funktionsgleichung $y = x^2 - 8x + 12$. 5 P
Die verschobene und nach oben geöffnete Normalparabel p_2 hat den Scheitelpunkt $S_2\,(1 \mid -7)$.

- Berechnen Sie die Koordinaten des Schnittpunkts Q_1 der beiden Parabeln p_1 und p_2.

Die Parabel p_1 schneidet die x-Achse in den Punkten N_1 und N_2.

- Berechnen Sie die Koordinaten von N_1 und N_2.

Die Punkte N_1, N_2 und Q_1 bilden ein Dreieck.

- Berechnen Sie den Flächeninhalt des Dreiecks $N_1Q_1N_2$.

Der Punkt Q_1 bewegt sich auf der Parabel p_2 unterhalb der x-Achse. Dadurch entsteht der Punkt Q_2 und somit das Dreieck $N_1Q_2N_2$.

- Für welche Lage von Q_2 wird der Flächenihnhalt des Dreiecks am größten?
- Berechnen Sie diesen maximalen Flächeninhalt.

b) Das regelmäßige Sechseck und das gleichschenklige Dreieck ABC haben die Seite $\overline{AB}$ gemeinsam. 5 P
Es gilt:

$$\overline{AB} = 12{,}4\,\text{cm}$$

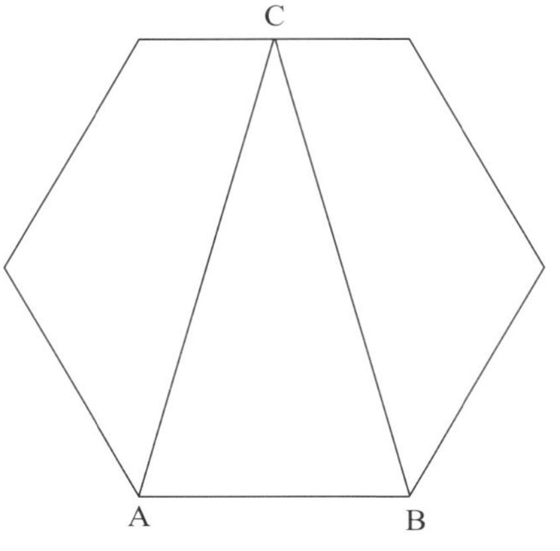

- Berechnen Sie den Umfang des Dreiecks ABC.

Tom behauptet: «Der Flächeninhalt des Sechsecks ist dreimal so groß wie der Flächeninhalt des Dreiecks ABC.»

- Hat Tom Recht?
Begründen Sie Ihre Antwort durch Rechnung oder Argumentation.

5 Realschulabschlussprüfung 2023

Tipps ab Seite 174, Lösungen ab Seite 272

Realschulabschlussprüfung 2023 Teil A1

Zugelassene Hilfsmittel: Parabelschablone, Zeichengeräte
Im Teil A 1 (Pflichtteil) sind alle Aufgaben (10 Punkte) zu bearbeiten.

Aufgabe 1 (1 P)

In der nebenstehenden Figur fehlen die Beschriftungen zweier Punkte und zweier Winkel. Tragen Sie die Punkte S und U sowie die Winkel δ und φ in die Kästchen ein, sodass die folgenden Aussagen zutreffen.

$\sin \varepsilon = \frac{\overline{SU}}{\overline{RU}}$

$\cos \varphi = \frac{\overline{SU}}{\overline{RU}}$

$\tan \delta = \frac{\overline{SU}}{\overline{ST}}$

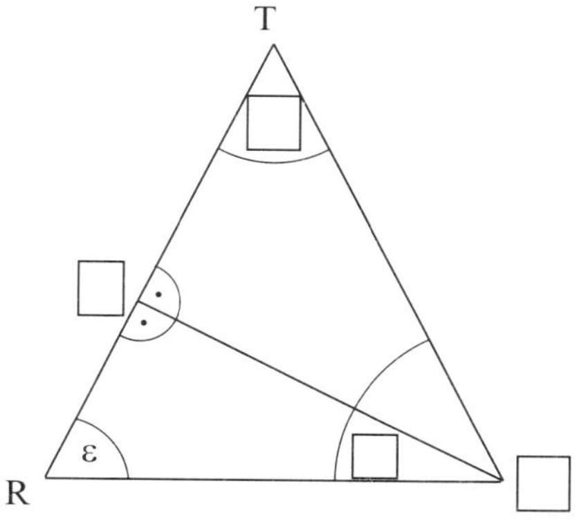

Aufgabe 2 (2 P)

Zwei Spielwürfel werden gleichzeitig geworfen.
Die Augenzahlen werden addiert (Augensumme).

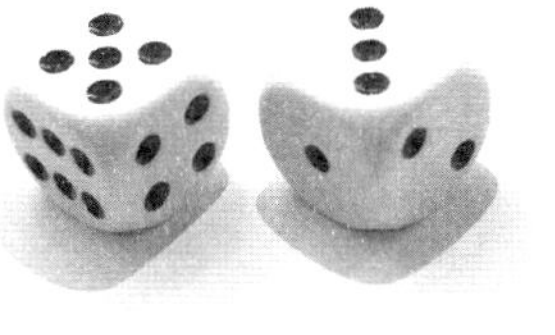

a) Berechnen Sie die Wahrscheinlichkeit für das Ereignis «Augensumme ungerade».

b) Berechnen Sie die Wahrscheinlichkeit für das Ereignis «Augensumme kleiner als 4».

Aufgabe 3 (1 P)

Auf der Oberfläche des Dreiecksprismas ist ein Streckenzug eingezeichnet.
Die Grund- und die Deckfläche sind gleichseitige Dreiecke.
Auf welchem Netz ist der Streckenzug richtig abgebildet?
Kreuzen Sie an.

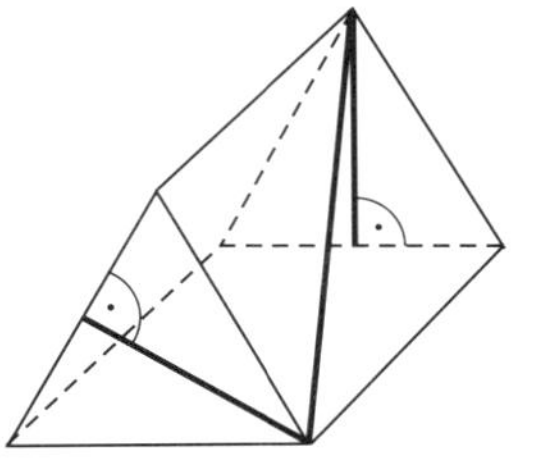

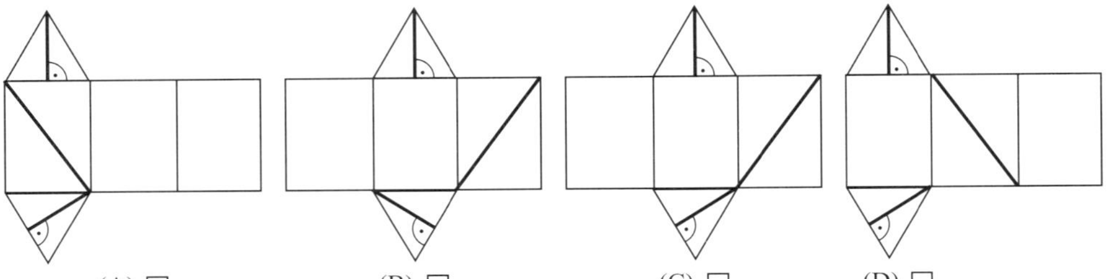

(A) ☐ (B) ☐ (C) ☐ (D) ☐

Zeichnungen nicht maßstabsgetreu

Aufgabe 4 (1 P)

Die Funktionsgleichungen von drei Parabeln sind gegeben.

$$p_1: y = (x+3)^2$$
$$p_2: y = -\frac{1}{3}x^2 - 3$$
$$p_3: y = (x-3)^2 - 3$$

Welche der drei Parabeln schneidet die x-Achse zweimal?
Begründen Sie Ihre Entscheidung.

Aufgabe 5 (1 P)

Welche Zahl muss eingesetzt werden ?

$$\sqrt{32} \cdot \sqrt{\square} - \sqrt{25} = 3$$

Aufgabe 6 (1 P)

Welche der beiden Ranglisten gehört zum abgebildeten Boxplot?
Begründen Sie mithilfe der Kennwerte.

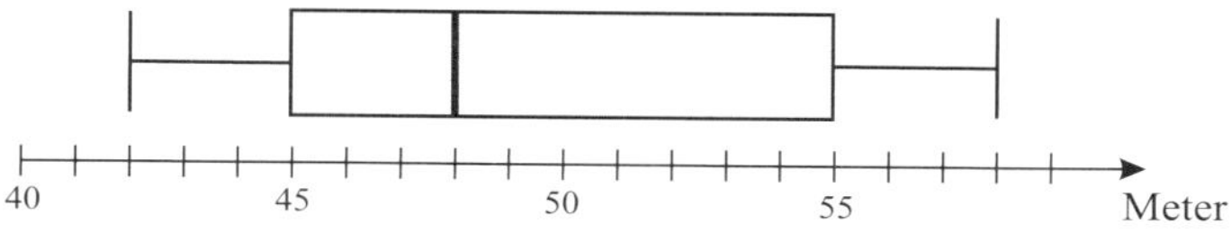

Ⓐ

Rang	1	2	3	4	5	6	7	8	9	10	11	12	13
Strecke in m	42	42	44	45	45	46	48	51	53	54	55	56	57

Ⓑ

Rang	1	2	3	4	5	6	7	8	9
Strecke in m	42	44	45	46	48	50	55	56	58

Aufgabe 7 (1,5 P)

80 Jugendliche wurden befragt, welchen Freizeitsport sie betreiben. Die Ergebnisse dieser Befragung sind in der Tabelle abgebildet.
Welches der drei Diagramme gehört zur Tabelle? Begründen Sie Ihre Entscheidung.

Sportart	Anzahl der Jugendlichen
Fußball	40
Handball	24
Volleyball	16

Diagramm 1

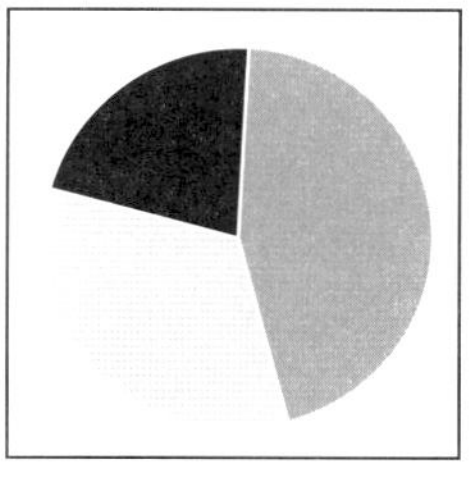

Diagramm 2

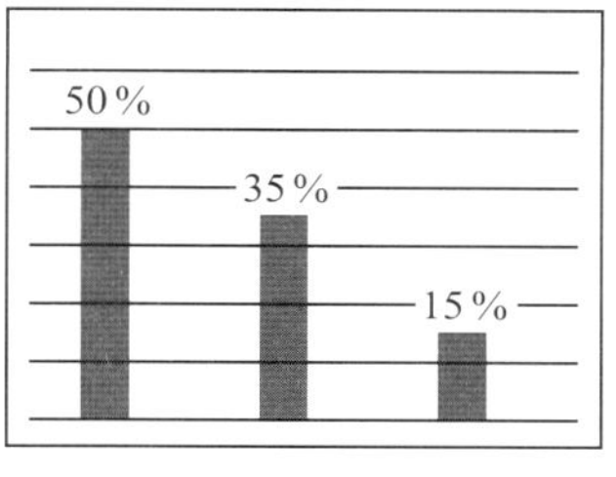

Diagramm 3

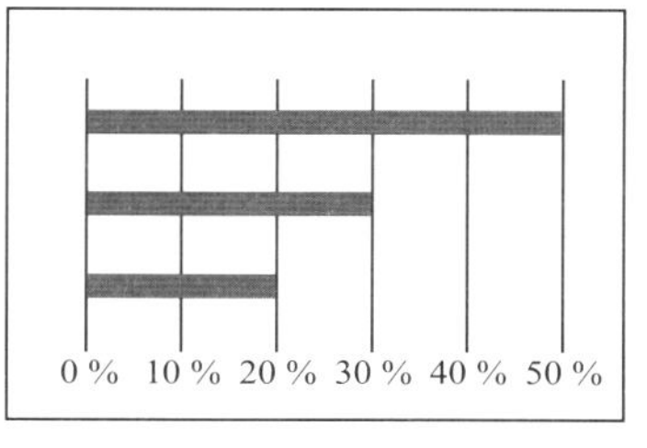

Aufgabe 8 (1,5 P)

Emily hat vier Muster aus Plättchen gelegt.

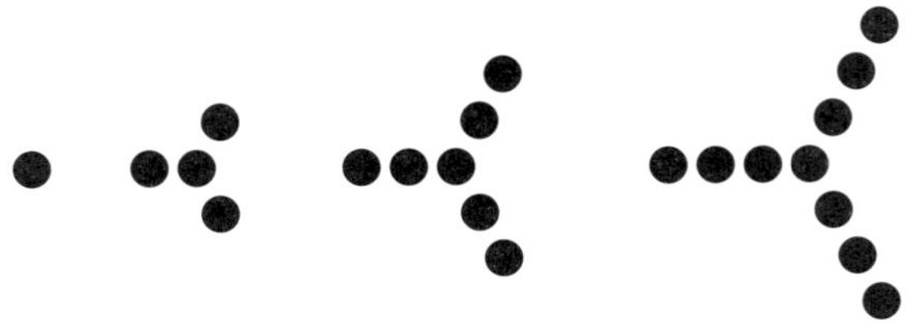

(1) (2) (3) (4)

a) Wie viele Plättchen benötigt Emily für das 8. Muster?

b) Emily möchte die Anzahl der Plättchen bei jedem Muster berechnen.
Sie hat vier Formeln zur Auswahl.
n gibt die Stelle des jeweiligen Musters an, s ist die Summe der Plättchen eines Musters.
Welche beiden Formeln kann Emily verwenden?
Kreuzen Sie jeweils richtig oder falsch an.

	$s = 3n - 2$	$s = 3 - 2n$	$s = 3(n-1) + 1$	$s = 2n - 1$
richtig	☐	☐	☐	☐
falsch	☐	☐	☐	☐

Tipps ab Seite 174, Lösungen ab Seite 275

Realschulabschlussprüfung 2023, Pflichtteil A 2

Zugelassene Hilfsmittel: Formelsammlung, wissenschaftlicher Taschenrechner (nicht programmierbar), Parabelschablone, Zeichengeräte

Im Teil A 2 (Pflichtteil) sind alle sechs Aufgaben (20 P) zu bearbeiten.

Aufgabe 1 (3,5 P)

Im rechtwinkligen Dreieck ABC liegen die beiden gleichschenkligen Dreiecke ABD und BCD.

Es gilt:

$$\overline{CD} = 6,3\text{ cm}$$
$$\gamma = 41,8^\circ$$
$$\overline{AD} = \overline{BD}$$
$$\overline{BD} = \overline{CD}$$

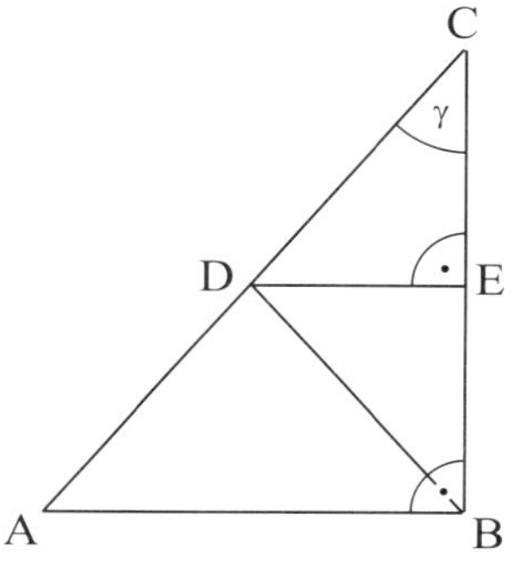

- Berechnen Sie den Umfang des Dreiecks ABD.
- Berechnen Sie den Flächeninhalt des Dreiecks ABD.

Aufgabe 2 (4 P)

Ein zusammengesetzter Körper besteht aus einem quadratischen Prisma mit aufgesetzter quadratischer Pyramide.

Dieser zusammengesetzte Körper wurde durch einen Parallelschnitt halbiert.

Die Schnittfläche A_S ist grau eingefärbt.

Es gilt:

$$s = 16,3\text{ cm}$$
$$\alpha = 68,9^\circ$$
$$h_{ges} = 20,6\text{ cm}$$

Berechnen Sie den Flächeninhalt der Schnittfläche A_S.

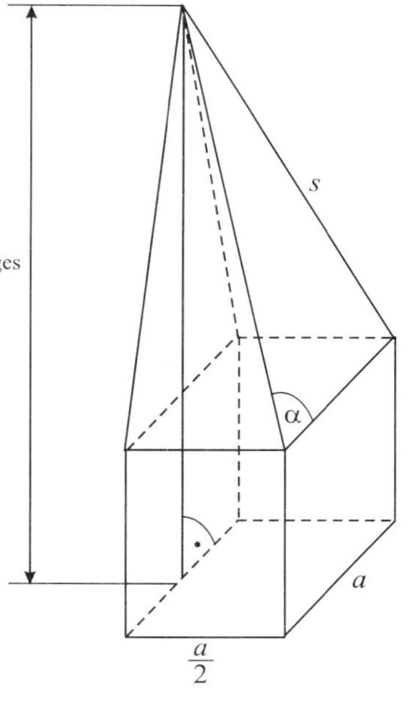

Aufgabe 3 (3 P)

Lösen Sie das Gleichungssystem.

$$\begin{array}{lrcl} (1) & 3(x-y) & = & y+8 \\ (2) & 3y & = & \frac{x-5}{2} \end{array}$$

Aufgabe 4 (3,5 P)

Die Abbildung zeigt den Ausschnitt einer verschobenen nach oben geöffneten Normalparabel p.

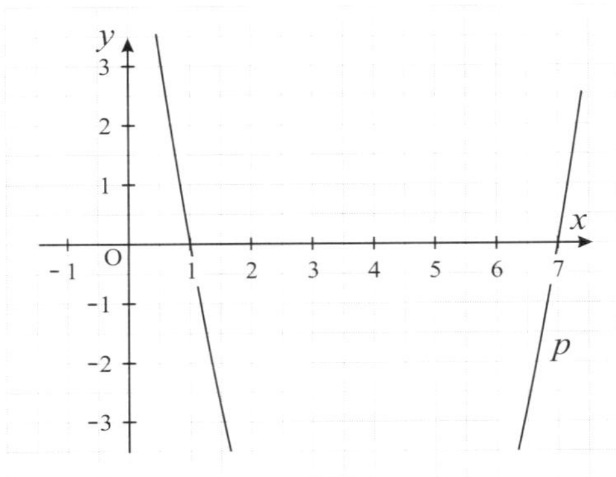

- Bestimmen Sie die Funktionsgleichung der Parabel p.
  Entnehmen Sie dazu geeignete Werte aus der Zeichnung.

Eine Gerade g schneidet die y-Achse im Punkt $T(0 \mid 2)$ und hat die Steigung $m = -2$.

- Berechnen Sie die Koordinaten der Schnittpunkte A und B der Parabel und der Geraden.

Aufgabe 5 (3 P)

Auf zwei Kreiseln befinden sich die Symbole ●, ▲ und ■.
Die Felder eines Kreisels sind jeweils gleich groß.
Sie sind grau bzw. weiß gefärbt.
Die beiden Kreisel werden gedreht und bleiben auf einer Kante liegen.

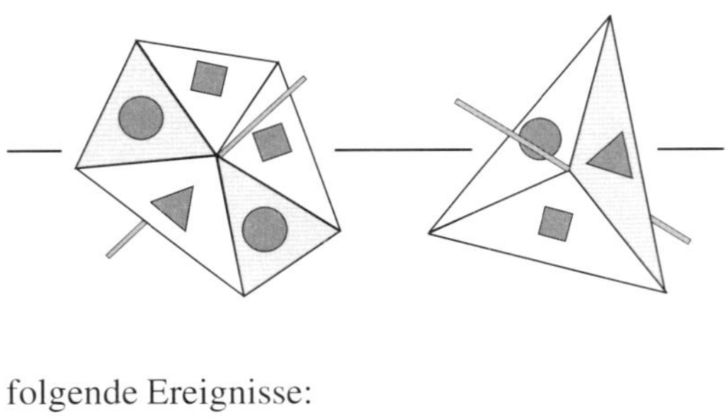

Berechnen Sie die Wahrscheinlichkeit für folgende Ereignisse:

- zwei gleiche Symbole
- Kreis und Dreieck
- höchstens ein graues Feld

Tipps ab Seite 176, Lösungen ab Seite 282

Realschulabschlussprüfung 2023, Teil B
Hinweis: In Teil B (20 P) sind **zwei** von drei vorgelegten Aufgaben zu bearbeiten.
Zugelassene Hilfsmittel: Formelsammlung, wissenschaftlicher Taschenrechner (nicht programmierbar), Parabelschablone, Zeichengeräte

Aufgabe 1

a) Das gleichschenklige Dreieck ABC und das rechtwinklige Trapez FBDE überdecken sich teilweise. Es gilt: (5 P)

$\overline{AC} = 11{,}4\text{ cm}$

$\overline{BD} = 8{,}2\text{ cm}$

$\gamma_1 = 37{,}6^\circ$

$\delta = 39{,}2^\circ$

$\overline{AC} = \overline{BC}$

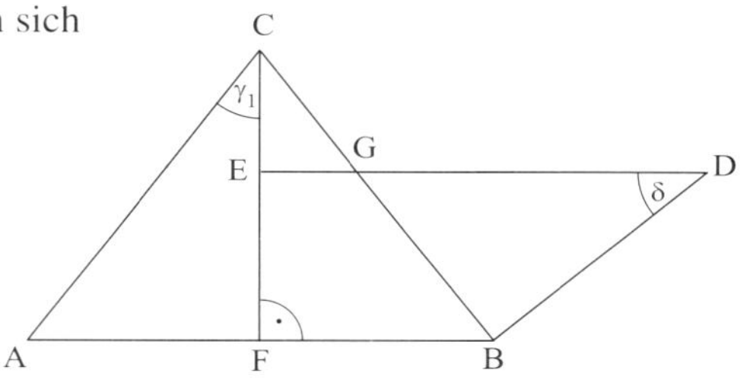

Berechnen Sie den Flächeninhalt des Vierecks FBGE.

b) Eine nach oben geöffnete verschobene Normalparabel p mit der Form $y = x^2 + bx - 2$ geht durch den Punkt A$(1 \mid 1)$. (5 P)

- Berechnen Sie die Funktionsgleichung der Parabel p.

Die Parabel p geht auch durch den Punkt B$(-3 \mid y_B)$.
Sie schneidet die y-Achse im Punkt C.

- Bestimmen Sie die Koordinaten der Punkte B und C.

Die Punkte A, B und C bilden das Dreieck ABC.

- Berechnen Sie den Flächeninhalt des Dreiecks ABC.

Die Gerade g geht durch den Punkt C und hat die Steigung $m = -3$.

- Geben Sie die Funktionsgleichung von g an.

Julius behauptet: «Die Gerade g halbiert den Flächeninhalt des Dreiecks ABC.»

- Überprüfen Sie diese Aussage und begründen Sie Ihre Antwort durch Rechnung oder Argumentation.

Aufgabe 2

a) Zu einer verschobenen nach oben geöffneten Normalparabel p_1 gehört die unvollständige Wertetabelle. (5 P)

x	-1	0	1	2	3	4	5
y		1				1	

- Bestimmen Sie die Funktionsgleichung von p_1.
- Vervollständigen Sie die Wertetabelle.

Die Gerade g hat die Funktionsgleichung $y = mx - 2$ und geht durch den Punkt $P(3 \mid -5)$.

- Berechnen Sie die Funktionsgleichung von g.
- Zeigen Sie rechnerisch, dass g keinen Schnittpunkt mit p_1 hat.
- Geben Sie die Funktionsgleichung einer verschobenen nach oben geöffneten Normalparabel p_2 an, die keinen Schnittpunkt mit g und p_1 hat.

b) Aus einem Kegel wird eine regelmäßige fünfseitige Pyramide herausgearbeitet (siehe Abbildung). (5 P)

Die Eckpunkte der Grundfläche der fünfseitigen Pyramide liegen auf der Kreislinie der Grundfläche des Kegels.
Es gilt:

$a = 8{,}6\,\text{cm}$ (Grundkante der Pyramide)
$h_K = 15{,}2\,\text{cm}$ (Körperhöhe des Kegels)
$h_P = 7{,}6\,\text{cm}$ (Körperhöhe der Pyramide)

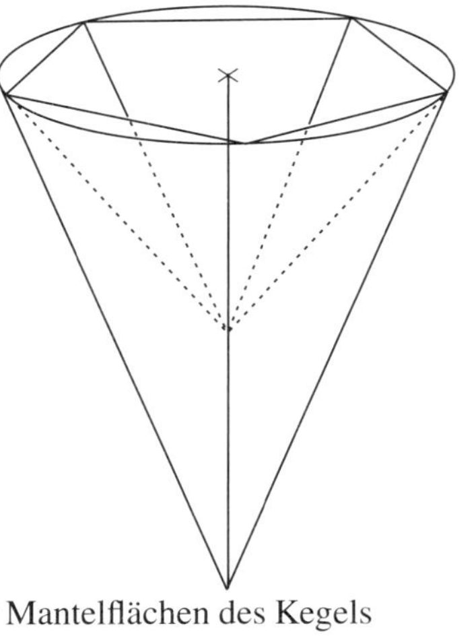

Um wie viele cm^2 unterscheiden sich die Inhalte der Mantelflächen des Kegels und der Pyramide?

Aufgabe 3

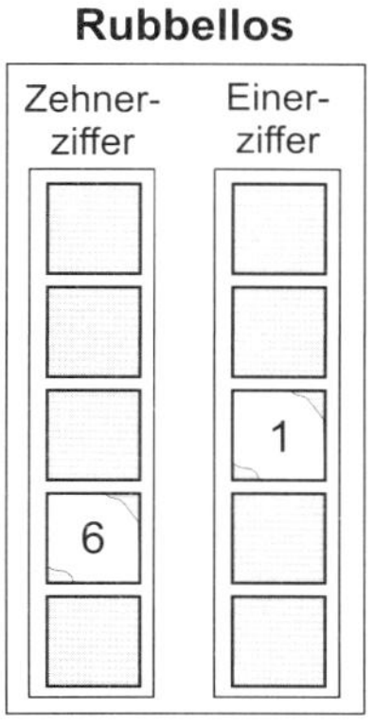

a) Die Klasse 10a verkauft Rubbellose. Auf jedem Los befinden sich zwei Streifen. Jeder Streifen enthält die folgenden Ziffern:

3 6 1 1 3

Die Ziffern sind in zufälliger Reihenfolge angeordnet. Der linke Streifen zeigt die Zehnerziffern, der rechte die Einerziffern. Auf jedem Streifen wird genau ein Feld freigerubbelt, wodurch eine zweistellige Zahl entsteht.
Die nebenstehende Abbildung zeigt die Zahl 61.

- Wie groß ist die Wahrscheinlichkeit, eine Zahl zu erhalten, die größer als 60 ist?

Ereignis	Gewinn
Zahl größer als 60	3,00 €
Zahl 33	6,00 €
restliche Möglichkeiten	kein Gewinn
Einsatz 2,00 €	

Die Rubbellose werden für ein Glücksspiel eingesetzt. Dazu wird nebenstehender Gewinnplan geprüft.

- Berechnen Sie den Erwartungswert.

Die Klasse 10a überlegt, auf jedem Streifen der Lose eine 3 durch eine 6 zu ersetzen.

- Erhöht sich dadurch der Gewinn für die Klasse?
  Begründen Sie Ihre Entscheidung durch Rechnung (5 P)

b) Die Abbildung zeigt den Sprung eines Frosches, der annähernd die Form einer Parabel mit der Gleichung $y = ax^2 + c$ hat. (5 P)
Die maximale Höhe des Sprungs ist 139 cm. Die Sprungweite beträgt 220 cm.

- Geben Sie eine mögliche Gleichung der zugehörigen Parabel an.

In einer horizontalen Entfernung von 150 cm nach dem Absprung befindet sich ein Schilfrohr, das 94 cm aus dem Wasser ragt.

- In welchem Abstand springt der Frosch darüber?

Der Sprung eines zweiten Frosches kann mit der Gleichung $y = -\frac{3}{200}x^2 + 165$ dargestellt werden.

- Welcher der beiden Frösche springt weiter?
  Berechnen Sie die Differenz der Sprungweiten.

Bildquelle: https://de.123rf.com

Aufgabe 4

a) Das Schaubild zeigt Ausschnitte der Parabel p_1 und der Geraden g. (5 P)

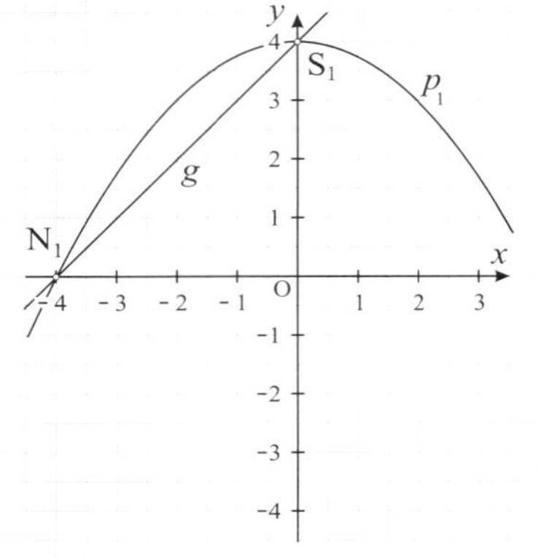

- Bestimmen Sie die Funktionsgleichungen von p_1 und g. Entnehmen Sie dazu geeignete Werte aus dem Schaubild.

Die Parabel p_1 schneidet die x-Achse in den Punkten N_1 und N_2.

- Geben Sie die Koordinaten von N_2 an.

Die Parabel p_2 hat die Funktionsgleichung $y = x^2 - 2x - 3$.

- Berechnen Sie die Koordinaten des Scheitelpunktes S_2 von p_2.

S_2 bildet mit S_1 und N_1 das Dreieck $S_2S_1N_1$.
Ebenso bildet S_2 mit N_2 und S_1 das Dreieck $S_2N_2S_1$.

- Um wie viele Flächeneinheiten (FE) unterscheiden sich die Flächeninhalte dieser beiden Dreiecke?

b) Auf einem regelmäßigen achtseitigen Prisma liegt der Streckenzug PQRS mit der Länge 38,0 cm. (5 P)
Es gilt:

$$\overline{AR} = 14{,}2\,\text{cm}$$
$$\varepsilon = 23{,}0°$$

Berechnen Sie die Höhe des achtseitigen Prismas.

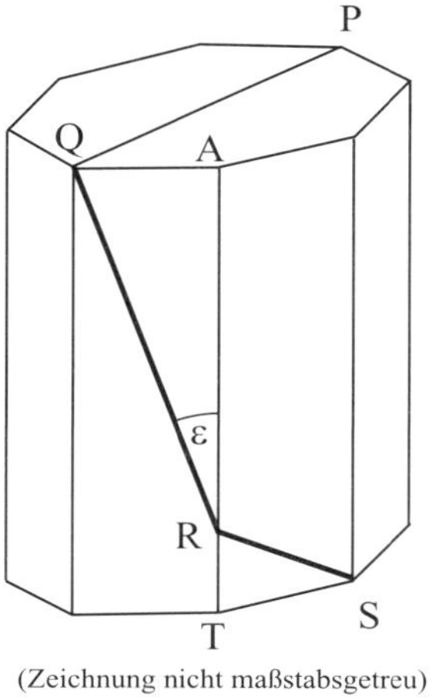

(Zeichnung nicht maßstabsgetreu)

Tipps

1 Realschulabschlussprüfung 2019

Teil A1 2019

1) Löse das lineare Gleichungssystem mit dem Additionsverfahren. Zuerst multiplizierst Du Gleichung II mit 4, um Gleichung IIa zu erhalten. Anschließend addierst Du Gleichung I zu Gleichung IIa. Bestimme aus Gleichung IIb die Lösung für x. Setze den erhaltenen x-Wert in Gleichung I ein, um y zu erhalten.
2) Denke dir das Muster aus zwei Bereichen zusammengesetzt: Einem oberen Dreieck und einer unteren horizontalen Linie. Überlege, wie der Zuwachs bei den Dreiecken und bei der Linie ist. Erstelle eine Tabelle.
3) Das Volumen einer Pyramide erhältst Du mit der Formel $V_{\text{Pyramide}} = \frac{1}{3} \cdot G \cdot h$. Bestimme damit das Volumen der gegebenen quadratischen Pyramide. Um zu berechnen, wie viele Kubikzentimeter Wasser im Prisma verbleiben, subtrahierst Du das Pyramidenvolumen vom gegebenen Prismenvolumen. Um zu berechnen, wie hoch das Wasser anschließend im Prisma steht, berechnest Du zuerst die Grundfläche des Prismas und setzt dann die gegebenen Daten in die Prismenformel ein. Das Volumen eines Prismas erhältst Du mit der Formel $V_{\text{Prisma}} = G \cdot h$. Stelle eine Gleichung auf und löse sie nach h auf.
4) Da in der Schale 20 Kugeln sind, erweiterst Du die gegebenen Brüche so, dass der Nenner 20 beträgt. Damit kannst du die Anzahl der roten, blauen und gelben Kugeln bestimmen, die zu Beginn in der Schale sind. Da es sich um Ziehen ohne Zurücklegen handelt, ändern sich die Wahrscheinlichkeiten beim zweiten Zug.
5) Verwende die trigonometrischen Verhältnisse $\sin\varphi = \frac{\text{Gegenkathete}}{\text{Hypotenuse}}$, $\cos\varphi = \frac{\text{Ankathete}}{\text{Hypotenuse}}$ und $\tan\varphi = \frac{\text{Gegenkathete}}{\text{Ankathete}}$. Beachte, dass beim Satz des Pythagoras die längste Seite im rechtwinkligen Dreieck die Hypotenuse ist, die gegenüber des rechten Winkels liegt.
6) Markiere zuerst die Lage der Punkte B, C und D in der Zeichnung. Beachte die Umlaufrichtung der Punkte.
7) Bestimme die Steigung der Geraden g anhand der Gleichung und vergleiche sie mit der Zeichnung. Bestimme den Scheitel der gezeichneten Normalparabel p und setze seine Koordinaten in die Scheitelform $y = (x-d)^2 + e$ ein. Löse die Klammern auf und vergleiche die erhaltene Gleichung mit der gegebenen Parabelgleichung.

Teil A 2 2019

1) Um den Flächeninhalt des Trapezes ABEF zu berechnen, benötigst Du die Trapezformel: $A_{\text{Trapez}} = \frac{a+c}{2} \cdot h$. Die beiden parallelen Strecken sind $a = \overline{\text{AB}}$ und $c = \overline{\text{EF}}$, die zugehörige Höhe ist $h = \overline{\text{AF}}$. Trage alle bekannten Maße und Winkel in eine Skizze ein. Im Dreieck FEC kannst Du die Seite $\overline{\text{EF}}$ mithilfe des Sinusverhältnisses bestimmen. Berechne anschließend $\overline{\text{AB}} = \overline{\text{FD}} = \overline{\text{EF}} + \overline{\text{DE}}$. Den Winkel ε_1 bei Punkt E bestimmst Du mithilfe der Winkelsumme im Dreieck FEC. Dieser ist gleich groß wie der Winkel ε_2 im Dreieck BDE. Im Dreieck BDE kannst Du nun die Seite $\overline{\text{BD}}$ mithilfe des Tangensverhältnisses bestimmen. Setze die erhaltenen Werte in die Trapezformel ein.

2) Um den Oberflächeninhalt des zusammengesetzten Körpers zu berechnen, benötigst Du den Flächeninhalt eines Quadrats und einer dreieckigen gleichschenkligen Seitenfläche. Trage die bekannten Maße und Winkel in eine Skizze ein und beachte, dass im gleichschenkligen Dreieck die Grundseite und der gegenüberliegende Winkel halbiert wird. Dadurch wird das gleichschenklige Dreieck in zwei rechtwinklige Dreiecke geteilt. Bestimme im rechtwinkligen Dreieck die Hälfte der Seite a des Quadrats mithilfe des Sinusverhältnisses. Die Seitenflächenhöhe h_s erhältst Du mithilfe des Kosinusverhältnisses. Bestimme damit den Flächeninhalt eines Quadrats mit der Formel $\mathrm{A}_{\text{Quadrat}} = a^2$ und eines Seitenflächendreiecks mit der Formel $\mathrm{A}_{\text{Dreieck}} = \frac{1}{2} \cdot a \cdot h_s$. Den Oberflächeninhalt des zusammengesetzten Körpers bestimmst Du durch $\mathrm{O} = 4 \cdot \mathrm{A}_{\text{Quadrat}} + 8 \cdot \mathrm{A}_{\text{Dreieck}}$. Zur Bestimmung der Entfernung der beiden Pyramidenspitzen A und B berechnest Du zuerst die Pyramidenhöhe h mithilfe des Satzes des Pythagoras. Die Strecke $\overline{\mathrm{AB}}$ erhältst Du ebenfalls mithilfe des Satzes des Pythagoras.

3) Überlege, auf welcher Parabel die Punkte $(0 \mid 5)$ und $(1 \mid 0)$ aus der Wertetabelle liegen. Setze $x = 1$ in die drei Funktionsgleichungen ein, um herauszufinden, welche Funktionsgleichung zu welcher Parabel gehört. Um den fehlenden Graphen p_3 zu zeichnen, erstellst Du mithilfe der entsprechenden Funktionsgleichung eine Wertetabelle. Alternativ kannst Du auch den Scheitel von p_3 bestimmen und die Parabel mit der Schablone zeichnen.

4) Um zu berechnen, um wieviel Prozent der Verkauf von E-Bikes von 2013 bis 2017 insgesamt gestiegen ist, teilt man die Anzahl der mehr verkauften E-Bikes im Jahr 2017 durch die Anzahl der verkauften E-Bikes im Jahr 2013. Alternativ kannst Du auch die Prozentformel $\mathrm{W} = \mathrm{G} \cdot \frac{p}{100}$ oder den Dreisatz verwenden. Beachte, dass 720 000 E-Bikes verkauft wurden, was einem Anteil von 19 % entspricht. Verwende den Dreisatz, um die Gesamtanzahl der verkauften E-Bikes zu berechnen. Beachte, dass 7% aller verkauften Fahrräder Mountainbikes waren. Bestimme damit die Anzahl der verkauften Mountainbikes, z.B. mit der Prozentformel $\mathrm{W} = \mathrm{G} \cdot \frac{p}{100}$ oder dem Dreisatz. Berechne schließlich 22% der im Jahr 2017 verkauften Mountainbikes mit der Prozentformel $\mathrm{W} = \mathrm{G} \cdot \frac{p}{100}$ oder dem Dreisatz.

5) Um die gesuchten Wahrscheinlichkeiten zu bestimmen, erstellst Du ein Baumdiagramm. Beachte, dass es sich um Ziehen ohne Zurücklegen handelt, d.h. die Wahrscheinlichkeiten ändern sich bei jedem Zug. Insgesamt gibt es 25 Kaugummis. Bezeichne mit r: roter Kaugummi, w: weißer Kaugummi und g: grüner Kaugummi und bestimme die entsprechenden Wahrscheinlichkeiten. Die Wahrscheinlichkeit, dass Luisa zuerst einen roten, dann einen weißen Kaugummi zieht, erhälst Du mithilfe der 1. Pfadregel. Die Wahrscheinlichkeit, dass Luisa keinen grünen Kaugummi zieht, erhälst Du mithilfe der 1. und 2. Pfadregel. Bestimme die Anzahl der Kaugummis, die mit Brause gefüllt sind. Beachte, dass wieder zweimal ohne Zurücklegen gezogen wird. Bezeichne mit B: Brausegefüllt und O: Ohne Brause, und erstelle das dazugehörige Baumdiagramm. Die Wahrscheinlichkeit, dass Luisa zwei mit Brause gefüllte Kaugummis zieht, erhältst Du mithilfe der 1. Pfadregel.

6) Bestimme zuerst die Kennwerte des dargestellten Boxplots. Anschließend ermittelst Du die Kennwerte der gegebenen Ranglisten. Vergleiche die Kennwerte miteinander und zeichne den Boxplot der anderen Berufsgruppe. Um zu klären, wie sich der Boxplot durch die hinzukommenden Werte verändert, ergänzt Du zuerst die Rangliste für die Ausbildungsvergütungen in kaufmännischen Berufen durch die angegebenen Werte. Anschließend er-

mittelst Du die Kennwerte für die ergänzte Rangliste. Überlege, ob sich etwas ändert.

Teil B 2019

Aufgabe 1

a) Um den Flächeninhalt des Vierecks GBCA′ zu berechnen, benötigst Du die Trapezformel: $A_{Trapez} = \frac{a+c}{2} \cdot h$. Die beiden parallelen Strecken sind $a = \overline{GB}$ und $c = \overline{A'C}$, die zugehörige Höhe ist $h = \overline{BC}$. Beachte, dass $\overline{BC} = \overline{AD}$ schon gegeben ist. Also sind nur noch $a = \overline{GB}$ und $c = \overline{A'C}$ zu berechnen. Trage alle bekannten Maße und Winkel in eine Skizze ein (siehe Lösung). Bestimme im Dreieck FA′D die Seiten $\overline{DF} = \overline{AD} - \overline{AF}$ und $\overline{FA'} = \overline{AF}$ sowie mithilfe des Satzes des Pythagoras die Seite $\overline{A'D}$. Damit erhältst Du $c = \overline{A'C} = \overline{CD} - \overline{A'D}$. Berechne den Winkel φ_1 bei F mithilfe des Kosinusverhältnisses. Beachte, dass beim Punkt F aufgrund des Umklappens gilt: $\varphi_2 = \varphi_3$ und $\varphi_1 + \varphi_2 + \varphi_3 = 180°$. Berechne damit φ_2 bzw. φ_3. Berechne anschließend im Dreieck AGF die Seite $\overline{AG}$ mithilfe des Tangensverhältnisses. Damit erhältst Du die Seite $a = \overline{GB} = \overline{AB} - \overline{AG}$. Setze die erhaltenen Werte in die Trapezformel ein.

b) Die Gleichung der nach oben geöffneten Normalparabel p_1 mit dem Scheitelpunkt S_1 erhältst Du mit der Scheitelpunktform $y = (x-d)^2 + e$. Die Gleichung der nach unten geöffneten Normalparabel p_2 mit den x-Achsenschnittpunkten N_1 und N_2 erhältst Du mit der Normalform $y = -x^2 + bx + c$. Setze die Koordinaten der Schnittpunkte mit der x-Achse in die Normalform ein und löse das zugehörige Gleichungssystem, indem Du Gleichung II von Gleichung I subtrahierst. Setze den erhaltenen Wert für b in Gleichung I ein, um c zu erhalten. Ebenso kannst Du den Nullstellenansatz $y = -(x-x_1) \cdot (x-x_2)$ verwenden. Alternativ kannst Du auch den x-Wert des Scheitels von p_2 bestimmen und diesen und die Koordinaten eines Punktes in die Scheitelform $y = -(x-d)^2 + e$ einsetzen, um e zu erhalten. Die Koordinaten des gemeinsamen Punktes T der beiden Parabeln erhältst Du durch Gleichsetzen der Gleichungen von p_1 und p_2. Verwende die bc-Formel. Den zugehörigen y-Wert erhältst Du, indem Du den erhaltenen x-Wert in die Gleichung von p_1 oder p_2 einsetzt. Die Gleichung der Geraden g mit der gegebenen Steigung m, die ebenfalls durch den Punkt T verläuft, erhältst Du mit der Hauptform: $y = m \cdot x + c$. Um die Gleichung einer Parabel p_3 anzugeben, die weder mit p_1 noch mit p_2 einen gemeinsamen Punkt hat, skizzierst Du p_1 und p_2 mithilfe des Scheitels oder einer Wertetabelle in ein Koordinatensystem. Überlege, wie eine Parabel p_3 verlaufen kann.

Aufgabe 2

a) Bestimme den Radius der Halbkugel und berechne das Volumen $V_{Halbkugel}$ der Halbkugel mit der Formel $V_{Halbkugel} = \frac{1}{2} \cdot \frac{4}{3} \cdot \pi \cdot r^3$. Bestimme das Volumen des Teilzylinders und berechne die Höhe h des Teilzylinders mithilfe der Formel $V_{Teilzylinder} = \pi \cdot r^2 \cdot h$. Den Abstand d erhältst Du, indem Du von der Höhe des Kreiszylinders die Höhe des Teilzylinders subtrahierst. Bestimme den Radius und die Höhe des Kegels. Das Volumen des Kegels erhältst du mit der Formel $V_{Kegel} = \frac{1}{3} \cdot \pi \cdot r^2 \cdot h$. Berechne den Prozentsatz, indem du das Volumen des Wassers durch das Volumen des Kegels teilst.

b) Um die Gleichung von p_1 zu bestimmen, setzt Du zuerst den Scheitelpunkt S_1 in die vorgegebene Gleichung von p_1 ein. Anschließend setzt Du noch die Koordinaten von B in die entstandene Gleichung von p_1 ein.
Die Gleichung von p_2 erhältst Du, indem Du die Koordinaten des Punktes B in die vorgegebene Gleichung von p_2 einsetzt. Die Koordinaten des zweiten Schnittpunkts A der beiden Parabeln erhältst Du durch Gleichsetzen der Gleichungen von p_1 und p_2. Löse die entstandene quadratische Gleichung mithilfe der bc-Formel. Überlege, welche der Lösungen zu Punkt B gehört. Den y-Wert des zweiten Schnittpunkts A erhältst Du, indem Du den zweiten x-Wert in die Gleichung von p_1 oder p_2 einsetzt. Um rechnerisch zu zeigen, dass die Punkte A, B und C auf einer Geraden liegen, stellst Du zuerst die Gleichung der Geraden g durch die Punkte A und B auf. Die Steigung m von g erhältst Du mit der Steigungsformel $m = \frac{y_2 - y_1}{x_2 - x_1}$. Setze anschließend m und die Koordinaten von A in die Hauptform $y = m \cdot x + c$ ein. Um zu prüfen, ob auch der Punkt C auf g liegt, setzt Du seine Koordinaten in die Gleichung von g ein (Punktprobe). Bei einer wahren Aussage liegt C auf g.

Aufgabe 3

a) Bestimme zuerst die Wahrscheinlichkeiten für die möglichen Ereignisse, bei denen Gewinne erzielt werden. Beachte, dass es für das Ereignis «Augensumme gleich 4» drei mögliche Spielausgänge gibt. Verwende die Pfadregeln. Bestimme auch für das Ereignis «Augensumme kleiner 4» die drei möglichen Spielausgänge und die zugehörige Wahrscheinlichkeit. Den Erwartungswert E für den Gewinn eines Spielers erhältst Du, indem Du die Gewinne für das jeweilige Ergebnis mit der zugehörigen Wahrscheinlichkeit multiplizierst, die Ergebnisse addierst und den Einsatz subtrahierst.
Beachte, dass sich die Wahrscheinlichkeiten beim zweiten Spielwürfel ändern, wenn auf dem zweiten Spielwürfel drei Einsen oder drei Dreien sind. Bestimme wieder die zugehörigen Wahrscheinlichkeiten für die Ereignisse, bei denen Gewinne erzielt werden und den entsprechenden Erwartungswert.

b) Lege das Koordinatensystem am geschicktesten so fest, dass die x-Achse auf dem Boden liegt und die y-Achse durch den Punkt T geht. Bestimme die Koordinaten des Scheitels T der Parabel p und die Koordinaten der beiden anderen Parabelpunkte A und B. Da der Scheitel gegeben ist, kannst Du als Ansatz für eine Funktionsgleichung der zur y-Achse symmetrischen Parabel p den Ansatz $y = a \cdot x^2 + c$ verwenden. Setze zuerst die Koordinaten von T in die Gleichung von p ein und anschließend die Koordinaten von A oder B. Damit erhältst Du die Parabelgleichung. Bestimme die Koordinaten der Punkte C und D. Beachte, dass sie auf gleicher Höhe wie die Rampe liegen. Die Gleichung der Geraden g durch die Punkte B und D bestimmst Du mit der Hauptform $y = m \cdot x + c$. Die Steigung m von g erhältst Du mit der Steigungsformel $m = \frac{y_2 - y_1}{x_2 - x_1}$. Setze anschließend m und die Koordinaten von B oder D in die Hauptform ein.

2 Realschulabschlussprüfung 2020

Teil A1

1) Wandle die Dezimalzahl in eine Zehnerpotenz um und verwende anschließend die Potenzgesetze: $a^m \cdot a^n = a^{m+n}$, $\frac{a^n}{b^n} = \left(\frac{a}{b}\right)^n$

2) Bestimme jeweils die Anzahl der abgebildeten eckigen Plättchen und überlege, wie die Zahlenfolge weitergeht. Bestimme ebenso die Anzahl der abgebildeten runden Plättchen und überlege, wie die Zahlenfolge weitergeht. Vergleiche die beiden Zahlenfolgen.

3) Bestimme das Volumen der Pyramide mit der Formel $V_P = \frac{1}{3} \cdot G \cdot h$. Das Volumen eines Würfels erhältst Du mit der Formel $V_W = a^3$. Subtrahiere die beiden Volumina, um zu berechnen, wie viele Kubikzentimeter Wasser in der Pyramide verbleiben. Setze die gegebenen Daten der zweiten Pyramide in die Volumenformel einer Pyramide ein und löse die entstandene Gleichung nach h auf.

4) Setze auf die freie Fläche eine geschickte Zahl und berechne die angegebenen Wahrscheinlichkeiten mit der 1. Pfadregel zum Prüfen Deiner Vermutung.

5) Skizziere die Sinuskurve und überlege, für welche Winkel die Sinuswerte gleich sind.

6) Markiere die Lage der Punkte B, C und D im Netz auf den Kanten. Markiere jeden Punkt zwei Mal, da die Kanten beim Aufstellen des Netzes auseinandergeschnitten werden. Verbinde anschließend die Punkte. Zeichne jedoch nur die Verbindungsgeraden, die auf Flächen des Netzes liegen.

7) Bestimme die Koordinaten des Scheitels der durch die Gleichung gegebenen Parabel und vergleiche sie mit den Koordinaten des Scheitels der Zeichnung. Bestimme die Steigung der durch die Gleichung gegebenen Geraden und vergleiche sie mit der Steigung der gezeichneten Geraden.

Teil A 2

1) Trage alle bekannten Maße und Winkel in eine Skizze ein und ergänze Hilfslinien, sodass die rechtwinkligen Dreiecke BGF und HED entstehen. Im Dreieck BFG kannst Du die Seite $\overline{FG}$ mit dem Sinusverhältnis und die Seite $\overline{BG}$ mit dem Kosinusverhältnis bestimmen. Beachte, dass das Viereck ABCD ein Quadrat ist, sodass gilt: $\overline{AB} = \overline{AD}$. Damit erhältst Du $\overline{DH} = \overline{AD} - \overline{FG}$ und $\overline{EH} = \overline{AB} - \overline{BG} - \overline{EF}$. Im Dreieck DHE kannst du schließlich den Winkel δ_1 mithilfe des Tangensverhältnisses berechnen.

2) Um den Oberflächeninhalt O des Werkstücks zu berechnen, benötigst Du den Flächeninhalt des Kegelmantels, des halben Zylindermantels, eines Rechtecks und einer Grundfläche des Kegels (bzw. Zylinders). Den Flächeninhalt des Kegelmantels erhältst Du mit der Formel $M_{Kegel} = \pi \cdot r \cdot s$. Bestimme den Radius r und die Höhe h_{Kegel} des Kegels. Skizziere damit ein rechtwinkliges Dreieck und berechne die Mantellinie s des Kegels mithilfe des Satzes des Pythagoras: $s^2 = r^2 + h_{Kegel}^2$. Den Flächeninhalt des Zylindermantels erhältst Du mit der Formel $M_{Zylinder} = 2 \cdot \pi \cdot r \cdot h_{Zylinder}$. Den Flächeninhalt des Rechtecks erhältst Du mit der Formel $A_{Rechteck} = a \cdot b$. Den Flächeninhalt der Grundfläche des Kegels (bzw. Zylinders) erhältst Du mit der Formel $G = \pi \cdot r^2$. Addiere alle Teilflächen.

3) Bestimme die Steigung der Geraden g_1 und beachte, dass nur die Funktionsgleichungen (1) und (5) Geradengleichungen sind. Bestimme den Scheitel S_1 von p_1 und setze seine Koordinaten in die Scheitelform $y = (x-d)^2 + e$ ein, sodass sich eine der gegebenen Funktionsgleichungen ergibt. Bestimme den Scheitel S_2 der Parabel p_2 und beachte, dass sie nach oben geöffnet und achsensymmetrisch zur y-Achse ist.
Bestimme den Scheitel S_3 der übrigen Parabelgleichung durch quadratische Ergänzung sowie die Steigung und den y-Achsenabschnitt der übrigen Geradengleichung. Damit können diese in ein Koordinatensystem eingezeichnet werden.
Alternativ kannst Du auch von allen Funktionsgleichungen Wertetabellen erstellen und anhand von abgelesenen Punkten der Graphen die Zuordnung durchführen bzw. die Zeichnung erstellen.

4) Um zu berechnen, um wie viel Prozent der Verbrauch der Einweg-Getränkeverpackungen von 2004 bis 2014 insgesamt gestiegen ist, teilst Du die Anzahl der Einweg-Getränkeverpackungen im Jahr 2014 durch die Anzahl der Einweg-Getränkeverpackungen im Jahr 2004 und subtrahierst 100%. Alternativ kannst Du auch die Prozentformel $\mathrm{W} = \mathrm{G} \cdot \frac{p}{100}$ oder den Dreisatz verwenden. Beachte, dass im Jahr 2014 $600\,000\,t$ Einweg-Getränkeverpackungen verbraucht wurden, was einem Anteil von 54 % entspricht. Verwende den Dreisatz oder die Prozentformel $\mathrm{W} = \mathrm{G} \cdot \frac{p}{100}$, um die Gesamtanzahl der verbrauchten Getränkeverpackungen zu berechnen. Bestimme den jährlichen Wachstumsfaktor q und verwende die Wachstumsformel $\mathrm{G}_n = \mathrm{G}_0 \cdot q^n$ mit $q = 1 + \frac{p}{100}$.

5) Erstelle ein Baumdiagramm. Beachte, dass es sich um «Ziehen ohne Zurücklegen» handelt, d.h. die Wahrscheinlichkeiten ändern sich bei jedem Rubbeln. Bezeichne mit 0: Betrag 0 €, 1: Betrag 1 € und 10: Betrag 10 €. Die Wahrscheinlichkeit, dass Ben einen Gewinn von 10 € erzielt, erhältst Du mithilfe der 1. und 2. Pfadregel. Die Wahrscheinlichkeit, dass Laura den Hauptgewinn von 20 € erzielt, erhältst Du mithilfe der 1. Pfadregel. Die Wahrscheinlichkeit, dass Emma mehr als 10 € gewinnt, erhältst Du wieder mithilfe der 1. und 2. Pfadregel.

6) Bestimme zuerst die Kennwerte der dargestellten Boxplots und vergleiche die Kennwerte miteinander. Beachte, dass sie sich nur in einem Wert unterscheiden. Berechne das untere Quartil des Diagramms durch $q_u: \; \mathrm{n} \cdot 0,25 \Rightarrow x_u$. Ordne damit dem Diagramm den entsprechenden Boxplot zu. Bestimme die übrigen Kennwerte für die Wartezeiten der Hotline FAST-PHONE, um die Strichliste zu ergänzen. Beachte, dass es einige verschiedene Möglichkeiten gibt.

Teil B

Aufgabe 1

a) Trage alle bekannten Maße und Winkel in eine Skizze ein (siehe Lösung). Um den Flächeninhalt des Vierecks ABCE zu berechnen, benötigst Du die Formel: $\mathrm{A}_{\text{Trapez}} = \frac{a+c}{2} \cdot h$. Die beiden parallelen Strecken sind $a = \overline{\mathrm{AB}}$ und $c = \overline{\mathrm{EC}}$, die zugehörige Höhe ist $h = \overline{\mathrm{AE}}$. Im Dreieck CDE kannst Du die Seite $\overline{\mathrm{EC}}$ mit dem Sinusverhältnis und die Seite $\overline{\mathrm{ED}}$ mit dem Tangensverhältnis bestimmen. Bestimme den Winkel γ_1 mithilfe der Winkelsumme und den Winkel γ_2 als Differenz zu γ. Im Dreieck EFD kannst Du die Seite $\overline{\mathrm{EF}}$ mit dem

Kosinusverhältnis und die Seite $\overline{DF}$ mit dem Sinusverhältnis bestimmen. Mithilfe der Seite $\overline{EF}$ erhältst Du die Seiten $\overline{CF}$ und $\overline{AG}$. Da der Abstand des Punktes D zu $\overline{AB}$ gegeben ist, kannst du die Seite $\overline{FG}$ bzw. $\overline{AE}$ ermitteln. Wegen $\overline{BH} = \overline{FG}$ kannst Du im Dreieck BCH die Seite $\overline{CH}$ mit dem Tangensverhältnis bestimmen. Damit ergeben sich die Seiten $\overline{FH}$ bzw. $\overline{BG}$ sowie $\overline{AB}$ und der Flächeninhalt des Vierecks ABCE.

b) Die Gleichung der nach oben geöffneten Normalparabel p_1 mit den x-Achsenschnittpunkten N_1 und N_2 erhältst Du mit der Normalform $y = x^2 + bx + c$. Setze die Koordinaten der Schnittpunkte mit der x-Achse in die Normalform ein und löse das zugehörige Gleichungssystem, indem Du Gleichung II von Gleichung I subtrahierst. Setze den erhaltenen Wert für b in Gleichung I ein, um c zu erhalten. Ebenso kannst Du den Nullstellenansatz $y = (x - x_1) \cdot (x - x_2)$ verwenden. Alternativ kannst Du auch den x-Wert des Scheitels von p_1 bestimmen und diesen und die Koordinaten eines Punktes in die Scheitelform $y = (x - d)^2 + e$ einsetzen, um e zu erhalten. Die Koordinaten des Schnittpunkts A von p_1 mit der y-Achse erhältst Du, indem Du $x = 0$ in die Gleichung von p_1 einsetzt. Die Koordinaten des Schnittpunkts B von p_2 mit der y-Achse erhältst Du, indem Du $x = 0$ in die Gleichung von p_2 einsetzt. Die Scheitelpunkte S_1 und S_2 der beiden Parabeln erhältst Du durch quadratische Ergänzung. Die Gleichung der Geraden g durch die Scheitelpunkte S_1 und S_2 erhältst Du mit der Hauptform $y = mx + c$. Die Steigung m erhältst Du mit der Steigungsformel $m = \frac{y_2 - y_1}{x_2 - x_1}$. Setze m und die Koordinaten von S_1 in die Hauptform ein, um c und die Geradengleichung zu erhalten. Die Koordinaten des Mittelpunktes C von A und B erhältst Du mit der Mittelpunktsformel $C\left(\frac{x_1 + x_2}{2} \mid \frac{y_1 + y_2}{2}\right)$. Beachte, dass die Steigung von h der negative Kehrwert der Steigung von g ist, so dass g und h orthogonal zueinander sind. Alternativ kannst Du die Winkel auch berechnen. Den Winkel α zwischen der Geraden g und einer Parallelen zur x-Achse durch C erhältst Du mit der Formel $\tan(\alpha) = m$, den Winkel β zwischen der Geraden h und einer Parallelen zur x-Achse durch C erhältst Du mit der gleichen Formel. Überlege, wie groß dann die Winkel zwischen g und h sind.

Aufgabe 2

a) Den Flächeninhalt eines Manteldreiecks erhältst Du mit der Formel $A_S = \frac{1}{2} \cdot g_S \cdot h_S$. Skizziere ein Manteldreieck. Beachte, dass die Grundseite g_S eines Manteldreiecks a ist, die Höhe h_S erhältst Du mithilfe des Satzes des Pythagoras: $h_S^2 + \left(\frac{a}{2}\right)^2 = s^2$. Den Flächeninhalt des Dreiecks ABC erhältst Du mit der Formel $A_{ABC} = \frac{1}{2} \cdot g \cdot h_g$. Die Grundseite $g = \overline{AB}$ des Dreiecks ABC erhältst Du, indem Du den Radius r des Umkreises der achtseitigen Pyramidengrundfläche bestimmst. Berechne den Mittelpunktswinkel α eines Dreiecks der Grundfläche und berechne r mithilfe des Sinusverhältnisses. Damit erhältst Du $g = \overline{AB} = 2 \cdot r$. Da ein Manteldreieck den gleichen Flächeninhalt wie das Dreieck ABC hat, kannst Du die Höhe h_g des Dreiecks ABC durch Gleichsetzen der Flächeninhalte berechnen. Die Höhe h der Pyramide erhältst Du ebenfalls mithilfe des Satzes des Pythagoras: $h^2 + r^2 = s^2$. Damit erhältst Du die Länge von $\overline{SC}$ durch $\overline{SC} = h - h_g$.

b) Die Koordinaten der Schnittpunkte N_1 und N_2 der Parabel p mit der x-Achse erhältst Du, indem Du die Gleichung $y = 0$ nach x auflöst. Verwende den Satz vom Nullprodukt oder die bc-Formel. Die Koordinaten der Schnittpunkte der Geraden g und der Parabel erhältst Du durch Gleichsetzen der Funktionsgleichungen. Verwende den Satz vom Nullprodukt

oder die bc-Formel. Den zugehörigen y-Wert von C erhältst Du, indem Du den entsprechenden x-Wert in die Geradengleichung von g einsetzt. Zeichne das Dreieck N_1N_2C in ein Koordinatensystem. Den Flächeninhalt A_1 des Dreiecks N_1N_2C erhältst Du mit der Formel $A_1 = \frac{1}{2} \cdot g \cdot h$. Verwende als Grundseite $g = \overline{N_1N_2}$ und bestimme die zugehörige Höhe h.
Die Koordinaten der Schnittpunkte der Geraden h und der Parabel erhältst Du durch Gleichsetzen der Funktionsgleichungen. Verwende den Satz vom Nullprodukt oder die bc-Formel. Den zugehörigen y-Wert von D erhältst Du, indem Du den entsprechenden x-Wert in die Geradengleichung von h einsetzt. Den Flächeninhalt A_2 des Dreiecks N_1N_2D erhältst Du ebenfalls mit der Formel $A_2 = \frac{1}{2} \cdot g \cdot h$. Verwende als Grundseite $g = \overline{N_1N_2}$ und bestimme die zugehörige Höhe h. Vergleiche die beiden Flächeninhalte der Dreiecke N_1N_2D und N_1N_2C.

Aufgabe 3

a) Bestimme beim oberen und beim unteren Glücksrad jeweils die Wahrscheinlichkeiten für «Kreis», «Dreieck» und «Quadrat». Bezeichne mit K: Kreis, mit D: Dreieck und mit Q: Quadrat, und erstelle ein Baumdiagramm. Die Wahrscheinlichkeit, zwei gleiche Symbole im Sichtfenster zu sehen, erhältst Du mithilfe der Pfadregeln. Um den Erwartungswert zu bestimmen, berechnest Du zuerst die Wahrscheinlichkeit, im Sichtfenster Kreis und Dreieck zu sehen. Dazu verwendest Du auch die Pfadregeln. Den Erwartungswert E für den Gewinn eines Spielers erhältst Du, indem Du die Gewinne für das jeweilige Ergebnis mit der zugehörigen Wahrscheinlichkeit multiplizierst, die Ergebnisse addierst und den Einsatz subtrahierst. Beachte, dass der Erwartungswert Null sein muss, wenn das Spiel fair sein soll. Bezeichne mit x den Gewinn für das Ereignis «Kreis und Dreieck» und bestimme den Erwartungswert in Abhängigkeit von x. Löse die Gleichung $E = 0$ nach x auf.

b) Lege das Koordinatensystem am geschicktesten so fest, dass die x-Achse auf dem Boden liegt und die y-Achse durch den Scheitel S geht. Bestimme die Koordinaten des Scheitels S der Parabel p und die Koordinaten eines weiteren Parabelpunkts A (Hand). Setze die Koordinaten des Scheitels S in die Form $y = ax^2 + c$ ein und bestimme c. Setze anschließend die Koordinaten von A ein, um a und damit die Parabelgleichung zu erhalten. Bestimme die Koordinaten des höchsten Punktes N des Netzes. Um zu berechnen, in welchem Abstand d der Ball das Netz überquert, setzt Du zuerst den x-Wert von N in die Gleichung von p ein, um den Punkt P der Parabel zu bestimmen, der genau über dem Netz liegt. Subtrahiere die y-Werte der Punkte P und N. Bestimme die Koordinaten des linken Grundlinienpunktes G. Um zu berechnen, in welcher Entfernung e zur Grundlinie der Ball auf dem Boden auftrifft, berechnest Du zuerst die Koordinaten des Schnittpunktes B der Flugbahn mit dem Boden. Dazu löst Du die Gleichung $y = 0$ durch Wurzelziehen nach x auf. Überlege, welche der beiden Lösungen in Frage kommt. Subtrahiere die x-Werte von B und G.

3 Realschulabschlussprüfung 2021

Teil A1

Aufgabe 1

a) Überlege, welche Streckenzüge nicht in Frage kommen.

b) Das Volumen V der quadratischen Pyramide erhältst Du mit Hilfe der Formel $V = \frac{1}{3} \cdot G \cdot h$. Beachte, dass für die Grundfläche G gilt: $G = a^2$.

Aufgabe 2

Vereinfache die Gleichung zuerst durch Ausmultiplizieren der Klammern. Zur Lösung der entstandenen quadratischen Gleichung $x^2 + bx + c = 0$ verwendest Du die bc-Formel
$x_{1,2} = -\frac{b}{2} \pm \sqrt{\left(\frac{b}{2}\right)^2 - c}$.

Aufgabe 3

a) Bestimme die Wahrscheinlichkeit P(r) als Bruch mit Nenner 6 und damit die Anzahl der Kugeln sowie P(g).
Überlege, wie viele Kugeln insgesamt und wie viele gelbe Kugeln noch im Behälter sind, wenn schon eine gelbe Kugel gezogen wurde.

b) Die Wahrscheinlichkeit, dass Kim zwei rote Kugeln zieht, erhältst Du mit Hilfe der Pfadregeln. Beachte, dass es sich um Ziehen ohne Zurücklegen handelt, d.h. dass sich die Wahrscheinlichkeiten beim zweiten Zug ändern.

Aufgabe 4

a) Bestimme die Steigung m und den y-Achsenabschnitt c der Geraden g.
Bestimme die Koordinaten des Scheitels S_1 der Parabel p_1 und beachte die Öffnung der Parabel. Überlege, welche Gleichungen in Frage kommen können. Setze $x = 1$ in die in Frage kommenden Gleichungen ein und vergleiche das Ergebnis mit den Koordinaten des entsprechenden Punktes von p_1.
Bestimme die Koordinaten des Scheitels S_2 der Parabel p_2 und beachte die Öffnung der Parabel. Überlege, welche Gleichungen in Frage kommen können. Setze $x = 2$ in die in Frage kommenden Gleichungen ein und vergleiche das Ergebnis mit den Koordinaten des Scheitels.

b) Bestimme die Steigung m und den y-Achsenabschnitt c der Geraden h, um diese einzuzeichnen.

Aufgabe 5

Verwende die Potenzgesetze $a^m \cdot a^n = a^{m+n}$ und $\frac{a^n}{b^n} = \left(\frac{a}{b}\right)^n$ sowie $a^m : a^n = a^{m-n}$ und vereinfache so weit wie möglich.

Aufgabe 6

Beachte, dass in der Mitte immer ein Kärtchen liegt und in jeder der vier Richtungen sich die Anzahl der Kärtchen von Muster zu Muster jeweils um eins erhöht. Bestimme damit einen Term für die Anzahl der Kärtchen für das 1., 2. und 3. Muster. Überlege, wie der Term für das 10. Muster aussehen muss. Bestimme damit die Anzahl der Kärtchen und prüfe die Aussage von Johannes.

Aufgabe 7

Überlege, welche Brüche zu den Aussagen gehören.

Teil A2

Aufgabe 1

Um den Umfang des Dreiecks GEC zu berechnen, benötigst Du die Seiten $\overline{CE}$, $\overline{CG}$ und $\overline{EG}$. Trage alle bekannten Maße und Winkel in eine Skizze ein. Im Dreieck BCD kannst Du die Seite $\overline{CD}$ mithilfe des Tangensverhältnisses bestimmen. Beachte, dass das Dreieck ABC gleichschenklig ist, so dass gilt: $\alpha = \beta$. Bestimme γ sowie γ_1 und γ_2. Im Dreieck CEG kannst Du nun zuerst die Seite $\overline{CE}$ bestimmen: $\overline{CE} = \overline{CD} - \overline{DE}$. Anschließend bestimmt Du die Seite $\overline{CG}$ mit Hilfe des Kosinusverhältnisses und $\overline{EG}$ mit Hilfe des Tangensverhältnisses. Damit erhältst Du den Umfang des Dreiecks GEC: $U_{GEC} = \overline{CE} + \overline{EG} + \overline{CG}$.

Aufgabe 2

Trage alle bekannten Maße und Winkel in eine Skizze ein. Den Oberflächeninhalt O des zusammengesetzten Körpers erhältst Du, indem Du den Mantel M_{Ke} des Kegels, die Fläche des Kreisrings A und eine halbe Kugeloberfläche $\frac{O_{Ku}}{2}$ berechnest. Den Mantel M_{Ke} des Kegels erhältst Du mit der Formel $M_{Ke} = \pi \cdot r_{Ke} \cdot s$. Den Radius r_{Ke} des Kegels erhältst Du im rechtwinkligen Dreieck mit Hilfe des Kosinusverhältnisses. Zur Berechnung des Flächeninhalts A des Kreisrings benötigst Du den Radius r_{Ku} der Kugel. Dazu berechnest Du zuerst die Höhe h_{Ke} des Kegels im rechtwinkligen Dreieck mit Hilfe des Sinusverhältnisses. Damit ergibt sich: $r_{Ku} = h_{ges} - h_{Ke}$. Den Flächeninhalt A des Kreisrings erhältst Du durch $A = \pi \cdot r_1^2 - \pi \cdot r_2^2$. Die Oberfläche einer Kugel erhältst Du mit der Formel $O_{KU} = 4 \cdot \pi \cdot r_{KU}^2$. Teile das Ergebnis durch zwei. Addiere alle Teilflächen. Die Anzahl der Farbdosen erhältst Du durch eine einfache Überlegung.

Aufgabe 3

Bestimme zuerst die Wahrscheinlichkeiten für die einzelnen Ziffern für die beiden Glücksräder. Die Wahrscheinlichkeit, dass eine Zahl mit zwei gleichen Ziffern zu sehen ist, erhältst Du mit Hilfe der Pfadregeln. Die Wahrscheinlichkeit, dass eine durch 12 teilbare Zahl zu sehen ist, erhältst Du ebenfalls mit Hilfe der Pfadregeln. Die Wahrscheinlichkeit, dass höchstens einmal die Ziffer 4 zu sehen ist, erhältst Du mit Hilfe der Wahrscheinlichkeit des Gegenereignisses und der Pfadregeln.

Aufgabe 4

Bestimme den Umsatz des Onlinehandels im Jahr 2016 und im Jahr 2019. Den Anstieg erhältst Du, indem Du die Differenz der beiden Werte bildest. Um zu berechnen, um wie viel Prozent der Umsatz des Onlinehandels von 2016 bis 2019 insgesamt gestiegen ist, teilst Du den Anstieg durch den Wert im Jahr 2016. Alternativ kannst Du auch die Prozentformel $W = G \cdot \frac{p}{100}$ oder den Dreisatz verwenden. Den Umsatz U für den Bereich «Freizeit und Hobby» im Jahr 2017 erhältst Du, indem Du zuerst den Prozentsatz und den Umsatz bestimmst und anschließend den Prozentwert berechnest. Verwende die Prozentformel $W = G \cdot \frac{p}{100}$ oder den Dreisatz. Bestimme den Prozentsatz für «Elektronik» und berechne den Prozentwert für Elektronik und anschließend den Prozentwert für Smartphones. Verwende die Prozentformel oder den Dreisatz.

Aufgabe 5

Die Koordinaten des Scheitelpunkts S der Parabel p erhältst Du durch quadratische Ergänzung zur Scheitelpunktsformel. Die Gleichung der Geraden g, die durch S verläuft und die Steigung m besitzt, erhältst Du mit Hilfe des Ansatzes $y = mx + c$. Setze die Koordinaten von S und die Steigung m ein und berechne c. Die Koordinaten des zweiten Schnittpunkts Q der Parabel p mit der Geraden g erhältst Du durch Gleichsetzen der Gleichungen von p und g. Die Lösungen der quadratischen Gleichung erhältst Du mit Hilfe der bc-Formel: $x_{1,2} = -\frac{b}{2} \pm \sqrt{\left(\frac{b}{2}\right)^2 - c}$. Die zugehörigen y-Werte erhältst Du, indem Du die x-Werte in die Gleichung von g einsetzt. Überlege, welcher der Punkte Q ist. Bestimme die Steigung der Geraden h, die senkrecht zur Geraden g verläuft, indem Du den negativen Kehrwert der Steigung von g bildest: $m_h = -\frac{1}{m_g}$. Verwende anschließend den Ansatz $y = mx + c$. Setze die Koordinaten von Q und die Steigung m_h ein, um c zu erhalten.

Aufgabe 6

Bestimme zuerst die Kennwerte der dargestellten Boxplots. Beachte, dass sich die beiden Boxplots nur im oberen Quartil unterscheiden. Berechne für das Diagramm (1) das obere Quartil durch $n \cdot 0{,}75 \Rightarrow q_o$. Überlege, in welchem Diagramm dieser Wert an welcher Stelle enthalten ist. Zur Ergänzung der Werte im Diagramm (2) beachte das obere Quartil und die Gesamtanzahl von 25. Überlege, welches Diagramm zur Lesezeit der Männer gehört und addiere alle Balken ab 7 Stunden Lesezeit. Vergleiche das Ergebnis mit der Gesamtanzahl der Männer und prüfe die Aussage Finns.

Teil B

Aufgabe 1

a) Trage alle bekannten Maße und Winkel in eine Skizze ein. Zeichne zusätzlich das Lot von E auf die Seite AB. So erhältst Du den Lotfusspunkt G. Im Dreieck ABC kannst Du die Seite $\overline{AC}$ mit dem Kosinusverhältnis und die Seite $\overline{BC}$ mit dem Tangensverhältnis bestimmen. Damit erhältst Du $\overline{AE} = \overline{AC} - \overline{CE}$ sowie $\overline{DE} = \overline{AE}$. Im Dreieck AGE kannst Du die Seite $\overline{AG}$ mit dem Kosinusverhältnis berechnen. Da das Dreieck ADE gleichschenklig ist, erhältst Du damit $\overline{GD} = \overline{AG}$ sowie $\overline{AD} = 2 \cdot \overline{AG}$ und $\delta = \alpha$. Damit ergibt sich $\overline{BD} = \overline{AD} - \overline{AB}$. Im Dreieck BDF kannst Du nun die Seite $\overline{DF}$ mit dem Kosinusverhältnis berechnen.
Für den Umfang des Vierecks ABFE benötigst Du noch die Strecken $\overline{BF}$ und $\overline{FE}$. Im Dreieck BDF kannst Du die Strecke $\overline{BF}$ mit dem Tangensverhältnis berechnen. Ferner ergibt

sich: $\overline{EF} = \overline{DE} - \overline{DF}$. Damit erhältst Du den Umfang des Vierecks ABFE:
$U_{ABFE} = \overline{AB} + \overline{BF} + \overline{EF} + \overline{AE}$.

b) Setze die die Koordinaten der Punkte A und B in die Normalform $y = x^2 + bx + c$ ein und löse das zugehörige Gleichungssystem, indem Du Gleichung II von Gleichung I subtrahierst. Setze den erhaltenen Wert für b in Gleichung I ein, um c zu erhalten. Die Schnittpunkte der Parabel p mit der x-Achse erhältst Du, indem Du die Gleichung $y = 0$ nach x auflöst. Die Lösungen der quadratischen Gleichung erhältst Du mit Hilfe der bc-Formel $x_{1,2} = -\frac{b}{2} \pm \sqrt{\left(\frac{b}{2}\right)^2 - c}$. Benenne die Schnittpunkte von p mit der x-Achse mit N_1 und N_2. Beachte, dass das Viereck ABN_1N_2 ein Trapez ist. Erstelle eine Skizze. Den Flächeninhalt eines Trapezes kannst Du mit der Formel $A = \frac{a+c}{2} \cdot h$ berechnen. Bestimme die Längen der parallelen Seiten $a = \overline{AB}$ und $c = \overline{N_1N_2}$ sowie die zugehörige Höhe h. Die Gerade g verläuft durch die Punkte A und N_1. Die Steigung m_g von g erhältst Du mit der Steigungsformel $m = \frac{y_2 - y_1}{x_2 - x_1}$. Die Gleichung der Geraden g, welche die Steigung m_g hat und durch den Punkt A geht, erhältst Du mit der Hauptform $y = mx + c$. Setze die Koordinaten von A und m_g ein, um c zu erhalten. Die Gerade h verläuft durch die Punkte B und N_2. Die Steigung m_h von h erhältst Du mit der Steigungsformel $m = \frac{y_2 - y_1}{x_2 - x_1}$. Die Gleichung der Geraden h, welche die Steigung m_h hat und durch den Punkt B geht, erhältst Du mit der Hauptform $y = mx + c$. Setze die Koordinaten von B und m_h ein, um c zu erhalten. Die Koordinaten des Schnittpunktes Q von g und h erhältst Du durch Gleichsetzen der Geradengleichungen. Den zugehörigen y-Wert erhältst Du, indem Du den erhaltenen x-Wert in die Gleichung von g (oder h) einsetzt.

Aufgabe 2

a) Setze die Koordinaten des Punktes A in die gegebene Gleichung ein und bestimme b. Die Koordinaten des Scheitelpunkts S_1 der Parabel p_1 erhältst Du mit quadratischer Ergänzung. Die Steigung m_g von g, die durch die beiden Punkte A und S_1 verläuft, erhältst Du mit der Steigungsformel $m = \frac{y_2 - y_1}{x_2 - x_1}$. Die Gleichung der Geraden g, welche die Steigung m_g hat und durch den Punkt A geht, erhältst Du mit der Hauptform $y = mx + c$. Setze m_g und die Koordinaten von A ein und bestimme c. Spiegle den Scheitelpunkt S_1 an der y-Achse und bestimme die Koordinaten von S_2. Die Gleichung der nach oben geöffneten verschobenen Normalparabel p_2 mit dem Scheitelpunkt S_2 erhältst Du mit der Scheitelform $y = (x - d)^2 + e$. Verwende die binomischen Formeln. Die Koordinaten des Schnittpunkts der Geraden g mit der y-Achse erhältst Du, indem Du $x = 0$ in die Geradengleichung einsetzt. Damit ergibt sich der Scheitelpunkt S_3 der Parabel p_3. Setze die Koordinaten von S_3 in die Gleichung von $p_3: y = ax^2 + c$ ein und bestimme c. Anschließend setzt Du die Koordinaten von S_2, der auch auf p_3 liegt, ebenfalls in die Gleichung von p_3 ein und bestimmst a.

b) Bezeichne mit M_1 den Mittelpunkt von $\overline{EF}$ und mit M_2 den Mittelpunkt von $\overline{AC}$ und trage alle Maße in eine Skizze ein. Den Flächeninhalt des Dreiecks EFS erhältst Du mit der Formel $A = \frac{1}{2} \cdot g \cdot h_\triangle$. Als Grundseite g des Dreiecks EFS verwendest Du $g = \overline{EF}$. Die zugehörige Höhe h_{EF} erhältst Du im rechtwinligen Dreieck EM_1S mit Hilfe des Tangensverhältnisses. Das Volumen V der quadratischen Pyramide erhältst Du mit der Formel

$V = \frac{1}{3} \cdot G \cdot h$.

Die Grundfläche G der Pyramide erhältst Du durch $G = a^2 = \overline{AB}^2$. Die Höhe h der Pyramide erhältst Du im rechtwinkligen Dreieck M_1SM_2 mit Hilfe des Satzes des Pythagoras. Dazu benötigst Du noch die Länge $\overline{M_1M_2}$, für die gilt: $\overline{M_1M_2} = \frac{\overline{AC}-\overline{EF}}{2}$. Die Länge der Seite $\overline{AC}$ erhältst Du im rechtwinligen Dreieck ABC mit Hilfe des Satzes des Pythagoras.

Aufgabe 3

a) Bestimme die Anzahl der jeweiligen Karten und die Anzahl der Karten insgesamt. Um den Erwartungswert für den Gewinn eines Spielers zu bestimmen, berechnest Du zuerst die Wahrscheinlichkeiten für die abgebildeten Ereignisse. Bezeichne mit H: Handball, mit R: Radfahren, mit L: Laufen und mit F: Fußball. Beachte, dass zwei Karten gleichzeitig gezogen werden, so dass es sich um «Ziehen ohne Zurücklegen» handelt, d.h. die Wahrscheinlichkeiten ändern sich beim zweiten Zug. Zeichne ein Baumdiagramm. Die Wahrscheinlichkeiten für die einzelnen Ereignisse erhältst Du mithilfe der Pfadregeln (Produkt- und Summenregel). Den Erwartungswert für den Gewinn eines Spielers erhältst Du, indem Du die Gewinne für das jeweilige Ereignis mit den zugehörigen Wahrscheinlichkeiten multiplizierst und den Einsatz subtrahierst. Beachte, dass der neue Erwartungswert E^* des Spielers $-0,50$ Euro betragen muss, wenn der Veranstalter langfristig einen Gewinn von $0,50$ Euro erzielen will. Bezeichne mit x den Gewinn für «  und  » und berechne den Erwartungswert E^*des Spielers in Abhängigkeit von x. Löse anschließend die Gleichung $E^* = -0,50$ nach x auf.

b) Lege das Koordinatensystem so, dass die x-Achse auf dem Boden liegt und die y-Achse durch den Scheitelpunkt S der parabelförmigen Flugbahn geht. Bestimme die Koordinaten des Scheitels S der Parabel p und setze sie in den gegebenen Ansatz ein. Bestimme die Koordinaten des Abwurfpunktes A und setze sie in die Gleichung von p ein. Um zu berechnen, wie weit der Speer fliegt, bestimmst Du den Auftreffpunkt des Speers, also den Schnittpunkt B der Parabel p mit der x-Achse. Dazu löst Du die Gleichung $y = 0$ durch Wurzelziehen nach x auf. Überlege, welche Lösung aufgrund des Sachzusammenhangs in Frage kommt. Die Weite w erhältst Du, indem Du den x-Wert des Abwurfpunkts A vom x-Wert des Auftreffpunkts B subtrahierst.
Die Koordinaten des Auftreffpunktes C des zweiten Wurfversuchs erhältst Du, indem Du die Schnittpunkte der Parabel mit der gegebenen Gleichung mit der x-Achse berechnest. Dazu löst Du die Gleichung $y = 0$ durch Wurzelziehen nach x auf. Überlege, welche Lösung aufgrund des Sachzusammenhangs in Frage kommt. Du erhältst den x-Wert des Abwurfpunkts D, indem Du die gegebene Wurfweite vom x-Wert des Auftreffpunktes C subtrahierst. Die Höhe des Abwurfpunktes D erhältst Du, indem Du den x-Wert des Abwurfpunktes in die gegebene Funktionsgleichung einsetzt.

Aufgabe 4

a) Als Ansatz für eine verschobene Normalparabel p verwendest Du $y = x^2 + bx + c$. Setze die Koordinaten der Punkte A und B in diese Gleichung ein und löse das zugehörige Gleichungssystem, indem Du Gleichung II von Gleichung I subtrahierst. Setze den erhaltenen b-Wert in Gleichung I ein, um c zu erhalten. Die Koordinaten des Punktes C erhältst Du, indem Du den x-Wert von C in die Parabelgleichung einsetzt. Die Steigung m_g der Geraden g, die durch die beiden Punkte A und B geht, erhältst Du mit der Steigungsformel $m = \frac{y_2 - y_1}{x_2 - x_1}$. Die Steigung m_h der Geraden h, die senkrecht auf g steht, erhältst Du mit dem negativen Kehrwert der Steigung von g: $m_h = -\frac{1}{m_g}$. Die Gleichung der Geraden h, welche die Steigung m_h hat und durch den Punkt C geht, erhältst Du mit der Hauptform $y = mx + c$. Setze die Koordinaten von C und m_h ein, um c zu erhalten. Die Koordinaten des Schnittpunkts P von h mit der y-Achse erhältst Du, indem Du $x = 0$ in die Gleichung von h einsetzt. Die Koordinaten des Schnittpunkts Q von h mit der x-Achse erhältst Du, indem Du die Gleichung $y = 0$ nach x auflöst.

b) Trage zuerst alle Maße in eine Skizze ein und ermittle alle Winkel in den rechtwinkligen Dreiecken. Den Winkel α_1 im Dreieck M_1M_2C erhältst Du mit Hilfe des Tangensverhältnisses. Beachte, dass $\alpha_2 = \alpha_1$ gilt. Bestimme α_3 und ε_1 mit Hilfe der Winkelsumme im Dreieck. Beachte, dass $\varepsilon_2 = \varepsilon_3$ gilt und bestimme diese. Den Flächeninhalt A_1 des Dreiecks EM_1D erhältst Du mit der Formel $A_1 = \frac{1}{2} \cdot g \cdot h$. Als Grundseite g kannst Du $g = \overline{DM_1}$ wählen, die zugehörige Höhe h ist $h = \overline{DE}$. Im rechtwinkligen Dreieck EM_1D kannst Du $\overline{DE}$ mit Hilfe des Tangensverhältnisses berechnen. Den Flächeninhalt des Vierecks FBM_2C' erhältst Du, indem Du vom Flächeninhalt des Vierecks ABCD die Flächeninhalte der Dreiecke AFE, EFM_1, EM_1D, $M_1C'M_2$ und M_1M_2C subtrahierst. Im Dreieck EM_1D kannst Du die Seite EM_1 mit Hilfe des Kosinusverhältnisses berechnen. Im Dreieck EFM_1 kannst Du nun die Seite $\overline{FM_1}$ mit Hilfe des Tangensverhältnisses berechnen. Den Flächeninhalt A_2 des Dreiecks EFM_1 (und des Dreiecks AFE) erhältst Du mit der Formel $A_2 = \frac{1}{2} \cdot g \cdot h$. Als Grundseite kannst Du $g = \overline{EM_1}$ wählen, die zugehörige Höhe h ist $h = \overline{FM_1}$. Den Flächeninhalt A_3 des Dreiecks M_1M_2C (und des Dreiecks $M_1C'M_2$) erhältst Du mit der Formel $A_3 = \frac{1}{2} \cdot g \cdot h$. Als Grundseite kannst du $g = \overline{M_1C}$ wählen, die zugehörige Höhe h ist $h = \overline{M_2C}$. Den Flächeninhalt A_4 des DIN A4-Blattes erhältst Du mit der Formel $A_4 = a \cdot b$, wobei a und b die Rechteckseiten sind. Damit erhältst Du den Flächeninhalt A_5 des Vierecks FBM_2C' durch $A_5 = A_4 - A_1 - 2 \cdot A_2 - 2 \cdot A_3$.

4 Realschulabschlussprüfung 2022

Teil A1

Aufgabe 1

Beachte, dass gilt: $\sin\alpha = \frac{\text{Gegenkathete}}{\text{Hypotenuse}}$, $\cos\alpha = \frac{\text{Ankathete}}{\text{Hypotenuse}}$ und $\tan\alpha = \frac{\text{Gegenkathete}}{\text{Ankathete}}$.

Aufgabe 2

a) Das Volumen V der Wassermenge der quadratischen Pyramide erhältst Du mithilfe der Formel $V_{Py} = \frac{1}{3} \cdot G \cdot h_{Py}$.

b) Das Volumen eines Prismas erhältst Du mithilfe der Formel $V_{Pr} = G \cdot h_{Pr}$.
Da das Wasser von der Pyramide in das Prisma umgefüllt wird, kannst Du die Gleichung $V_{Py} = V_{Pr}$ nach h_{Pr} auflösen.

Aufgabe 3

Bezeichne mit w: weiß, mit s: schwarz und mit g: grau und erstelle zur Veranschaulichung ein Baumdiagramm.
Die gesuchten Wahrscheinlichkeiten erhältst Du mithilfe der Pfadregeln:

a) $P(\text{zweimal weiß}) = P(ww)$

b) $P(\text{grau und schwarz}) = P(gs) + P(sg)$

Aufgabe 4

Um zu begründen, welcher der drei Boxplots zur abgebildeten Rangliste gehört, bestimmst Du die Anzahl n der Ränge, den Rang des Medians und damit Z, den Rang des unteren Quartils und damit q_u sowie den Rang des oberen Quartils und damit q_o.

Aufgabe 5

Den gegebenen Term kannst Du mithilfe der Potenzgesetze berechnen. Alternativ kannst Du den Term auch berechnen, indem Du für $10^4 = 10\,000$ einsetzt.

Aufgabe 6

a) Überlege, wie viele Kärtchen bei jedem Schritt dazu kommen und erstelle für jedes Muster einen Term für die Anzahl der Kärtchen.

b) Überlege, wie sich die Summe der Kärtchen beim n-ten Muster darstellen lässt.

Aufgabe 7

Berechne zuerst die Reduzierung um 30% von 120 € und anschließend die Reduzierung um 20% vom neuen Preis.
Vergleiche den Endpreis mit der Hälfte des ursprünglichen Preises.
Alternativ kannst Du auch argumentieren, dass sich der Grundwert bei der zweiten Preisreduzierung ändert.

Teil A2

Aufgabe 1

Um den Umfang des Dreiecks ADC zu berechnen, benötigst Du noch die Seiten $\overline{AD}$ und $\overline{CD}$. Trage die bekannten Maße und Winkel sowie die Höhe auf die Seite $\overline{CD}$ in eine Skizze ein. Bezeichne den Höhenfusspunkt mit F. Im Dreieck ABC kannst Du die Seite $\overline{AB}$ mit dem Cosinusverhältnis, die Seite $\overline{BC}$ mit dem Sinusverhältnis und den Winkel β mit der Winkelsumme im Dreieck bestimmen. Da das Dreieck BCD gleichschenklig ist, erhältst Du: $\overline{BD} = \overline{BC}$ und $\beta_1 = \frac{\beta}{2}$. Weiterhin kannst Du $\overline{AD} = \overline{AB} - \overline{BD}$ bestimmen. Im Dreieck BDF kannst Du die Seite $\overline{DF}$ mit dem Sinusverhältnis bestimmen. Damit erhältst Du $\overline{CD} = 2 \cdot \overline{DF}$ und den Umfang U_{ADC} des Dreiecks ADC: $U_{ADC} = \overline{AC} + \overline{AD} + \overline{CD}$.

Aufgabe 2

Das Volumen einer Kugel erhältst Du mit der Formel $V_K = \frac{4}{3} \cdot \pi \cdot r^3$. Bestimme damit das Volumen V der 1000 Kugeln. Das Volumen V_P der Pyramide erhältst Du mit der Formel $V_P = \frac{1}{3} \cdot G \cdot h$. Die Grundseite a der Pyramide erhältst Du, indem Du von der Würfelkante a_W zweimal den Abstand t subtrahierst. Um die Höhe h der Pyramide zu bestimmen, berechnest Du zuerst die Diagonale d der Grundfläche mithilfe des Satzes des Pythagoras. Skizziere dazu das entsprechende Qudrat bzw. rechtwinklige Dreieck. Anschließend kannst Du h in einem rechtwinkligen Dreieck mit der Kante s und der halben Diagonale mithilfe des Satzes des Pythagoras bestimmen. Damit erhältst Du das Volumen einer Pyramide. Die Anzahl der Pyramiden, die mit dem eingeschmolzenen Wachs gegossen werden können, erhältst Du, indem Du das Volumen V der 1000 Kugeln durch das Volumen V_P einer Pyramide teilst.

Aufgabe 3

Die gegebene Gleichung kannst Du mithilfe der 2. binomischen Formel $(a-b)^2 = a^2 - 2ab + b^2$ umformen. Verwende zur Lösung der quadratischen Gleichung die bc-Formel.

Aufgabe 4

Die Gleichung der Parabel p erhältst Du mithilfe des Nullstellenansatzes $y = (x - x_1) \cdot (x - x_2)$. Lies dazu die Nullstellen an der gegebenen Zeichnung ab. Mithilfe der Gleichung der Parabel p kannst Du die fehlenden Werte in der Tabelle berechnen. Die Koordinaten der Schnittpunkte A und B der Geraden g und der Parabel p erhältst Du durch Gleichsetzen der Funktionsgleichungen. Verwende zur Lösung der quadratischen Gleichung die bc-Formel. Die zugehörigen y-Werte erhältst Du, indem Du die x-Werte in die Gleichung von g einsetzt.

Aufgabe 5

Bestimme die Anzahl der Lose insgesamt. Beachte, dass es sich um Ziehen ohne Zurücklegen handelt, d.h. beim zweiten Zug ändert sich die Anzahl der Lose, aus denen gezogen wird. Bezeichne mit N: Niete, F: Fußball und B: Basketball und erstelle zur Veranschaulichung ein Baumdiagramm. Die Wahrscheinlichkeit, dass Francesca zwei Nieten zieht, erhältst Du mithilfe der Pfadregeln. Die Wahrscheinlichkeit, dass Francesca einen Fußball und einen Basketball gewinnt zieht, erhältst Du ebenfalls mithilfe der Pfadregeln.

Aufgabe 6

Bestimme die Anzahl der Paketzustellungen im Jahr 2014 und im Jahr 2019. Die Zunahme an Paketen erhältst Du, indem Du die Differenz der beiden Werte bildest. Um zu berechnen, um wie viel Prozent die Zustellungen 2014 bis 2019 insgesamt zugenommen haben, teilst Du die Zunahme an Paketen durch den Wert im Jahr 2014. Alternativ kannst Du auch die Prozentformel $W = G \cdot \frac{p}{100}$ verwenden. Du erhältst die Anzahl der Pakete, die von DHL im Jahr 2019 zugestellt wurden, indem Du $57,0\%$ von der Gesamtanzahl an Paketen im Jahr 2019 berechnest. Die Anzahl der Pakete im Jahr 2020 erhältst Du, indem Du zur Anzahl in 2019 den Zuwachs von $9,7\%$ addierst. Die Anzahl der Pakete im Jahr 2021 erhältst Du, indem Du zur Anzahl im Jahr 2020 den Zuwachs von $12,5\%$ addierst. Damit kannst Du die Werte in das Diagramm einzeichnen.

Teil B

Aufgabe 1

a) Trage alle bekannten Maße und Winkel in eine Skizze ein. Zeichne die Höhen auf die Seiten AB und DE ein und benenne die Höhenfusspunkte mit G und H. Da G der Mittelpunkt der Seite AB ist, kannst Du $\overline{AG}$ und damit auch $\overline{FH}$ berechnen. Im Dreieck AGF kannst Du den Winkel ε_1 mit dem Sinusverhältnis und die Seite $\overline{FG}$ mit dem Satz des Pythagoras bestimmen. Damit erhältst Du $\overline{AH} = \overline{FG}$, $\overline{DH} = \overline{AD} - \overline{AH} = \overline{EH}$ sowie $\overline{AE} = \overline{AD} - \overline{DH} - \overline{EH}$. Den Flächeninhalt des Dreiecks AFE erhältst Du mit der Formel $A = \frac{1}{2} \cdot g \cdot h$. Verwende als Grundseite $g = \overline{AE}$ und als zugehörige Höhe $h = \overline{FH}$. Im Dreieck EFH kannst Du den Winkel ε_2 mit dem Tangensverhältnis bestimmen. Damit erhältst Du $\varepsilon = 90° - \varepsilon_1 - \varepsilon_2$.

b) Die Koordinaten der Schnittpunkte P und Q der Geraden g und der Parabel p_1 erhältst Du durch Gleichsetzen der Gleichungen von g und p_1. Zur Lösung der entstandenen quadratischen Gleichung verwendest Du die bc-Formel. Die zugehörigen y-Werte erhältst Du, indem Du die erhaltenen x-Werte in die Gleichung von g einsetzt. Die Gleichung der nach oben geöffneten Normalparabel p_2, die durch P und Q verläuft, erhältst Du, indem Du die Koordinaten der Punkte P und Q in den Ansatz $y = x^2 + bx + c$ einsetzt. Löse das zugehörige lineare Gleichungssystem nach b und c auf. Die Koordinaten des Scheitelpunkts S_2 von p_2 erhältst Du durch quadratische Ergänzung. Um Robins Behauptung zu prüfen, berechnest Du die Längen des Dreiecks PQS_2 mithilfe des Satzes des Pythagoras. Wenn das Dreieck PQS_2 rechtwinklig wäre, dann müsste PS_2 die Hypotenuse sein und der Satz des Pythagoras gelten: $\overline{PS_2}^2 = \overline{QS_2}^2 + \overline{PQ}^2$. Bei einem Widerspruch ist das Dreieck PQS_2 nicht rechtwinklig. Alternativ kannst Du auch die Steigungen des Dreiecks mit der Steigungsformel $m = \frac{y_2 - y_1}{x_2 - x_1}$ bestimmen und prüfen, ob eine Steigung der negative Kehrwert einer anderen Steigung ist.

Aufgabe 2

a) Die Gleichung der Parabel p_1 erhältst Du mithilfe von $y = (x - x_1) \cdot (x - x_2)$ (Nullstellenansatz). Setze die gegebenen Nullstellen in den Ansatz ein. Alternativ kannst Du auch die Punkte T und R in den Ansatz $y = x^2 + bx + c$ einsetzen und das zugehörige Gleichungssystem nach b und c auflösen. Die Gleichung der Parabel p_2 erhältst Du mit dem Ansatz $y = a \cdot x^2 + c$. Setze zuerst die Koordinaten des Scheitels S_2 in diesen ein und bestimme c. Anschließend setzt Du die Koordinaten des Punktes T ein, um a zu erhalten. Die Koordinaten des Scheitelpunkts S_1 von p_1 erhältst Du durch quadratische Ergänzung. Die Gleichung der Geraden g, die durch die beiden Scheitelpunkte S_1 und S_2 verläuft, erhältst

Du mit der Hauptform $y = mx + c$. Die Steigung m von g erhältst Du mit der Steigungsformel $m = \frac{y_2 - y_1}{x_2 - x_1}$. Setze m und die Koordinaten von S_2 in die Hauptform ein. Alternativ kannst Du auch die Zwei-Punkte-Form $\frac{y - y_1}{x - x_1} = \frac{y_2 - y_1}{x_2 - x_1}$ verwenden. Da die Gerade h senkrecht zu g verläuft, erhältst Du die Steigung m_h von h als negativen Kehrtwert der Steigung von g. Setze anschließend m_h und die Koordinaten von R in die Hauptform $y = mx + c$ ein. Beachte, dass eine nach oben geöffnete Normalparabel p_3, die keine Punkte mit p_1 und p_2 gemeinsam hat, oberhalb des Scheitels S_2 von p_2 verläuft. Wähle einen geschickten Scheitel S_3 und verwende die Scheitelform $y = (x - d)^2 + e$.

b) Den Oberflächeninhalt O des zusammengesetzten Körpers erhältst Du, indem Du zur Grundfläche G des Fünfecks die Mantelfläche (fünf Rechtecke) des Prismas und die Mantelfläche (fünf Dreiecke) der Pyramide addierst. Skizziere das rechtwinklige Dreieck mit s und h_1. In diesem Dreieck kannst Du den Radius r mithilfe des Sinusverhältnisses und die Höhe h_1 mithilfe des Cosinusverhältnisses berechnen. Den Mittelpunktswinkel α des Fünfecks erhältst Du, indem Du $360°$ durch fünf teilst. Skizziere ein Dreieck mit α, r und h_a. Im rechtwinkligen Dreieck kannst Du die Seite a mithilfe des Sinusverhältnisses und die zugehörige Höhe h_a mithilfe des Satzes des Pythagoras bestimmen. Damit erhältst Du den Flächeninhalt der Grundfläche G des Fünfecks. Die Mantelfläche des Prismas erhältst Du, indem Du den Flächeninhalt der fünf Rechtecke berechnest. Zur Bestimmung der Mantelfläche der Pyramide benötigst Du noch die Höhe h_s eines Seitenflächendreiecks. Skizziere ein solches Dreieck. Im rechtwinkligen Dreieck kannst Du die Höhe h_s mithilfe des Satzes des Pythagoras bestimmen. Du erhältst die Mantelfläche der Pyramide, indem Du den Flächeninhalt der fünf Seitenflächendreiecke berechnest. Damit erhältst Du den Oberflächeninhalt O des zusammengesetzten Körpers.

Aufgabe 3

a) Bestimme die Anzahl der roten, blauen und gelben Kugeln. Bezeichne mit r: rot, mit b: blau und mit g: gelb. Beachte, dass zweimal ohne Zurücklegen gezogen wird, d.h. die Anzahl der Kugeln im Gefäß ändert sich bei jedem Zug. Zur Veranschaulichung kannst Du ein Baumdiagramm erstellen. Die Wahrscheinlichkeit, zwei gleichfarbige Kugeln zu ziehen, erhältst Du mithilfe der Pfadregeln. Um den Erwartungswert E für den Gewinn eines Spielers zu bestimmen, berechnest Du zuerst die Wahrscheinlichkeiten für die möglichen Ergebnisse, bei denen Gewinne erzielt werden. Die Wahrscheinlichkeit, eine blaue und eine gelbe Kugel zu ziehen, erhältst Du ebenfalls mithilfe der Pfadregeln. Den Erwartungswert E für den Gewinn eines Spielers erhältst Du, indem Du die Gewinne für das jeweilige Ergebnis mit den zugehörigen Wahrscheinlichkeiten multiplizierst und den Einsatz subtrahierst. Bezeichne mit x den Gewinn für eine gelbe und eine blaue Kugel. Du erhältst den Erwartungswert E^* für den Gewinn eines Spielers, indem Du wieder die Gewinne für das jeweilige Ergebnis mit den zugehörigen Wahrscheinlichkeiten multiplizierst und den Einsatz subtrahierst. Beachte, dass sich der Erwartungswert des Spielers verdoppelt, wenn der Veranstalter auf lange Sicht seinen Gewinn verdoppeln möchte. Stelle eine Gleichung auf und löse sie nach x auf.

b) Lege das Koordinatensystem so, dass die x-Achse auf dem Boden liegt und die y-Achse durch den Scheitelpunkt S der parabelförmigen Außenkante geht. Bestimme die Koordinaten des Scheitels S der Parabel sowie der beiden Punkte N_1 und N_2 auf der x-Achse. Die Gleichung der Parabel p erhältst Du mit dem Ansatz $y = a \cdot x^2 + c$. Setze zuerst die Koordinaten des Scheitels S in diesen ein, um c zu erhalten. Anschließend setzt Du die die Koordinaten des Punktes N_2 ein, um a zu erhalten. Bestimme die Koordinaten der Ecken $V_1(\dots \mid 2)$ und $V_2(\dots \mid 2)$ des Vordachs. Da diese auf der Parabel p liegen, kannst Du die zugehörigen x-Werte berechnen, indem Du $y = 2$ in die Parabelgleichung einsetzt und die Gleichung durch Wurzelziehen nach x auflöst. Die Länge L des Vordachs erhältst Du, indem Du die x-Werte von V_1 und V_2 subtrahierst. Bestimme die Koordinaten der Punkte $T_1(\dots \mid 1)$ und $T_2(\dots \mid 1)$, die auf der Parabel liegen. Du erhältst die zugehörigen x-Werte, indem Du $y = 1$ in die Parabelgleichung einsetzt und die Gleichung durch Wurzelziehen nach x auflöst. Bestimme damit die Breite b der Tür. Den Flächeninhalt A der rechteckigen Tür erhältst Du mit der Formel $A = a \cdot b$.

Aufgabe 4

a) Die Gleichung der nach oben geöffneten Normalparabel p_2 mit Scheitelpunkt S_2 erhältst Du mithilfe der Scheitelform $y = (x-d)^2 + e$. Setze die Koordinaten von S_2 ein. Die Koordinaten des Schnittpunkts Q_1 der beiden Parabeln p_1 und p_2 erhältst Du durch Gleichsetzen der beiden Parabelgleichungen. Löse die entstandene Gleichung nach x auf. Den zugehörigen y-Wert erhältst Du, indem Du den x-Wert in die Gleichung von p_1 einsetzt. Die Koordinaten der Schnittpunkte N_1 und N_2 der Parabel p_1 mit der x-Achse erhältst Du, indem Du die Gleichung $y = 0$ nach x auflöst. Verwende dazu die bc-Formel. Den Flächeninhalt A des Dreiecks $N_1Q_1N_2$ erhältst Du mit der Formel $A = \frac{1}{2} \cdot g \cdot h$. Bestimme anhand der Koordinaten der Eckpunkte g und h. Beachte, dass die Grundseite g des Dreiecks stets die Strecke $g = \overline{N_1N_2}$ ist und sich damit nur die Höhe des Dreiecks $N_1Q_2N_2$, ändert, wenn sich der Punkt Q_1 auf der Parabel p_2 unterhalb der x-Achse bewegt. Überlege, wann die Höhe des Dreiecks $N_1Q_2N_2$ am größten ist. Bestimme den maximalen Flächeninhalt A_{max} mit der Formel $A_{max} = \frac{1}{2} \cdot g \cdot h_{max}$.

b) Zeichne in das Dreieck ABC die Höhe h_{AB} ein und skizziere ein Sechseck mit 6 gleichseitigen Dreiecken mit Seite a und Höhe h_a. Beachte, dass die Höhe h_{AB} im Dreieck ABC doppelt so groß wie die Höhe h_a in einem gleichseitigen Dreieck des Sechsecks ist. Die Höhe h_a in einem gleichseitigen Dreieck erhältst Du mit der Formel $h_a = \frac{a}{2}\sqrt{3}$. Im rechtwinkligen Dreieck kannst Du die Seite AC mithilfe des Satzes des Pythagoras bestimmen. Damit erhältst Du den Umfang U des gleichschenkligen Dreiecks ABC: $U = \overline{AB} + \overline{AC} + \overline{BC}$. Den Flächeninhalt A_{Sechseck} des Sechsecks erhältst Du mit der Formel $A_{\text{Sechseck}} = \frac{3}{2} \cdot a^2 \cdot \sqrt{3}$. Den Flächeninhalt des Dreiecks ABC erhältst Du mit der Formel $A_{\text{ABC}} = \frac{1}{2} \cdot \overline{AB} \cdot h_{\text{AB}}$. Um Toms Behauptung zu prüfen, teilst Du den Flächeninhalt des Sechsecks durch den Flächeninhalt des Dreiecks ABC. Alternativ kannst Du auch folgendermaßen argumentativ begründen: Vergleiche den Flächeninhalt des Dreiecks ABC mit dem Flächeninhalt eines gleichseitigen Dreiecks, indem Du jeweils die Grundseite und die zugehörige Höhe vergleichst.

5 Realschulabschlussprüfung 2023

Teil A1 2023

1) Beachte, dass gilt: $\sin\alpha = \frac{\text{Gegenkathete}}{\text{Hypotenuse}}$, $\cos\alpha = \frac{\text{Ankathete}}{\text{Hypotenuse}}$ und $\tan\alpha = \frac{\text{Gegenkathete}}{\text{Ankathete}}$.

2) a) Beachte, dass die Augensumme ungerade ist, wenn einer der Würfel eine gerade und der andere Würfel eine ungerade Zahl anzeigt. Bestimme die Wahrscheinlichkeit, eine gerade oder eine ungerade Zahl zu würfeln. Bezeichne mit g: gerade Augenzahl und mit u: ungerade Augenzal, so erhältst Du die Wahrscheinlichkeit für das Ereignis «Augensumme ungerade» mit Hilfe der Pfadregeln.

   b) Die Wahrscheinlichkeit für das Ereignis «Augensumme kleiner als 4» erhältst Du ebenfalls mit Hilfe der Pfadregeln.

3) Beachte, dass die einzelnen Strecken zusammenhängen.

4) Bestimme jeweils die Scheitel der gegebenen Parabeln und überlege, ob die Parabeln nach oben oder nach unten geöffnet sind und ob es dementsprechend Schnittpunkte mit der x-Achse gibt.

5) Beachte, dass gilt: $\sqrt{a}\cdot\sqrt{b} = \sqrt{a\cdot b}$ und wähle eine Zahl so, dass die Wurzel zu ziehen ist. Alternativ kannst du auch eine Gleichung aufstellen und diese lösen.

6) Um zu begründen, welche der Tabellen zum abgebildeten Boxplot gehört, bestimmst Du die Anzahl n der Ränge, den Rang des Medians und Z, den Rang des unteren Quartils und q_u, sowie den Rang des oberen Quartils und q_o für jede Tabelle und vergleichst mit dem angegebenen Boxplot.

7) Um das richtige Diagramm der Tabelle zuzuordnen, bestimmst Du die Prozente der Tabelle, indem Du die Anzahlen durch 80 teilst und anschließend die Brüche auf Nenner 100 bringst.

8) a) Überlege, wie viele Plättchen bei jedem Schritt dazu kommen und erstelle für jedes Muster einen Term für die Anzahl der Kärtchen.

   b) Überlege, wie sich die Summe der Kärtchen beim n-ten Muster darstellen lässt oder setze für n = 4 ein und prüfe mit der erhaltenen Summe.

Teil A2 2023

1) Um den Umfang des Dreiecks ABD zu berechnen, benötigst Du die Seiten $\overline{AD}$, $\overline{BD}$ und $\overline{AB}$. Trage die bekannten Maße und Winkel sowie die Höhe auf die Seite AB in eine Skizze ein und bezeichne den Höhenfusspunkt mit F. Zuerst bestimmst Du die Seiten $\overline{AD}$ und $\overline{BD}$ mit Hilfe der gleichschenkligen Dreiecke. Anschließend erhältst Du die Seite $\overline{AC}$ durch $\overline{AC} = \overline{CD} + \overline{AD}$. Im Dreieck ABC erhältst Du die Seite $\overline{AB}$ mit dem Sinus- Verhältnis. Damit erhältst Du den Umfang U_{ABD} des Dreiecks ABD durch $U_{ABD} = \overline{AD} + \overline{AB} + \overline{BD}$. Den Flächeninhalt des Dreiecks ABD erhältst Du mit der Formel $A = \frac{1}{2}\cdot g\cdot h$. Wähle als Grundseite $g = \overline{AB}$, so ist die zugehörige Höhe $h = \overline{FD}$. Im Dreieck AFD erhältst Du den Winkel α über die Winkelsumme im Dreieck ABC und die Höhe $h = \overline{FD}$ mit dem Sinusverhältnis. Damit erhältst Du den Flächeninhalt des Dreiecks ABD durch $A_{ABD} = \frac{1}{2}\cdot\overline{AB}\cdot\overline{FD}$.

2) Den Flächeninhalt der Schnittfläche A_S erhältst Du, indem Du den Inhalt A_1 der Fläche des grauen Dreiecks und den Inhalt A_2 der Fläche des grauen Rechtecks berechnest. Dazu bestimmst Du zuerst die Länge der Seite a. Diese erhältst Du mit dem Cosinus-Verhältnis in einem geeigneten Dreieck. Anschließend berechnest Du die Seitenflächenhöhe h_S mithilfe des Sinusverhältnisses. Die Höhe h_1 der Pyramide (bzw. des grauen Dreiecks) erhältst Du mithilfe des Satzes des Pythagoras in einem geeigneten Dreieck. Damit erhältst Du den Flächeninhalt des grauen Dreiecks mit der Formel $A_1 = \frac{1}{2} \cdot a \cdot h_1$. Die Höhe h_2 des Prismas erhältst Du, indem Du von der Gesamthöhe h_{ges} die Höhe h_1 subtrahierst. Damit erhältst Du den Flächeninhalt des grauen Rechtecks mit der Formel $A_2 = a \cdot h_2$. Den Flächeninhalt der Schnittfläche A_S erhältst Du, indem Du die beiden Teilflächen A_1 und A_2 addierst.

3) Das gegebene Gleichungssystem löst Du, indem Du zuerst die Gleichungen (1) und (2) vereinfachst. Verwende anschließend das Additionsverfahren.

4) Bestimme die Nullstellen x_1 und x_2 der Parabel. Die Gleichung der Parabel p erhältst Du dann mit Hilfe des Nullstellstellenansatzes $y = (x - x_1) \cdot (x - x_2)$. Alternativ kannst Du auch die Koordinaten der beiden Schnittpunkte N_1 und N_2 mit der x-Achse in den Ansatz $y = x^2 + bx + c$ einsetzen. Löse das zugehörige Gleichungssystem.
Die Gleichung der Geraden g erhältst Du mit dem Ansatz $y = m \cdot x + c$. Setze die Koordinaten des Punktes T und die gegebene Steigung ein. Die Koordinaten der Schnittpunkte A und B der Geraden g und der Parabel p erhältst Du durch Gleichsetzen der Funktionsgleichungen. Verwende die pq-Formel. Die zugehörigen y-Werte erhältst Du, indem Du die x-Werte in die Gleichung von g einsetzt.

5) Bezeichne mit K: Kreis, Q: Quadrat und D: Dreieck. Bestimme für den linken und den rechten Kreisel jeweils P(K), P(Q) und P(D). Die Wahrscheinlichkeit für zwei gleiche Symbole erhältst Du mit Hilfe der Pfadregeln.
Die Wahrscheinlichkeit für Kreis und Dreieck erhältst Du ebenfalls mit Hilfe der Pfadregeln.
Bezeichne mit g: graues Feld und mit w: weißes Feld. Bestimme für den linken und den rechten Kreisel jeweils P(g) und P(w). Die Wahrscheinlichkeit für höchstens ein graues Feld erhältst Du mit Hilfe der Pfadregeln. Alternativ kannst Du auch die Wahrscheinlichkeit des Gegenereignisses verwenden.

6) Bestimme die Ausgaben für Onlinewerbung im Jahr 2020 und im Jahr 2021. Den Zuwachs erhältst Du, indem Du die Differenz der beiden Werte bildest. Um zu berechnen, um wie viel Prozent der Zuwachs von 2020 bis 2021 zugenommen hat, teilst Du den Zuwachs durch den Wert im Jahr 2020. Alternativ kannst Du auch die Prozentformel verwenden: $P = G \cdot \frac{p}{100}$.
Bestimme die Ausgaben für Bannerwerbung im Jahr 2020. Da die Ausgaben für Bannerwerbung im Jahr 2020 um 9,5% über dem Betrag von 2019 lagen, erhältst Du den Betrag von 2019 mit Hilfe des Dreisatzes. Alternativ kannst Du auch den vermehrten Grundwert verwenden.
Bestimme die Ausgaben für Social-Media-Werbung im Jahr 2021. Wenn die Ausgaben jährlich bezogen auf das Vorjahr um $12{,}25\,\%$ ansteigen, so erhältst Du die Ausgaben im

Jahr 2026, indem Du die jährlichen Ausgaben für die Jahre 2022 bis 2026 bestimmst. Alternativ kannst Du auch die Wachstumsformel $G_n = G_0 \cdot \left(1 + \frac{p}{100}\right)^n$ verwenden.

Teil B 2023

Aufgabe 1

a) Trage alle bekannten Maße und Winkel in eine Skizze ein. Zeichne die Höhe auf die Seite GD ein und benenne den Höhenfusspunkt mit H. Im Dreieck AFC kannst Du die Seite $\overline{AF}$ mit dem Sinus-Verhältnis und die Seite $\overline{CF}$ mit dem Cosinusverhältnis bestimmen. Damit erhältst Du $\overline{BF} = \overline{AF}$. Im Dreieck BDH erhältst Du die Seite BH mit dem Sinus-Verhältnis. Damit erhältst Du $\overline{EF} = \overline{BH}$ sowie $\overline{CE} = CF - EF$. Im Dreieck CEG erhältst Du die Seite EG mit dem Tangens-Verhältnis. Den Flächeninhalt des Trapezes FBGE erhältst Du mit der Formel $A = \frac{a+c}{2} \cdot h$. Bestimme die parallelen Seiten $a = \overline{FB}$ und $c = \overline{EG}$ sowie die zugehörige Höhe $h = \overline{EF}$.

b) Die Gleichung der Parabel p erhältst Du, indem Du die Koordinaten des Punktes A in die gegebene Gleichung einsetzt. Die Koordinaten des Punktes B erhältst Du, indem Du den x-Wert von B in die Parabelgleichung einsetzt. Die Koordinaten des Schnittpunktes C der Parabel mit der y-Achse erhältst Du, indem Du $x = 0$ in die Parabelgleichung einsetzt. Zeichne die Parabel p, die Gerade g sowie das Dreieck ABC. Den Flächeninhalt A eines Dreiecks erhältst Du mit der Formel $A = \frac{1}{2} \cdot g \cdot h$. Für das Dreieck ABC verwende $g = \overline{AB}$ und bestimme die zugehörige Höhe h. Die Gleichung der Geraden g, die durch den Punkt C verläuft und die Steigung $m = -3$ hat, erhältst Du mit der Hauptform $y = mx + c$. Setze $m = -3$ und die Koordinaten von C in die Hauptform ein, um c zu bestimmen. Beachte, dass die Gerade g die Strecke AB im Mittelpunkt M schneidet, wie Du anhand einer Punktprobe erkennen kannst. Verwende für das Dreieck ACM die Grundseite $g = \overline{AM}$ und bestimme die zugehörige Höhe h und damit den Flächeninhalt. Verwende für das Dreieck BCM die Grundseite $g = \overline{BM}$ und bestimme die zugehörige Höhe h und damit den Flächeninhalt.

Aufgabe 2

a) Die Gleichung der Parabel p_1 erhältst Du mit Hilfe des Ansatzes $y = x^2 + bx + c$. Setze die Koordinaten der Punkte $A(0 \mid 1)$ und $B(4 \mid 1)$ der gegebenen Wertetabelle in diesen Ansatz ein und bestimme damit b und c. Vervollständige die Wertetabelle mit Hilfe des Taschenrechners. Die Gleichung der Geraden g erhältst Du, indem Du die Koordinaten des Punktes P in die gegebene Gleichung einsetzt und m bestimmst. Um zu zeigen, dass g keinen Schnittpunkt mit p_1 hat, setzt Du die Gleichungen gleich und löst die quadratische Gleichung mit Hilfe der pq-Formel. Falls diese keine reelle Lösung hat, haben g und p_1 keinen Schnittpunkt. Bestimme die Koordinaten des Scheitelpunkts S_1 von p_1 durch quadratische Ergänzung oder mit Hilfe der Wertetabelle. Beachte, dass eine nach oben geöffnete Normalparabel p_2, die keinen Schnittpunkt mit g und p_1 hat, oberhalb des Scheitels S_1 von p_1 verläuft. Wähle einen geschickten Scheitel S_2 und verwende die Scheitelform $y = (x-d)^2 + e$.

b) Die Mantelfläche M_P der Pyramide erhältst Du, indem Du die Flächen der fünf gleichschenkligen Seitenflächendreiecke der Pyramide addierst. Die Fläche eines Dreiecks erhältst Du mit der Formel $A = \frac{1}{2} \cdot g \cdot h$. Dazu benötigst Du die Seitenflächenhöhe h_S eines gleichschenkligen Dreiecks der Pyramide. Diese erhältst Du mit Hilfe des Satzes des Pythagoras: $h_S^2 = h_a^2 + h_P^2$. Den Mittelpunktswinkel α des Fünfecks erhältst Du, indem Du $360°$ durch fünf teilst. Skizziere ein Dreieck mit α, r und h_a. Die Höhe h_a erhältst Du mit Hilfe des Tangens-Verhältnisses. Damit erhältst Du die Seitenflächenhöhe h_S, die Fläche A eines Seitenflächendreiecks und die Mantelfläche M_P der Pyramide. Die Mantelfläche M_K des Kegels erhältst Du mit der Formel $M_K = \pi \cdot r \cdot s$. Dazu benötigst Du zuerst den Radius r des Kegels. Diesen erhältst Du mit Hilfe des Sinus-Verhältnisses in einem rechtwinkligen Dreieck der Grundfläche. Die Mantellinie s des Kegels erhältst Du mit Hilfe des Satzes des Pythagoras. Damit erhältst Du die Mantelfläche M_K des Kegels. Den Unterschied zwischen der Mantelfläche des Kegels und der Mantelfläche der Pyramide erhältst Du, indem Du die beiden Mantelflächen voneinander subtrahierst.

Aufgabe 3

a) Zur Veranschaulichung kannst Du ein Baumdiagramm erstellen. Die Wahrscheinlichkeit, eine Zahl zu erhalten, die größer als 60 ist, erhältst Du mit Hilfe der Pfadregeln. Um den Erwartungswert E für den Gewinn eines Spielers zu bestimmen, berechnest Du zuerst die Wahrscheinlichkeiten für die möglichen Ergebnisse, bei denen Gewinne erzielt werden. Die Wahrscheinlichkeit, die Zahl 33 zu erhalten, erhältst Du ebenfalls mit Hilfe der Pfadregeln. Den Erwartungswert E für den Gewinn eines Spielers erhältst Du, indem Du die Gewinne für das jeweilige Ergebnis mit den zugehörigen Wahrscheinlichkeiten multiplizierst und den Einsatz subtrahierst. Bestimme nach der Ersetzung der Zahlen auf den Streifen die Wahrscheinlichkeit, eine Zahl zu erhalten, die größer als 60 ist und die Zahl 33 zu erhalten, mit Hilfe der Pfadregeln. Den Erwartungswert E^* für den Gewinn eines Spielers beim neuen Spiel erhältst Du, indem Du die Gewinne für das jeweilige Ergebnis mit den zugehörigen Wahrscheinlichkeiten multiplizierst und den Einsatz subtrahierst. Vergleiche die Verluste des Spielers.

b) Lege das Koordinatensystem so, dass die x-Achse auf dem Boden liegt und die y-Achse durch den Scheitelpunkt S der parabelförmigen Flugbahn geht. Bestimme die Koordinaten des Scheitels S der Parabel sowie der beiden Punkte N_1 und N_2 auf der x-Achse. Die Gleichung der Parabel p erhältst Du mit dem Ansatz $y = a \cdot x^2 + c$. Setze zuerst die Koordinaten des Scheitels S in diesen ein, um c zu erhalten. Anschließend setzt Du die Koordinaten des Punktes N_2 ein, um a zu erhalten. Bestimme den x-Wert der Stelle, wo das Schilfrohr steht. Setze diesen x-Wert in die Parabelgleichung ein, um die Sprunghöhe des Froschs zu erhalten. Berechne die Differenz zwischen der Sprunghöhe beim Schilfrohr und der Höhe des Schilfrohrs. Die Sprungweite des zweiten Froschs erhältst Du, indem Du die Nullstellen der Parabel bestimmst. Löse dazu die Gleichung $y = 0$ durch Wurzelziehen nach x auf. Die Sprungweite w des zweiten Froschs erhältst Du, indem Du die x-Werte der Nullstellen subtrahierst.

Aufgabe 4

a) Beachte, dass die Parabel p_1 symmetrisch zur y-Achse ist und verwende den Ansatz $y = a \cdot x^2 + c$. Bestimme die Koordinaten des Scheitels S_1 und des Punktes N_1. Setze zuerst die Koordinaten des Scheitels S_1 in den Ansatz ein, um c zu erhalten. Anschließend setzt Du die Koordinaten des Punktes N_1 ein, um a zu erhalten. Die Gleichung der Geraden g, die durch die beiden Punkte S_1 und N_1 verläuft, erhältst Du mit der Hauptform $y = mx + c$. Die Steigung m von g erhältst Du mit der Steigungsformel: $m = \frac{y_2 - y_1}{x_2 - x_1}$. Setze m und die Koordinaten von S_1 in die Hauptform ein, um c zu erhalten. Alternativ kannst Du auch die Zwei-Punkte-Form verwenden: $\frac{y - y_1}{x - x_1} = \frac{y_2 - y_1}{x_2 - x_1}$, um die Gleichung von g zu bestimmen. Beachte, dass die Parabel p_1 symmetrisch zur y-Achse ist, und bestimme damit den zweiten Schnittpunkt von p_1 mit der x-Achse. Die Koordinaten des Scheitels S_2 von p_2 erhältst Du durch quadratische Ergänzung. Zeichne die Parabeln und die Dreiecke ein und bestimme den Schnittpunkt Q der Geraden h durch S_1 und S_2 mit der x-Achse. Den Flächeninhalt A eines Dreiecks erhältst Du mit der Formel $A = \frac{1}{2} \cdot g \cdot h$. Den Flächeninhalt A_1 des Dreiecks $S_2S_1N_1$ erhältst Du, indem Du die Flächeninhalte der beiden Dreiecke N_1QS_1 und N_1QS_2 bestimmst, die jeweils dieselbe Grundseite $g = \overline{N_1Q}$ und die gleiche Höhe h haben. Den Flächeninhalt A_2 des Dreiecks $S_2N_2S_1$ erhältst Du, indem Du die Flächeninhalte der beiden Dreiecke N_2QS_1 und N_2QS_2 bestimmst, die jeweils dieselbe Grundseite $g = \overline{N_2Q}$ und die gleiche Höhe h haben.

b) Die Höhe des achtseitigen Prismas erhältst Du, indem Du die Längen der Strecken AR und RT addierst. Zuerst bestimmst Du im rechtwinkligen Dreieck AQR die Seite $\overline{AQ}$ mit dem Tangens-Verhältnis und die Strecke $\overline{QR}$ mit dem Cosinus-Verhältnis. Beachte, dass damit das achtseitige Prisma die Grundseite $a = \overline{AQ} = \overline{ST}$ hat. Zeichne um das Achteck einen Kreis mit Radius r sowie acht gleichschenklige Dreiecke. Bestimme den Mittelpunktswinkel α, indem Du $360°$ durch 8 teilst. Halbiere ein solches Dreieck und Du erhältst ein rechtwinkliges Dreieck. Den Radius r erhältst Du im rechtwinkligen Dreieck mit dem Sinus-Verhältnis. Damit erhältst Du die Länge der Strecke PQ durch $\overline{PQ} = 2 \cdot r$ sowie die Länge der Strecke RS mit Hilfe der Länge des Streckenzugs: $\overline{RS} = 38{,}0 - \overline{PQ} - \overline{QR}$. Die Länge der Strecke RT im Dreieck RST erhältst Du mit dem Satz des Pythagoras: $\overline{RT}^2 + \overline{ST}^2 = \overline{RS}^2$. Damit erhältst Du die Höhe h des achtseitigen Prismas: $h = \overline{AR} + \overline{RT}$.

1 Realschulabschlussprüfung 2019

Teil A 1

1) Das lineare Gleichungssystem

$$\begin{array}{llcccc} \text{I} & 3x & - & 4y & = & 2 \\ \text{II} & 2x & + & y & = & 5 \end{array}$$

kann man mit dem Additionsverfahren lösen:
Zuerst multipliziert man Gleichung II mit 4:

$$\begin{array}{llcccc} \text{I} & 3x & - & 4y & = & 2 \\ \text{IIa} & 8x & + & 4y & = & 20 \end{array}$$

Addiert man Gleichung I zu Gleichung IIa, ergibt sich:

$$\begin{array}{llcccc} \text{I} & 3x & - & 4y & = & 2 \\ \text{IIb} & 11x & & & = & 22 \end{array}$$

Aus Gleichung IIb erhält man: $x = 2$.
Setzt man $x = 2$ in Gleichung I ein, ergibt sich:

$$\begin{aligned} 3 \cdot 2 - 4y &= 2 \\ -4y &= -4 \\ y &= 1 \end{aligned}$$

Somit hat das Gleichungssystem die Lösung $x = 2$ und $y = 1$.

2) Man kann sich das Muster aus zwei Bereichen zusammengesetzt denken: Einem oberen Dreieck und einer unteren horizontalen Linie. Oben kommt immer eine um ein Plättchen längere Reihe dazu, unten beträgt der Zuwachs immer nur je ein Plättchen.

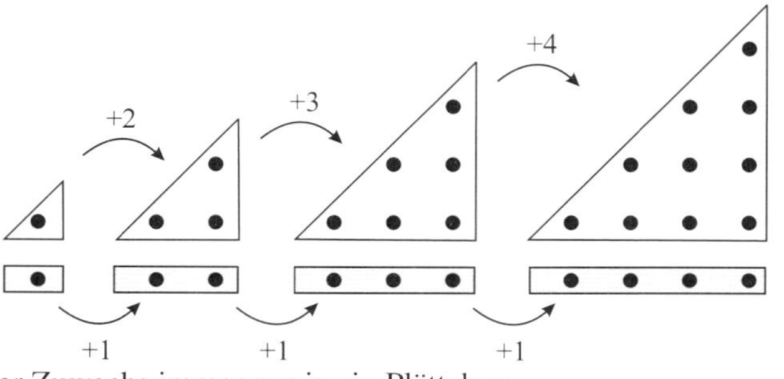

Muster	1	2	3	4	5	6	7	8	9
«Dreieckssumme»	1	3	6	10	15	21	28	36	45
«Liniensumme»	1	2	3	4	5	6	7	8	9
Summe	2	5	9	14	20	27	35	44	54

Also benötigt Eva für das 9. Muster 54 Plättchen.

3) Das Volumen einer Pyramide erhält man mit der Formel $V_{Pyramide} = \frac{1}{3} \cdot G \cdot h$.
Damit ergibt sich für die quadratische Pyramide mit Grundkante 3,0 cm und Höhe 6,0 cm:

$$V_{Pyramide} = \frac{1}{3} \cdot 3^2 \cdot 6 = 18\,\text{cm}^3$$

Um zu berechnen, wie viele Kubikzentimeter Wasser im Prisma verbleiben, subtrahiert man das Pyramidenvolumen vom Prismenvolumen:

$$V = V_{Prisma} - V_{Pyramide} = 54\,\text{cm}^3 - 18\,\text{cm}^3 = 36\,\text{cm}^3$$

Somit verbleiben im Prisma $36\,\text{cm}^3$.
Um zu berechnen, wie hoch das Wasser anschließend im Prisma steht, berechnet man zuerst die Grundfläche des Prismas und setzt dann die gegebenen Daten in die Prismenformel ein.
Das Volumen eines Prismas erhält man mit der Formel $V_{Prisma} = G \cdot h$.
Damit ergibt sich für das quadratische Prisma mit der Höhe 6,0 cm und dem Volumen von $54{,}0\,\text{cm}^3$:

$$54 = G \cdot 6$$
$$9 = G$$

Das Prisma hat eine Grundfläche von $9\,\text{cm}^2$.
Setzt man die gegebenen Daten in die Prismenformel ein, erhält man:

$$V_{Prisma} = G \cdot h$$
$$36 = 9 \cdot h$$
$$4 = h$$

Somit steht das Wasser im Prisma anschließend 4,0 cm hoch.

4) Da in der Schale 20 Kugeln sind, erweitert man die gegebenen Brüche so, dass der Nenner 20 beträgt:
Wegen $\frac{3}{5} = \frac{12}{20}$ sind zu Beginn 12 rote Kugeln in der Schale.
Wegen $\frac{1}{10} = \frac{2}{20}$ sind zu Beginn 2 blaue Kugeln in der Schale.
Damit sind zu Beginn $20 - 12 - 2 = 6$ gelbe Kugeln in der Schale.
Damit gilt: $P(g) = \frac{6}{20}$.
Da es sich um Ziehen ohne Zurücklegen handelt, ändern sich die Wahrscheinlichkeiten beim zweiten Zug.
Somit ergibt sich das Baumdiagramm rechts.

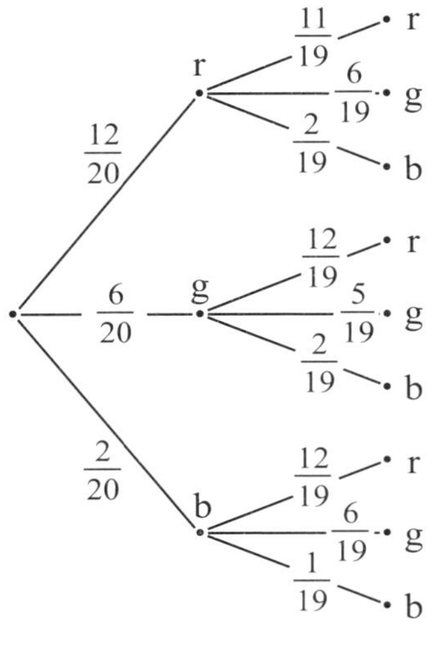

5) Durch Anwendung der trigonometrischen Verhältnisse ergibt sich:

☐ $\sin\alpha = \frac{a}{c}$ ☒ $\cos\beta = \frac{c}{a}$ ☒ $\tan\alpha = \frac{c}{b}$
☐ $\tan\beta = \frac{b}{a}$ ☐ $\sin\beta = \frac{b}{c}$ ☐ $a^2 + b^2 = c^2$

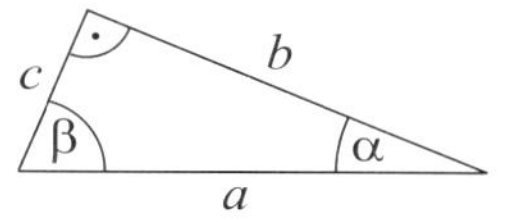

6) Zuerst markiert man die Lage der Punkte B, C und D in der Zeichnung. Unter Beachtung der Umlaufrichtung der Punkte ergibt sich:

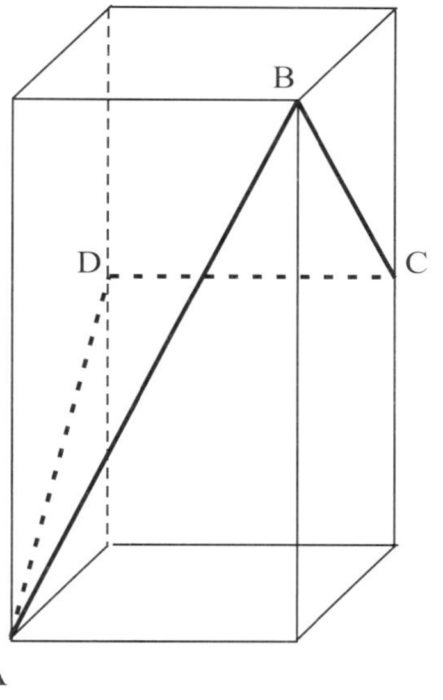

7) Die Gerade g mit der Gleichung $g: y = 4x - 2$ hat die Steigung $m = 4$. Anton hat aber eine Gerade mit der Steigung $m = \frac{1}{4}$ eingezeichnet. Die gezeichnete Normalparabel p hat den Scheitel $S(2 \mid 1)$. Setzt man seine Koordinaten in die Scheitelform $y = (x - d)^2 + e$ ein, ergibt sich:

$$y = (x - 2)^2 + 1 = x^2 - 4x + 4 + 1 = x^2 - 4x + 5$$

Somit stimmt zwar die Gleichung der Parabel, die Gleichung der Geraden hingegen nicht. Anton hat also nur teilweise Recht.

Teil A 2

1) Um den Flächeninhalt des Trapezes ABEF zu berechnen, benötigt man die Trapezformel: $A_{\text{Trapez}} = \frac{a+c}{2} \cdot h$. Die beiden parallelen Strecken sind $a = \overline{AB}$ und $c = \overline{EF}$, die zugehörige Höhe ist $h = \overline{AF}$.
Die bekannten Maße und Winkel werden in eine Skizze eingetragen:
Im Dreieck FEC kann man die Seite $\overline{EF}$ und den Winkel ε_1 bestimmen:

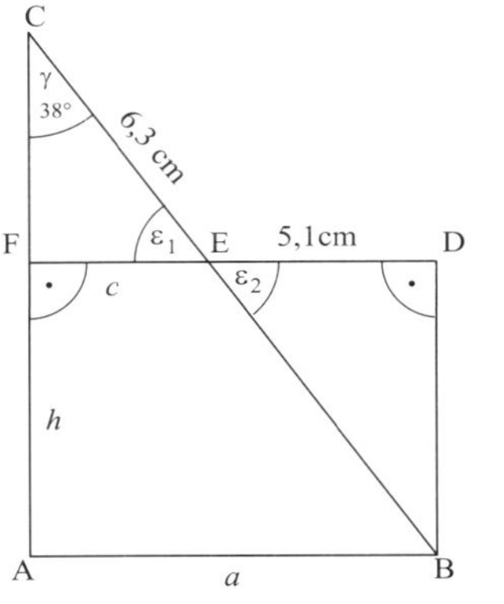

$$\sin(\gamma) = \frac{\overline{EF}}{\overline{CE}}$$
$$\sin(\gamma) \cdot \overline{CE} = \overline{EF}$$
$$\sin(38^\circ) \cdot 6,3 = \overline{EF}$$
$$\overline{EF} \approx 3,88\,\text{cm}$$

Damit ergibt sich:

$$\overline{AB} = \overline{FD} = \overline{EF} + \overline{DE} = 3,88 + 5,1 = 8,98\,\text{cm}$$

Für die Winkel ε_1 und ε_2 bei Punkt E gilt:

$$\varepsilon_1 = 180^\circ - 90^\circ - \gamma = 90^\circ - 38^\circ = 52^\circ = \varepsilon_2$$

Im Dreieck BDE kann man nun die Seite $\overline{BD}$ bestimmen:

$$\tan(\varepsilon_2) = \frac{\overline{BD}}{\overline{DE}}$$
$$\tan(\varepsilon_2) \cdot \overline{DE} = \overline{BD}$$
$$\tan(52^\circ) \cdot 5,1 = \overline{BD}$$
$$\overline{BD} \approx 6,53\,\text{cm}$$

Somit gilt für den Flächeninhalt des Trapezes ABEF:

$$A_{\text{ABEF}} = \frac{a+c}{2} \cdot h = \frac{8,98 + 3,88}{2} \cdot 6,53 = 41,99\,\text{cm}^2$$

Das Trapez ABEF hat einen Flächeninhalt von $42,0\,\text{cm}^2$.

2) Um den Oberflächeninhalt O des zusammengesetzten Körpers zu berechnen, benötigt man den Flächeninhalt eines Quadrats und einer dreieckigen gleichschenkligen Seitenfläche. Die bekannten Maße und Winkel werden in eine Skizze eingetragen:

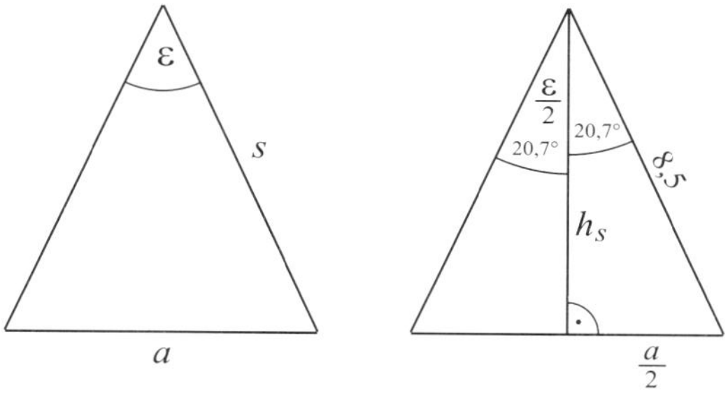

Im rechtwinkligen Dreieck kann man die Hälfte der Quadratseite a und damit a bestimmen. Es gilt:

$$\sin\left(\frac{\varepsilon}{2}\right) = \frac{\frac{a}{2}}{s}$$
$$\sin\left(\frac{\varepsilon}{2}\right) \cdot s = \frac{a}{2}$$
$$\sin\left(\frac{\varepsilon}{2}\right) \cdot s \cdot 2 = a$$
$$\sin\left(\frac{41,4^\circ}{2}\right) \cdot 8,5 \cdot 2 = a$$
$$a \approx 6,01\,\text{cm}$$

Ebenso gilt für die Seitenflächenhöhe des Dreiecks h_s:

$$\cos\left(\frac{\varepsilon}{2}\right) = \frac{h_s}{s}$$
$$\cos\left(\frac{\varepsilon}{2}\right) \cdot s = h_s$$
$$\cos(20,7) \cdot 8,5 = h_s$$
$$h_s \approx 7,95$$

Damit erhält man den Flächeninhalt eines Quadrats:

$$\text{A}_{\text{Quadrat}} = a^2 = 6,01^2 \approx 36,12\,\text{cm}^2$$

Für den Flächeninhalt eines Seitenflächendreiecks ergibt sich:

$$\text{A}_{\text{Dreieck}} = \frac{1}{2} \cdot a \cdot h_s = \frac{1}{2} \cdot 6,01 \cdot 7,95 \approx 23,89\,\text{cm}^2$$

Für den Oberflächeninhalt O des zusammengesetzten Körpers gilt damit:

$$\text{O} = 4 \cdot \text{A}_{\text{Quadrat}} + 8 \cdot \text{A}_{\text{Dreieck}} = 4 \cdot 36,12 + 8 \cdot 23,89 = 335,6\,\text{cm}^2$$

Der Oberflächeninhalt des zusammengesetzten Körpers beträgt $335{,}6\,\text{cm}^2$.
Zur Bestimmung der Entfernung der beiden Pyramidenspitzen A und B berechnet man zuerst die Pyramidenhöhe h, die man mithilfe des Satzes des Pythagoras erhält:

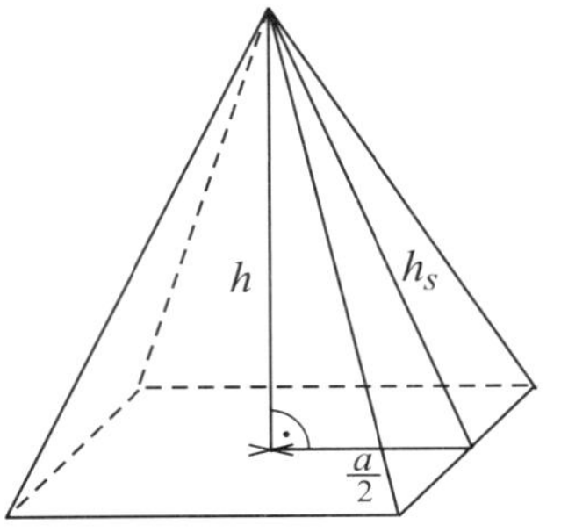

$$h^2 + \left(\frac{a}{2}\right)^2 = h_s^2$$
$$h^2 = h_s^2 - \left(\frac{a}{2}\right)^2$$
$$h = \sqrt{h_s^2 - \left(\frac{a}{2}\right)^2}$$
$$h = \sqrt{7{,}95^2 - \left(\frac{6{,}01}{2}\right)^2}$$
$$h \approx 7{,}36\,\text{cm}$$

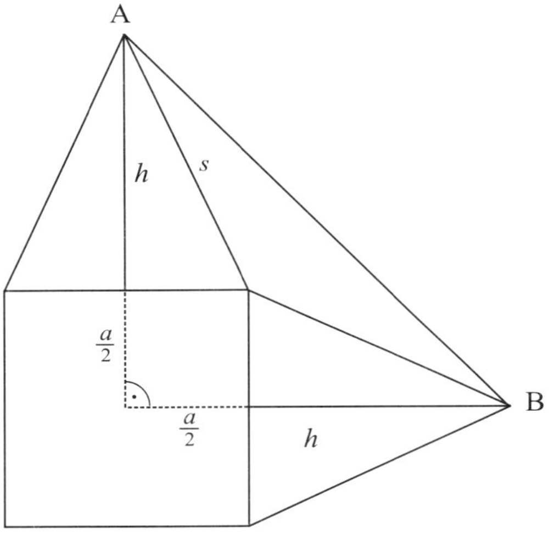

Die Strecke $\overline{AB}$ erhält man mithilfe des Satzes des Pythagoras:

$$\overline{AB}^2 = \left(h + \frac{a}{2}\right)^2 + \left(h + \frac{a}{2}\right)^2$$
$$\overline{AB}^2 = 2 \cdot \left(h + \frac{a}{2}\right)^2$$
$$\overline{AB} = \sqrt{2 \cdot \left(h + \frac{a}{2}\right)^2}$$
$$\overline{AB} = \sqrt{2 \cdot \left(7{,}36 + \frac{6{,}01}{2}\right)^2}$$
$$\overline{AB} \approx 14{,}66\,\text{cm}$$

Die Entfernung der Pyramidenspitzen beträgt etwa $14{,}7\,\text{cm}$.

3) Um der gegebenen Wertetabelle ihren Graphen und ihre Funktionsgleichung zuzuordnen, kann man sich Folgendes überlegen: Der Punkt $(1 \mid 0)$ aus der Wertetabelle liegt nur auf p_2 und nicht auf p_1. Also gehört die Wertetabelle zu p_2.

Setzt man $x = 1$ in die drei Funktionsgleichungen ein, ergibt sich:

$$\text{(A)}\ y = 1^2 - 6 \cdot 1 + 5 = 0 \Rightarrow p_2$$
$$\text{(B)}\ y = 1^2 - 2 \cdot 1 + 5 = 4 \Rightarrow p_3$$
$$\text{(C)}\ y = 1^2 + 4 \cdot 1 + 5 = 10 \Rightarrow p_1$$

Da der Punkt $(1 \mid 0)$ aus der Wertetabelle nur bei Funktionsgleichung (A) als Ergebnis erscheint, gehört die gegebene Wertetabelle zur Funktionsgleichung (A).

Da der Punkt $(1 \mid 4)$, der bei Funktionsgleichung (B) als Ergebnis erscheint, nicht auf p_1 liegt, gehört Funktionsgleichung (C) zum Graphen p_1 und Funktionsgleichung (B) zum Graphen p_3.

Um den fehlenden Graphen p_3 zu zeichnen, erstellt man mithilfe der Funktionsgleichung (B), also $y = x^2 - 2x + 5$, eine Wertetabelle:

x	-4	-3	-2	-1	0	1	2	3	4	5
y	29	20	13	8	5	4	5	8	13	20

Anhand der Wertetabelle kann man erkennen, dass p_3 den Scheitel $S_3(1 \mid 4)$ hat.
Mithilfe der Tabellenwerte oder des Scheitels kann man p_3 zeichnen:

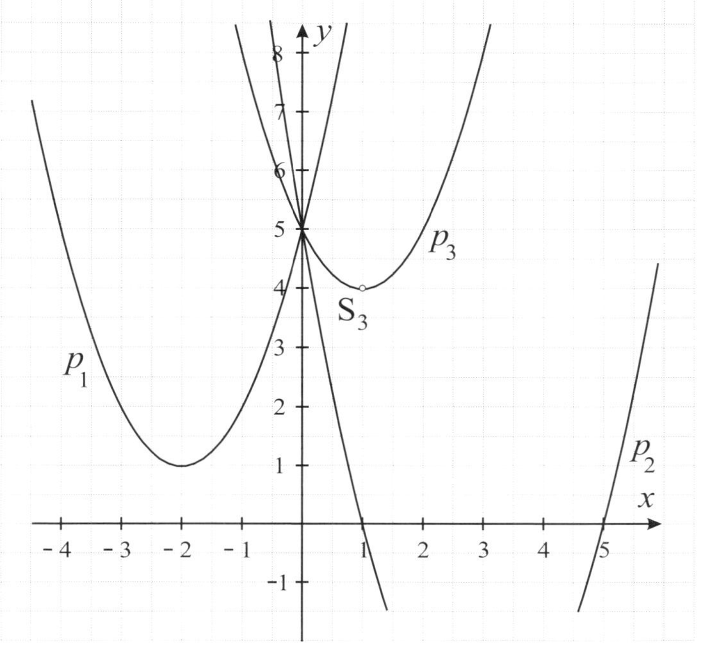

4) Um zu berechnen, um wieviel Prozent der Verkauf von E-Bikes von 2013 bis 2017 insgesamt gestiegen ist, berechnet man zuerst die Anzahl der E-Bikes, die im Jahr 2017 mehr verkauft wurden als 2013. Dies sind $720\,000 - 410\,00 = 310\,000$.
Anschließend teilt man die Anzahl der mehr verkauften E-Bikes im Jahr 2017 durch die Anzahl der verkauften E-Bikes im Jahr 2013:

$$\frac{720\,000 - 410\,000}{410000} = \frac{310\,000}{410\,000} \approx 0,756 = 75,6\%$$

Alternativ kann man auch die Prozentformel verwenden:

$$\begin{aligned} W &= G \cdot \frac{p}{100} \\ \frac{W \cdot 100}{G} &= p \\ \frac{310\,000 \cdot 100}{410\,000} &= p \\ 75,6 &\approx p \end{aligned}$$

Ebenso kann man den Dreisatz verwenden:

$$\begin{aligned} 410\,000 &\widehat{=} 100\% \\ 1 &\widehat{=} \frac{100\%}{410\,000} \\ 310\,000 &\widehat{=} \frac{100\%}{410\,000} \cdot 310\,000 \approx 75,6\% \end{aligned}$$

Also ist der Verkauf um etwa $75,6\,\%$ gestiegen.

Um die Anzahl aller Fahrräder, die im Jahr 2017 verkauft wurden, zu berechnen, kann man sich Folgendes überlegen: Es wurden 720 000 E-Bikes verkauft, was einem Anteil von $19\,\%$ entspricht. Also kann man den Dreisatz verwenden:

$$\begin{aligned} 19\% &\widehat{=} 720000 \\ 1\% &\widehat{=} \frac{720000}{19} \\ 100\% &\widehat{=} \frac{720000}{19} \cdot 100 \approx 3\,789\,474 \end{aligned}$$

Alternativ kann man auch die Prozentformel verwenden:

$$\begin{aligned} W &= G \cdot \frac{p}{100} \\ \frac{W \cdot 100}{p} &= G \\ \frac{720\,000 \cdot 100}{19} &= G \\ 3\,789\,474 &\approx G \end{aligned}$$

Somit wurden im Jahre 2017 insgesamt 3 789 474 Fahrräder verkauft.
Da 7% aller verkauften Fahrräder Mountainbikes waren, kann man zuerst die Anzahl der verkauften Mountainbikes berechnen:

$$7\,\% \text{ von } 3\,789\,474 = 0{,}07 \cdot 3\,789\,474 = 265\,263$$

Alternativ kann man auch die Prozentformel verwenden: $W = 3\,789\,474 \cdot \frac{7}{100} = 265\,263$.
Ebenso kann man den Dreisatz verwenden:

$$100\% \mathrel{\widehat{=}} 3\,789\,474$$
$$1\% \mathrel{\widehat{=}} \frac{3\,789\,474}{100}$$
$$7\% \mathrel{\widehat{=}} \frac{3\,789\,474}{100} \cdot 7 = 265\,263$$

Da 22% der im Jahr 2017 verkauften Mountainbikes eine Vollfederung hatten, kann man die Anzahl der Mountainbikes berechnen, die eine Vollfederung hatten:

$$22\,\% \text{ von } 265\,263 = 0{,}22 \cdot 265\,263 \approx 58\,358$$

Alternativ kann man auch die Prozentformel verwenden: $W = 265\,263 \cdot \frac{22}{100} \approx 58\,358$.
Ebenso kann man den Dreisatz verwenden:

$$100\% \mathrel{\widehat{=}} 265\,263$$
$$1\% \mathrel{\widehat{=}} \frac{265\,263}{100}$$
$$22\% \mathrel{\widehat{=}} \frac{265\,263}{100} \cdot 22 = 58\,358$$

Somit hatten etwa 58 358 Mountainbikes eine Vollfederung.

5) Um die gesuchten Wahrscheinlichkeiten zu bestimmen, erstellt man ein Baumdiagramm. Dabei ist zu beachten, dass es sich um Ziehen ohne Zurücklegen handelt, d.h. die Wahrscheinlichkeiten ändern sich bei jedem Zug. Insgesamt gibt es 25 Kaugummis. Bezeichnet man mit r: roter Kaugummi, w: weißer Kaugummi und g: grüner Kaugummi, erhält man das nebenstehende Baumdiagramm.

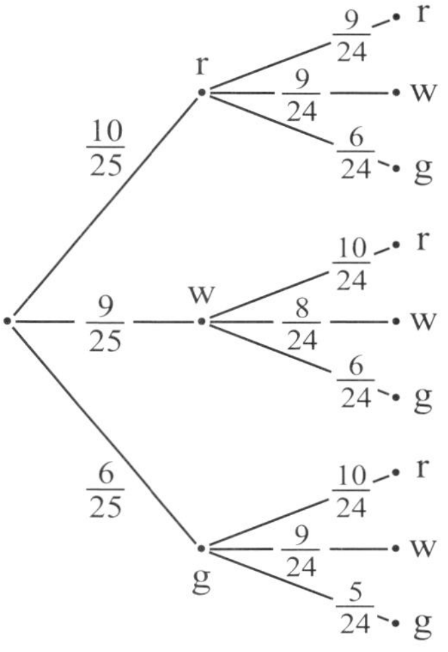

Die Wahrscheinlichkeit, dass Luisa zuerst einen roten, dann einen weißen Kaugummi zieht, erhält man mithilfe der 1. Pfadregel:

$$\begin{aligned} P(\text{zuerst einen roten, dann einen weißen Kaugummi}) &= P(\text{rw}) \\ &= \frac{10}{25} \cdot \frac{9}{24} \\ &= \frac{3}{20} \\ &= 0{,}15 \end{aligned}$$

Die Wahrscheinlichkeit, dass Luisa zuerst einen roten, dann einen weißen Kaugummi zieht, beträgt 15%.

Die Wahrscheinlichkeit, dass Luisa keinen grünen Kaugummi zieht, erhält man mithilfe der 1. und 2. Pfadregel:

$$\begin{aligned} P(\text{keinen grünen Kaugummi}) &= P(\text{rr}) + P(\text{rw}) + P(\text{wr}) + P(\text{ww}) \\ &= \frac{10}{25} \cdot \frac{9}{24} + \frac{10}{25} \cdot \frac{9}{24} + \frac{9}{25} \cdot \frac{10}{24} + \frac{9}{25} \cdot \frac{8}{24} \\ &= \frac{57}{100} \\ &= 0{,}57 \end{aligned}$$

Die Wahrscheinlichkeit, dass Luisa keinen grünen Kaugummi zieht, beträgt 57%.

Da von den 25 Kaugummis die Hälfte der roten und die Hälfte der grünen Kaugummis mit Brause gefüllt sind, sind insgesamt 8 Kaugummis mit Brause gefüllt. Es wird wieder zweimal ohne Zurücklegen gezogen. Bezeichnet man mit B: Brausegefüllt und O: Ohne Brause, ergibt sich folgendes Baumdiagramm:

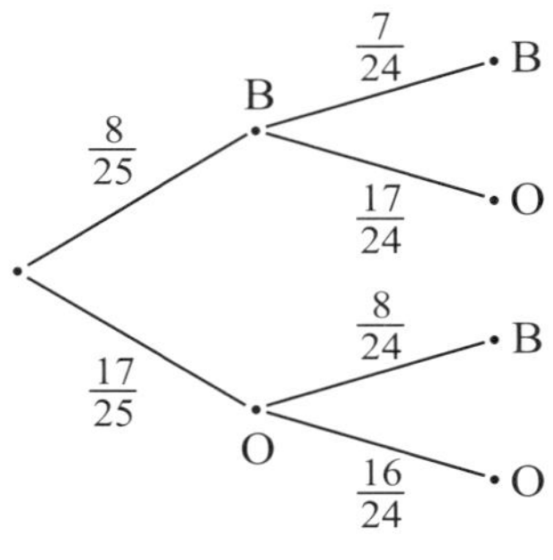

Die Wahrscheinlichkeit, dass Luisa zwei mit Brause gefüllte Kaugummis zieht, erhält man mithilfe der 1. Pfadregel:

$$P(\text{zwei Kaugummis mit Brause}) = P(\text{BB}) = \frac{8}{25} \cdot \frac{7}{24} = \frac{7}{75} \approx 0{,}093$$

Die Wahrscheinlichkeit, dass Luisa zwei mit Brause gefüllte Kaugummis zieht, beträgt etwa 9,3 %.

6) Zuerst bestimmt man die Kennwerte des dargestellten Boxplots:

$$x_{\text{min}} = 760\,€$$
$$q_u = 820\,€$$
$$z = 890\,€$$
$$q_o = 920\,€$$
$$x_{\text{max}} = 970\,€$$

Anschließend ermittelt man die Kennwerte der gegebenen Ranglisten.
Für die Ausbildungsvergütung in technischen Berufen ergibt sich:

$$x_{\text{min}} = 760\,€$$
$$q_u:\ \text{n} \cdot 0{,}25 = 17 \cdot 0{,}25 = 4{,}25 \ \Rightarrow\ q_u = x_5 = 820\,€$$
$$z:\ \text{n} \cdot 0{,}5 = 17 \cdot 0{,}5 = 8{,}5 \ \Rightarrow\ z = x_9 = 890\,€$$
$$q_o:\ \text{n} \cdot 0{,}75 = 17 \cdot 0{,}75 = 12{,}75 \ \Rightarrow\ q_o = x_{13} = 920\,€$$
$$x_{\text{max}} = 970\,€$$

Da die Kennwerte des dargestellten Boxplots mit den Kennwerten der Rangliste der Ausbildungsvergütung für technische Berufe übereinstimmen, gehört der dargestellte Boxplot zur Rangliste der Ausbildungsvergütung für technische Berufe.
Zum Einzeichnen des Boxplots der anderen Berufsgruppe berechnet man noch die entsprechenden Kennwerte.
Für die Ausbildungsvergütung in kaufmännischen Berufen ergibt sich:

$$x_{\text{min}} = 760\,€$$
$$q_u:\ \text{n} \cdot 0{,}25 = 13 \cdot 0{,}25 = 3{,}25 \ \Rightarrow\ q_u = x_4 = 820\,€$$
$$z:\ \text{n} \cdot 0{,}5 = 13 \cdot 0{,}5 = 6{,}5 \ \Rightarrow\ z = x_7 = 890\,€$$
$$q_o:\ \text{n} \cdot 0{,}75 = 13 \cdot 0{,}75 = 9{,}75 \ \Rightarrow\ q_o = x_{10} = 940\,€$$
$$x_{\text{max}} = 970\,€$$

Damit kann man den zugehörigen Boxplot in die Grafik einzeichnen:

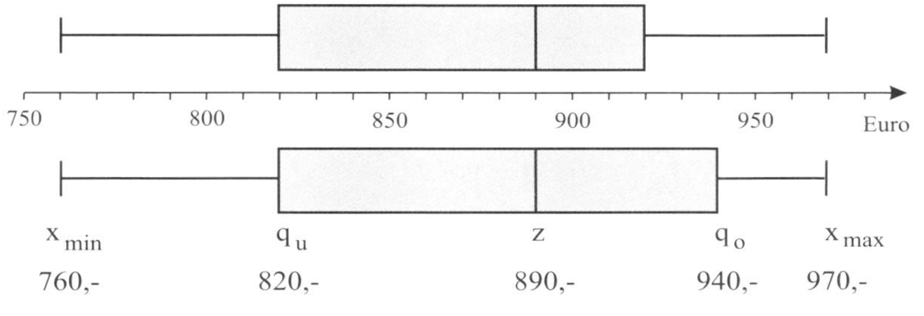

Um zu klären, wie sich der Boxplot durch die hinzukommenden Werte verändert, ergänzt man zuerst die Rangliste für die Ausbildungsvergütungen in kaufmännischen Berufen durch die angegebenen Werte:

Rang	1	2	3	4	5	6	7	8
Wert	760	770	800	820	820	840	850	880

Rang	9	10	11	12	13	14	15	16	17
Wert	890	900	910	920	940	940	950	950	970

Anschließend ermittelt man die Kennwerte für die ergänzte Rangliste:

$$x_{\min} = 760\,€$$
$$q_u:\ \mathrm{n} \cdot 0,25 = 17 \cdot 0,25 = 4,25 \Rightarrow q_u = x_5 = 820\,€$$
$$z:\ \mathrm{n} \cdot 0,5 = 17 \cdot 0,5 = 8,5 \Rightarrow z = x_9 = 890\,€$$
$$q_o:\ \mathrm{n} \cdot 0,75 = 17 \cdot 0,75 = 12,75 \Rightarrow q_o = x_{13} = 940\,€$$
$$x_{\max} = 970\,€$$

Durch die Ergänzung der vier Werte ändern sich die Kennwerte vor und nach der Ergänzung nicht.
Somit bleibt der Boxplot gleich.

Teil B

Aufgabe 1

a) Um den Flächeninhalt des Vierecks $GBCA'$ zu berechnen, benötigt man die Trapezformel: $A_{Trapez} = \frac{a+c}{2} \cdot h$. Die beiden parallelen Strecken sind $a = \overline{GB}$ und $c = \overline{A'C}$, die zugehörige Höhe ist $h = \overline{BC}$.

Wegen $\overline{BC} = \overline{AD} = 21$ sind nur noch $a = \overline{GB}$ und $c = \overline{A'C}$ zu berechnen.
Die bekannten Maße und Winkel werden in eine Skizze eingetragen.
Im Dreieck $FA'D$ kann man folgende Seiten und Winkel bestimmen:

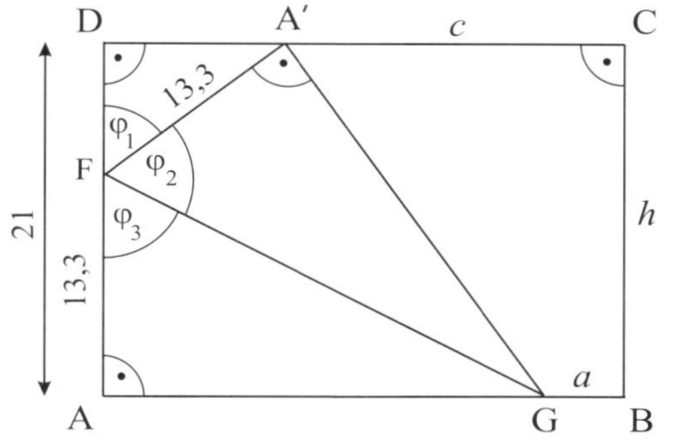

$$\overline{DF} = \overline{AD} - \overline{AF} = 21,0 - 13,3 = 7,7\,\text{cm}$$
$$\overline{FA'} = \overline{AF} = 13,3\,\text{cm}$$

Die Seite $\overline{A'D}$ kann man mithilfe des Satzes des Pythagoras bestimmen:

$$\overline{A'D}^2 + \overline{DF}^2 = \overline{FA'}^2$$
$$\overline{A'D}^2 = \overline{FA'}^2 - \overline{DF}^2$$
$$\overline{A'D} = \sqrt{13,3^2 - 7,7^2}$$
$$\overline{A'D} \approx 10,84\,\text{cm}$$

Damit ergibt sich:

$$c = \overline{A'C} = \overline{CD} - \overline{A'D} = 29,7 - 10,84 = 18,86\,\text{cm}$$

Für den Winkel φ_1 gilt:

$$\cos(\varphi_1) = \frac{\overline{DF}}{\overline{FA'}}$$
$$\cos(\varphi_1) = \frac{7,7}{13,3}$$
$$\varphi_1 = \cos^{-1}\left(\frac{7,7}{13,3}\right)$$
$$\varphi_1 \approx 54,62^\circ$$

Beim Punkt F gilt aufgrund des Umklappens: $\varphi_2 = \varphi_3$.
Wegen $\varphi_1 + \varphi_2 + \varphi_3 = 180^\circ$ ergibt sich:

$$\varphi_2 = \varphi_3 = \frac{180 - \varphi_1}{2} = \frac{180 - 54,62}{2} = 62,69^\circ$$

Damit kann man im Dreieck AGF die Seite $\overline{AG}$ bestimmen:

$$\tan(\varphi_3) = \frac{\overline{AG}}{\overline{AF}}$$
$$\overline{AF} \cdot \tan(\varphi_3) = \overline{AG}$$
$$13{,}3 \cdot \tan(62{,}69^\circ) = \overline{AG}$$
$$\overline{AG} \approx 25{,}76\,\text{cm}$$

Damit erhält man die Seite $\overline{GB}$:

$$a = \overline{GB} = \overline{AB} - \overline{AG} = 29{,}7 - 25{,}76 = 3{,}94\,\text{cm}$$

Somit gilt für den Flächeninhalt des Vierecks GBCA$'$:

$$A_{GBCA'} = \frac{a+c}{2} \cdot h = \frac{3{,}94 + 18{,}86}{2} \cdot 21{,}0 = 239{,}4\,\text{cm}^2$$

Das Viereck GBCA$'$ hat einen Flächeninhalt von $239{,}4\,\text{cm}^2$.

b) Die Gleichung der nach oben geöffneten Normalparabel p_1 mit dem Scheitelpunkt $S_1\,(2 \mid 2)$ erhält man mit der Scheitelpunktform:

$$p_1:\; y = (x-2)^2 + 2 = x^2 - 4x + 4 + 2 = x^2 - 4x + 6$$

Die Gleichung der nach unten geöffneten Normalparabel p_2 mit den x-Achsenschnittpunkten $N_1\,(-2 \mid 0)$ und $N_2\,(2 \mid 0)$ erhält man mit Hilfe der Normalform $y = -x^2 + bx + c$. Setzt man die Koordinaten der Punkte $N_1\,(-2 \mid 0)$ und $N_2\,(2 \mid 0)$ in die Normalform ein, ergibt sich folgendes Gleichungssystem:

$$\begin{array}{llcccccc} \text{I} & 0 & = & -(-2)^2 & + & b \cdot (-2) & + & c \\ \text{II} & 0 & = & -2^2 & + & b \cdot 2 & + & c \end{array}$$

bzw.

$$\begin{array}{llcccccc} \text{I} & 0 & = & -4 & - & 2b & + & c \\ \text{II} & 0 & = & -4 & + & 2b & + & c \end{array}$$

Subtrahiert man Gleichung II von Gleichung I, erhält man:

$$0 = -4b \;\Rightarrow\; b = 0$$

Setzt man $b = 0$ in Gleichung I ein, ergibt sich:

$$0 = -4 - 2 \cdot 0 + c \;\Rightarrow\; c = 4$$

Damit hat die Parabel p_2 die Gleichung: $p_2:\; y = -x^2 + 4$.
Ebenso kann auch den Nullstellenansatz verwenden. Da die Parabel nach unten geöffnet

ist, steht ein Minus vor den Klammern:

$$p_2\colon\ y = -(x-(-2))\cdot(x-2) = -(x+2)\cdot(x-2) = -\left(x^2-4\right) = -x^2+4$$

Alternativ kann man aus Symmetriegründen auch den x-Wert des Scheitels der Parabel p_2 bestimmen: $x = \frac{-2+2}{2} = 0$. Setzt man den x-Wert des Scheitels und die Koordinaten von $N_2(2 \mid 0)$ in die Scheitelform $y = -(x-d)^2+e$ ein, ergibt sich:

$$\begin{aligned} 0 &= -(2-0)^2+e \\ 0 &= -2^2+e \\ 4 &= e \end{aligned}$$

Der Scheitel von p_2 hat die Koordinaten $S(0 \mid 4)$.
Somit hat die Parabel p_2 die Gleichung:

$$p_2\colon\ y = -(x-0)^2+4 = -x^2+4$$

Die Koordinaten des gemeinsamen Punktes T der beiden Parabeln erhält man durch Gleichsetzen der Gleichungen von p_1 und p_2:

$$\begin{aligned} x^2-4x+6 &= -x^2+4 \\ 2x^2-4x+2 &= 0 \\ x^2-2x+1 &= 0 \end{aligned}$$

Mithilfe der bc-Formel ($b=-2$ und $c=1$) erhält man:

$$x_{1,2} = -\frac{-2}{2} \pm \sqrt{\left(\frac{-2}{2}\right)^2 - 1}$$

Daraus ergibt sich nur die Lösung $x = 1$.
Den zugehörigen y-Wert erhält man, indem man $x = 1$ in die Gleichung von p_1 oder p_2 einsetzt:

$$y = 1^2-4\cdot 1+6 = 3$$

Damit hat der Punkt T die Koordinaten $T(1 \mid 3)$.
Die Gleichung der Geraden g mit der Steigung $m = 2$, die beide Parabeln ebenfalls im Punkt $T(1 \mid 3)$ schneidet, erhält man mit der Hauptform:

$$\begin{aligned} y &= m\cdot x+c \\ 3 &= 2\cdot 1+c \\ 1 &= c \end{aligned}$$

Somit hat die Gerade g die Gleichung $g\colon\ y = 2x+1$.
Um die Gleichung einer Parabel p_3 anzugeben, die weder mit p_1 noch mit p_2 einen gemeinsamen Punkt hat, skizziert man p_1 und p_2 mithilfe der Scheitel oder einer Wertetabelle

in ein Koordinatensystem:
Eine Parabel p_3 kann beispielsweise eine nach unten verschobene Parabel p_2 sein, die durch den Ursprung geht.
Damit hat p_3 beispielsweise die Gleichung:

$$p_3: \ y = -x^2$$

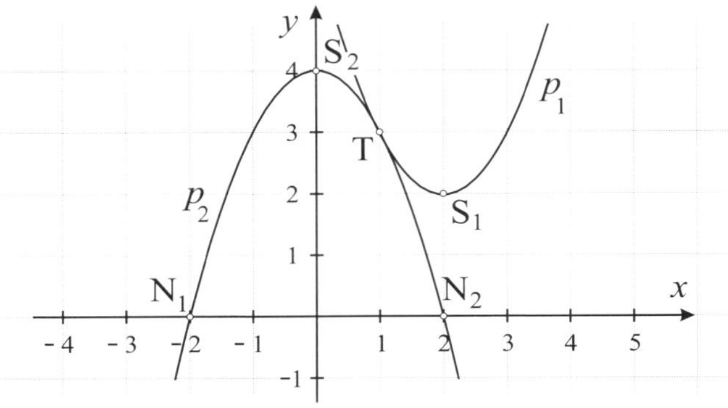

Aufgabe 2

a) Der Zylinder und die Halbkugel haben einen Radius von $r = 1,5\,\text{cm}$.
Das Volumen $V_{\text{Halbkugel}}$ der Halbkugel berechnet man mit der Formel

$$V_{\text{Halbkugel}} = \frac{1}{2} \cdot \frac{4}{3} \cdot \pi \cdot r^3$$
$$V_{\text{Halbkugel}} = \frac{1}{2} \cdot \frac{4}{3} \cdot \pi \cdot (1,5\,\text{cm})^3 \approx 7,07\,\text{cm}^3$$

Für das Volumen des Teilzylinders gilt damit:

$$V_{\text{Teilzylinder}} = 100\,\text{cm}^3 - 7,07\,\text{cm}^3 = 92,93\,\text{cm}^3$$

Die Höhe h des Teilzylinders erhält man mithilfe der Formel

$$V_{\text{Teilzylinder}} = \pi \cdot r^2 \cdot h$$

Man setzt ein und erhält:

$$92,93\,\text{cm}^3 = \pi \cdot (1,5\,\text{cm})^2 \cdot h \Rightarrow h = \frac{92,93\,\text{cm}^3}{\pi \cdot 2,25\,\text{cm}^2} \approx 13,15\,\text{cm}$$

Damit gilt für den Abstand d des Wasserspiegels von der Oberkante des Reagenzglases:

$$d = 17,5\,\text{cm} - 13,15\,\text{cm} = 4,35\,\text{cm}$$

Der Wasserspiegel ist also etwa $4,35\,\text{cm}$ von der Oberkante entfernt.
Der Kegel im Inneren des Kelchglases hat einen Radius von $r = 5\,\text{cm}$ und eine Höhe von $h = 18\,\text{cm}$.
Das Volumen des Kegels erhält man mit der Formel

$$V_{\text{Kegel}} = \frac{1}{3} \cdot \pi \cdot r^2 \cdot h = \frac{1}{3} \cdot \pi \cdot (5\,\text{cm})^2 \cdot 18\,\text{cm} \approx 471,24\,\text{cm}^3$$

Damit beträgt der Prozentsatz des Wasservolumens V_{Wasser} zum Kegelvolumen:

$$p = \frac{V_{Wasser}}{V_{Kegel}} = \frac{100\,cm^3}{471,24\,cm^3} \approx 0,2122 = 21,22\,\%$$

Das Kelchglas ist zu etwa $21,22\,\%$ seines Volumens mit Wasser gefüllt.

b) Um die Gleichung $y = ax^2 + c$ einer Parabel p_1 mit dem Scheitelpunkt $S_1\,(0 \mid 6)$ zu bestimmen, setzt man die Koordinaten von S_1 in p_1 ein:

$$6 = a \cdot 0^2 + c \;\Rightarrow\; c = 6$$

Damit ergibt sich für $p_1 : y = ax^2 + 6$.
Da auch der Punkt $B\,(2 \mid 4)$ auf p_1 liegt, setzt man seine Koordinaten ebenfalls in p_1 ein:

$$4 = a \cdot 2^2 + 6 \;\Rightarrow\; a = -\frac{1}{2}$$

Somit hat die Parabel p_1 die Gleichung:

$$p_1 : y = -\frac{1}{2}x^2 + 6$$

Die Gleichung $y = x^2 + 3x + c$ einer zweiten Parabel p_2 erhält man, indem man die Koordinaten des Punktes $B\,(2 \mid 4)$ in p_2 einsetzt:

$$4 = 2^2 + 3 \cdot 2 + c \;\Rightarrow\; c = -6$$

Somit hat die Parabel p_2 die Gleichung:

$$p_2 : y = x^2 + 3x - 6$$

Die Koordinaten des zweiten Schnittpunkts A der beiden Parabeln erhält man durch Gleichsetzen der Gleichungen von p_1 und p_2:

$$\begin{aligned} -\frac{1}{2}x^2 + 6 &= x^2 + 3x - 6 \\ 0 &= \frac{3}{2}x^2 + 3x - 12 \quad |: \frac{3}{2} \\ 0 &= x^2 + 2x - 8 \end{aligned}$$

Mithilfe der bc-Formel ($b = 2$ und $c = -8$) erhält man:

$$x_{1,2} = -\frac{2}{2} \pm \sqrt{\left(\frac{2}{2}\right)^2 - (-8)}$$

Daraus ergeben sich die Lösungen $x_1 = 2$ und $x_2 = -4$.
Zu $x_1 = 2$ gehört der gegebene Schnittpunkt $B\,(2 \mid 4)$. Den y-Wert des zweiten Schnittpunkts A erhält man, indem man $x_2 = -4$ in die Gleichung von p_1 oder p_2 einsetzt:

$$y = (-4)^2 + 3 \cdot (-4) - 6 = -2$$

Damit hat der Punkt A die Koordinaten $A(-4 \mid -2)$.
Um rechnerisch zu zeigen, dass die Punkte $A(-4 \mid -2)$, $B(2 \mid 4)$ und $C(0 \mid 2)$ auf einer Geraden liegen, stellt man zuerst die Gleichung der Geraden g durch die Punkte A und B auf. Die Steigung m von g erhält man mit der Steigungsformel:

$$m = \frac{4-(-2)}{2-(-4)} = \frac{6}{6} = 1$$

Damit ergibt sich die Hauptform: $g\colon\ y = 1 \cdot x + c$.
Um c zu bestimmen, setzt man die Koordinaten von A in die Gleichung von g ein:

$$-2 = 1 \cdot (-4) + c \ \Rightarrow\ c = 2$$

Somit hat die Gerade g die Gleichung:

$$g\colon\ y = x + 2$$

Um zu prüfen, ob auch der Punkt $C(0 \mid 2)$ auf g liegt, setzt man seine Koordinaten in die Gleichung von g ein (Punktprobe):

$$2 = 0 + 2 \ \Leftrightarrow\ 2 = 2$$

Aufgrund der wahren Aussage liegt C auf g.
Damit liegen die drei Punkte A, B und C auf einer Geraden.

Aufgabe 3

a) Zuerst bestimmt man die Wahrscheinlichkeiten für die möglichen Ereignisse, bei denen Gewinne erzielt werden.
Für das Ereignis «Augensumme gleich 4» gibt es drei mögliche Spielausgänge: (13), (22) und (31).
Damit gilt für die zugehörige Wahrscheinlichkeit:

$$\text{P(Augensumme gleich 4)} = \text{P}(13) + \text{P}(22) + \text{P}(31) = \frac{1}{6} \cdot \frac{1}{6} + \frac{1}{6} \cdot \frac{1}{6} + \frac{1}{6} \cdot \frac{1}{6} = \frac{1}{12}$$

Für das Ereignis «Augensumme kleiner 4» gibt es ebenfalls drei mögliche Spielausgänge: (11), (12) und (21).
Damit gilt für die zugehörige Wahrscheinlichkeit:

$$\text{P(Augensumme kleiner 4)} = \text{P}(11) + \text{P}(12) + \text{P}(21) = \frac{1}{6} \cdot \frac{1}{6} + \frac{1}{6} \cdot \frac{1}{6} + \frac{1}{6} \cdot \frac{1}{6} = \frac{1}{12}$$

Den Erwartungswert E für den Gewinn eines Spielers erhält man, indem man die Gewinne für das jeweilige Ergebnis mit der zugehörigen Wahrscheinlichkeit multipliziert, die

Ergebnisse addiert und den Einsatz subtrahiert:

$$E = 4\,€ \cdot \frac{1}{12} + 2\,€ \cdot \frac{1}{12} - 1\,€ = -0{,}50\,€$$

Somit beträgt der Erwartungswert für den Gewinn eines Spielers $-0{,}50$ Euro, d.h. der Spieler macht auf lange Sicht Verlust.

Wenn auf dem zweiten Spielwürfel drei Einsen sind, ändert sich die Wahrscheinlichkeit für eine Eins beim zweiten Würfel. Statt $\frac{1}{6}$ beträgt sie nun $\frac{4}{6}$. Damit ergeben sich folgende Wahrscheinlichkeiten:

$$\text{P(Augensumme gleich 4)} = \text{P}(13) + \text{P}(22) + \text{P}(31) = \frac{1}{6} \cdot \frac{1}{6} + \frac{1}{6} \cdot \frac{1}{6} + \frac{1}{6} \cdot \frac{4}{6} = \frac{1}{6}$$

und

$$\text{P(Augensumme kleiner 4)} = \text{P}(11) + \text{P}(12) + \text{P}(21) = \frac{1}{6} \cdot \frac{4}{6} + \frac{1}{6} \cdot \frac{1}{6} + \frac{1}{6} \cdot \frac{4}{6} = \frac{1}{4}$$

Somit gilt für den Erwartungswert E_1 für den Gewinn eines Spielers:

$$E_1 = 4\,€ \cdot \frac{1}{6} + 2\,€ \cdot \frac{1}{4} - 1\,€ = \frac{1}{6}\,€ \approx 0{,}17\,€$$

Bei dieser Variante macht der Spieler auf lange Sicht Gewinn, also sollte der Betreiber diese Möglichkeit nicht auswählen.

Wenn auf dem zweiten Spielwürfel drei Dreien sind, ändert sich die Wahrscheinlichkeit für eine Drei beim zweiten Würfel. Statt $\frac{1}{6}$ beträgt sie nun $\frac{4}{6}$. Damit ergeben sich folgende Wahrscheinlichkeiten:

$$\text{P(Augensumme gleich 4)} = \text{P}(13) + \text{P}(22) + \text{P}(31) = \frac{1}{6} \cdot \frac{4}{6} + \frac{1}{6} \cdot \frac{1}{6} + \frac{1}{6} \cdot \frac{1}{6} = \frac{1}{6}$$

und

$$\text{P(Augensumme kleiner 4)} = \text{P}(11) + \text{P}(12) + \text{P}(21) = \frac{1}{6} \cdot \frac{1}{6} + \frac{1}{6} \cdot \frac{1}{6} + \frac{1}{6} \cdot \frac{1}{6} = \frac{1}{12}$$

Somit gilt für den Erwartungswert E_2 für den Gewinn eines Spielers:

$$E_2 = 4\,€ \cdot \frac{1}{6} + 2\,€ \cdot \frac{1}{12} - 1\,€ = -\frac{1}{6}\,€ \approx -0{,}17\,€$$

Bei dieser Variante macht der Spieler auf lange Sicht Verlust, also sollte der Betreiber sich dafür entscheiden, die drei Seiten des zweiten Würfels durch drei Dreien zu ersetzen.

b) Das Koordinatensystem wird am geschicktesten so gelegt, dass die x-Achse auf dem Boden liegt und die y-Achse durch den Punkt T geht.

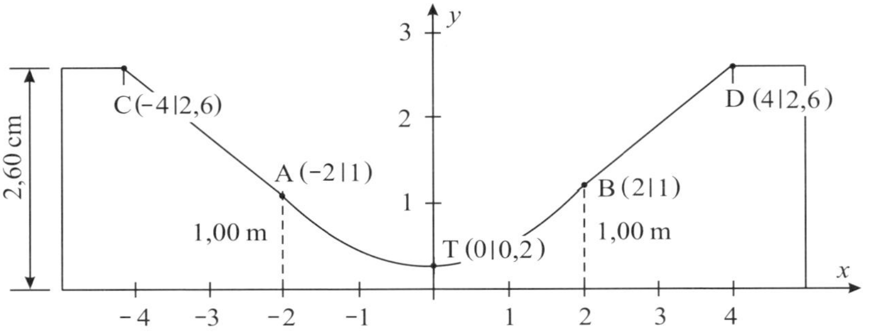

Damit hat der Scheitel T der Parabel p die Koordinaten $T(0 \mid 0,2)$ und die beiden anderen Parabelpunkte haben die Koordinaten $A(-2 \mid 1)$ und $B(2 \mid 1)$.
Da der Scheitel gegeben ist, kann man als Ansatz für eine Funktionsgleichung der zur y-Achse symmetrischen Parabel p den Ansatz $y = a \cdot x^2 + c$ verwenden. Setzt man die Koordinaten von T ein, ergibt sich:

$$0,2 = a \cdot 0^2 + c$$
$$0,2 = c$$

Damit erhält man:

$$p\colon\ y = a \cdot x^2 + 0,2$$

Setzt man die Koordinaten von A oder B in die Gleichung von p ein, ergibt sich:

$$1 = a \cdot 2^2 + 0,2 \Rightarrow a = 0,2$$

Somit hat die Parabel p die Gleichung:

$$p\colon\ y = 0,2x^2 + 0,2$$

Da die Punkte C und D auf gleicher Höhe genau 8,00 m voneinander entfernt sind, haben sie die Koordinaten $C(-4 \mid 2,6)$ und $D(4 \mid 2,6)$, da die Rampe eine Höhe von 2,60 m hat.
Die Gleichung der Geraden g durch die Punkte $B(2 \mid 1)$ und $D(4 \mid 2,6)$ erhält man mit der Hauptform $y = m \cdot x + c$. Die Steigung m von g erhält man mit der Steigungsformel:

$$m = \frac{2,6 - 1}{4 - 2} = \frac{1,6}{2} = 0,8$$

Damit ergibt sich die Hauptform: $g\colon\ y = 0,8 \cdot x + c$.
Um c zu bestimmen, setzt man die Koordinaten von B in die Gleichung von g ein:

$$1 = 0,8 \cdot 2 + c \Rightarrow c = -0,6$$

Somit hat die Gerade g die Gleichung:

$$g\colon\ y = 0,8x - 0,6$$

2 Realschulabschlussprüfung 2020

Teil A 1

1) Zuerst wandelt man die Dezimalzahl in eine Zehnerpotenz um und verwendet anschließend die Potenzgesetze:

$$\begin{aligned}(10^8 \cdot 0{,}001) \div 5^5 &= (10^8 \cdot 10^{-3}) \div 5^5 \\ &= 10^5 \div 5^5 \\ &= \frac{10^5}{5^5} \\ &= \left(\frac{10}{5}\right)^5 \\ &= 2^5 \\ &= 32\end{aligned}$$

2) Die Anzahl der abgebildeten eckigen Plättchen beträgt 1, 4, 9, ...
An der Zeichnung kann man sehen, dass es sich um Quadratzahlen handelt, also handelt es sich um die Zahlenfolge:

1, 4, 9, 16, 25, 36, ...

Die Anzahl der abgebildeten runden Plättchen beträgt 8, 12, 16, ...
An der Zeichnung kann man sehen, dass bei jedem Schritt 4 Plättchen dazukommen, da zu jeder Kante ein rundes Plättchen hinzukommt. Also handelt es sich um die Zahlenfolge:

8, 12, 16, 20, 24, 28, ...

Beim fünften Schritt ist also die Anzahl der eckigen Plättchen (25) größer als die Anzahl der runden Plättchen (24).

3) Das Volumen einer Pyramide erhält man mit der Formel $V_P = \frac{1}{3} \cdot G \cdot h$.
Damit ergibt sich für die quadratische Pyramide mit Grundkante $3{,}0\,\text{cm}$ und Höhe $8{,}0\,\text{cm}$:

$$V_1 = \frac{1}{3} \cdot 3^2 \cdot 8 = 24\,\text{cm}^3$$

Das Volumen eines Würfels erhält man mit der Formel $V_W = a^3$.
Damit ergibt sich für einen Würfel mit Kantenlänge $2{,}0\,\text{cm}$:

$$V_W = 2^3 = 8\,\text{cm}^3$$

Um zu berechnen, wie viele Kubikzentimeter Wasser in der Pyramide verbleiben, subtrahiert man das Würfelvolumen vom Pyramidenvolumen:

$$V_2 = V_1 - V_W = 24\,\text{cm}^3 - 8\,\text{cm}^3 = 16\,\text{cm}^3$$

Somit verbleiben $16\,\text{cm}^3$ Wasser in der Pyramide.
Die zweite Pyramide mit der Grundkante $4,0\,\text{cm}$ hat ein Volumen von $V_2 = 16\,\text{cm}^3$, da das Wasser sie vollständig füllt.
Um die Höhe der zweiten Pyramide zu bestimmen, setzt man die gegebenen Daten in die Volumenformel einer Pyramide ein und löst die entstandene Gleichung nach h auf:

$$\begin{aligned} V_P &= \frac{1}{3} \cdot G \cdot h \\ 16 &= \frac{1}{3} \cdot 4^2 \cdot h \\ 16 &= \frac{16}{3} \cdot h \\ 3 &= h \end{aligned}$$

Somit hat die zweite Pyramide eine Höhe von $3,0\,\text{cm}$.

4) Wenn auf der freien Fläche eine «3» steht, so gilt bei zweimaligem Würfeln:

$$P(1;3) = \frac{1}{6} \cdot \frac{3}{6} = \frac{3}{36} = \frac{1}{12}$$
$$P(3;3) = \frac{3}{6} \cdot \frac{3}{6} = \frac{9}{36} = \frac{1}{4}$$

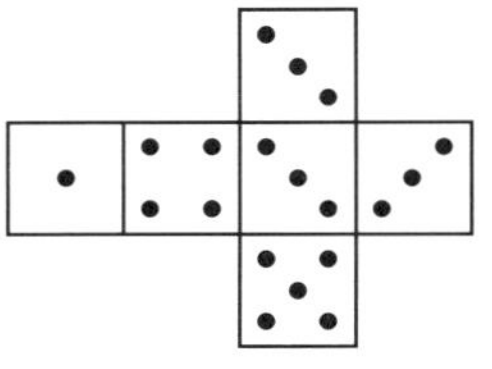

5) Anhand der Sinuskurve kann man erkennen, dass gilt: $\sin(\alpha) = \sin(180° - \alpha)$:

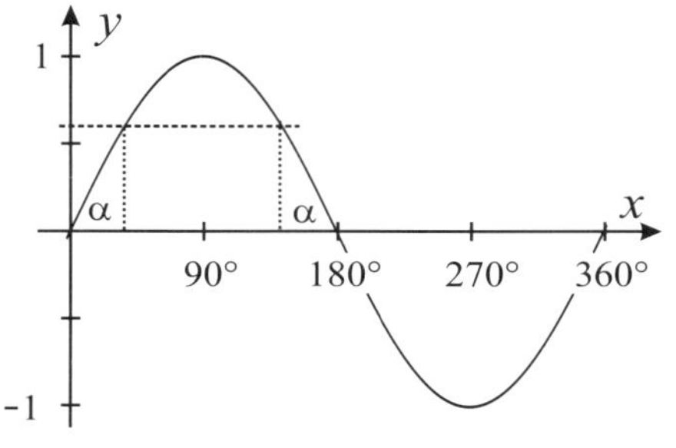

Damit gilt: $\sin(37°) = \sin(180° - 37°) = \sin(143°)$

☐ sin 137° ☐ sin 53°
☒ sin 37° ☒ sin 143°

6) Zuerst markiert man die Punkte B, C und D auf den Kantenmittelpunkten. Dabei wird jeder Punkt zwei Mal eingetragen. Anschließend werden die Punkte durch die Linien verbunden.

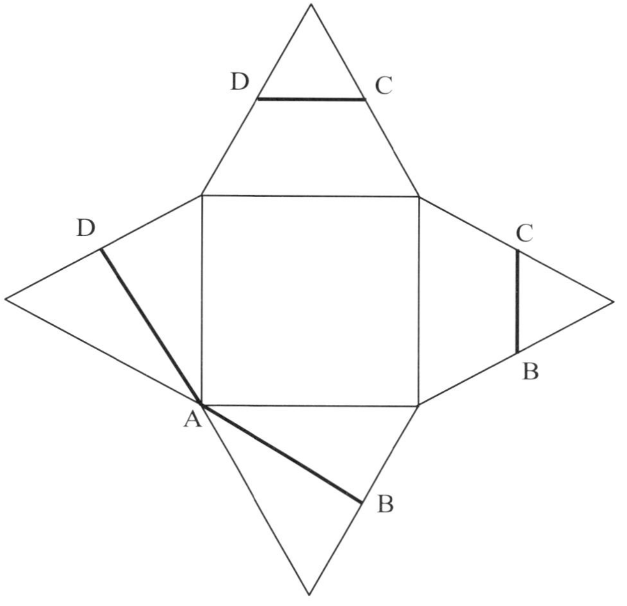

7) Die Parabel p mit der Gleichung $p\colon\ y = (x-2)^2 + 1{,}5$ hat den Scheitel $S(2 \mid 1{,}5)$. Johanna hat den Scheitel der Parabel falsch eingezeichnet, nämlich bei $x = -2$.
Die Gerade g mit der Gleichung $g\colon\ y = -2 \cdot x - 2{,}5$ hat die Steigung $m = -2$. Johanna hat aber eine Gerade mit der Steigung $m = -\frac{1}{2}$ eingezeichnet.
Damit ergeben sich folgende Parabel und Gerade:

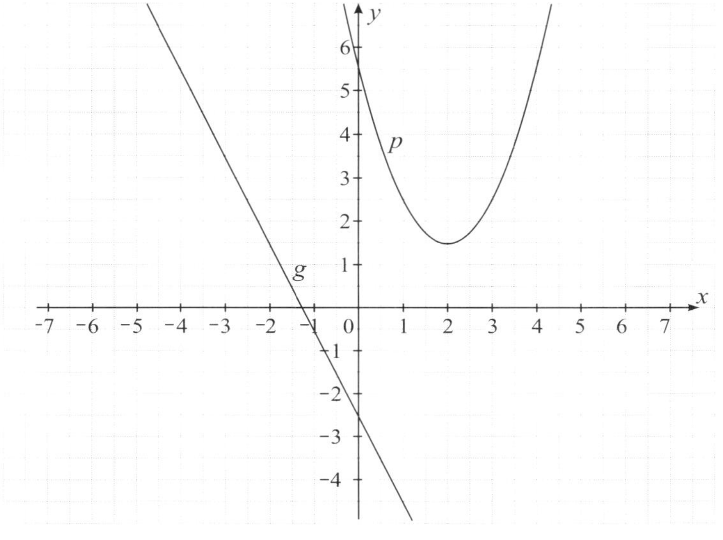

Teil A 2

1) Die bekannten Maße und Winkel werden in eine Skizze eingetragen und durch zwei Hilfslinien ergänzt.
Im Dreieck BFG kann man die Seiten $\overline{FG}$ und $\overline{BG}$ bestimmen:

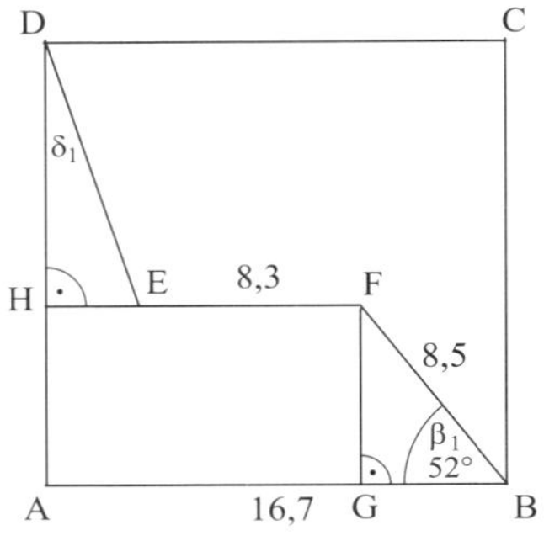

$$\sin(\beta_1) = \frac{\overline{FG}}{\overline{BF}}$$
$$\sin(\beta_1) \cdot \overline{BF} = \overline{FG}$$
$$\sin(52°) \cdot 8,5 = \overline{FG}$$
$$\overline{FG} \approx 6,70\,\text{cm}$$

und

$$\cos(\beta_1) = \frac{\overline{BG}}{\overline{BF}}$$
$$\cos(\beta_1) \cdot \overline{BF} = \overline{BG}$$
$$\cos(52°) \cdot 8,5 = \overline{BG}$$
$$\overline{BG} \approx 5,23\,\text{cm}$$

Da das Viereck ABCD ein Quadrat ist, gilt: $\overline{AB} = \overline{AD} = 16,7\,\text{cm}$.
Damit ergibt sich:

$$\overline{DH} = \overline{AD} - \overline{FG} = 16,7 - 6,70 = 10,0\,\text{cm}$$

und

$$\overline{EH} = \overline{AB} - \overline{BG} - \overline{EF} = 16,7 - 5,23 - 8,3 = 3,17\,\text{cm}$$

Im Dreieck DHE kann man nun den Winkel δ_1 berechnen:

$$\tan(\delta_1) = \frac{\overline{EH}}{\overline{DH}}$$
$$\tan(\delta_1) = \frac{3,17}{10,0}$$
$$\delta_1 = \tan^{-1}\left(\frac{3,17}{10,0}\right)$$
$$\delta_1 \approx 17,59°$$

Der Winkel δ_1 beträgt etwa $17,6°$.

2) Um den Oberflächeninhalt O des Werkstücks zu berechnen, benötigt man den Flächeninhalt des Kegelmantels, des halben Zylindermantels, eines Rechtecks und einer Grundfläche des Kegels (bzw. Zylinders).
Den Flächeninhalt des Kegelmantels erhält man mit der Formel $M_{Kegel} = \pi \cdot r \cdot s$.
Der Radius r des Kegels (und des Zylinders) ist $r = \frac{28}{2} = 14\,cm$.
Die Höhe h_{Kegel} des Kegels ist $h_{Kegel} = 30,6\,cm$.
Mithilfe des Satzes des Pythagoras erhält man damit die Mantellinie s des Kegels:

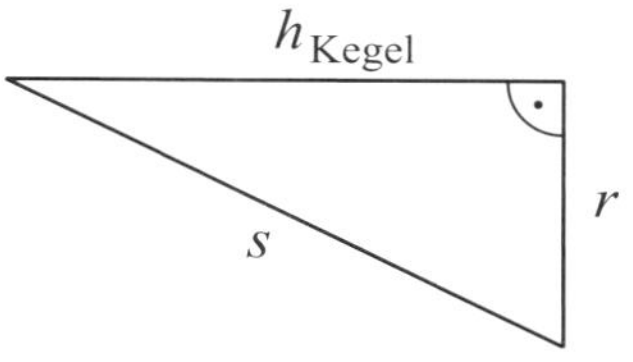

$$s^2 = r^2 + h_{Kegel}^2$$
$$s = \sqrt{r^2 + h_{Kegel}^2}$$
$$s = \sqrt{14^2 + 30,6^2}$$
$$s \approx 33,65\,cm$$

Damit erhält man:

$$M_{Kegel} = \pi \cdot r \cdot s = \pi \cdot 14 \cdot 33,65 \approx 1480,00\,cm^2$$

Den Flächeninhalt des Zylindermantels erhält man mit der folgenden Formel:
$M_{Zylinder} = 2 \cdot \pi \cdot r \cdot h_{Zylinder}$.
Mit $r = 14$ und $h_{Zylinder} = 22$ ergibt sich:

$$M_{Zylinder} = 2 \cdot \pi \cdot r \cdot h_{Zylinder} = 2 \cdot \pi \cdot 14 \cdot 22 \approx 1935,22\,cm^2$$

Den Flächeninhalt des Rechtecks erhält man mit der Formel $A_{Rechteck} = a \cdot b$.
Mit $a = 2 \cdot r = 2 \cdot 14 = 28$ und $b = h_{Zylinder} = 22$ erhält man:

$$A_{Rechteck} = a \cdot b = 28 \cdot 22 = 616\,cm^2$$

Den Flächeninhalt der Grundfläche des Kegels (bzw. Zylinders) erhält man mit der Formel $G = \pi \cdot r^2$. Damit ergibt sich:

$$G = \pi \cdot r^2 = \pi \cdot 14^2 \approx 615,75\,cm^2$$

Für den Oberflächeninhalt O des Werkstücks gilt damit:

$$\begin{aligned} O &= M_{Kegel} + \frac{1}{2} \cdot M_{Zylinder} + A_{Rechteck} + G \\ &= 1480,00 + \frac{1}{2} \cdot 1935,22 + 616 + 615,75 \\ &= 3679,36\,cm^2 \end{aligned}$$

Der Oberflächeninhalt des Werkstücks beträgt etwa $3679,4\,cm^2$.

3) Um den Graphen die zugehörige Funktionsgleichung zuzuordnen, kann man sich Folgendes überlegen:
Die Gerade g_1 hat eine negative Steigung, nämlich $m_1 = -\frac{1}{2}$. Da nur die Funktionsgleichungen (1) und (5) Geradengleichungen sind und nur bei Gleichung (5) die Steigung negativ ist, gehört zur Geraden g_1 die Funktionsgleichung (5).
Die Parabel p_1 hat den Scheitel $S_1(2 \mid -1)$.
Setzt man die Koordinaten von $S_1(2 \mid -1)$ in die Scheitelform ein, ergibt sich:

$$y = (x-2)^2 - 1 = x^2 - 4x + 4 - 1 = x^2 - 4x + 3$$

Somit gehört zur Parabel p_1 die Funktionsgleichung (4).
Die nach oben geöffnete Parabel p_2 ist achsensymmetrisch zur y-Achse und hat den Scheitel $S_2(0 \mid 3)$.
Somit gehört zur Parabel p_2 die Funktionsgleichung (3), da nur diese die Form einer zur y-Achse symmetrischen Parabel besitzt.
Die Funktionsgleichung (2) ist die Gleichung einer nach oben geöffneten Normalparabel und kann durch quadratische Ergänzung in die Scheitelform umgewandelt werden:

$$y = x^2 + 4x + 3$$
$$y = x^2 + 4x + 4 - 4 + 3$$
$$y = (x+2)^2 - 1$$

Damit hat die zugehörige Parabel p_3 den Scheitel $S_3(-2 \mid -1)$ und kann damit mithilfe der Parabelschablone eingezeichnet werden.
Der Graph von Funktionsgleichung (1) ist eine Gerade g_2 mit Steigung $m_2 = \frac{1}{2}$ und y-Achsenabschnitt $c = 3$.

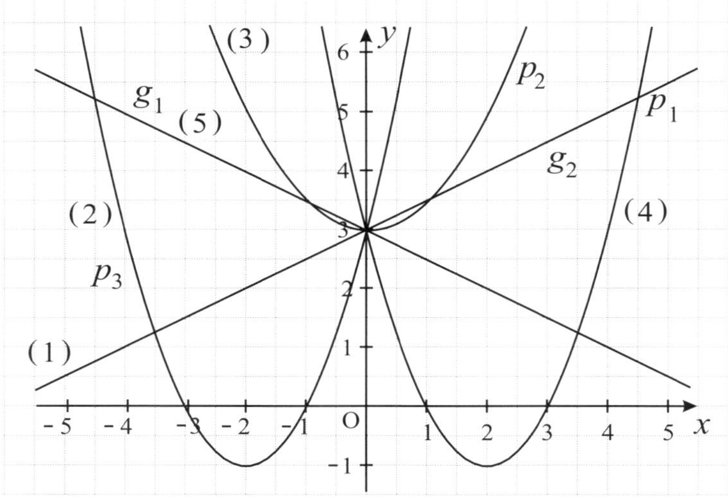

Alternativ kann man auch von allen Funktionsgleichungen Wertetabellen erstellen und anhand von abgelesenen Punkten der Graphen die Zuordnung durchführen bzw. die Zeichnung erstellen:

(1)

x	-3	-2	-1	0	1	2	3
y	$1,5$	2	$2,5$	3	$3,5$	4	$4,5$

(2)

x	-3	-2	-1	0	1	2	3
y	0	-1	0	3	8	15	24

(3)

x	-3	-2	-1	0	1	2	3
y	$7,5$	5	$3,5$	3	$3,5$	5	$7,5$

(4)

x	-3	-2	-1	0	1	2	3
y	24	15	8	3	0	-1	0

(5)

x	-3	-2	-1	0	1	2	3
y	$4,5$	4	$3,5$	3	$2,5$	2	$1,5$

Den Punkt $P(-3 \mid 4,5)$ von g_1 gibt es nur bei Funktionsgleichung (5).
Den Punkt $N(1 \mid 0)$ von p_1 gibt es nur bei Funktionsgleichung (4).
Den Punkt $Q(2 \mid 5)$ von p_2 gibt es nur bei Funktionsgleichung (3).

4) Um zu berechnen, um wie viel Prozent der Verbrauch der Einweg-Getränkeverpackungen von 2004 bis 2014 insgesamt gestiegen ist, teilt man die Anzahl der Einweg-Getränkeverpackungen im Jahr 2014 durch die Anzahl der Einweg-Getränkeverpackungen im Jahr 2004:

$$\frac{600\,000\,t}{465\,000\,t} \approx 1,290 = 129,0\%$$

Alternativ kann man sich auch folgendes überlegen: Die Anzahl der Einweg-Getränkeverpackungen nahm von 2004 bis 2014 um $600\,000\,t - 465\,000\,t = 135\,000\,t$ zu.
Mithilfe der Prozentformel ergibt sich:

$$\begin{aligned} \mathrm{W} &= \mathrm{G} \cdot \frac{p}{100} \\ \frac{\mathrm{W} \cdot 100}{\mathrm{G}} &= p \\ \frac{135\,000 \cdot 100}{465\,000} &= p \\ 29,0 &\approx p \end{aligned}$$

Ebenso kann man den Dreisatz verwenden:

$$\begin{aligned} 465\,000 &\widehat{=} 100\% \\ 1 &\widehat{=} \frac{100\%}{465\,000} \\ 135\,000 &\widehat{=} \frac{100\%}{410\,000} \cdot 135\,000 \approx 29,0\% \end{aligned}$$

Somit ist der Verbrauch der Einweg-Getränkeverpackungen etwa um $29,0\,\%$ gestiegen.

Um zu berechnen, wie viele Tonnen Getränkeverpackungen (Einweg und Mehrweg) im Jahr 2014 insgesamt verbraucht wurden, kann man sich Folgendes überlegen: Es wurden $600\,000\,t$ Einweg-Getränkeverpackungen verbraucht, was einem Anteil von $54\,\%$ entspricht. Also kann man den Dreisatz verwenden:

$$\begin{aligned} 54\% &\mathrel{\widehat{=}} 600\,000\,t \\ 1\% &\mathrel{\widehat{=}} \frac{600\,000\,t}{54} \\ 100\% &\mathrel{\widehat{=}} \frac{600\,000\,t}{54} \cdot 100 \approx 1\,111\,111\,t \end{aligned}$$

Alternativ kann man auch die Prozentformel verwenden:

$$\begin{aligned} \mathrm{W} &= \mathrm{G} \cdot \frac{p}{100} \\ \frac{\mathrm{W} \cdot 100}{p} &= \mathrm{G} \\ \frac{600\,000\,t \cdot 100}{54} &= \mathrm{G} \\ 1\,111\,111\,t &\approx \mathrm{G} \end{aligned}$$

Somit wurden im Jahre 2014 insgesamt $1\,111\,111\,t$ Getränkeverpackungen verbraucht.

Wenn der Verbrauch von Einweg-Getränkeverpackungen in den zehn Jahren von 2014 bis 2024 jährlich um jeweils 5% gegenüber dem Vorjahr sinken soll, so beträgt der jährliche Wachstumsfaktor $q = 95\% = 0,95$.
Damit erhält man mithilfe der Wachstumsformel:

$$\mathrm{G}_{10} = 600\,000\,t \cdot 0,95^{10} \approx 359\,242\,t$$

Somit wären es im Jahr 2024 etwa 359 242 Tonnen Einweg-Getränkeverpackungen.

5) Um die gesuchten Wahrscheinlichkeiten zu bestimmen, erstellt man ein Baumdiagramm.
Dabei ist zu beachten, dass es sich um «Ziehen ohne Zurücklegen» handelt, d.h. die Wahrscheinlichkeiten ändern sich bei jedem Rubbeln. Insgesamt gibt es 16 Felder. Bezeichnet man mit 0: Betrag 0 €, 1: Betrag 1 € und 10: Betrag 10 €, erhält man nebenstehendes Baumdiagramm.

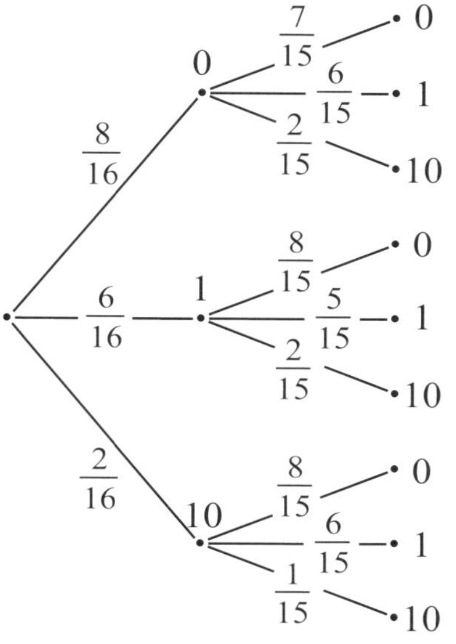

Die Wahrscheinlichkeit, dass Ben einen Gewinn von 10 € erzielt, erhält man mithilfe der 1. und 2. Pfadregel:

$$\text{P(Gewinn von 10 €)} = \text{P}(0;10) + \text{P}(10;0) = \frac{8}{16} \cdot \frac{2}{15} + \frac{2}{16} \cdot \frac{8}{15} = \frac{2}{15}$$

Die Wahrscheinlichkeit, dass Ben einen Gewinn von 10 € erzielt, beträgt $\frac{2}{15}$.

Die Wahrscheinlichkeit, dass Laura den Hauptgewinn von 20 € erzielt, erhält man mithilfe der 1. Pfadregel:

$$\text{P(Gewinn von 20 €)} = \text{P}(10;10) = \frac{2}{16} \cdot \frac{1}{15} = \frac{1}{120}$$

Die Wahrscheinlichkeit, dass Laura den Hauptgewinn von 20 € erzielt, beträgt $\frac{1}{120}$.

Die Wahrscheinlichkeit, dass Emma mehr als 10 € gewinnt, erhält man mithilfe der 1. und 2. Pfadregel:

$$\text{P(Gewinn mehr als 10 €)} = \text{P}(1;10) + \text{P}(10;1) + \text{P}(10;10) = \frac{6}{16} \cdot \frac{2}{15} + \frac{2}{16} \cdot \frac{6}{15} + \frac{2}{16} \cdot \frac{1}{15} = \frac{13}{120}$$

Die Wahrscheinlichkeit, dass Emma mehr als 10 € gewinnt, beträgt $\frac{13}{120}$.

6) Zuerst bestimmt man die Kennwerte der dargestellten Boxplots.
Für Boxplot (A) gilt:

$$x_{\min} = 5$$
$$q_u = 8$$
$$z = 9$$
$$q_o = 11$$
$$x_{\max} = 16$$

Für Boxplot (B) gilt:

$$x_{\min} = 5$$
$$q_u = 7$$
$$z = 9$$
$$q_o = 11$$
$$x_{\max} = 16$$

Die beiden gegebenen Boxplots unterscheiden sich nur im unteren Quartil.
Das untere Quartil des Diagramms erhält man folgendermaßen:

$$q_u:\ \text{n} \cdot 0,25 = 41 \cdot 0,25 = 10,25 \Rightarrow q_u = x_{11} = 7$$

Beim Boxplot (A) ist das untere Quartil $q_u = 8$, beim Boxplot (B) ist das untere Quartil $q_u = 7$.
Somit stellt Boxplot (B) die Verteilung der Wartezeiten aus dem Diagramm dar.
Für die Wartezeiten der Hotline FAST-PHONE ergibt sich:

$$x_{\min} = 5$$
$$q_u:\ \text{n} \cdot 0,25 = 41 \cdot 0,25 = 10,25 \Rightarrow q_u = x_{11} = 8$$
$$z:\ \text{n} \cdot 0,5 = 41 \cdot 0,5 = 20,5 \Rightarrow z = x_{21} = 9$$
$$q_o:\ \text{n} \cdot 0,75 = 41 \cdot 0,75 = 30,75 \Rightarrow q_o = x_{31} = 11$$
$$x_{\max} = 16$$

Somit muss der 11. Wert bei 8 Minuten, der 21. Wert bei 9 Minuten und der 31. Wert bei 11 Minuten liegen. Dazu gibt es viele verschiedene Möglichkeiten, die Strichliste zu ergänzen, z.B. folgendermaßen:

Minuten	5	6	7	8	9	10	11	12	13	14	15	16
Anzahl der Anrufer	II	IIII	III	9	5	卌	4	IIII	I	I	II	I

Teil B

Aufgabe 1

a) Die bekannten Maße und Winkel werden in eine Skizze eingetragen:
Um den Flächeninhalt des Vierecks ABCE zu berechnen, benötigt man die Trapezformel: $A_{\text{Trapez}} = \frac{a+c}{2} \cdot h$.
Die beiden parallelen Strecken sind $a = \overline{AB}$ und $c = \overline{EC}$, die zugehörige Höhe ist $h = \overline{AE}$.
Im Dreieck CDE kann man die Seiten $\overline{EC}$ und $\overline{ED}$ und den Winkel γ_1 bestimmen:

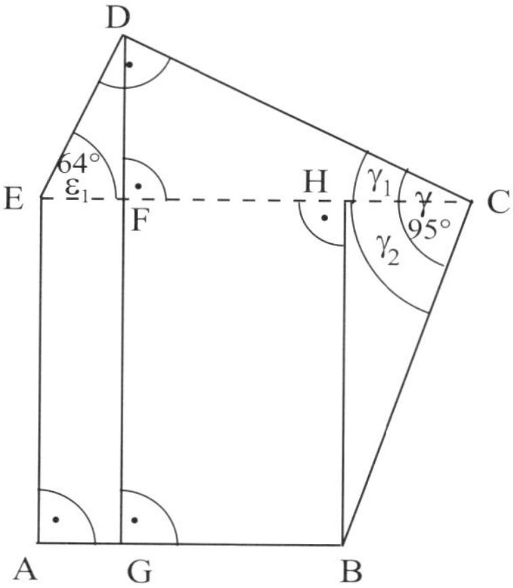

$$\sin(\varepsilon_1) = \frac{\overline{CD}}{\overline{EC}}$$
$$\sin(\varepsilon_1) \cdot \overline{EC} = \overline{CD}$$
$$\overline{EC} = \frac{\overline{CD}}{\sin(\varepsilon_1)}$$
$$\overline{EC} = \frac{9,5}{\sin(64^\circ)}$$
$$\overline{EC} \approx 10,57\,\text{cm}$$

und

$$\tan(\varepsilon_1) = \frac{\overline{CD}}{\overline{ED}}$$
$$\tan(\varepsilon_1) \cdot \overline{ED} = \overline{CD}$$
$$\overline{ED} = \frac{\overline{CD}}{\tan(\varepsilon_1)}$$
$$\overline{ED} = \frac{9,5}{\tan(64^\circ)}$$
$$\overline{ED} \approx 4,63\,\text{cm}$$

sowie

$$\gamma_1 = 180^\circ - \varepsilon_1 - 90^\circ = 90^\circ - 64^\circ = 26^\circ$$

Damit erhält man:

$$\gamma_2 = \gamma - \gamma_1 = 95^\circ - 26^\circ = 69^\circ$$

Im Dreieck EFD kann man die Seiten $\overline{EF}$ und $\overline{DF}$ bestimmen:

$$\begin{aligned} \cos(\varepsilon_1) &= \frac{\overline{EF}}{\overline{ED}} \\ \cos(\varepsilon_1)\cdot\overline{ED} &= \overline{EF} \\ \cos(64^\circ)\cdot 4{,}63 &= \overline{EF} \\ \overline{EF} &\approx 2{,}03\,\text{cm} \end{aligned}$$

$$\begin{aligned} \sin(\varepsilon_1) &= \frac{\overline{DF}}{\overline{ED}} \\ \sin(\varepsilon_1)\cdot\overline{ED} &= \overline{DF} \\ \sin(64^\circ)\cdot 4{,}63 &= \overline{DF} \\ \overline{DF} &\approx 4{,}16\,\text{cm} \end{aligned}$$

Damit erhält man die Seiten $\overline{CF}$ und $\overline{AG}$:

$$\begin{aligned} \overline{CF} &= \overline{EC} - \overline{EF} = 10{,}57 - 2{,}03 = 8{,}54\,\text{cm} \\ \overline{AG} &= \overline{EF} = 2{,}03\,\text{cm} \end{aligned}$$

Da der Abstand des Punktes D zu $\overline{AB}$ $12{,}9\,\text{cm}$ beträgt, gilt: $\overline{DG} = 12{,}9\,\text{cm}$.
Damit erhält man die Seiten $\overline{FG}$ bzw. $\overline{AE}$:

$$\begin{aligned} \overline{FG} &= \overline{DG} - \overline{DF} = 12{,}9 - 4{,}16 = 8{,}74\,\text{cm} \\ \overline{AE} &= \overline{FG} = 8{,}74\,\text{cm} \end{aligned}$$

Wegen $\overline{BH} = \overline{FG} = 8{,}74\,\text{cm}$ kann man im Dreieck BCH die Seite $\overline{CH}$ bestimmen:

$$\begin{aligned} \tan(\gamma_2) &= \frac{\overline{BH}}{\overline{CH}} \\ \tan(\gamma_2)\cdot\overline{CH} &= \overline{BH} \\ \overline{CH} &= \frac{\overline{BH}}{\tan(\gamma_2)} \\ \overline{CH} &= \frac{8{,}74}{\tan(69^\circ)} \\ \overline{CH} &\approx 3{,}35\,\text{cm} \end{aligned}$$

Damit ergeben sich die Seiten $\overline{FH}$ bzw. $\overline{BG}$ sowie $\overline{AB}$:

$$\begin{aligned} \overline{FH} &= \overline{CF} - \overline{CH} = 8{,}54 - 3{,}35 = 5{,}19\,\text{cm} \\ \overline{BG} &= \overline{FH} = 5{,}19\,\text{cm} \\ \overline{AB} &= \overline{AG} + \overline{BG} = 2{,}03 + 5{,}19 = 7{,}22\,\text{cm} \end{aligned}$$

Somit gilt für den Flächeninhalt des Vierecks ABCE:

$$A_{\text{ABCE}} = \frac{a+c}{2}\cdot h = \frac{\overline{AB}+\overline{EC}}{2}\cdot\overline{AE} = \frac{7{,}22+10{,}57}{2}\cdot 8{,}74 \approx 77{,}74\,\text{cm}^2$$

Das Viereck ABCE hat einen Flächeninhalt von etwa $77{,}7\,\text{cm}^2$.

b) Die Gleichung der nach oben geöffneten Normalparabel p_1 mit den x-Achsenschnittpunkten $N_1(-5 \mid 0)$ und $N_2(-1 \mid 0)$ erhält man mit dem Nullstellenansatz:

$$p_1\colon\ y = (x-(-5))\cdot(x-(-1)) = (x+5)\cdot(x+1) = x^2+x+5x+5 = x^2+6x+5$$

Die Gleichung der nach oben geöffneten Normalparabel p_1 mit den x-Achsenschnittpunkten $N_1(-5 \mid 0)$ und $N_2(-1 \mid 0)$ erhält man mit Hilfe der Normalform $y = x^2+bx+c$. Setzt man die Koordinaten der Punkte $N_1(-5 \mid 0)$ und $N_2(-1 \mid 0)$ in die Normalform ein, ergibt sich folgendes Gleichungssystem:

$$\begin{array}{llcccccc} \text{I} & 0 & = & (-5)^2 & + & b\cdot(-5) & + & c \\ \text{II} & 0 & = & (-1)^2 & + & b\cdot(-1) & + & c \end{array}$$

bzw.

$$\begin{array}{llcccccc} \text{I} & 0 & = & 25 & - & 5b & + & c \\ \text{II} & 0 & = & 1 & - & b & + & c \end{array}$$

Subtrahiert man Gleichung II von Gleichung I, erhält man:

$$0 = 24-4b \Rightarrow b = 6$$

Setzt man $b = 6$ in Gleichung I ein, ergibt sich:

$$0 = 25-5\cdot 6+c \Rightarrow c = 5$$

Damit hat die Parabel p_1 die Gleichung: $p_1\colon\ y = x^2+6x+5$.
Ebenso kann man den Nullstellenansatz verwenden:

$$p_1\colon\ y = (x-(-5))\cdot(x-(-1)) = (x+5)\cdot(x+1) = x^2+x+5x+5 = x^2+6x+5$$

Alternativ kann man aus Symmetriegründen auch den x-Wert des Scheitels der Parabel p_1 bestimmen: $x = \frac{-5+(-1)}{2} = -3$. Setzt man den x-Wert des Scheitels und die Koordinaten von $N_2(-1 \mid 0)$ in die Scheitelform $y = -(x-d)^2+e$ ein, ergibt sich:

$$\begin{aligned} 0 &= (-1-(-3))^2+e \\ 0 &= 2^2+e \\ -4 &= e \end{aligned}$$

Der Scheitel von p_1 hat die Koordinaten $S(-3 \mid -4)$.
Somit hat die Parabel p_1 die Gleichung:

$$p_2\colon\ y = (x-(-3))^2-4 = (x+3)^2-4 = x^2+6x+9-4 = x^2+6x+5$$

Die Koordinaten des Schnittpunkts A von p_1 mit der y-Achse erhält man, indem man $x = 0$ in die Gleichung von p_1 einsetzt:

$$y = 0^2 + 6 \cdot 0 + 5 = 5 \Rightarrow \text{A}(0 \mid 5)$$

Die Koordinaten des Schnittpunkts B von p_2 mit der y-Achse erhält man, indem man $x = 0$ in die Gleichung $y = x^2 - 6x + 11$ von p_2 einsetzt:

$$y = 0^2 - 6 \cdot 0 + 11 = 11 \Rightarrow \text{B}(0 \mid 11)$$

Die Scheitelpunkte S_1 und S_2 der beiden Parabeln erhält man durch quadratische Ergänzung:

$$\begin{aligned} p_1&: y = x^2 + 6x + 5 \\ p_1&: y = x^2 + 6x + 9 - 9 + 5 \\ p_1&: y = (x+3)^2 - 4 \\ &\Rightarrow S_1(-3 \mid -4) \end{aligned}$$

$$\begin{aligned} p_2&: y = x^2 - 6x + 11 \\ p_2&: y = x^2 - 6x + 9 - 9 + 11 \\ p_2&: y = (x-3)^2 + 2 \\ &\Rightarrow S_2(3 \mid 2) \end{aligned}$$

Die Gleichung der Geraden g durch die Scheitelpunkte S_1 und S_2 erhält man mit der Hauptform $y = mx + c$.
Die Steigung m erhält man mit der Steigungsformel:

$$m = \frac{y_2 - y_1}{x_2 - x_1} = \frac{2 - (-4)}{3 - (-3)} = \frac{6}{6} = 1$$

Setzt man $m = 1$ und die Koordinaten von $S_1(-3 \mid -4)$ in die Hauptform ein, ergibt sich:

$$\begin{aligned} y &= mx + c \\ -4 &= 1 \cdot (-3) + c \\ -1 &= c \end{aligned}$$

Somit hat die Gerade g die Funktionsgleichung $y = x - 1$.

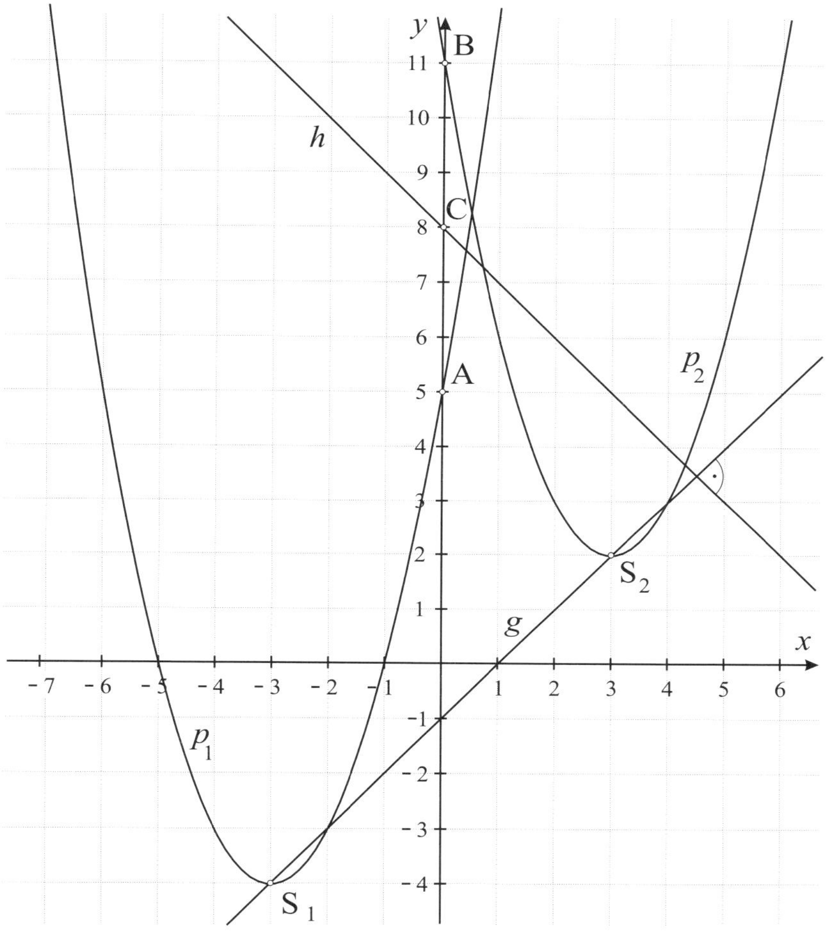

Der Punkt C ist der Mittelpunkt der Strecke $\overline{AB}$ mit $A(0 \mid 5)$ und $B(0 \mid 11)$.
Die Koordinaten des Punktes C erhält man mit der Mittelpunktsformel:

$$C\left(\frac{x_1+x_2}{2} \mid \frac{y_1+y_2}{2}\right) = C\left(\frac{0+0}{2} \mid \frac{5+11}{2}\right) = C(0 \mid 8)$$

Die Gerade h mit der Steigung $m = -1$ geht durch $C(0 \mid 8)$ und hat den negativen Kehrwert der Steigung von g:

$$m_h = -1 = -\frac{1}{1} = -\frac{1}{m_g}$$

Damit sind g und h orthogonal zueinander, d.h. sie schneiden sich in vier rechten Winkeln.
Alternativ kann man die Winkel auch berechnen:
Den Winkel α zwischen der Geraden g und einer Parallelen zur x-Achse durch C erhält

man durch:

$$\begin{aligned}\tan(\alpha) &= m\\ \tan(\alpha) &= 1\\ \alpha &= \tan^{-1}(1)\\ \alpha &= 45^\circ\end{aligned}$$

Den Winkel β zwischen der Geraden h und einer Parallelen zur x-Achse durch C erhält man durch:

$$\begin{aligned}\tan(\beta) &= m\\ \tan(\beta) &= -1\\ \beta &= \tan^{-1}(-1)\\ \beta &= -45^\circ\end{aligned}$$

Damit ergibt sich der Winkel φ zwischen g und h:

$$\varphi = 180^\circ - 45^\circ - 45^\circ = 90^\circ$$

Damit sind g und h orthogonal zueinander, d.h. sie schneiden sich in vier rechten Winkeln.

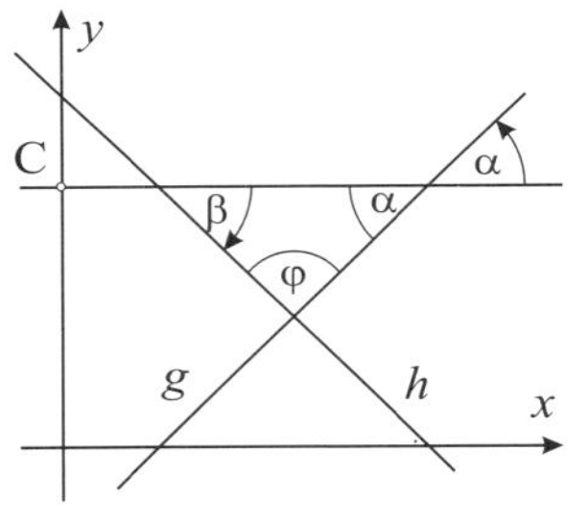

Aufgabe 2

a) Den Flächeninhalt eines Manteldreiecks erhält man mit der Formel $A_S = \frac{1}{2} \cdot g_S \cdot h_S$.
Die Grundseite g_S eines Manteldreiecks ist $g_S = a = 6,2$ cm, die Höhe h_S erhält man mithilfe des Satzes des Pythagoras:

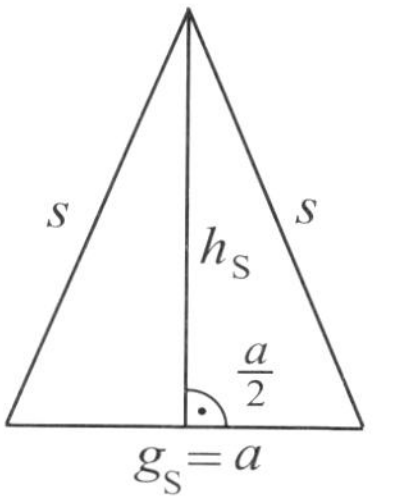

$$h_S^2 + \left(\frac{a}{2}\right)^2 = s^2$$
$$h_S^2 = s^2 - \left(\frac{a}{2}\right)^2$$
$$h_S = \sqrt{s^2 - \left(\frac{a}{2}\right)^2}$$
$$h_S = \sqrt{32^2 - \left(\frac{6,2}{2}\right)^2}$$
$$h_S \approx 31,85\,\text{cm}$$

Damit erhält man:

$$A_S = \frac{1}{2} \cdot g_S \cdot h_S = \frac{1}{2} \cdot 6,2 \cdot 31,85 \approx 98,74\,\text{cm}^2$$

Den Flächeninhalt des Dreiecks ABC erhält man mit der Formel $A_{ABC} = \frac{1}{2} \cdot g \cdot h_g$.
Die Grundseite $g = \overline{AB}$ des Dreiecks ABC erhält man, indem man den Radius r des Umkreises der achtseitigen Pyramidengrundfläche bestimmt. Der Mittelpunktswinkel eines Dreiecks der Grundfläche beträgt $\alpha = \frac{360°}{8} = 45°$.

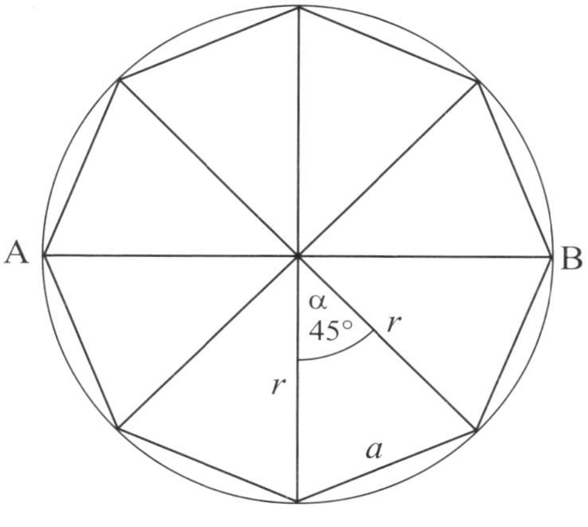

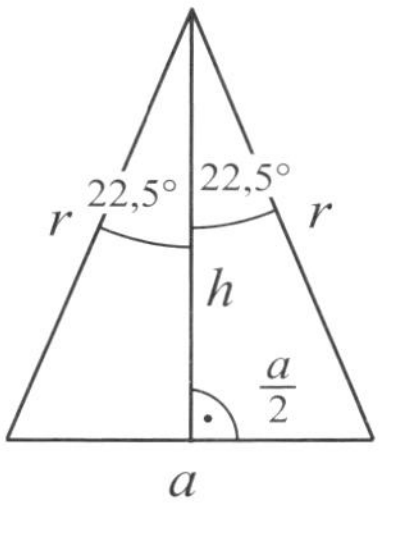

Im rechtwinkligen Dreieck kann man r mithilfe des Sinusverhältnisses berechnen:

$$\sin\left(\frac{\alpha}{2}\right) = \frac{\frac{a}{2}}{r}$$
$$\sin\left(\frac{\alpha}{2}\right) \cdot r = \frac{a}{2}$$
$$r = \frac{\frac{a}{2}}{\sin\left(\frac{\alpha}{2}\right)}$$
$$r = \frac{\frac{6,2}{2}}{\sin\left(\frac{45^\circ}{2}\right)}$$
$$r = \frac{3,1}{\sin(22,5^\circ)}$$
$$r \approx 8,10\,\text{cm}$$

Damit gilt:

$$g = \overline{\text{AB}} = 2 \cdot r = 2 \cdot 8,1 = 16,2\,\text{cm}$$

Da ein Manteldreick den gleichen Flächeninhalt wie das Dreieck ABC hat, kann man die Höhe h_g des Dreiecks ABC berechnen:

$$\text{A}_{\text{ABC}} = \text{A}_\text{S}$$
$$\frac{1}{2} \cdot g \cdot h_g = \text{A}_\text{S}$$
$$h_g = \frac{2 \cdot \text{A}_\text{S}}{g}$$
$$h_g = \frac{2 \cdot 98,74}{16,2}$$
$$h_g \approx 12,19\,\text{cm}$$

Die Höhe h der Pyramide erhält man ebenfalls mithilfe des Satzes des Pythagoras:

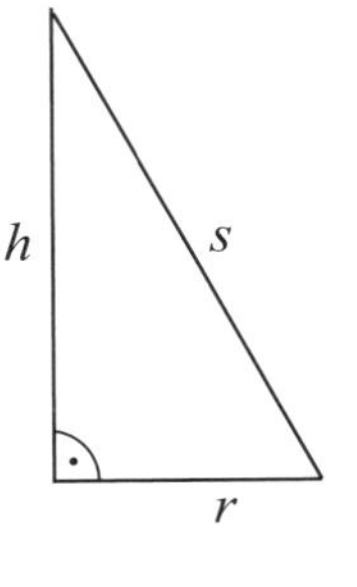

$$h^2 + r^2 = s^2$$
$$h^2 = s^2 - r^2$$
$$h = \sqrt{s^2 - r^2}$$
$$h = \sqrt{32^2 - 8,1^2}$$
$$h \approx 30,96\,\text{cm}$$

Damit erhält man die Länge von $\overline{SC}$:

$$\overline{SC} = h - h_g = 30,96 - 12,19 = 18,77\,\text{cm}$$

Die Länge von $\overline{SC}$ beträgt etwa 18,8 cm.

b) Die Koordinaten der Schnittpunkte N_1 und N_2 der Parabel p mit der Funktionsgleichung $y = x^2 + 6x$ mit der x-Achse erhält man, indem man die Gleichung $y = 0$ nach x auflöst:

$$x^2 + 6x = 0$$
$$x \cdot (x+6) = 0$$

Mithilfe des Satzes vom Nullprodukt erhält man die Lösung $x_1 = 0$ und aus $x + 6 = 0$ die Lösung $x_2 = -6$.
Alternativ kann man die bc-Formel ($b = 6$ und $c = 0$) verwenden:

$$x_{1,2} = -\frac{6}{2} \pm \sqrt{\left(\frac{6}{2}\right)^2 - 0}$$

Daraus erhält man die Lösungen $x_1 = 0$ und $x_2 = -6$.
Damit ergeben sich $N_1(0 \mid 0)$ und $N_2(-6 \mid 0)$.
Die Koordinaten der Schnittpunkte der Geraden g mit der Funktionsgleichung $y = x$ und der Parabel erhält man durch Gleichsetzen der Funktionsgleichungen:

$$x^2 + 6x = x$$
$$x^2 + 5x = 0$$
$$x \cdot (x+5) = 0$$

Mithilfe des Satzes vom Nullprodukt erhält man die Lösung $x_1 = 0$ und aus $x + 5 = 0$ die Lösung $x_2 = -5$.
Alternativ kann man die bc-Formel ($b = 5$ und $c = 0$) verwenden:

$$x_{1,2} = -\frac{5}{2} \pm \sqrt{\left(\frac{5}{2}\right)^2 - 0}$$

Daraus ergeben sich die Lösungen $x_1 = 0$ und $x_2 = -5$.
Den zugehörigen y-Wert von C erhält man, indem man $x = -5$ in die Geradengleichung von g einsetzt:

$$y = -5$$

Damit ergeben sich $N_1(0 \mid 0)$ und $C(-5 \mid -5)$.
Den Flächeninhalt A_1 des Dreiecks N_1N_2C erhält man mit der Formel $A_1 = \frac{1}{2} \cdot g_\triangle \cdot h_\triangle$.
Mit $g = \overline{N_1N_2} = 6$ und $h = 5$ ergibt sich:

$$A_1 = \frac{1}{2} \cdot 6 \cdot 5 = 15$$

Somit hat das Dreieck N_1N_2C einen Flächeninhalt von 15 FE.
Die Koordinaten der Schnittpunkte der Geraden h mit der Funktionsgleichung $y = \frac{1}{2}x$ und der Parabel erhält man durch Gleichsetzen der Funktionsgleichungen:

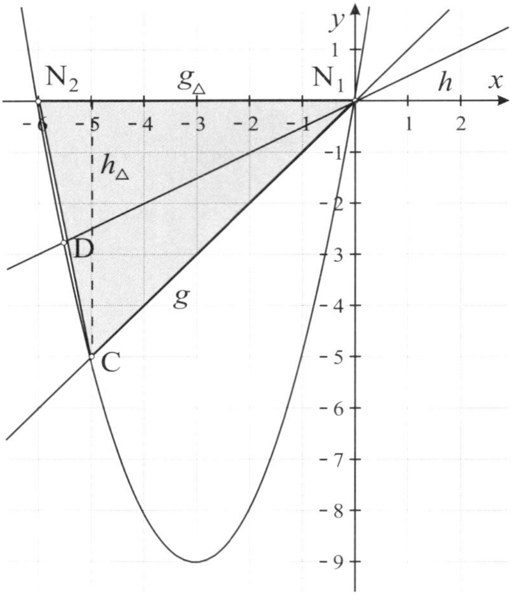

$$x^2 + 6x = \frac{1}{2}x$$
$$x^2 + 5{,}5x = 0$$
$$x \cdot (x + 5{,}5) = 0$$

Mithilfe des Satzes vom Nullprodukt erhält man die Lösung $x_1 = 0$ und aus $x + 5{,}5 = 0$ die Lösung $x_2 = -5{,}5$.
Alternativ kann man die bc-Formel ($b = 5{,}5$ und $c = 0$) verwenden:

$$x_{1,2} = -\frac{5{,}5}{2} \pm \sqrt{\left(\frac{5{,}5}{2}\right)^2 - 0}$$

Daraus ergeben sich die Lösungen $x_1 = 0$ und $x_2 = -5{,}5$.
Den zugehörigen y-Wert von D erhält man, indem man $x = -5{,}5$ in die Geradengleichung von h einsetzt:

$$y = 0{,}5 \cdot (-5{,}5) = -2{,}75$$

Damit ergeben sich $N_1(0 \mid 0)$ und $D(-5{,}5 \mid -2{,}75)$.
Den Flächeninhalt A_2 des Dreiecks N_1N_2D erhält man mit der Formel $A_2 = \frac{1}{2} \cdot g \cdot h$.
Mit $g = \overline{N_1N_2} = 6$ und $h = 2{,}75$ ergibt sich:

$$A_2 = \frac{1}{2} \cdot 6 \cdot 2{,}75 = 8{,}25$$

Somit hat das Dreieck N_1N_2D einen Flächeninhalt von 8,25 FE.
Da der Flächeninhalt des Dreiecks N_1N_2D nicht halb so groß ist wie der Flächeninhalt des Dreiecks N_1N_2C hat Peter nicht Recht mit seiner Behauptung.

Aufgabe 3

a) Beim oberen Glücksrad gibt es für die verschiedenen Symbole folgende Wahrscheinlichkeiten:

$$P(\text{Kreis}) = \frac{1}{5}$$
$$P(\text{Dreieck}) = \frac{2}{5}$$
$$P(\text{Quadrat}) = \frac{2}{5}$$

Beim unteren Glücksrad ergibt sich:

$$P(\text{Kreis}) = \frac{2}{8}$$
$$P(\text{Dreieck}) = \frac{1}{8}$$
$$P(\text{Quadrat}) = \frac{5}{8}$$

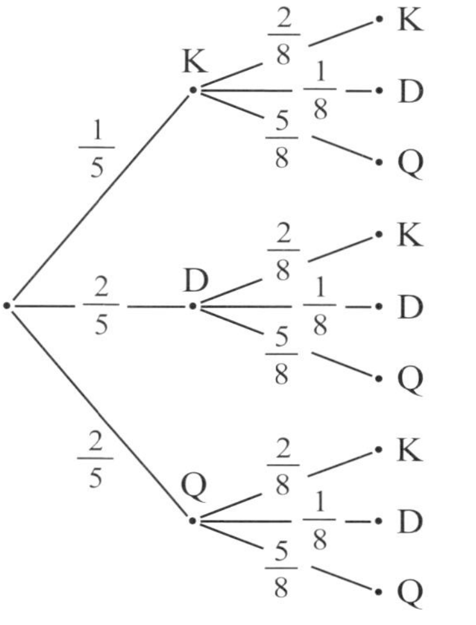

Bezeichnet man mit K: Kreis, mit D: Dreieck und mit Q: Quadrat, kann man ein Baumdiagramm erstellen.

Die Wahrscheinlichkeit, zwei gleiche Symbole im Sichtfenster zu sehen, erhält man mithilfe der Pfadregeln:

$$\begin{aligned} P(\text{zwei gleiche Symbole}) &= P(KK) + P(DD) + P(QQ) \\ &= \frac{1}{5} \cdot \frac{2}{8} + \frac{2}{5} \cdot \frac{1}{8} + \frac{2}{5} \cdot \frac{5}{8} \\ &= \frac{7}{20} \end{aligned}$$

Die Wahrscheinlichkeit, zwei gleiche Symbole zu sehen, beträgt $\frac{7}{20}$.

Um den Erwartungswert zu bestimmen, berechnet man zuerst die Wahrscheinlichkeit, im Sichtfenster Kreis und Dreieck zu sehen. Dazu verwendet man auch die Pfadregeln:

$$\begin{aligned} P(\text{Kreis und Dreick}) &= P(KD) + P(DK) \\ &= \frac{1}{5} \cdot \frac{1}{8} + \frac{2}{5} \cdot \frac{2}{8} \\ &= \frac{1}{8} \end{aligned}$$

Den Erwartungswert E für den Gewinn eines Spielers erhält man, indem man die Gewinne für das jeweilige Ergebnis mit der zugehörigen Wahrscheinlichkeit multipliziert, die Ergebnisse addiert und den Einsatz subtrahiert:

$$E = 2\,€ \cdot \frac{7}{20} + 4\,€ \cdot \frac{1}{8} - 1{,}50\,€ = -0{,}30\,€$$

Somit beträgt der Erwartungswert für den Gewinn eines Spielers $-0,30$ Euro.

Wenn das Spiel fair sein soll, muss der Erwartungswert Null sein.
Bezeichnet man mit x den Gewinn für das Ereignis «Kreis und Dreieck», so gilt für den Erwartungswert:

$$\mathrm{E} = 2\,€ \cdot \frac{7}{20} + x\,€ \cdot \frac{1}{8} - 1,50\,€ = -0,80 + \frac{1}{8}x\,€$$

Nun löst man die Gleichung $\mathrm{E} = 0$ nach x auf:

$$\begin{aligned} -0,80 + \frac{1}{8}x &= 0 \\ \frac{1}{8}x &= 0,8 \\ x &= 6,4 \end{aligned}$$

Somit muss der Gewinn für das Ereignis «Kreis und Dreieck» 6,40 Euro betragen, damit das Spiel fair wird.

b) Das Koordinatensystem wird am geschicktesten so gelegt, dass die x-Achse auf dem Boden liegt und die y-Achse durch den Scheitel S geht.

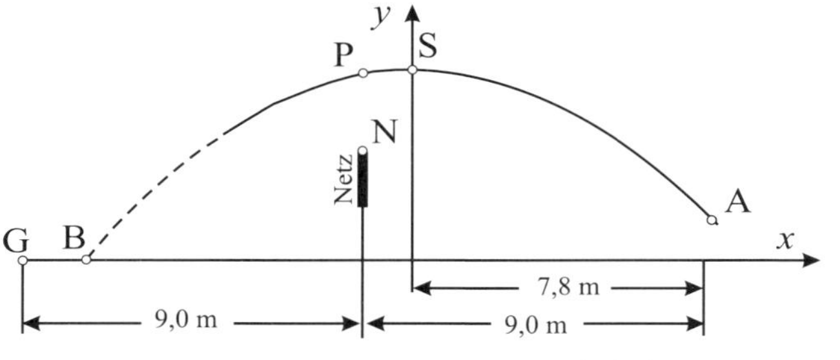

Damit hat der Scheitel S der Parabel p die Koordinaten $S(0 \mid 4)$ und ein weiterer Parabelpunkt hat die Koordinaten $A(7,8 \mid 0,9)$.
Setzt man die Koordinaten des Scheitels $S(0 \mid 4)$ in die Form $y = ax^2 + c$ ein, ergibt sich:

$$4 = a \cdot 0^2 + c \;\Rightarrow\; c = 4$$

Setzt man die Koordinaten von $A(7,8 \mid 0,9)$ ein, erhält man:

$$\begin{aligned} 0,9 &= a \cdot 7,8^2 + 4 \\ -3,1 &= a \cdot 7,8^2 \\ -\frac{3,1}{7,8^2} &= a \\ a &= -\frac{155}{3042} \\ a &\approx -0,05 \end{aligned}$$

Somit hat die Parabel p die Gleichung:

$$p\colon\ y = -0,05x^2 + 4$$

Der höchste Punkt des Netzes hat die Koordinaten $\mathrm{N}(-1,2 \mid 2,24)$.
Um zu berechnen, in welchem Abstand d der Ball das $2,24\,\mathrm{m}$ hohe Netz überquert, setzt man zuerst $x = -1,2$ in die Gleichung von p ein, um den Punkt P der Parabel zu bestimmen, der genau über dem Netz liegt:

$$y = -0,05 \cdot (-1,2)^2 + 4 \approx 3,93 \ \Rightarrow\ \mathrm{P}(-1,2 \mid 3,93)$$

Den Abstand d erhält man nun, indem man die y-Werte der Punkte P und N subtrahiert:

$$\mathrm{d} = 3,93 - 2,24 = 1,69$$

Somit überquert der Ball in einem Abstand von etwa $1,69\,\mathrm{m}$ das Netz.

Da die Grundlinien des Volleyballspielfeldes jeweils $9,0\,\mathrm{m}$ vom Netz entfernt liegen, hat ein Punkt der linken Grundlinie die Koordinaten $\mathrm{G}(-10,2 \mid 0)$.
Um zu berechnen, in welcher Entfernung e zur Grundlinie der Ball auf dem Boden auftrifft, berechnet man zuerst die Koordinaten des Schnittpunktes B der Flugbahn mit dem Boden. Dazu löst man die Gleichung $y = 0$ nach x auf:

$$\begin{aligned} -0,05x^2 + 4 &= 0 \\ 4 &= 0,05x^2 \\ 80 &= x^2 \\ x_{1,2} &= \pm\sqrt{80} \end{aligned}$$

Da der Ball im linken Spielfeld auf dem Boden aufkommt, hat der Punkt B die Koordinaten $\mathrm{B}(-\sqrt{80} \mid 0)$.
Die Entfernung e des Auftreffpunktes B zur Grundlinie G erhält man, indem man die x-Werte von B und G subtrahiert:

$$e = -\sqrt{80} - (-10,2) \approx 1,26$$

Somit trifft der Ball in einer Entfernung von etwa $1,26\,\mathrm{m}$ zur linken Grundlinie auf dem Boden auf.

3 Realschulabschlussprüfung 2021

Teil A1

Aufgabe 1

a) Der Streckenzug wird auf dem Netz (B) richtig dargestellt.

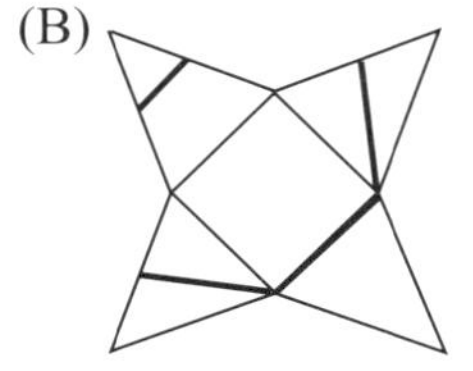

b) Das Volumen V der quadratischen Pyramide erhält man mit Hilfe der Formel $V = \frac{1}{3} \cdot G \cdot h$.
Für die Grundfläche G mit $a = 5\,\text{cm}$ gilt: $G = a^2 = 5^2 = 25\,\text{cm}^2$.
Mit $h = 6\,\text{cm}$ ergibt sich:

$$V = \frac{1}{3} \cdot G \cdot h = \frac{1}{3} \cdot 25 \cdot 6 = 50\,\text{cm}^3$$

Das Volumen der quadratischen Pyramide beträgt $50\,\text{cm}^3$.

Aufgabe 2

Die Gleichung wird durch Ausmultiplizieren der Klammern zuerst vereinfacht:

$$(x-3)(x+5)+7 = 8(x-2)$$
$$x^2+5x-3x-15+7 = 8x-16$$
$$x^2-6x+8 = 0$$

Die Lösungen der quadratischen Gleichung erhält man mit Hilfe der *bc*-Formel:

$$x_{1,2} = -\frac{-6}{2} \pm \sqrt{\left(\frac{-6}{2}\right)^2 - 8} = 3 \pm \sqrt{(-3)^2-8} = 3 \pm \sqrt{9-8} = 3 \pm \sqrt{1} = 3 \pm 1$$

Somit erhält man die Lösungen $x_1 = 2$ und $x_2 = 4$.

Aufgabe 3

a) Mit $P(r) = 50\% = \frac{1}{2} = \frac{3}{6}$ und $P(b) = \frac{1}{6}$ sind im Behälter drei rote Kugeln und eine blaue Kugel. Da insgesamt sechs Kugeln vorhanden sind, gibt es noch zwei gelbe Kugeln. Damit erhält man: $P(g) = \frac{2}{6}$.
Im Behälter sind also drei rote, eine blaue und zwei gelbe Kugeln.
Wenn eine gelbe Kugel gezogen wurde, ist im Behälter nur noch eine gelbe Kugel von insgesamt fünf Kugeln. Somit ist die Wahrscheinlichkeit $\frac{1}{5}$, beim zweiten Zug eine gelbe Kugel zu ziehen.
Damit ergibt sich das rechts stehende Baumdiagramm.

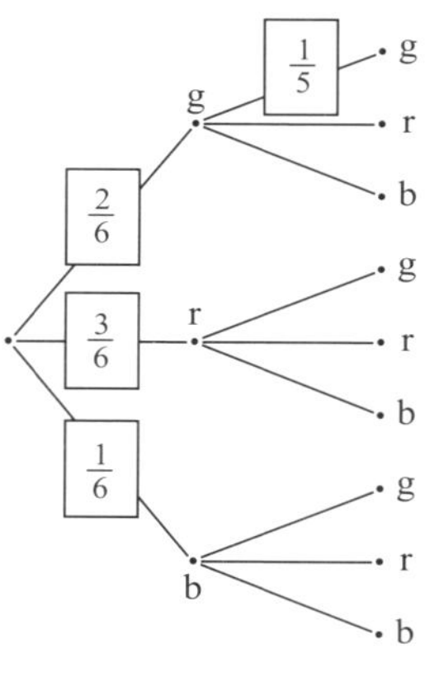

b) Die Wahrscheinlichkeit, dass Kim zwei rote Kugeln zieht, erhält man mit Hilfe der Pfadregeln. Da es sich um Ziehen ohne Zurücklegen handelt, gilt:

$$P(\text{rr}) = \frac{3}{6} \cdot \frac{2}{5} = \frac{1}{5} = \frac{20}{100} = 20\%$$

Aufgabe 4

a) Die Gerade g hat die Steigung $m = 3$ und den y-Achsenabschnitt $c = 3$.
Somit gehört Gleichung (4) $y = 3x + 3$ zur Geraden g.

Die Parabel p_1 hat den Scheitel $S_1(0 \mid 3)$, ist nach unten geöffnet und gestaucht.
Damit könnte Gleichung (2) oder Gleichung (6) zu p_1 gehören.
Setzt man $x = 1$ in Gleichung (2) ein, ergibt sich: $y = -\frac{1}{2} \cdot 1^2 + 3 = 2,5$.
Da der Punkt $P(1 \mid 2,5)$ auf p_1 liegt, gehört Gleichung (2) $y = -\frac{1}{2}x^2 + 3$ zu p_1.

Die Parabel p_2 hat den Scheitel $S_2(2 \mid -1)$ und ist nach oben geöffnet.
Damit könnte Gleichung (3) oder Gleichung (5) zu p_2 gehören.

Setzt man $x = 2$ in Gleichung (3) ein, ergibt sich: $y = 2^2 - 4 \cdot 2 + 3 = -1$.
Da der Punkt $S_2(2 \mid -1)$ auf p_2 liegt, gehört Gleichung (3) $y = x^2 - 4x + 3$ zu p_2.

b) Die Gerade h hat die Funktionsgleichung $y = -\frac{1}{2}x + 2$.
Der zugehörige Graph ist eine Gerade mit Steigung $m = -\frac{1}{2}$ und y-Achsenabschnitt $c = 2$.
Damit kann man die Gerade h einzeichnen:

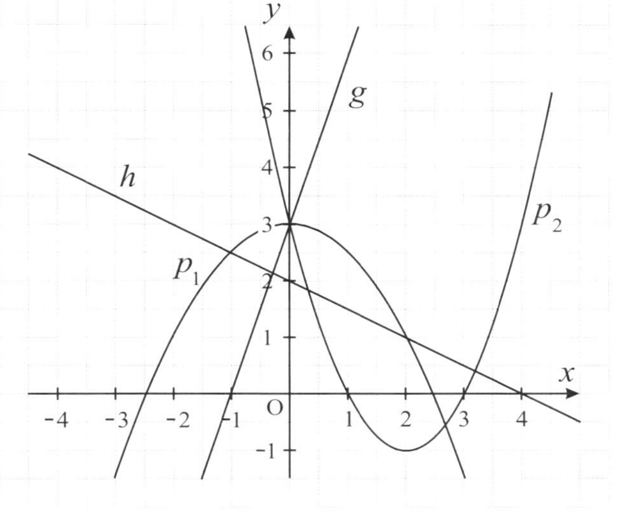

Aufgabe 5

Mit Hilfe der Potenzgesetze erhält man:

$$\frac{10^6}{5^4 \cdot 5^2} : 2^4 = \frac{10^6}{5^6} : 2^4 = \left(\frac{10}{5}\right)^6 : 2^4 = 2^6 : 2^4 = 2^2 = 4$$

Aufgabe 6

Die Anzahl A_n der Kärtchen des n-ten Musters kann man sich folgendermaßen überlegen:
In der Mitte liegt immer ein Kärtchen, in jeder der vier Richtungen erhöht sich die Anzahl der Kärtchen von Muster zu Muster jeweils um eins.

Für das 1. Muster gilt: $A_1 = 1 + 4 \cdot 1 = 5$

Für das 2. Muster gilt: $A_2 = 1 + 4 \cdot 2 = 9$

Für das 3. Muster gilt: $A_3 = 1 + 4 \cdot 3 = 13$

Allgemein gilt für das n-te Muster: $A_n = 1 + 4 \cdot n$.
Damit gilt für das 10. Muster:

$$A_{10} = 1 + 4 \cdot 10 = 41$$

Das 10. Muster besteht aus 41 Kärtchen und nicht aus 43 Kärtchen.
Somit hat Johannes nicht Recht mit seiner Aussage.

Aufgabe 7

Dem ersten Kreisdiagramm entspricht der Bruch $\frac{2}{3}$, dem zweiten Kreisdiagramm der Bruch $\frac{2}{5}$, dem dritten Kreisdiagramm der Bruch $\frac{3}{4}$ und dem vierten Kreisdiagramm der Bruch $\frac{3}{20}$.

Zu Aussage (A) gehört der Bruch $\frac{3}{4}$.

Zu Aussage (B) gehört der Bruch $\frac{15}{100} = \frac{3}{20}$.

Zu Aussage (C) gehört der Bruch $\frac{200}{300} = \frac{2}{3}$.

Zu Aussage (D) gehört der Bruch $\frac{40}{100} = \frac{4}{10} = \frac{2}{5}$.

Damit kann man jedem Kreisdiagramm die passende Aussage zuordnen:

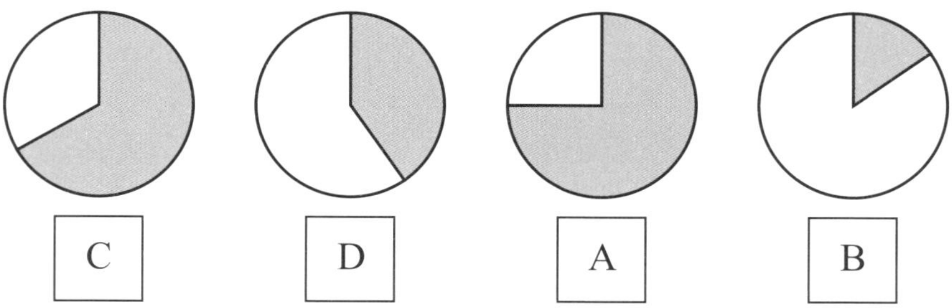

Teil A2

Aufgabe 1

Um den Umfang des Dreiecks GEC zu berechnen, benötigt man die Seiten $\overline{CE}$, $\overline{CG}$ und $\overline{EG}$. Die bekannten Maße und Winkel werden in eine Skizze eingetragen.

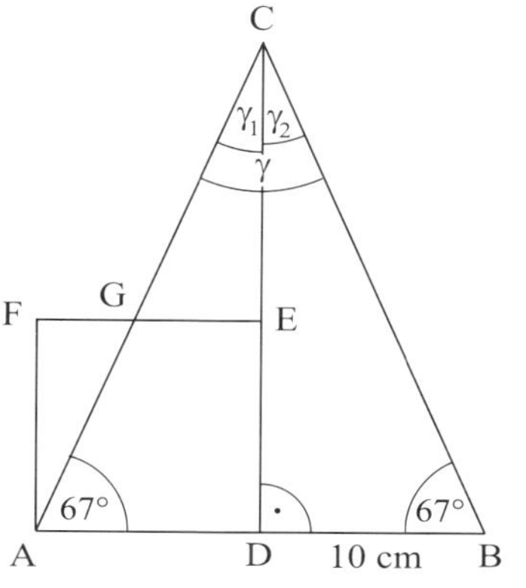

Im Dreieck BCD kann man die Seite $\overline{CD}$ bestimmen:

$$\begin{aligned}\tan(\beta) &= \frac{\overline{CD}}{\overline{BD}}\\ \tan(\beta)\cdot\overline{BD} &= \overline{CD}\\ \tan(67^\circ)\cdot 10{,}0 &= \overline{CD}\\ \overline{CD} &\approx 23{,}56\,\text{cm}\end{aligned}$$

Da das Dreieck ABC gleichschenklig ist, ergibt sich:

$$\overline{AD} = \overline{BD} = \overline{DE} = 10{,}0\,\text{cm}$$

und

$$\alpha = \beta = 67^\circ$$

sowie

$$\gamma = 180^\circ - 67^\circ - 67^\circ = 46^\circ \Rightarrow \gamma_1 = \gamma_2 = 23^\circ$$

Im Dreieck CEG kann man nun die Seiten $\overline{CE}$, $\overline{CG}$ und $\overline{EG}$ bestimmen:

$$\overline{CE} = \overline{CD} - \overline{DE} \approx 23{,}56 - 10{,}0 = 13{,}56\,\text{cm}$$

und

$$\begin{aligned}\tan(\gamma_1) &= \frac{\overline{EG}}{\overline{CE}}\\ \tan(\gamma_1)\cdot\overline{CE} &= \overline{EG}\\ \tan(23^\circ)\cdot 13{,}56 &= \overline{EG}\\ \overline{EG} &\approx 5{,}76\,\text{cm}\end{aligned}$$

sowie

$$\begin{aligned}\cos(\gamma_1) &= \frac{\overline{CE}}{\overline{CG}}\\ \cos(\gamma_1)\cdot\overline{CG} &= \overline{CE}\\ \overline{CG} &= \frac{\overline{CE}}{\cos(\gamma_1)}\\ \overline{CG} &= \frac{13,56}{\cos(23^\circ)}\\ \overline{CG} &\approx 14,73\,\text{cm}\end{aligned}$$

Somit gilt für den Umfang des Dreiecks CEG:

$$U_{CEG} = \overline{CE}+\overline{EG}+\overline{CG} \approx 13,56+5,76+14,73 = 34,05\,\text{cm}$$

Das Dreieck CEG hat damit einen Umfang von etwa 34,1 cm.

Aufgabe 2

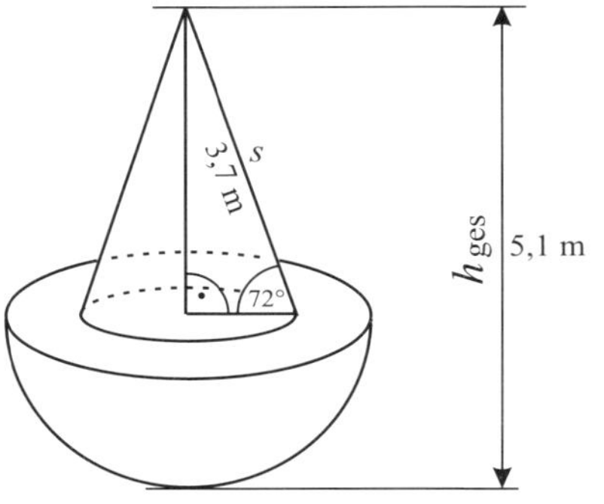

Der Oberflächeninhalt O des zusammengesetzten Körpers besteht aus dem Mantel M_{Ke} des Kegels, eines Kreisrings A und einer halben Kugeloberfläche $\frac{O_{Ku}}{2}$.
Den Mantel M_{Ke} des Kegels erhält man durch $M_{Ke} = \pi \cdot r_{Ke} \cdot s$.
Den Radius r_{Ke} des Kegels erhält man im rechtwinkligen Dreieck:

$$\begin{aligned}\cos(\alpha) &= \frac{r_{Ke}}{s}\\ \cos(\alpha)\cdot s &= r_{Ke}\\ \cos(72^\circ)\cdot 3,7 &= r_{Ke}\\ r_{Ke} &\approx 1,14\,\text{m}\end{aligned}$$

Damit ergibt sich:

$$M_{Ke} = \pi \cdot r_{Ke} \cdot s \approx \pi \cdot 1,14 \cdot 3,7 \approx 13,25\,\text{m}^2$$

Zur Berechnung des Flächeninhalts A des Kreisrings benötigt man den Radius r_{Ku} der Kugel. Dazu berechnet man zuerst die Höhe h_{Ke} des Kegels:

$$\begin{aligned}\sin(\alpha) &= \frac{h_{\text{Ke}}}{s}\\ \sin(\alpha)\cdot s &= h_{\text{Ke}}\\ \sin(72^\circ)\cdot 3{,}7 &= h_{\text{Ke}}\\ h_{\text{Ke}} &\approx 3{,}52\,\text{m}\end{aligned}$$

Damit ergibt sich:

$$r_{\text{Ku}} = h_{ges} - h_{\text{Ke}} \approx 5{,}1 - 3{,}52 = 1{,}58\,\text{m}$$

Damit erhält man den Flächeninhalt A des Kreisrings:

$$\text{A} = \pi\cdot r_{\text{Ku}}^2 - \pi\cdot r_{\text{Ke}}^2 \approx \pi\cdot 1{,}58^2 - \pi\cdot 1{,}14^2 \approx 3{,}76\,\text{m}^2$$

Die Oberfläche der Kugel erhält man mit der Formel $\text{O}_{\text{KU}} = 4\cdot\pi\cdot r_{\text{KU}}^2$.
Damit ergibt sich für die halbe Kugeloberfläche:

$$\frac{\text{O}_{\text{KU}}}{2} = \frac{4\cdot\pi\cdot r_{\text{KU}}^2}{2} = 2\cdot\pi\cdot r_{\text{KU}}^2 \approx 2\cdot\pi\cdot 1{,}58^2 \approx 15{,}69\,\text{m}^2$$

Für den Oberflächeninhalt O des zusammengesetzten Körpers ergibt sich damit:

$$\text{O} = \text{M}_{\text{Ke}} + \text{A} + \frac{\text{O}_{\text{KU}}}{2} \approx 13{,}25 + 3{,}76 + 15{,}69 = 32{,}7\,\text{m}^2$$

Der Oberflächeninhalt des zusammengesetzten Körpers beträgt etwa $32{,}7\,\text{m}^2$.
Da eine Farbdose für $10\,\text{m}^2$ reicht, müssen vier Dosen gekauft werden.

Aufgabe 3

Zuerst bestimmt man die Wahrscheinlichkeiten für die einzelnen Ziffern für die beiden Glücksräder.
Für das linke Glücksrad gilt: $\text{P}(2) = \text{P}(3) = \text{P}(4) = \text{P}(5) = \frac{1}{4}$.
Für das rechte Glücksrad gilt: $\text{P}(2) = \text{P}(3) = \text{P}(5) = \frac{1}{5}$ und $\text{P}(4) = \frac{2}{5}$.
Die Wahrscheinlichkeit, dass eine Zahl mit zwei gleichen Ziffern zu sehen ist, erhält man mit Hilfe der Pfadregeln:

$$\text{P(zwei gleiche Ziffern)} = \text{P}(22) + \text{P}(33) + \text{P}(44) + \text{P}(55) = \frac{1}{4}\cdot\frac{1}{5} + \frac{1}{4}\cdot\frac{1}{5} + \frac{1}{4}\cdot\frac{2}{5} + \frac{1}{4}\cdot\frac{1}{5} = \frac{1}{4}$$

Die Wahrscheinlichkeit, dass eine durch 12 teilbare Zahl zu sehen ist, erhält man mit Hilfe der Pfadregeln:

$$\text{P(eine durch 12 teilbare Zahl)} = \text{P}(24) = \frac{1}{4}\cdot\frac{2}{5} = \frac{1}{10}$$

Die Wahrscheinlichkeit, dass höchstens einmal die Ziffer 4 zu sehen ist, erhält man mit Hilfe der Wahrscheinlichkeit des Gegenereignisses und der Pfadregeln:

$$\text{P(höchstens einmal Ziffer 4)} = 1 - \text{P(genau zweimal Ziffer 4)} = 1 - \text{P}(44) = 1 - \frac{1}{4} \cdot \frac{2}{5} = \frac{9}{10}$$

Aufgabe 4

Im Jahr 2016 betrug der Umsatz des Onlinehandels $44,2\,\text{Mrd}\,€$, im Jahr 2019 betrug er $58,5\,\text{Mrd}\,€$. Den Anstieg erhält man, indem man die Differenz der beiden Werte bildet:

$$58,5\,\text{Mrd}\,€ - 44,2\,\text{Mrd}\,€ = 14,3\,\text{Mrd}\,€$$

Damit beträgt der Anstieg $14,3\,\text{Mrd}\,€$.
Um zu berechnen, um wie viel Prozent der Umsatz des Onlinehandels von 2016 bis 2019 insgesamt gestiegen ist, teilt man den Anstieg durch den Wert im Jahr 2016:

$$\frac{14,3}{44,2} \approx 0,324 = 32,4\%$$

Alternativ kann man auch die Prozentformel verwenden:

$$\begin{aligned} \text{W} &= \text{G} \cdot \frac{p}{100} \\ \frac{\text{W} \cdot 100}{\text{G}} &= p \\ \frac{14,3 \cdot 100}{44,2} &= p \\ 32,4 &\approx p \end{aligned}$$

Ebenso kann man den Dreisatz verwenden:

$$\begin{aligned} 44,2 &\mathrel{\widehat{=}} 100\% \\ 1 &\mathrel{\widehat{=}} \frac{100\%}{44,2} \\ 14,3 &\mathrel{\widehat{=}} \frac{100\%}{44,2} \cdot 14,3 \approx 32,4\% \end{aligned}$$

Somit ist der Umsatz des Onlinehandels von 2016 bis 2019 um etwa $32,4\,\%$ gestiegen.

Den Umsatz U für den Bereich «Freizeit und Hobby» im Jahr 2017 erhält man, indem man $14,5\,\%$ von $48,9\,\text{Mrd}\,€$ berechnet:

$$\text{U} = 0,145 \cdot 48,9\,\text{Mrd}\,€ \approx 7,09\,\text{Mrd}\,€$$

Alternativ kann man auch die Prozentformel verwenden:

$$W = G \cdot \frac{p}{100}$$
$$W = 48,9\,\text{Mrd}\,€ \cdot \frac{14,5}{100}$$
$$W \approx 7,09\,\text{Mrd}\,€$$

Ebenso kann man den Dreisatz verwenden:

$$100\% \mathrel{\widehat{=}} 48,9$$
$$1\% \mathrel{\widehat{=}} \frac{48,9}{100}$$
$$14,5\% \mathrel{\widehat{=}} \frac{48,9}{100} \cdot 14,5 \approx 7,09$$

Der Umsatz für den Bereich «Freizeit und Hobby» im Jahr 2017 betrug etwa 7,09 Mrd €.

Im Jahr 2017 entfielen 24,9 % des Onlinehandels auf «Elektronik» und 53,0 % des Bereichs «Elektronik» auf den Onlinehandel mit Smartphones. Zuerst berechnet man den Umsatz für Elektronik, indem man 24,9 % von 48,9 Mrd € berechnet:

$$U = 0,249 \cdot 48,9\,\text{Mrd}\,€ \approx 12,18\,\text{Mrd}\,€$$

Alternativ kann man auch die Prozentformel verwenden:

$$W = G \cdot \frac{p}{100}$$
$$W = 48,9\,\text{Mrd}\,€ \cdot \frac{24,9}{100}$$
$$W \approx 12,18\,\text{Mrd}\,€$$

Ebenso kann man den Dreisatz verwenden:

$$100\% \mathrel{\widehat{=}} 48,9$$
$$1\% \mathrel{\widehat{=}} \frac{48,9}{100}$$
$$24,9\% \mathrel{\widehat{=}} \frac{48,9}{100} \cdot 24,9 \approx 12,18$$

Im Jahr 2017 wurden etwa 12,18 Mrd € für Elektronik ausgegeben.

Um zu berechnen, wie viele Euro im Onlinehandel für Smartphones ausgegeben wurden, berechnet man 53,0 % von 12,18 Mrd €:

$$0,530 \cdot 12,18\,\text{Mrd}\,€ \approx 6,46\,\text{Mrd}\,€$$

Alternativ kann man auch die Prozentformel verwenden:

$$\begin{aligned} W &= G \cdot \frac{p}{100} \\ W &= 12,18\,\text{Mrd}\,€ \cdot \frac{53,0}{100} \\ W &\approx 6,46\,\text{Mrd}\,€ \end{aligned}$$

Ebenso kann man den Dreisatz verwenden:

$$\begin{aligned} 100\% &\mathrel{\widehat{=}} 12,18 \\ 1\% &\mathrel{\widehat{=}} \frac{12,18}{100} \\ 53,0\% &\mathrel{\widehat{=}} \frac{12,18}{100} \cdot 53,0 \approx 6,46 \end{aligned}$$

Somit wurden für Smartphones im Jahr 2017 etwa 6,46 Mrd € ausgegeben.

Aufgabe 5

Die Koordinaten des Scheitelpunkts S der Parabel p mit der Funktionsgleichung $y = x^2 - 6x + 10$ erhält man durch quadratische Ergänzung:

$$\begin{aligned} y &= x^2 - 6x + 10 \\ y &= x^2 - 6x + 9 - 9 + 10 \\ y &= (x-3)^2 + 1 \end{aligned}$$

Damit hat die Parabel p den Scheitel $S(3 \mid 1)$.

Die Gleichung der Geraden g, die durch $S(3 \mid 1)$ verläuft und die Steigung $m = -2$ besitzt, erhält man mit Hilfe des Ansatzes $y = mx + c$. Setzt man die Koordinaten von S und die Steigung $m = -2$ ein, ergibt sich:

$$\begin{aligned} 1 &= -2 \cdot 3 + c \\ 7 &= c \end{aligned}$$

Damit hat die Gerade g die Gleichung $y = -2x + 7$.

Die Koordinaten des zweiten Schnittpunkts Q der Parabel p mit der Geraden g erhält man durch Gleichsetzen der Gleichungen von p und g:

$$\begin{aligned} x^2 - 6x + 10 &= -2x + 7 \\ x^2 - 4x + 3 &= 0 \end{aligned}$$

Die Lösungen der quadratischen Gleichung erhält man mit Hilfe der bc-Formel:

$$x_{1,2} = -\frac{-4}{2} \pm \sqrt{\left(\frac{-4}{2}\right)^2 - 3} = 2 \pm \sqrt{(-2)^2 - 3} = 2 \pm \sqrt{4-3} = 2 \pm \sqrt{1} = 2 \pm 1$$

Somit erhält man die Lösungen $x_1 = 3$ und $x_2 = 1$.
Die zugehörigen y-Werte erhält man, indem man die x-Werte in die Gleichung von g einsetzt:

$$y_1 = -2 \cdot 3 + 7 = 1 \Rightarrow \mathrm{S}(3 \mid 1)$$
$$y_1 = -2 \cdot 1 + 7 = 5 \Rightarrow \mathrm{Q}(1 \mid 5)$$

Somit hat der Punkt Q die Koordinaten Q(1 | 5).

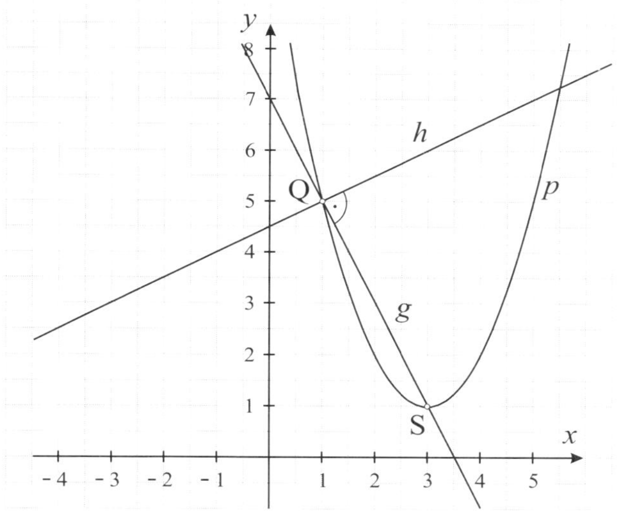

Die Gerade h, die senkrecht zur Geraden g verläuft, hat die Steigung $m_h = -\frac{1}{-2} = \frac{1}{2}$ (negativer Kehrwert der Steigung der Geraden g). Die Gleichung der Geraden h, die durch Q(1 | 5) verläuft und die Steigung $m_h = \frac{1}{2}$ besitzt, erhält man mit der Hauptform $y = mx + c$. Setzt man die Koordinaten von Q und die Steigung $m_h = \frac{1}{2}$ ein, ergibt sich:

$$5 = \frac{1}{2} \cdot 1 + c$$
$$4,5 = c$$

Somit hat die Gerade h die Funktionsgleichung $y = \frac{1}{2}x + 4,5$.

Aufgabe 6

Zuerst bestimmt man die Kennwerte der dargestellten Boxplots.

Für Boxplot (1) gilt:

$$x_{\min} = 0$$
$$q_u = 3$$
$$z = 7$$
$$q_o = 8$$
$$x_{\max} = 16$$

Für Boxplot (2) gilt:

$$x_{\min} = 0$$
$$q_u = 3$$
$$z = 7$$
$$q_o = 9$$
$$x_{\max} = 16$$

Die beiden Boxplots unterscheiden sich nur im oberen Quartil.
Also berechnet man für das Diagramm (1) das obere Quartil:

$$\text{n} \cdot 0,75 = 25 \cdot 0,75 = 18,75 \Rightarrow q_o = x_{19}$$

Der 19. Wert ist in Diagramm (1) noch im 8. Balken enthalten, also gilt: $x_{19} = 8$.
Somit gehört Boxplot (2) zu Diagramm (1), also zur Lesezeit der Männer.

Boxplot (1) gehört zu Diagramm (2).
Der 19. Wert in Diagramm (2) muss noch im 9. Balken enthalten sein.
Damit kann man beispielsweise Folgendes ergänzen:

Bei 8 Stunden Lesezeit können drei Personen sein.

Bei 9 Stunden Lesezeit können zwei Personen sein.

Bei 10 Stunden Lesezeit können zwei Personen sein.

Bei 12 Stunden Lesezeit können zwei Personen sein.

Bei 14 Stunden Lesezeit kann eine Person sein.

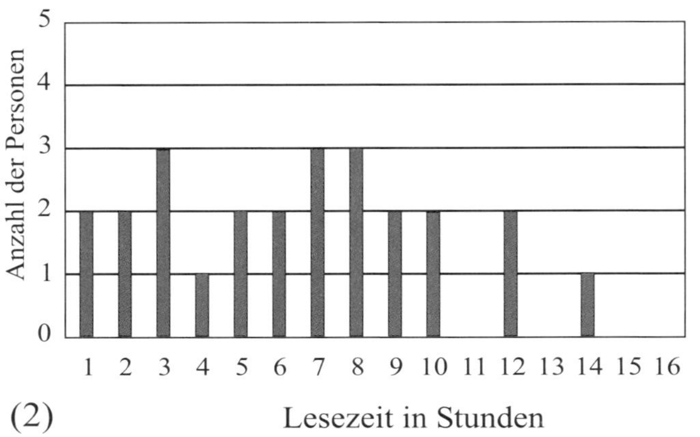

(2)

Zu Diagramm (1) gehört die Lesezeit der Männer.
Addiert man die Balken ab 7 Stunden Lesezeit, ergibt sich:

$$5+3+2+1+1+1=13$$

Damit lesen 13 Männer, also über die Hälfte der 25 Männer, 7 Stunden oder mehr pro Woche.
Alternativ kann man auch argumentieren, dass der Zentralwert 7 Stunden beträgt, also lesen mehr als die Hälfte der Männer mindestens 7 Stunden pro Woche.
Somit hat Finn Recht.

Teil B

Aufgabe 1

a) Die bekannten Maße und Winkel werden in eine Skizze eingetragen. Im Dreieck ABC kann man die Seiten $\overline{AC}$ und $\overline{BC}$ bestimmen:

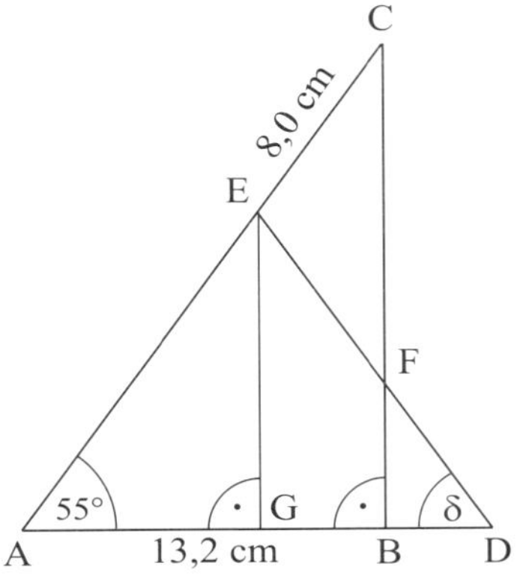

$$\cos(\alpha) = \frac{\overline{AB}}{\overline{AC}}$$
$$\cos(\alpha) \cdot \overline{AC} = \overline{AB}$$

$$\overline{AC} = \frac{\overline{AB}}{\cos(\alpha)}$$
$$\overline{AC} = \frac{13{,}2}{\cos(55^\circ)}$$
$$\overline{AC} \approx 23{,}01\,\text{cm}$$

$$\tan(\alpha) = \frac{\overline{BC}}{\overline{AB}}$$
$$\tan(\alpha) \cdot \overline{AB} = \overline{BC}$$
$$\tan(55^\circ) \cdot 13{,}2 = \overline{BC}$$
$$\overline{BC} \approx 18{,}85\,\text{cm}$$

Damit ergibt sich:

$$\overline{AE} = \overline{AC} - \overline{CE} = 23{,}01 - 8{,}0 = 15{,}01\,\text{cm}$$

sowie

$$\overline{DE} = \overline{AE} = 15{,}01\,\text{cm}$$

Im Dreieck AGE kann man die Seite $\overline{AG}$ berechnen:

$$\cos(\alpha) = \frac{\overline{AG}}{\overline{AE}}$$
$$\cos(\alpha) \cdot \overline{AE} = \overline{AG}$$
$$\cos(55^\circ) \cdot 15{,}01 = \overline{AG}$$
$$\overline{AG} \approx 8{,}61\,\text{cm}$$

Da das Dreieck ADE gleichschenklig ist, ergibt sich:

$$\overline{GD} = \overline{AG} = 8{,}61\,\text{cm}$$

sowie

$$\overline{AD} = 2 \cdot \overline{AG} = 2 \cdot 8{,}61 = 17{,}22\,\text{cm}$$

und

$$\delta = \alpha = 55{,}0^\circ$$

Damit ergibt sich:

$$\overline{BD} = \overline{AD} - \overline{AB} = 17{,}22 - 13{,}2 = 4{,}02\,\text{cm}$$

Im Dreieck BDF kann man nun die Seite $\overline{DF}$ berechnen:

$$\begin{aligned}
\cos(\delta) &= \frac{\overline{BD}}{\overline{DF}} \\
\cos(\delta) \cdot \overline{DF} &= \overline{BD} \\
\overline{DF} &= \frac{\overline{BD}}{\cos(\delta)} \\
\overline{DF} &= \frac{4{,}02}{\cos(55^\circ)} \\
\overline{DF} &\approx 7{,}01\,\text{cm}
\end{aligned}$$

Die Länge der Strecke $\overline{DF}$ beträgt etwa $7{,}0\,\text{cm}$.

Für den Umfang des Vierecks ABFE benötigt man noch die Strecken $\overline{BF}$ und $\overline{FE}$. Im Dreieck BDF kann man die Strecke $\overline{BF}$ berechnen:

$$\begin{aligned}
\tan(\delta) &= \frac{\overline{BF}}{\overline{BD}} \\
\tan(\delta) \cdot \overline{BD} &= \overline{BF} \\
\tan(55^\circ) \cdot 4{,}02 &= \overline{BF} \\
\overline{BF} &\approx 5{,}74\,\text{cm}
\end{aligned}$$

Ferner gilt:

$$\overline{EF} = \overline{DE} - \overline{DF} = 15{,}01 - 7{,}01 = 8{,}00\,\text{cm}$$

Damit gilt für den Umfang des Vierecks ABFE:

$$U_{\text{ABFE}} = \overline{AB} + \overline{BF} + \overline{EF} + \overline{AE} \approx 13{,}2 + 5{,}74 + 8{,}00 + 15{,}01 = 41{,}95\,\text{cm}$$

Das Viereck ABFE hat einen Umfang von etwa $42{,}0\,\text{cm}$.

b) Setzt man die Koordinaten der Punkte $A(1 \mid -8)$ und $B(3 \mid -8)$ in die Normalform $y = x^2 + bx + c$ ein, ergibt sich folgendes Gleichungssystem:

$$\begin{array}{lrcccccc}
\text{I} & -8 & = & 1^2 & + & b \cdot 1 & + & c \\
\text{II} & -8 & = & 3^2 & + & b \cdot 3 & + & c
\end{array}$$

bzw.

$$\begin{array}{lrcrcrcr} \text{I} & -8 & = & 1 & + & b & + & c \\ \text{II} & -8 & = & 9 & + & 3b & + & c \end{array}$$

Subtrahiert man Gleichung II von Gleichung I, erhält man:

$$0 = -8 - 2b \Rightarrow b = -4$$

Setzt man $b = -4$ in Gleichung I ein, ergibt sich:

$$-8 = 1 - 4 + c \Rightarrow c = -5$$

Somit hat die Normalparabel p die Gleichung $y = x^2 - 4x - 5$.

Die Schnittpunkte der Parabel p mit der x-Achse erhält man, indem man die Gleichung $y = 0$ nach x auflöst:

$$x^2 - 4x - 5 = 0$$

Die Lösungen der quadratischen Gleichung erhält man mit Hilfe der bc-Formel:

$$x_{1,2} = -\frac{-4}{2} \pm \sqrt{\left(\frac{-4}{2}\right)^2 - (-5)} = 2 \pm \sqrt{(-2)^2 + 5} = 2 \pm \sqrt{4+5} = 2 \pm \sqrt{9} = 2 \pm 3$$

Somit erhält man die Lösungen $x_1 = 5$ und $x_2 = -1$.
Damit haben die Schnittpunkte von p mit der x-Achse die Koordinaten $N_1(5 \mid 0)$ und $N_2(-1 \mid 0)$.
Das Viereck ABN_1N_2 ist ein Trapez:

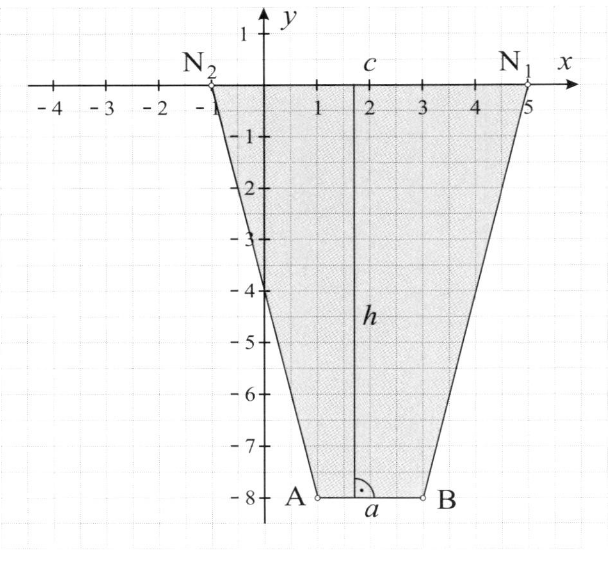

Der Flächeninhalt eines Trapezes kann mit der Formel $A = \frac{a+c}{2} \cdot h$ berechnet werden.
Die parallelen Seiten sind $a = \overline{AB} = 2$ und $c = \overline{N_1N_2} = 6$.
Die zugehörige Höhe h beträgt $h = 8$.
Damit gilt:

$$A = \frac{2+6}{2} \cdot 8 = 32$$

Das Viereck hat einen Flächeninhalt von 32 FE.

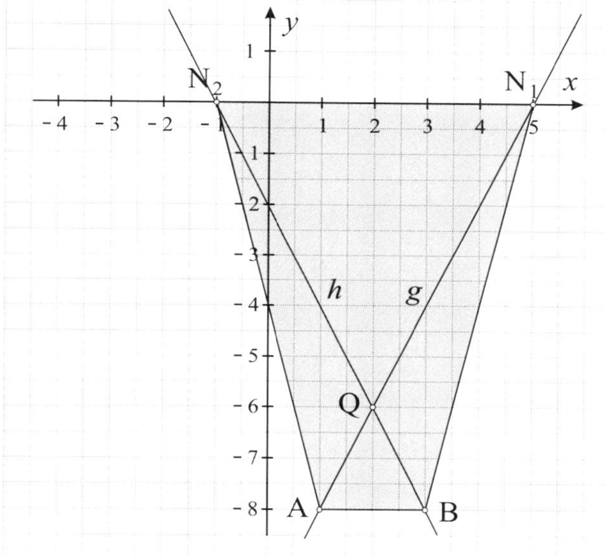

Die Gerade g verläuft durch die Punkte $A(1 \mid -8)$ und $N_1(5 \mid 0)$.
Die Steigung m_g von g erhält man mit der Steigungsformel $m = \frac{y_2-y_1}{x_2-x_1}$:

$$m_g = \frac{0-(-8)}{5-1} = \frac{8}{4} = 2$$

Die Gleichung der Geraden g, welche die Steigung $m_g = 2$ hat und durch den Punkt $A(1 \mid -8)$ geht, erhält man mit der Hauptform $y = mx + c$:

$$-8 = 2 \cdot 1 + c \Rightarrow c = -10$$

Damit hat die Gerade g die Gleichung:

$$g\colon y = 2x - 10$$

Die Gerade h verläuft durch die Punkte $B(3 \mid -8)$ und $N_2(-1 \mid 0)$.
Die Steigung m_h von h erhält man mit der Steigungsformel $m = \frac{y_2-y_1}{x_2-x_1}$:

$$m_h = \frac{0-(-8)}{-1-3} = \frac{8}{-4} = -2$$

Die Gleichung der Geraden h, welche die Steigung $m_h = -2$ hat und durch den Punkt $B(3 \mid -8)$ geht, erhält man mit der Hauptform $y = mx + c$:

$$-8 = -2 \cdot 3 + c \Rightarrow c = -2$$

Damit hat die Gerade h die Gleichung:

$$h\colon y = -2x - 2$$

Die Koordinaten des Schnittpunktes Q von g und h erhält man durch Gleichsetzen der Geradengleichungen:

$$\begin{aligned} 2x - 10 &= -2x - 2 \\ 4x &= 8 \\ x &= 2 \end{aligned}$$

Den zugehörigen y-Wert erhält man, indem man $x = 2$ in die Gleichung von g (oder h) einsetzt:

$$y = 2 \cdot 2 - 10 = -6$$

Somit hat der Punkt Q die Koordinaten $Q(2 \mid -6)$.

Aufgabe 2

a) Setzt man die Koordinaten des Punktes $A(-4 \mid -1)$ in die Gleichung $y = x^2 + bx + 7$ ein, ergibt sich:

$$\begin{aligned} -1 &= (-4)^2 + b \cdot (-4) + 7 \\ -1 &= 16 - 4b + 7 \\ -24 &= -4b \\ b &= 6 \end{aligned}$$

Damit hat die Parabel p_1 die Funktionsgleichung $y = x^2 + 6x + 7$.

Die Koordinaten des Scheitelpunkts S_1 der Parabel p_1 erhält man mit quadratischer Ergänzung:

$$\begin{aligned} y &= x^2 + 6x + 7 \\ y &= x^2 + 6x + 9 - 9 + 7 \\ y &= (x + 3)^2 - 2 \end{aligned}$$

Damit hat die Parabel p_1 den Scheitel $S_1(-3 \mid -2)$.

Die Gerade g verläuft durch die Punkte $A(-4 \mid -1)$ und $S_1(-3 \mid -2)$.
Die Steigung m_g von g erhält man mit der Steigungsformel $m = \frac{y_2 - y_1}{x_2 - x_1}$:

$$m_g = \frac{-2-(-1)}{-3-(-4)} = \frac{-1}{1} = -1$$

Die Gleichung der Geraden g, welche die Steigung $m_g = -1$ hat und durch den Punkt $A(-4 \mid -1)$ geht, erhält man mit der Hauptform $y = mx + c$:

$$-1 = -1 \cdot (-4) + c \Rightarrow c = -5$$

Damit hat die Gerade g die Gleichung:

$$g: y = -x - 5$$

Spiegelt man den Scheitelpunkt $S_1(-3 \mid -2)$ an der y-Achse, entsteht der Punkt $S_2(3 \mid -2)$. Die Gleichung der nach oben geöffneten verschobenen Normalparabel p_2 mit dem Scheitelpunkt $S_2(3 \mid -2)$ erhält man mit der Scheitelform $y = (x-d)^2 + e$:

$$\begin{aligned} p_2&: y = (x-3)^2 - 2 \\ p_2&: y = x^2 - 6x + 9 - 2 \\ p_2&: y = x^2 - 6x + 7 \end{aligned}$$

Damit hat die Parabel p_2 die Funktionsgleichung $y = x^2 - 6x + 7$.

Die Koordinaten des Schnittpunkts der Geraden g mit der y-Achse erhält man, indem man $x = 0$ in die Geradengleichung einsetzt:

$$y = -0 - 5 = -5 \Rightarrow S_3(0 \mid -5)$$

Der Scheitelpunkt S_3 der Parabel p_3 hat damit die Koordinaten $S_3(0 \mid -5)$.

Setzt man die Koordinaten von S_3 in die Gleichung von $p_3: y = ax^2 + c$ ein, ergibt sich:

$$-5 = a \cdot 0^2 + c \Rightarrow c = -5$$

Damit ergibt sich für $p_3: y = ax^2 - 5$.

Da auch der Punkt $S_2(3 \mid -2)$ auf p_3 liegt, setzt man seine Koordinaten ebenfalls in die Gleichung von p_3 ein:

$$-2 = a \cdot 3^2 - 5 \Rightarrow a = \frac{1}{3}$$

Somit hat die Parabel p_3 die Gleichung:

$$p_3: y = \frac{1}{3}x^2 - 5$$

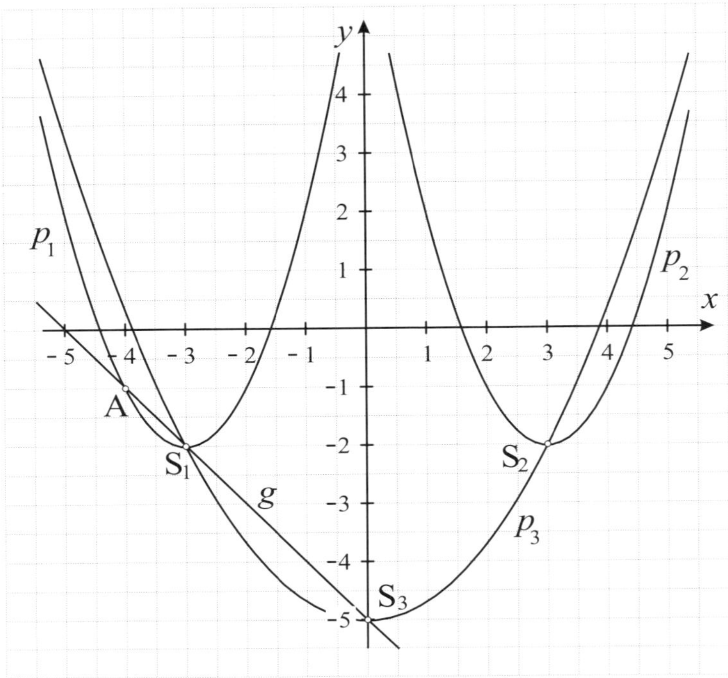

b) Bezeichnet man mit M_1 den Mittelpunkt von EF und mit M_2 den Mittelpunkt von AC, kann man alle Maße in eine Skizze eintragen.

Den Flächeninhalt des Dreiecks EFS erhält man mit der Formel $A = \frac{1}{2} \cdot g \cdot h_\triangle$.

Als Grundseite g des Dreiecks EFS verwendet man $g = \overline{EF} = 12{,}6\,\text{cm}$.

Die zugehörige Höhe h_{EF} erhält man im rechtwinkligen Dreieck EM_1S:

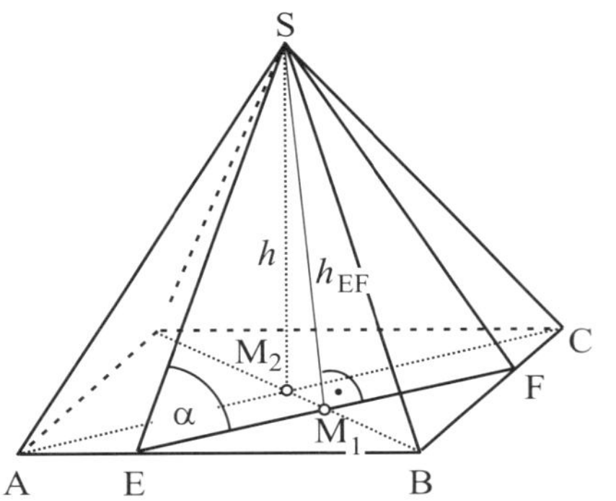

$$\tan(\alpha) = \frac{h_{EF}}{\frac{\overline{EF}}{2}}$$

$$\tan(\alpha) \cdot \frac{\overline{EF}}{2} = h_{EF}$$

$$\tan(72^\circ) \cdot 6{,}3 = h_{EF}$$

$$h_{EF} \approx 19{,}39\,\text{cm}$$

Damit erhält man:

$$A = \frac{1}{2} \cdot g \cdot h_\triangle \approx \frac{1}{2} \cdot 12{,}6 \cdot 19{,}39 \approx 122{,}16\,\text{cm}^2$$

Der Flächeninhalt des Dreiecks EFS beträgt etwa $122,2\,\text{cm}^2$.

Das Volumen V der quadratischen Pyramide erhält man mit der Formel $V = \frac{1}{3} \cdot G \cdot h$.
Die Grundfläche G der Pyramide erhält man durch:

$$G = a^2 = \overline{AB}^2 = 12,6^2 = 158,76\,\text{cm}^2$$

Die Höhe h der Pyramide erhält man im rechtwinkligen Dreieck M_1SM_2.
Dazu benötigt man noch die Länge $\overline{M_1M_2}$. Es gilt

$$\overline{M_1M_2} = \overline{EG}$$

Da das Dreieck AEG gleichschenklig ist, weil die Winkel bei A und E 45° betragen, gilt:

$$\overline{EG} = \overline{AG}$$

Aufgrund der Symmetrie gilt

$$2 \cdot \overline{AG} = \overline{AC} - \overline{EF}$$

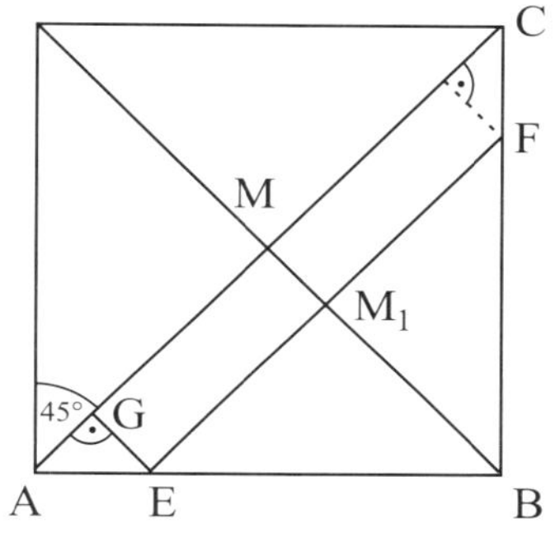

Man kann die gesuchte Länge wie folgt berechnen:

$$\overline{M_1M_2} = \overline{AG} = \frac{\overline{AC} - \overline{EF}}{2}$$

Die Länge der Seite $\overline{AC}$ erhält man im rechtwinkligen Dreieck ABC mit Hilfe des Satzes des Pythagoras:

$$\overline{AC}^2 = \overline{AB}^2 + \overline{BC}^2$$
$$\overline{AC} = \sqrt{\overline{AB}^2 + \overline{BC}^2}$$
$$\overline{AC} = \sqrt{12,6^2 + 12,6^2}$$
$$\overline{AC} = \sqrt{317,52}$$
$$\overline{AC} \approx 17,82\,\text{cm}$$

Damit erhält man:

$$\overline{M_1M_2} = \frac{\overline{AC} - \overline{EF}}{2} \approx \frac{17,82 - 12,6}{2} = 2,61\,\text{cm}$$

Nun erhält man im rechtwinkligen Dreieck M_1SM_2 die Höhe h der Pyramide mit Hilfe des

Satzes des Pythagoras:

$$h^2 + \overline{M_1M_2}^2 = h_{EF}^2$$
$$h^2 = h_{EF}^2 - \overline{M_1M_2}^2$$
$$h = \sqrt{h_{EF}^2 - \overline{M_1M_2}^2}$$
$$h \approx \sqrt{19{,}39^2 - 2{,}61^2}$$
$$h \approx 19{,}21\,\text{cm}$$

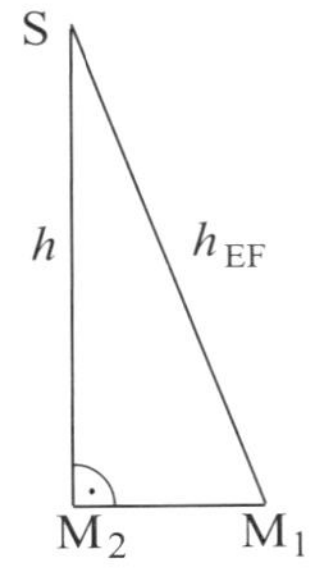

Damit erhält man das Volumen V der Pyramide:

$$V = \frac{1}{3} \cdot G \cdot h \approx V = \frac{1}{3} \cdot 158{,}76 \cdot 19{,}21 \approx 1016{,}59\,\text{cm}^3$$

Das Volumen der Pyramide beträgt etwa $1016{,}6\,\text{cm}^3$.

Aufgabe 3

a) Um den Erwartungswert für den Gewinn eines Spielers zu bestimmen, berechnet man zuerst die Wahrscheinlichkeiten für die abgebildeten Ereignisse. Es gibt vier Handball-Karten, drei Radfahrer-Karten, zwei Lauf-Karten und eine Fußball-Karte. Bezeichnet man H: Handball, mit R: Radfahren, mit L: Laufen und mit F: Fußball, so ergibt sich beim «Ziehen ohne Zurücklegen» folgendes Baumdiagramm:

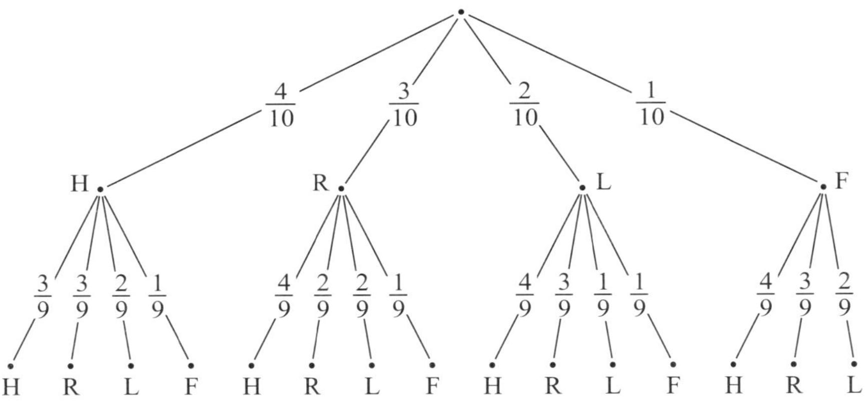

Damit gelten aufgrund der Pfadregeln (Produkt- und Summenregel) folgende Wahrscheinlichkeiten:

$$P(\text{zweimal 🏃}) = P(LL) = \frac{2}{10} \cdot \frac{1}{9} = \frac{1}{45}$$
$$P(\text{🏃 und ⚽}) = P(LF) + P(FL) = \frac{2}{10} \cdot \frac{1}{9} + \frac{1}{10} \cdot \frac{2}{9} = \frac{2}{45}$$
$$P(\text{🚴 und ⚽}) = P(RF) + P(FR) = \frac{3}{10} \cdot \frac{1}{9} + \frac{1}{10} \cdot \frac{3}{9} = \frac{1}{15}$$

Den Erwartungswert E für den Gewinn eines Spielers erhält man, indem man die Gewinne für das jeweilige Ereignis mit den zugehörigen Wahrscheinlichkeiten multipliziert und den Einsatz subtrahiert:

$$E = 9\,€ \cdot \frac{1}{45} + 6\,€ \cdot \frac{2}{45} + 3\,€ \cdot \frac{1}{15} - 1\,€ = -\frac{1}{3}\,€ \approx -0{,}33\,€$$

Somit beträgt der Erwartungswert für den «Gewinn» eines Spielers $-0{,}33$ Euro, d.h. der Spieler macht auf lange Sicht pro Spiel einen Verlust von $0{,}33$ Euro.

Wenn der Veranstalter langfristig pro Spiel einen Erlös von $0{,}50\,€$ erzielen möchte, so muss der neue Erwartungswert E^* des Spielers $-0{,}50$ Euro betragen.

Bezeichnet man mit x den Gewinn für « und » , so ergibt sich für den Erwartungswert E^*des Spielers:

$$E^* = 9\,€ \cdot \frac{1}{45} + x\,€ \cdot \frac{2}{45} + 3\,€ \cdot \frac{2}{30} - 1\,€ = x\,€ \cdot \frac{2}{45} - 0{,}6\,€$$

Da der Erwartungswert E^* des Spielers $-0{,}50$ Euro betragen soll, löst man die Gleichung $E^* = -0{,}50$ nach x auf:

$$\begin{aligned} E^* &= -0{,}50 \\ x \cdot \frac{2}{45} - 0{,}6 &= -0{,}5 \\ x \cdot \frac{2}{45} &= 0{,}1 \\ x &= 2{,}25 \end{aligned}$$

Somit muss der Gewinn für « und » $2{,}25\,€$ betragen.

b) Das Koordinatensystem wird so gelegt, dass die x-Achse auf dem Boden liegt und die y-Achse durch den Scheitelpunkt S der parabelförmigen Flugbahn geht.

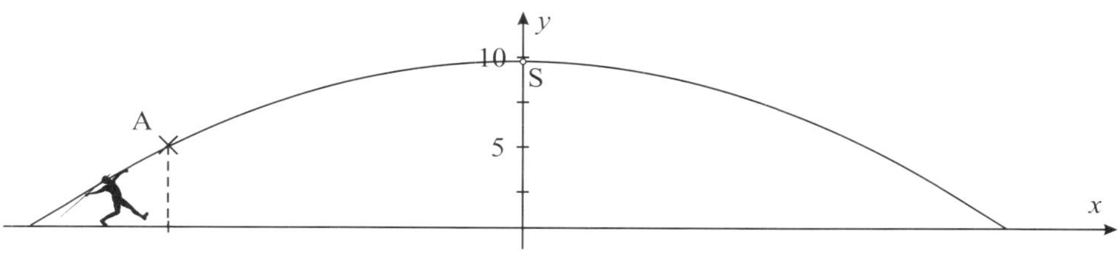

Da der Speer eine maximale Höhe von $9{,}80\,\text{m}$ erreicht, hat der Scheitel S der Parabel p die Koordinaten $S(0 \mid 9{,}8)$.

Setzt man die Koordinaten von S in den Ansatz $y = ax^2 + c$ ein, ergibt sich:

$$9{,}8 = a \cdot 0^2 + c \;\Rightarrow\; c = 9{,}8$$

Damit erhält man: $y = ax^2 + 9,8$.
Da der Abwurfpunkt A 1,80 m über der Abwurflinie liegt und 20,0 m in horizontaler Richtung vom Scheitelpunkt entfernt ist, hat der Abwurfpunkt A die Koordinaten A$(-20 \mid 1,8)$.
Setzt man die Koordinaten von A in die Gleichung von p ein, ergibt sich:

$$\begin{aligned} 1,8 &= a \cdot (-20)^2 + 9,8 \\ -8 &= 400a \\ a &= -\frac{1}{50} \end{aligned}$$

Somit hat die Parabel p die Gleichung:

$$p\colon\ y = -\frac{1}{50}x^2 + 9,8$$

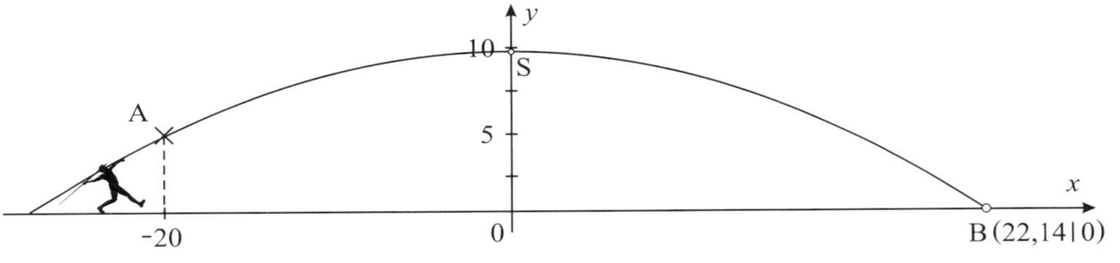

Um zu berechnen, wie weit der Speer fliegt, berechnet man den Auftreffpunkt, also den Schnittpunkt B der Parabel p mit der x-Achse.
Dazu löst man die Gleichung $y = 0$ durch Wurzelziehen:

$$\begin{aligned} -\frac{1}{50}x^2 + 9,8 &= 0 \\ -\frac{1}{50}x^2 &= -9,8 \\ x^2 &= 490 \\ x &= \pm\sqrt{490} \\ x_{1,2} &\approx \pm 22,14 \end{aligned}$$

Aufgrund des Sachzusammenhangs kommt nur $x \approx 22,14$ als Lösung in Frage.
Damit hat der Auftreffpunktpunkt die Koordinaten B$(22,14 \mid 0)$.
Die Weite w erhält man, indem man den x-Wert des Abwurfpunkts A vom x-Wert des Auftreffpunkts B subtrahiert:

$$w = 22,14 - (-20) = 42,14\,\text{m}$$

Somit fliegt der Speer etwa 42,14 m weit.

Der zweite Wurfversuch hat die Funktionsgleichung $y = -\frac{1}{30}x^2 + 13$.
Die Koordinaten des Auftreffpunktes C erhält man, indem man die Schnittpunkte der Parabel mit der Gleichung $y = -\frac{1}{30}x^2 + 13$ mit der x-Achse berechnet. Dazu löst man die Gleichung $y = 0$ durch Wurzelziehen:

$$\begin{aligned} -\frac{1}{30}x^2 + 13 &= 0 \\ -\frac{1}{30}x^2 &= -13 \\ x^2 &= 390 \\ x &= \pm\sqrt{390} \\ x_{1,2} &\approx \pm 19,75 \end{aligned}$$

Aufgrund des Sachzusammenhangs kommt nur $x \approx 19,75$ als Lösung in Frage.
Damit hat der Auftreffpunkt C die Koordinaten $C(19,75 \mid 0)$.

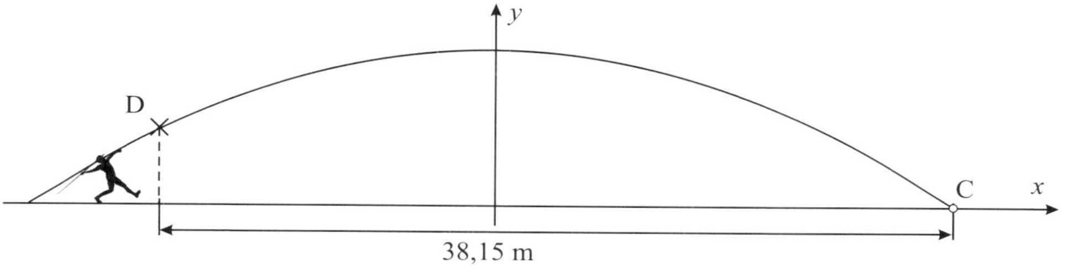

Wenn die Wurfweite $38,15\,\text{m}$ beträgt, so erhält man den x-Wert des Abwurfpunkts D, indem man die Wurfweite vom x-Wert des Auftreffpunktes C subtrahiert:

$$x_D = 19,75 - 38,15 = -18,4$$

Die Höhe des Abwurfpunktes D erhält man, indem man $x_D = -18,4$ in die gegebene Funktionsgleichung einsetzt:

$$y = -\frac{1}{30} \cdot (-18,4)^2 + 13 \approx 1,71$$

Der Abwurfpunkt hat eine Höhe von etwa $1,7\,\text{m}$.

Aufgabe 4

a) Als Ansatz für eine verschobene Normalparabel p verwendet man die Normalform $y = x^2 + bx + c$.
Setzt man die Koordinaten der Punkte $A(2 \mid 3)$ und $B(6 \mid 11)$ in die Normalform

$y = x^2 + bx + c$ ein, ergibt sich folgendes Gleichungssystem:

$$\begin{array}{lcclclcl} \text{I} & 3 & = & 2^2 & + & b \cdot 2 & + & c \\ \text{II} & 11 & = & 6^2 & + & b \cdot 6 & + & c \end{array}$$

bzw.

$$\begin{array}{lcclclcl} \text{I} & 3 & = & 4 & + & 2b & + & c \\ \text{II} & 11 & = & 36 & + & 6b & + & c \end{array}$$

Subtrahiert man Gleichung II von Gleichung I, erhält man:

$$\begin{aligned} -8 &= -32 - 4b \\ 24 &= -4b \\ b &= -6 \end{aligned}$$

Setzt man $b = -6$ in Gleichung I ein, ergibt sich:

$$3 = 4 + 2 \cdot (-6) + c \Rightarrow c = 11$$

Somit hat die Normalparabel p die Gleichung $y = x^2 - 6x + 11$.

Die Koordinaten des Punktes $\mathrm{C}(4 \mid y_\mathrm{C})$ erhält man, indem man $x = 4$ in die Parabelgleichung einsetzt:

$$y = 4^2 - 6 \cdot 4 + 11 = 3 \Rightarrow \mathrm{C}(4 \mid 3)$$

Die Steigung m_g der Geraden g, die durch die beiden Punkte $\mathrm{A}(2 \mid 3)$ und $\mathrm{B}(6 \mid 11)$ geht, erhält man mit der Steigungsformel $m = \frac{y_2 - y_1}{x_2 - x_1}$:

$$m_g = \frac{11 - 3}{6 - 2} = \frac{8}{4} = 2$$

Die Steigung m_h der Geraden h, die senkrecht auf g steht, erhält man mit dem negativen Kehrwert der Steigung von g:

$$m_h = -\frac{1}{m_g} = -\frac{1}{2}$$

Die Gleichung der Geraden h, welche die Steigung $m_h = -\frac{1}{2}$ hat und durch den Punkt $\mathrm{C}(4 \mid 3)$ geht, erhält man mit der Hauptform $y = mx + c$:

$$3 = -\frac{1}{2} \cdot 4 + c \Rightarrow c = 5$$

Damit hat die Gerade h die Gleichung:

$$h\colon y = -\frac{1}{2}x + 5$$

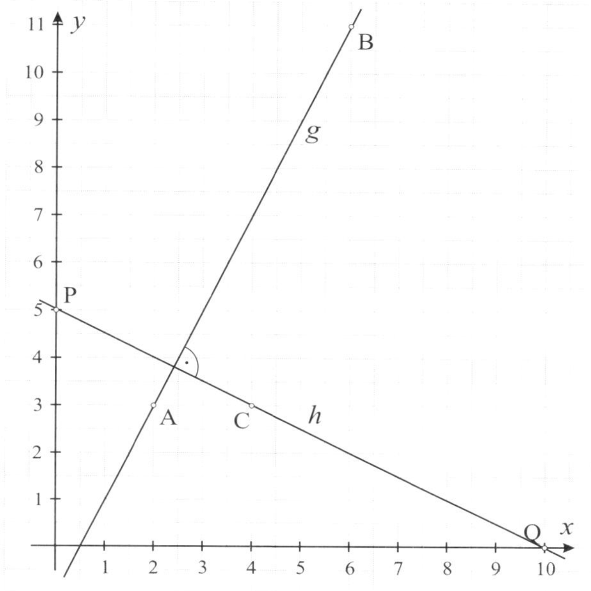

Die Koordinaten des Schnittpunkts P von h mit der y-Achse erhält man, indem man $x = 0$ in die Gleichung von h einsetzt:

$$y = -\frac{1}{2} \cdot 0 + 5 = 5 \Rightarrow \mathrm{P}(0 \mid 5)$$

Die Koordinaten des Schnittpunkts Q von h mit der x-Achse erhält man, indem man die Gleichung $y = 0$ nach x auflöst:

$$-\frac{1}{2}x + 5 = 0$$
$$-\frac{1}{2}x = -5$$
$$x = 10$$

Somit haben die Punkte P und Q die Koordinaten $\mathrm{P}(0 \mid 5)$ und $\mathrm{Q}(10 \mid 0)$.

b) Zuerst trägt man alle Maße in eine Skizze ein und ermittelt die Winkel in den rechtwinkligen Dreiecken. Im Dreieck M_1M_2C ergibt sich:

$$\tan(\alpha_1) = \frac{\overline{M_2C}}{\overline{M_1C}}$$
$$\tan(\alpha_1) = \frac{10,5}{14,85}$$
$$\alpha_1 = \tan^{-1}\left(\frac{10,5}{14,85}\right)$$
$$\alpha_1 \approx 35,26^\circ$$

Durch das Falten ergibt sich:

$$\alpha_2 = \alpha_1 = 35{,}26^\circ$$

Damit erhält man:

$$\alpha_3 = 180^\circ - 90^\circ - \alpha_2 - \alpha_1 = 180^\circ - 90^\circ - 2 \cdot 35{,}26^\circ = 19{,}48^\circ$$

und

$$\varepsilon_1 = 180^\circ - 90^\circ - \alpha_3 = 180^\circ - 90^\circ - 19{,}48^\circ = 70{,}52^\circ$$

Ferner ergibt sich wegen $\varepsilon_2 = \varepsilon_3$:

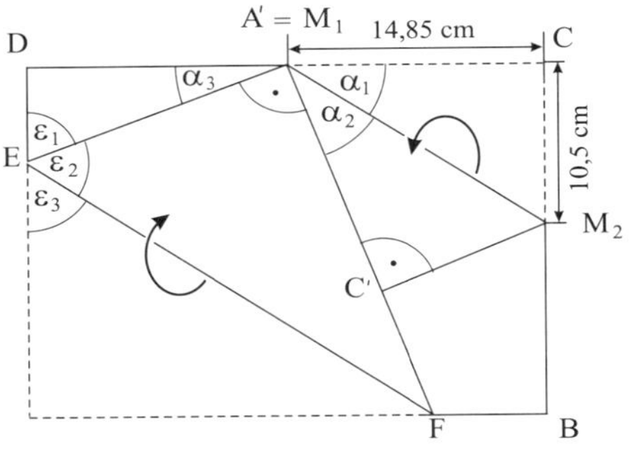

$$\varepsilon_1 + \varepsilon_2 + \varepsilon_3 = 180^\circ$$
$$70{,}52^\circ + 2 \cdot \varepsilon_2 = 180^\circ$$
$$2 \cdot \varepsilon_2 = 109{,}48^\circ$$
$$\varepsilon_2 \approx 54{,}74^\circ$$

Den Flächeninhalt A_1 des Dreiecks EM_1D erhält man mit der Formel $A_1 = \frac{1}{2} \cdot g \cdot h$.

Als Grundseite g kann man $g = \overline{DM_1} = \frac{29{,}7}{2} = 14{,}85\,\text{cm}$ wählen.
Die zugehörige Höhe h ist $h = \overline{DE}$.
Im rechtwinkligen Dreieck EM_1D kann man $\overline{DE}$ berechnen:

$$\tan(\alpha_3) = \frac{\overline{DE}}{\overline{DM_1}}$$
$$\tan(\alpha_3) \cdot \overline{DM_1} = \overline{DE}$$
$$\tan(19{,}48^\circ) \cdot 14{,}85 = \overline{DE}$$
$$\overline{DE} \approx 5{,}25\,\text{cm}$$

Für den Flächeninhalt A_1 des Dreiecks EM_1D ergibt sich:

$$A_1 = \frac{1}{2} \cdot \overline{DM_1} \cdot \overline{DE} \approx \frac{1}{2} \cdot 14{,}85 \cdot 5{,}25 \approx 38{,}98\,\text{cm}^2$$

Der Flächeninhalt des Dreiecks EM_1D beträgt etwa $39{,}0\,\text{cm}^2$.

Den Flächeninhalt des Vierecks FBM_2C erhält man, indem man vom Flächeninhalt des Vierecks ABCD die Flächeninhalte der Dreiecke AFE, EFM_1, EM_1D, $M_1C'M_2$ und M_1M_2C subtrahiert.
Im Dreieck EM_1D kann man die Seite EM_1 berechnen:

$$\cos(\alpha_3) = \frac{\overline{DM_1}}{\overline{EM_1}}$$
$$\cos(\alpha_3) \cdot \overline{EM_1} = \overline{DM_1}$$

$$\begin{aligned}
\overline{EM_1} &= \frac{\overline{DM_1}}{\cos(\alpha_3)} \\
\overline{EM_1} &= \frac{14,85}{\cos(19,48^\circ)} \\
\overline{EM_1} &\approx 15,75\,\text{cm}
\end{aligned}$$

Im Dreieck EFM_1 kann man nun die Seite $\overline{FM_1}$ berechnen:

$$\begin{aligned}
\tan(\varepsilon_2) &= \frac{\overline{FM_1}}{\overline{EM_1}} \\
\tan(\varepsilon_2)\cdot\overline{EM_1} &= \overline{FM_1} \\
\tan(54,74^\circ)\cdot 15,75 &= \overline{FM_1} \\
\overline{FM_1} &\approx 22,28\,\text{cm}
\end{aligned}$$

Den Flächeninhalt A_2 des Dreiecks EFM_1 (und des Dreiecks AFE) erhält man mit der Formel $A_2 = \frac{1}{2}\cdot g\cdot h$.
Mit $g = \overline{EM_1} \approx 15,75\,\text{cm}$ und $h = \overline{FM_1} \approx 22,28\,\text{cm}$ ergibt sich:

$$A_2 = \frac{1}{2}\cdot\overline{EM_1}\cdot\overline{FM_1} = \frac{1}{2}\cdot 15,75\cdot 22,28 \approx 175,46\,\text{cm}^2$$

Den Flächeninhalt A_3 des Dreiecks M_1M_2C (und des Dreiecks $M_1C'M_2$) erhält man mit der Formel $A_3 = \frac{1}{2}\cdot g\cdot h$.
Mit $g = \overline{M_1C} = \frac{29,7}{2} = 14,85\,\text{cm}$ und $h = \overline{M_2C} = \frac{21}{2} = 10,5\,\text{cm}$ ergibt sich:

$$A_3 = \frac{1}{2}\cdot\overline{M_1C}\cdot\overline{M_2C} = \frac{1}{2}\cdot 14,85\cdot 10,5 \approx 77,96\,\text{cm}^2$$

Den Flächeninhalt A_4 des DIN A4-Blattes erhält man mit der Formel $A_4 = a\cdot b$.
Mit $a = 29,7\,\text{cm}$ und $b = 21,0\,\text{cm}$ ergibt sich:

$$A_4 = 29,7\cdot 21 = 623,7\,\text{cm}^2$$

Damit ergibt sich für den Flächeninhalt A_5 des Vierecks FBM_2C:

$$\begin{aligned}
A_5 &= A_4 - A_1 - 2\cdot A_2 - 2\cdot A_3 \\
&\approx 623,7 - 39 - 2\cdot 175,46 - 2\cdot 77,96 \\
&= 77,86\,\text{cm}^2
\end{aligned}$$

Der Flächeninhalt des Vierecks FBM_2C beträgt etwa $78\,\text{cm}^2$.

4 Realschulabschlussprüfung 2022

Teil A1

Aufgabe 1

Mithilfe der trigonometrischen Verhältnisse ergibt sich:

a) $\sin\alpha = \frac{\overline{BC}}{\overline{AB}}$

b) $\tan\beta = \frac{\overline{DE}}{\overline{BE}}$

c) $\cos\varepsilon_1 = \frac{\overline{DE}}{\overline{CD}}$

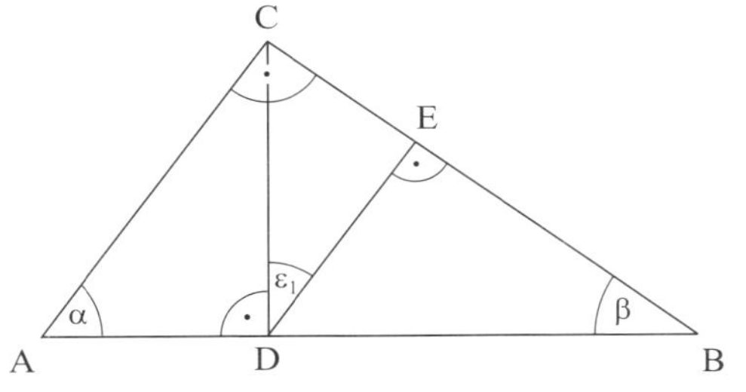

Aufgabe 2

Das Volumen V der Wassermenge der quadratischen Pyramide erhält man mithilfe der Formel $V_{Py} = \frac{1}{3} \cdot G \cdot h_{Py}$. Damit ergibt sich:

$$V_{Py} = \frac{1}{3} \cdot 6^2 \cdot 4 = \frac{1}{3} \cdot 36 \cdot 4 = 12 \cdot 4 = 48$$

Das Wasservolumen beträgt $48\,\text{cm}^3$.

Das Volumen eines Prismas erhält man mithilfe der Formel $V_{Pr} = G \cdot h_{Pr}$. Damit ergibt sich:

$$V_{Pr} = 4^2 \cdot h_{Pr} = 16 \cdot h_{Pr}$$

Da das Wasser von der Pyramide in das Prisma umgefüllt wird, kann man die Gleichung $V_{Py} = V_{Pr}$ nach h_{Pr} auflösen:

$$48 = 16 \cdot h_{Pr}$$
$$3 = h_{Pr}$$

Somit steht das Wasser im Prisma 3 cm hoch.

Aufgabe 3

Das Glücksrad hat ein weißes, ein schwarzes und zwei graue Felder. Man bezeichnet mit w: weiß, mit s: schwarz und mit g: grau.
Da das Rad zweimal gedreht wird, kann man mit den Angaben das unten gezeichnete Baumdiagramm erstellen:
Mithilfe der Pfadregeln ergeben sich folgende Wahrscheinlichkeiten:

a) P(zweimal weiß) = P(ww) = $\frac{1}{4} \cdot \frac{1}{4} = \frac{1}{16}$

b) Es ist

$$\begin{aligned} P(\text{grau und schwarz}) &= P(gs) + P(sg) \\ &= \frac{2}{4} \cdot \frac{1}{4} + \frac{1}{4} \cdot \frac{2}{4} \\ &= \frac{2}{16} + \frac{2}{16} \\ &= \frac{4}{16} \\ &= \frac{1}{4} \end{aligned}$$

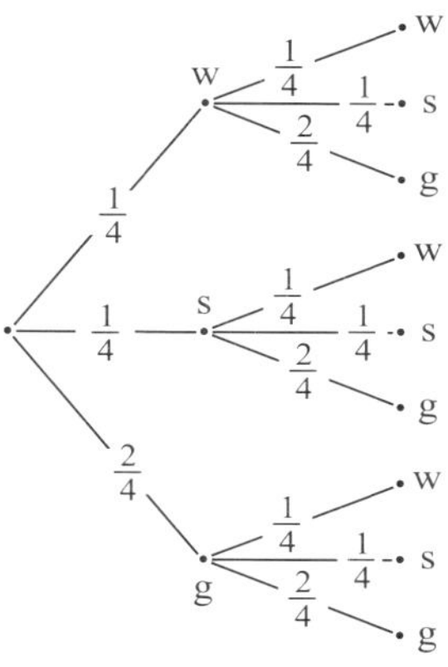

Aufgabe 4

Um zu begründen, welcher der drei Boxplots zur abgebildeten Rangliste gehört, kann man sich Folgendes überlegen:
Insgesamt gibt es 13 Ränge, also $n = 13$.
Der Median Z liegt damit bei Rang $\frac{13}{2} = 6{,}5 \rightarrow 7 \Rightarrow Z = 90$.
Das untere Quartil q_u liegt bei Rang $\frac{1}{4} \cdot n = \frac{1}{4} \cdot 13 = 3{,}25 \rightarrow 4 \Rightarrow q_u = 40$.
Das obere Quartil q_o liegt bei Rang $\frac{3}{4} \cdot 13 = 9{,}75 \rightarrow 10 \Rightarrow q_o = 120$.
Somit gehört Boxplot B zur angegebenen Rangliste.

Aufgabe 5

Den gegebenen Term kann man mithilfe der Potenzgesetze berechnen:

$$58 \cdot 10^4 + 42 \cdot 10^4 = (58 + 42) \cdot 10^4 = 100 \cdot 10^4 = 10^2 \cdot 10^4 = 10^6 = 1\,000\,000$$

Alternativ kann man den Term auch direkt berechnen:

$$58 \cdot 10^4 + 42 \cdot 10^4 = 58 \cdot 10\,000 + 42 \cdot 10\,000 = 580\,000 + 420\,000 = 1\,000\,000$$

Somit erhält man folgendes Zahlwort:

☒ 1 Million ☐ 10 Millionen ☐ 1 Milliarde

Aufgabe 6

Man kann die Anzahl der Kärtchen folgendermaßen bestimmen:
(1.) $1 = 1^2$
(2.) $1 + 3 = 4 = 2^2$
(3.) $1 + 3 + 5 = 9 = 3^2$
(4.) $1 + 3 + 5 + 7 = 16 = 4^2$
(5.) $1 + 3 + 5 + 7 + 9 = 25 = 5^2$

(6.) $1+3+5+7+9+11=36=6^2$
(7.) $1+3+5+7+9+11+13=49=7^2$
Somit hat das 7. Muster 49 Kärtchen.

Emma sollte die Formel $s=n^2$ für das n-te Muster auswählen, da die Summe der Kärtchen jeweils eine Quadratzahl ist.

Aufgabe 7

Wird das Paar Sportschuhe, das 120 € kostet, um 30% reduziert, kostet es nur noch 70% von 120 €:

$$0,7\cdot 120=\frac{7}{10}\cdot 120=7\cdot 12=84$$

Es kostet nach 30% Reduktion noch 84 €.
Wird der Preis von 84 € um 20% reduziert, kostet das Paar Sportschuhe dann nur noch 80% von 84 €:

$$0,8\cdot 84=\frac{8}{10}\cdot 84=8\cdot 8,40=67,20$$

Nach weiterer Reduktion um 20% kostet das Paar Sportschuhe noch 67,20 €.
Dies ist mehr als 60 €, die Hälfte von 120 €.
Alternativ kann man auch argumentieren, dass sich die Reduktionen nicht addieren, da sich der Grundwert bei der zweiten Preisreduzierung ändert.
Somit hat Liam nicht Recht.

Lösungen Teil A2 2022

Aufgabe 1

Um den Umfang des Dreiecks ADC zu berechnen, benötigt man noch die Seiten $\overline{AD}$ und $\overline{CD}$. Die bekannten Maße und Winkel sowie die Höhe auf die Seite CD werden in eine Skizze eingetragen, der Höhenfusspunkt wird mit F bezeichnet:

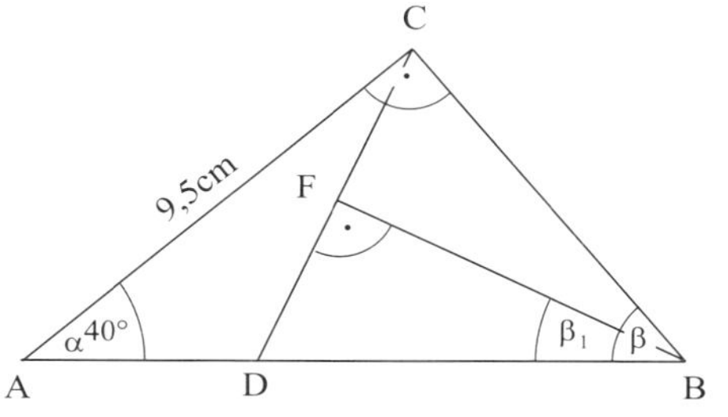

Im Dreieck ABC kann man die Seiten $\overline{AB}$ und $\overline{BC}$ und den Winkel β bestimmen:
$\beta = 180° - 90° - \alpha = 90° - 40° = 50°$

$$\begin{aligned} \cos(\alpha) &= \frac{\overline{AC}}{\overline{AB}} \\ \cos(\alpha)\cdot\overline{AB} &= \overline{AC} \\ \overline{AB} &= \frac{\overline{AC}}{\cos(\alpha)} \\ \overline{AB} &= \frac{9,5}{\cos(40°)} \\ \overline{AB} &\approx 12,40\,\text{cm} \end{aligned}$$

$$\begin{aligned} \tan(\alpha) &= \frac{\overline{BC}}{\overline{AC}} \\ \tan(\alpha)\cdot\overline{AC} &= \overline{BC} \\ \tan(40°)\cdot 9,5 &= \overline{BC} \\ \overline{BC} &\approx 7,97\,\text{cm} \end{aligned}$$

Da das Dreieck BCD gleichschenklig ist, ergibt sich:

$$\overline{BD} = \overline{BC} \approx 7,97\,\text{cm}$$

und

$$\beta_1 = \frac{\beta}{2} = \frac{50°}{2} = 25°$$

Weiterhin gilt:

$$\overline{AD} = \overline{AB} - \overline{BD} = 12,40 - 7,97 = 4,43\,\text{cm}$$

Im Dreieck BDF kann man nun die Seite $\overline{DF}$ bestimmen:

$$\begin{aligned} \sin(\beta_1) &= \frac{\overline{DF}}{\overline{BD}} \\ \sin(\beta_1)\cdot\overline{BD} &= \overline{DF} \\ \sin(25°)\cdot 7,97 &= \overline{DF} \\ \overline{DF} &\approx 3,37\,\text{cm} \end{aligned}$$

Damit ergibt sich:

$$\overline{CD} = 2 \cdot \overline{DF} = 2 \cdot 3,37 = 6,74\,\text{cm}$$

Somit gilt für den Umfang U_{ADC} des Dreiecks ADC:

$$U_{ADC} = \overline{AC} + \overline{AD} + \overline{CD} = 9,5 + 4,43 + 6,74 = 20,67\,\text{cm}$$

Das Dreieck ADC hat einen Umfang von etwa 20,7 cm.

Aufgabe 2

Das Volumen einer Kugel erhält man mit der Formel $V_K = \frac{4}{3} \cdot \pi \cdot r^3$.
Damit ergibt sich für das Volumen V der 1000 Kugeln:

$$V = 1000 \cdot V_K = 1000 \cdot \frac{4}{3} \cdot \pi \cdot 1,5^3 \approx 14137,17\,\text{cm}^3$$

Das Volumen V_P der Pyramide erhält man mit der Formel $V_P = \frac{1}{3} \cdot G \cdot h$.
Die Grundseite a der Pyramide erhält man, indem man von der Würfelkante a_W zweimal den Abstand t subtrahiert:

$$a = a_W - 2 \cdot t = 10 - 2 \cdot 1 = 8\,\text{cm}$$

Für die Grundfläche der Pyramide gilt damit:

$$G = a \cdot a = a^2 = 8^2 = 64\,\text{cm}^2$$

Um die Höhe h der Pyramide zu bestimmen, berechnet man zuerst die Diagonale d der Grundfläche mithilfe des Satzes des Pythagoras:

$$d^2 = a^2 + a^2$$
$$d^2 = 2a^2$$
$$d = \sqrt{2a^2}$$
$$d = \sqrt{2 \cdot 8^2}$$
$$d \approx 11,31\,\text{cm}$$

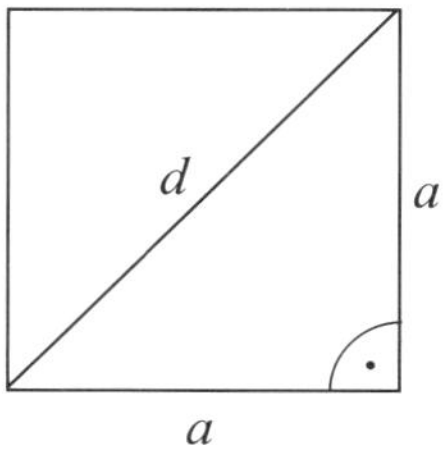

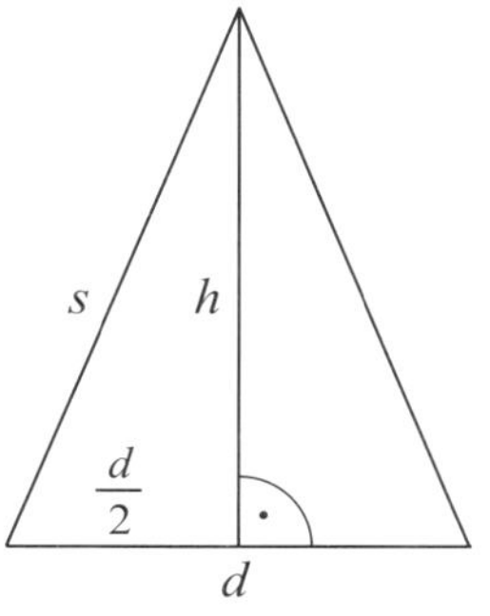

Die Höhe h der Pyramide erhält man nun mithilfe des Satzes von Pythagoras:

$$\begin{aligned} h^2 + \left(\frac{d}{2}\right)^2 &= s^2 \\ h^2 &= s^2 - \left(\frac{d}{2}\right)^2 \\ h &= \sqrt{s^2 - \left(\frac{d}{2}\right)^2} \\ h &= \sqrt{9^2 - \left(\frac{11,31}{2}\right)^2} \\ h &\approx 7,00\,\text{cm} \end{aligned}$$

Damit erhält man das Volumen einer Pyramide:

$$V_P = \frac{1}{3} \cdot G \cdot h = \frac{1}{3} \cdot 64 \cdot 7 \approx 149,33\,\text{cm}^3$$

Die Anzahl der Pyramiden, die mit dem eingeschmolzenen Wachs gegossen werden können, erhält man, indem man das Volumen V der 1000 Kugeln durch das Volumen V_P einer Pyramide teilt:

$$\frac{V}{V_P} = \frac{14137,17}{149,33} \approx 94,67$$

Somit können 94 Pyramiden gegossen werden.

Aufgabe 3

Die gegebene Gleichung kann man mithilfe der 2. binomischen Formel umformen:

$$\begin{aligned} (x+2)(x-4) - x &= 2(x-3)^2 - 12 \\ x^2 - 4x + 2x - 8 - x &= 2 \cdot \left(x^2 - 6x + 9\right) - 12 \\ x^2 - 3x - 8 &= 2x^2 - 12x + 18 - 12 \\ 0 &= x^2 - 9x + 14 \end{aligned}$$

Mithilfe der bc-Formel ($b = -9$ und $c = 14$) erhält man:

$$x_{1,2} = -\frac{-9}{2} \pm \sqrt{\left(\frac{-9}{2}\right)^2 - 14} = 4,5 \pm 2,5$$

Somit erhält man die Lösungen $x_1 = 4,5 + 2,5 = 7$ und $x_2 = 4,5 - 2,5 = 2$.

Aufgabe 4

Die Gleichung der Parabel p erhält man mit dem Nullstellenansatz: $y = (x - x_1) \cdot (x - x_2)$.
Da die Normalparabel p die Nullstellen $x_1 = 1$ und $x_2 = 7$ hat, ergibt sich:

$$y = (x-1) \cdot (x-7)$$
$$y = x^2 - 7x - 1x + 7$$
$$y = x^2 - 8x + 7$$

Damit hat die Parabel p die Gleichung $y = x^2 - 8x + 7$.
Mithilfe der Gleichung der Parabel p können die fehlenden Werte in der Tabelle berechnet werden:

x	-3	-2	-1	0
y	40	27	16	7

Die Koordinaten der Schnittpunkte A und B der Geraden g mit der Gleichung $y = -2x + 2$ und der Parabel p erhält man durch Gleichsetzen der Funktionsgleichungen:

$$-2x + 2 = x^2 - 8x + 7$$
$$0 = x^2 - 6x + 5$$

Mithilfe der bc-Formel ($b = -6$ und $c = 5$) erhält man:

$$x_{1,2} = -\frac{-6}{2} \pm \sqrt{\left(\frac{-6}{2}\right)^2 - 5} = 3 \pm 2$$

Damit erhält man die Lösungen $x_1 = 3 + 2 = 5$ und $x_2 = 3 - 2 = 1$.
Die zugehörigen y-Werte erhält man, indem man die x-Werte in die Gleichung von g einsetzt:

$$y_1 = -2 \cdot 5 + 2 = -8$$
$$y_2 = -2 \cdot 1 + 2 = 0$$

Somit haben die Punkte A und B die Koordinaten $A(5 \mid -8)$ und $B(1 \mid 0)$.

Aufgabe 5

Es gibt 80 Nieten und 20 Gewinne (12 Fußbälle und 8 Basketbälle), also insgesamt 100 Lose.
Da zwei Lose gezogen werden, handelt es sich um Ziehen ohne Zurücklegen, d.h. beim zweiten Zug ändert sich die Anzahl der Lose, aus denen gezogen wird.
Man bezeichnet mit N: Niete, F: Fußball und B: Basketball.
Zur Veranschaulichung kann man nebenstehendes Baumdiagramm erstellen.
Die Wahrscheinlichkeit, dass Francesca zwei Nieten zieht, erhält man mithilfe der Pfadregeln:

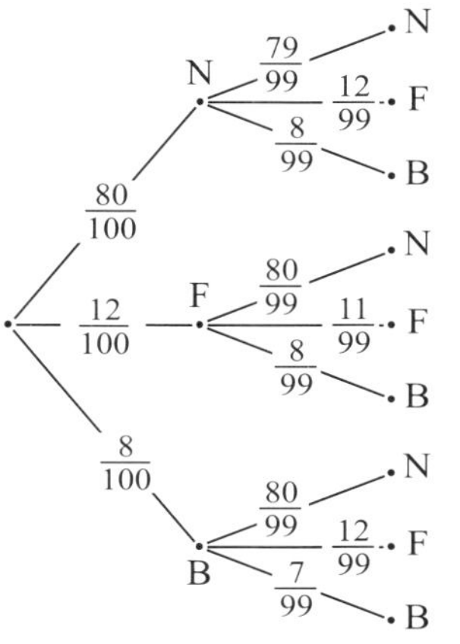

$$P(\text{zwei Nieten}) = P(NN) = \frac{80}{100} \cdot \frac{79}{99} = \frac{316}{495} \approx 0,638$$

Die Wahrscheinlichkeit für zwei Nieten beträgt etwa $63,8\,\%$.
Die Wahrscheinlichkeit, dass Francesca einen Fußball und einen Basketball gewinnt zieht, erhält man ebenfalls mithilfe der Pfadregeln:

$$P(\text{Fußball und Basketball}) = P(FB) + P(BF) = \frac{12}{100} \cdot \frac{8}{99} + \frac{8}{100} \cdot \frac{12}{99} = \frac{16}{825} \approx 0,019$$

Die Wahrscheinlichkeit, einen Fußball und einen Basketball zu gewinnen, beträgt etwa $1,9\,\%$.

Aufgabe 6

Im Jahr 2014 gab es $2,78$ Milliarden, im Jahr 2019 gab es $3,65$ Milliarden Paketzustellungen.
Die Zunahme an Paketen erhält man, indem man die Differenz der beiden Werte bildet:

$$3,65 - 2,78 = 0,87$$

Damit beträgt die Zunahme an Paketen $0,87$ Milliarden.
Um zu berechnen, um wie viel Prozent die Zustellungen 2014 bis 2019 insgesamt zugenommen haben, teilt man die Zunahme an Paketen durch den Wert im Jahr 2014:

$$\frac{0,87}{2,78} \approx 0,313 = 31,3\%$$

Alternativ kann man auch die Prozentformel verwenden:

$$W = G \cdot \frac{p}{100}$$
$$\frac{W \cdot 100}{G} = p$$
$$\frac{0,87 \cdot 100}{2,78} = p$$
$$31,3 \approx p$$

Somit haben die Paketzustellungen um etwa 31,3 % zugenommen.

Da DHL im Jahr 2019 einen Anteil von 57,0 % an den gesamten Zustellungen hatte, erhält man die Anzahl der Pakete, die von DHL im Jahr 2019 zugestellt wurden, indem man 57,0 % von 3,65 Milliarden berechnet:

$$57,0\% \text{ von } 3,65 = 0,57 \cdot 3,65 \approx 2,08$$

Somit wurden im Jahr 2019 etwa 2,08 Milliarden Pakete von DHL zugestellt.

Die Anzahl der Pakete im Jahr 2020 erhält man, indem man zur Anzahl im Jahr 2019 den Zuwachs 9,7% von 3,65 Milliarden addiert:

$$3,65 + 9,7\% \text{ von } 3,65 = 3,65 + 0,097 \cdot 3,65 \approx 4,00$$

Somit wurden im Jahr 2020 insgesamt etwa 4 Milliarden Pakete zugestellt.

Die Anzahl der Pakete im Jahr 2021 erhält man, indem man zur Anzahl im Jahr 2020 den Zuwachs 12,5% von 4,00 Milliarden addiert:

$$4,00 + 12,5\% \text{ von } 4,00 = 4 + 0,125 \cdot 4 = 4,5$$

Somit wurden im Jahr 2020 insgesamt 4,5 Milliarden Pakete zugestellt.

Diese Werte kann man in das Diagramm einzeichnen:

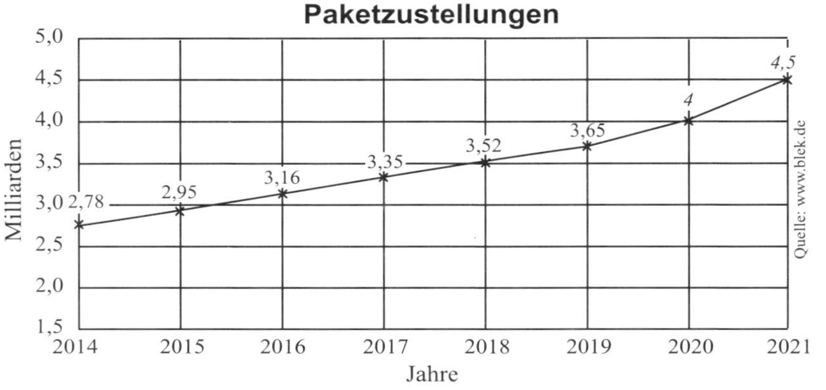

Lösungen Teil B 2022

Aufgabe 1

a) Die bekannten Maße und Winkel werden in eine Skizze eingetragen und die Höhen auf die Seiten AB und DE eingezeichnet. Dadurch ergeben sich die Punkte G und H:
Da G der Mittelpunkt der Seite AB ist, gilt: $\overline{AG} = \frac{\overline{AB}}{2} = \frac{14}{2} = 7\,\text{cm} = \overline{FH}$.
Im Dreieck AGF kann man den Winkel ε_1 und die Seite $\overline{FG}$ mit dem Satz des Pythagoras bestimmen:

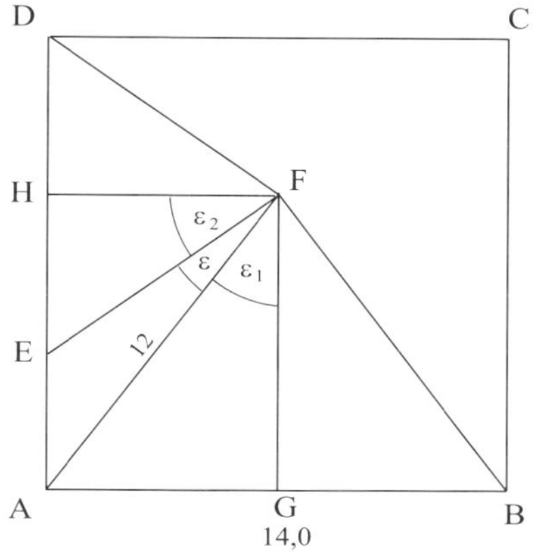

$$\sin(\varepsilon_1) = \frac{\overline{AG}}{\overline{AF}}$$
$$\sin(\varepsilon_1) = \frac{7}{12}$$
$$\varepsilon_1 = \sin^{-1}\left(\frac{7}{12}\right)$$
$$\varepsilon_1 \approx 35{,}69^\circ$$

$$\overline{AF}^2 = \overline{FG}^2 + \overline{AG}^2$$
$$\overline{AF}^2 - \overline{AG}^2 = \overline{FG}^2$$
$$\sqrt{12^2 - 7^2} = \overline{FG}$$
$$\overline{FG} \approx 9{,}75\,\text{cm}$$

Damit ergibt sich:

$$\overline{AH} = \overline{FG} \approx 9{,}75\,\text{cm}$$

und

$$\overline{DH} = \overline{AD} - \overline{AH} = 14{,}0 - 9{,}75 = 4{,}25\,\text{cm} = \overline{EH}$$

sowie

$$\overline{AE} = \overline{AD} - \overline{DH} - \overline{EH} = 14{,}0 - 4{,}25 - 4{,}25 = 5{,}5\,\text{cm}$$

Den Flächeninhalt des Dreiecks AFE erhält man mit der Formel $A = \frac{1}{2} \cdot g \cdot h$.
Mit der Grundseite $g = \overline{AE} = 5{,}5\,\text{cm}$ und der zugehörigen Höhe $h = \overline{FH} = 7{,}0\,\text{cm}$ ergibt sich:

$$A_{AFE} = \frac{1}{2} \cdot 5{,}5 \cdot 7 = 19{,}25\,\text{cm}^2$$

Das Dreieck AFE hat einen Flächeninhalt von etwa $19{,}3\,\text{cm}^2$.

Im Dreieck EFH kann man den Winkel ε_2 bestimmen:

$$\tan(\varepsilon_2) = \frac{\overline{\text{EH}}}{\overline{\text{FH}}}$$

$$\tan(\varepsilon_2) = \frac{4,25}{7}$$

$$\varepsilon_2 = \tan^{-1}\left(\frac{4,25}{7}\right)$$

$$\varepsilon_2 \approx 31,26^\circ$$

Damit erhält man: $\varepsilon = 90^\circ - \varepsilon_1 - \varepsilon_2 = 90^\circ - 35,69^\circ - 31,26^\circ = 23,05^\circ$.
Der Winkel ε beträgt etwa $23,1^\circ$.

b) Die Koordinaten der Schnittpunkte P und Q der Geraden g mit der Gleichung $y = x + 2$ und der Parabel p_1 mit der Gleichung $y = -x^2 + 8$ erhält man durch Gleichsetzen:

$$x + 2 = -x^2 + 8$$

$$x^2 + x - 6 = 0$$

Mithilfe der bc-Formel ($b = 1$ und $c = -6$) erhält man:

$$x_{1,2} = -\frac{1}{2} \pm \sqrt{\left(\frac{1}{2}\right)^2 - (-6)} = -\frac{1}{2} \pm 2,5$$

Es ergeben sich die Lösungen $x_1 = 2$ und $x_2 = -3$.
Die zugehörigen y-Werte erhält man, indem man die x-Werte in die Geradengleichung einsetzt:

$$y_1 = 2 + 2 = 4$$

$$y_2 = -3 + 2 = -1$$

Somit haben die Schnittpunkte von g und p_1 die Koordinaten P$(2 \mid 4)$ und Q$(-3 \mid -1)$.

Die Gleichung der nach oben geöffneten Normalparabel p_2, die durch die Punkte P$(2 \mid 4)$ und Q$(-3 \mid 1)$ verläuft, erhält man, indem man die Koordinaten der Punkte P und Q in den Ansatz $y = x^2 + bx + c$ einsetzt:

$$\begin{array}{llllllll} \text{I} & 4 & = & 2^2 & + & b \cdot 2 & + & c \\ \text{II} & -1 & = & (-3)^2 & + & b \cdot (-3) & + & c \end{array}$$

bzw.

$$\begin{array}{llllllll} \text{I} & 4 & = & 4 & + & 2b & + & c \\ \text{II} & -1 & = & 9 & - & 3b & + & c \end{array}$$

Subtrahiert man Gleichung II von Gleichung I, erhält man: $5 = -5 + 5b \Rightarrow b = 2$.
Setzt man $b = 2$ in Gleichung I ein, ergibt sich: $4 = 4 + 2 \cdot 2 + c \Rightarrow c = -4$.

Damit hat die Normalparabel p_2 die Gleichung $y = x^2 + 2x - 4$.
Die Koordinaten des Scheitelpunkts S_2 von p_2 erhält man durch quadratische Ergänzung:

$$y = x^2 + 2x - 4$$
$$y = x^2 + 2x + 1 - 1 - 4$$
$$y = (x+1)^2 - 5$$

Damit hat der Scheitel S_2 von p_2 die Koordinaten $S_2(-1 \mid -5)$.

Um Robins Behauptung: «Das Dreieck mit den Punkten $P(2 \mid 4)$, $Q(-3 \mid -1)$ und $S_2(-1 \mid -5)$ ist rechtwinklig.» zu prüfen, berechnet man die Längen des Dreiecks PQS_2 mithilfe des Satzes des Pythagoras:

$$\overline{PQ} = \sqrt{5^2 + 5^2} = \sqrt{50}$$
$$\overline{QS_2} = \sqrt{2^2 + 4^2} = \sqrt{20}$$
$$\overline{PS_2} = \sqrt{3^2 + 9^2} = \sqrt{90}$$

Wenn das Dreieck PQS_2 rechtwinklig wäre, dann müsste PS_2 die Hypotenuse sein und der Satz des Pythagoras gelten:

$$\overline{PS_2}^2 = \overline{QS_2}^2 + \overline{PQ}^2$$
$$\sqrt{90}^2 = \sqrt{20}^2 + \sqrt{50}^2$$
$$90 = 20 + 50$$
$$90 = 70$$

Aufgrund des Widerspruchs ist das Dreieck PQS_2 nicht rechtwinklig.

Alternativ kann man die Steigungen mit der Steigungsformel $m = \frac{y_2 - y_1}{x_2 - x_1}$ bestimmen:

$$m_{PQ} = \frac{-1-4}{-3-2} = 1$$
$$m_{PS_2} = \frac{-5-4}{-1-2} = 3$$
$$m_{QS_2} = \frac{-5-(-1)}{-1-(-3)} = -2$$

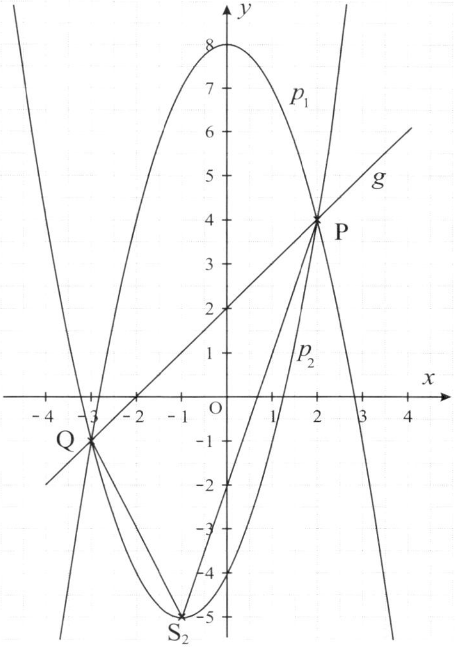

Da keine Steigung der negative Kehrwert einer anderen Steigung ist, ist das Dreieck PQS_2 nicht rechtwinklig. Somit hat Robin nicht Recht.

Aufgabe 2

a) Die Gleichung der Parabel p_1 erhält man mithilfe von: $y=(x-x_1)\cdot(x-x_2)$ (Nullstellenansatzes). Da die Normalparabel p_1 die Nullstellen $x_1=-1$ und $x_2=3$ hat, ergibt sich:

$$y=(x-(-1))\cdot((x-3)$$
$$y=(x+1)\cdot(x-3)$$
$$y=x^2-3x+1x-3$$
$$y=x^2-2x-3$$

Alternativ kann man auch die Punkte T$(-2\mid 5)$ und R$(4\mid 5)$ in den Ansatz $y=x^2+bx+c$ einsetzen:

$$\begin{array}{lllllll} \text{I} & 5 & = & (-2)^2 & + & b\cdot(-2) & + & c \\ \text{II} & 5 & = & 4^2 & + & b\cdot 4 & + & c \end{array}$$

bzw.

$$\begin{array}{lllllll} \text{I} & 5 & = & 4 & - & 2b & + & c \\ \text{II} & 5 & = & 16 & + & 4b & + & c \end{array}$$

Subtrahiert man Gleichung II von Gleichung I, erhält man: $0=-12-6b \Rightarrow b=-2$. Setzt man $b=-2$ in Gleichung I ein, ergibt sich: $5=4-2\cdot(-2)+c \Rightarrow c=-3$. Damit hat die Normalparabel p_1 die Gleichung $y=x^2-2x-3$.

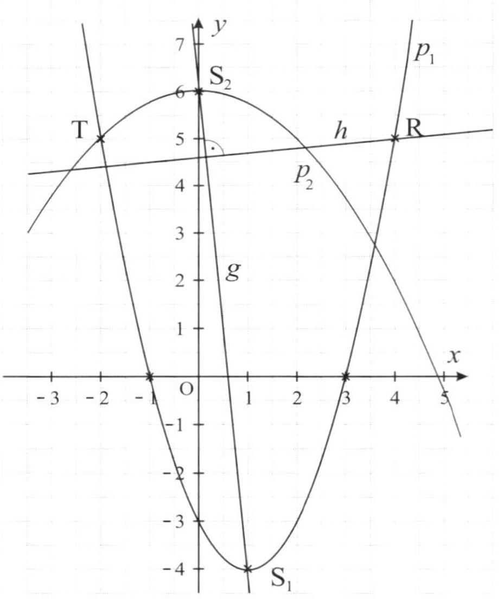

Die Gleichung der Parabel p_2 erhält man mit dem Ansatz $y=a\cdot x^2+c$.
Setzt man die Koordinaten des Scheitels $S_2(0\mid 6)$ in diesen ein, ergibt sich:

$$6=a\cdot 0^2+c$$
$$6=c$$

Damit hat die Parabel p_2 die Gleichung $y=a\cdot x^2+6$.

Setzt man die Koordinaten des Punktes T$(-2\mid 5)$ in diese Gleichung ein, ergibt sich:

$$5=a\cdot(-2)^2+6$$
$$5=4\cdot a+6$$
$$a=-\frac{1}{4}$$

Damit hat die Parabel p_2 die Gleichung $y=-\frac{1}{4}x^2+6$.

Die Koordinaten des Scheitelpunkts S_1 von p_1 erhält man durch quadratische Ergänzung:

$$y = x^2 - 2x - 3$$
$$y = x^2 - 2x + 1 - 1 - 3$$
$$y = (x-1)^2 - 4$$

Damit hat der Scheitel S_1 von p_1 die Koordinaten $S_1(1 \mid -4)$.

Die Gleichung der Geraden g, die durch die beiden Scheitelpunkte $S_1(1 \mid -4)$ und $S_2(0 \mid 6)$ verläuft, erhält man mit der Hauptform $y = mx + c$. Die Steigung m von g erhält man mit der Steigungsformel:

$$m = \frac{y_2 - y_1}{x_2 - x_1} = \frac{6-(-4)}{0-1} = -10$$

Setzt man $m = -10$ und die Koordinaten von $S_2(0 \mid 6)$ in die Hauptform ein, ergibt sich:

$$6 = -10 \cdot 0 + c \Rightarrow c = 6$$

Alternativ kann man auch die Zwei-Punkte-Form verwenden:

$$\frac{y-(-4)}{x-1} = \frac{6-(-4)}{0-1}$$
$$\frac{y+4}{x-1} = -10$$
$$y + 4 = -10 \cdot (x-1)$$
$$y + 4 = -10x + 10$$
$$y = -10x + 6$$

Damit hat die Gerade g die Gleichung $y = -10x + 6$.

Da die Gerade h senkrecht zu g verläuft, ist die Steigung m_h von h der negative Kehrtwert der Steigung von g:

$$m_h = -\frac{1}{-10} = \frac{1}{10}$$

Da h durch den Punkt $R(4 \mid 5)$ geht, setzt man $m_h = \frac{1}{10}$ und die Koordinaten von R in die Hauptform $y = mx + c$ ein:

$$5 = \frac{1}{10} \cdot 4 + c \Rightarrow c = 4{,}6$$

Damit hat die Gerade h die Gleichung $y = \frac{1}{10}x + 4{,}6$.

Eine nach oben geöffnete Normalparabel p_3 , die keine Punkte mit p_1 und p_2 gemeinsam hat, verläuft oberhalb des Scheitels S_2 von p_2 und hat beispielsweise den Scheitel $S_3(1 \mid 7)$.
Die Gleichung von p_3 erhält man mit der Scheitelform $y = (x-d)^2 + e$.
Damit hat p_3 die Gleichung: $y = (x-1)^2 + 7$.

b) Den Oberflächeninhalt O des zusammengesetzten Körpers erhält man, indem man zur Grundfläche G des Fünfecks die Mantelfläche (fünf Rechtecke) des Prismas und die Mantelfläche (fünf Dreiecke) der Pyramide addiert:

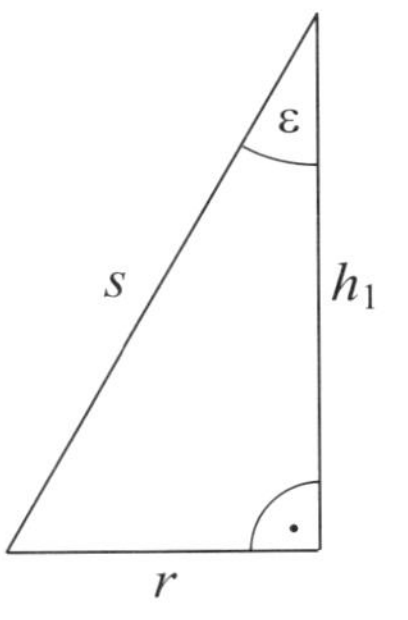

$$\mathrm{O} = \mathrm{G} + \mathrm{M}_{\text{Prisma}} + \mathrm{M}_{\text{Pyramide}}$$

Im rechtwinkligen Dreieck kann man den Radius r und die Höhe h_1 berechnen:

$$\sin(\varepsilon) = \frac{r}{s} \qquad \cos(\varepsilon) = \frac{h_1}{s}$$

$$\sin(33^\circ) = \frac{r}{12,6} \qquad \cos(33^\circ) = \frac{h_1}{12,6}$$

$$\sin(33^\circ) \cdot 12,6 = r \qquad \cos(33^\circ) \cdot 12,6 = h_1$$

$$r \approx 6,86\,\text{cm} \qquad h_1 \approx 10,57\,\text{cm}$$

Den Mittelpunktswinkel α des Fünfecks erhält man, indem man 360° durch fünf teilt:
$\alpha = 360^\circ : 5 = 72^\circ$.
Im rechtwinkligen Dreick kann man die Seite a und die zugehörige Höhe h_a mithilfe des Satzes des Pythagoras bestimmen:

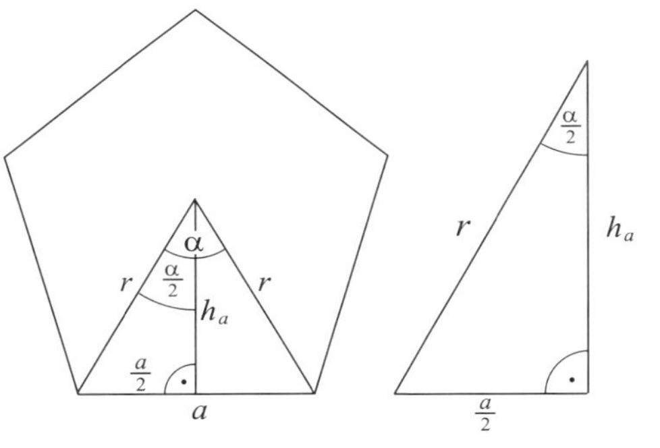

$$\sin\left(\frac{\alpha}{2}\right) = \frac{\frac{a}{2}}{r} \qquad h_a^2 + \left(\frac{a}{2}\right)^2 = r^2$$

$$\sin(36^\circ) = \frac{\frac{a}{2}}{6,86} \qquad h_a^2 = r^2 - \left(\frac{a}{2}\right)^2$$

$$\sin(36^\circ) \cdot 6,86 = \frac{a}{2} \qquad h_a = \sqrt{r^2 - \left(\frac{a}{2}\right)^2}$$

$$\sin(36^\circ) \cdot 6,86 \cdot 2 = a \qquad h_a = \sqrt{6,86^2 - \left(\frac{8,06}{2}\right)^2}$$

$$a \approx 8,06\,\text{cm} \qquad h_a \approx 5,55\,\text{cm}$$

Damit erhält man den Flächeninhalt der Grundfläche G des Fünfecks:

$$\mathrm{G} = 5 \cdot \frac{1}{2} \cdot a \cdot h_a = 5 \cdot \frac{1}{2} \cdot 8,06 \cdot 5,55 = 111,83\,\text{cm}^2$$

Die Mantelfläche des Prismas erhält man, indem man den Flächeninhalt der fünf Rechtecke berechnet:

$$\mathrm{M}_{\text{Prisma}} = 5 \cdot \mathrm{a} \cdot \mathrm{h}_2 = 5 \cdot 8,06 \cdot 5,6 = 225,70\,\mathrm{cm}^2$$

Zur Bestimmung der Mantelfläche der Pyramide benötigt man noch die Höhe h_s eines Seitenflächendreiecks.
Im rechtwinkligen Dreieck kann man die Höhe h_s mithilfe des Satzes des Pythagoras bestimmen:

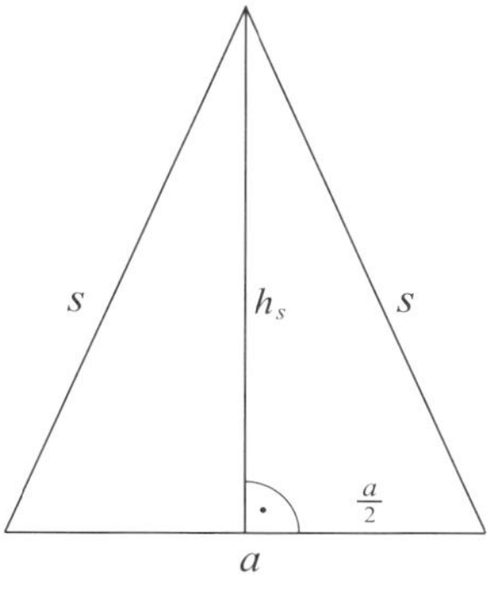

$$h_s^2 + \left(\frac{a}{2}\right)^2 = s^2$$

$$h_s^2 = s^2 - \left(\frac{a}{2}\right)^2$$

$$h_s = \sqrt{s^2 - \left(\frac{a}{2}\right)^2}$$

$$h_s = \sqrt{12,6^2 - \left(\frac{8,06}{2}\right)^2}$$

$$h_s \approx 11,94\,\mathrm{cm}$$

Man erhält die Mantelfläche der Pyramide, indem man den Flächeninhalt der fünf Seitenflächendreiecke berechnet:

$$\mathrm{M}_{\text{Pyramide}} = 5 \cdot \frac{1}{2} \cdot a \cdot h_s = 5 \cdot \frac{1}{2} \cdot 8,06 \cdot 11,94 = 240,60\,\mathrm{cm}^2$$

Damit erhält man den Oberflächeninhalt O des zusammengesetzten Körpers:

$$\mathrm{O} = \mathrm{G} + \mathrm{M}_{\text{Prisma}} + \mathrm{M}_{\text{Pyramide}} = 225,7 + 240,6 + 111,8 = 578,1$$

Der Oberflächeninhalt des zusammengesetzten Körpers beträgt etwa $578\,\mathrm{cm}^2$.

Aufgabe 3

a) Es gibt acht Kugeln, vier rote, drei blaue und eine gelbe Kugel. Man bezeichnet man mit r: rot, mit b: blau und mit g: gelb.
Es wird zweimal ohne Zurücklegen gezogen, d.h. die Anzahl der Kugeln im Gefäß ändert sich bei jedem Zug.
Zur Veranschaulichung kann man das nebenstehende Baumdiagramm erstellen.
Die Wahrscheinlichkeit, zwei gleichfarbige Kugeln zu ziehen, erhält man mithilfe der Pfadregeln:

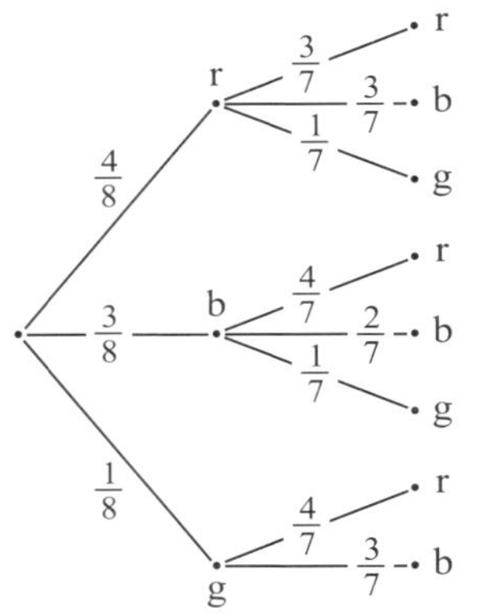

$$\begin{aligned} P(\text{zwei gleichfarbige Kugeln}) &= P(rr) + P(bb) \\ &= \frac{4}{8} \cdot \frac{3}{7} + \frac{3}{8} \cdot \frac{2}{7} \\ &= \frac{9}{28} \end{aligned}$$

Die Wahrscheinlichkeit, zwei gleichfarbige Kugeln zu ziehen, beträgt $\frac{9}{28}$.

Um den Erwartungswert E für den Gewinn eines Spielers zu bestimmen, berechnet man zuerst die Wahrscheinlichkeiten für die möglichen Ergebnisse, bei denen Gewinne erzielt werden.

Die Wahrscheinlichkeit, eine blaue und eine gelbe Kugel zu ziehen, erhält man ebenfalls mithilfe der Pfadregeln:

$$\begin{aligned} P(\text{eine blaue und eine gelbe Kugel}) &= P(bg) + P(gb) \\ &= \frac{3}{8} \cdot \frac{1}{7} + \frac{1}{8} \cdot \frac{3}{7} \\ &= \frac{3}{28} \end{aligned}$$

Den Erwartungswert E für den Gewinn eines Spielers erhält man, indem man die Gewinne für das jeweilige Ergebnis mit den zugehörigen Wahrscheinlichkeiten multipliziert und den Einsatz subtrahiert:

$$E = 4\,€ \cdot \frac{9}{28} + 10\,€ \cdot \frac{3}{28} - 2{,}50\,€ \approx -0{,}14\,€$$

Somit beträgt der Erwartungswert für den Gewinn eines Spielers $-0{,}14$ Euro, d.h. der Spieler macht auf lange Sicht pro Spiel einen Verlust von $0{,}14$ Euro.

Bezeichnet man mit x den Gewinn für eine gelbe und eine blaue Kugel, so erhält man den Erwartungswert E^* für den Gewinn eines Spielers, indem man die Gewinne für das jeweilige Ergebnis mit den zugehörigen Wahrscheinlichkeiten multipliziert und den Einsatz subtrahiert:

$$E^* = 4\,€\cdot\frac{9}{28} + x\,€\cdot\frac{3}{28} - 2{,}50\,€$$

Da der Veranstalter auf lange Sicht seinen Gewinn verdoppeln möchte, verdoppelt sich auch der Erwartungswert des Spielers.

Damit kann man die Gleichung $E^* = -0{,}28$ nach x auflösen:

$$4\,€\cdot\frac{9}{28} + x\,€\cdot\frac{3}{28} - 2{,}50\,€ = -0{,}28\,€$$
$$x\,€\cdot\frac{3}{28} = \frac{327}{350}\,€$$
$$x = 8{,}72$$

Somit müsste der Gewinn für «eine gelbe und eine blaue Kugel» $8{,}72\,€$ betragen.

b) Das Koordinatensystem wird so gelegt, dass die x-Achse auf dem Boden liegt und die y-Achse durch den Scheitelpunkt S der parabelförmigen Außenkante geht. Da die maximale Höhe des Hauses 3,00 m beträgt, hat der Scheitel der Parabel p die Koordinaten $S(0 \mid 3)$. Da das Haus am Boden 2,70 m breit ist, geht die Parabel durch die Punkte $N_1(-1{,}35 \mid 0)$ und $N_2(1{,}35 \mid 0)$.

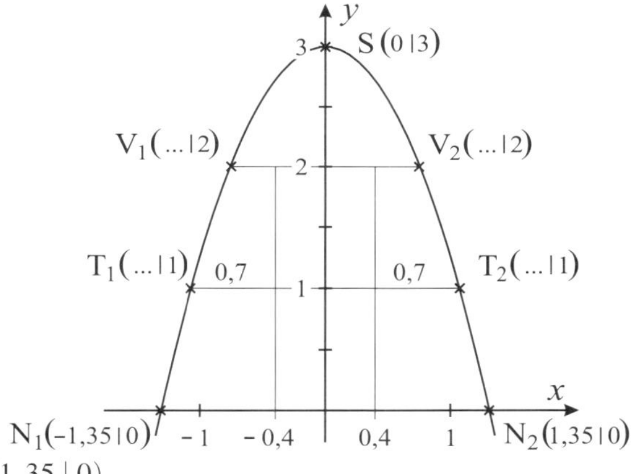

Die Gleichung der Parabel p erhält man mit dem Ansatz $y = a\cdot x^2 + c$. Setzt man die Koordinaten des Scheitels $S(0 \mid 3)$ in diesen ein, ergibt sich:

$$3 = a\cdot 0^2 + c$$
$$3 = c$$

Damit hat die Parabel p die Gleichung $y = a\cdot x^2 + 3$.

Setzt man die Koordinaten des Punktes $N_2(1{,}35 \mid 0)$ in diese Gleichung ein, ergibt sich:

$$0 = a\cdot 1{,}35^2 + 3$$
$$-\frac{3}{1{,}35^2} = a$$
$$a \approx -1{,}65$$

Damit hat die Parabel p die Gleichung $y = -1,65x^2 + 3$.

Die Ecken des Vordachs haben die Koordinaten $V_1(... \mid 2)$ und $V_2(... \mid 2)$.
Da diese auf der Parabel liegen, kann man die zugehörigen x-Werte berechnen, indem man $y = 2$ in die Parabelgleichung einsetzt:

$$2 = -1,65x^2 + 3$$
$$\frac{1}{1,65} = x^2$$
$$x_{1,2} = \pm\sqrt{\frac{1}{1,65}}$$
$$x_{1,2} \approx \pm 0,78$$

Damit haben die Ecken des Vordachs die Koordinaten $V_1(-0,78 \mid 2)$ und $V_2(0,78 \mid 2)$.
Die Länge L des Vordachs erhält man, indem man die x-Werte von $V_1(-0,78 \mid 2)$ und $V_2(0,78 \mid 2)$ subtrahiert:

$$L = 0,78 - (-0,78) = 1,56$$

Somit hat das Vordach eine Länge von $1,56\,\mathrm{m}$.

Der Türrahmen hat eine Höhe von $1,00$ m. Damit haben die Punkte T_1 und T_2 auf der Parabel die Koordinaten $T_1(... \mid 1)$ und $T_2(... \mid 1)$.
Die zugehörigen x-Werte erhält man, indem man $y = 1$ in die Parabelgleichung einsetzt:

$$1 = -1,65x^2 + 3$$
$$\frac{2}{1,65} = x^2$$
$$x_{1,2} = \pm\sqrt{\frac{2}{1,65}}$$
$$x_{1,2} \approx \pm 1,10$$

Damit haben die Punkte T_1 und T_2 die Koordinaten $T_1(-1,1 \mid 1)$ und $T_2(1,1 \mid 1)$.

Da der Türrahmen eine waagrechte Entfernung von $0,70$ m zu den Außenkanten hat, gilt für die Breite b der Tür:

$$b = 2 \cdot (1,1 - 0,7) = 0,8$$

Den Flächeninhalt A der rechteckigen Tür erhält man mit der Formel $A = a \cdot b$.
Mit $a = 2,00\,\mathrm{m}$ und $b = 0,8\,\mathrm{m}$ ergibt sich:

$$A = a \cdot b = 2 \cdot 0,8 = 1,6$$

Somit beträgt der Flächeninhalt der Tür $1,6\,\mathrm{m}^2$.

Aufgabe 4

a) Die Parabel p_1 hat die Gleichung $y = x^2 - 8x + 12$.
Die Gleichung der nach oben geöffneten Normalparabel p_2 mit Scheitelpunkt $S_2(1 \mid -7)$ erhält man mithilfe der Scheitelform $y = (x-d)^2 + e$.
Setzt man die Koordinaten von $S_2(1 \mid -7)$ ein, erhält man:

$$y = (x-1)^2 - 7$$
$$y = x^2 - 2x + 1 - 7$$
$$y = x^2 - 2x - 6$$

Damit hat die Parabel p_2 die Gleichung $y = x^2 - 2x - 6$.

Die Koordinaten des Schnittpunkts Q_1 der beiden Parabeln p_1 und p_2 erhält man durch Gleichsetzen der Parabelgleichungen:

$$x^2 - 8x + 12 = x^2 - 2x - 6$$
$$-6x = -18$$
$$x = 3$$

Den zugehörigen y-Wert erhält man, indem man $x = 3$ in die Gleichung von p_1 einsetzt:

$$y = 3^2 - 8 \cdot 3 + 12 = -3$$

Somit hat der Schnittpunkt Q_1 der beiden Parabeln p_1 und p_2 die Koordinaten $Q_1(3 \mid -3)$.

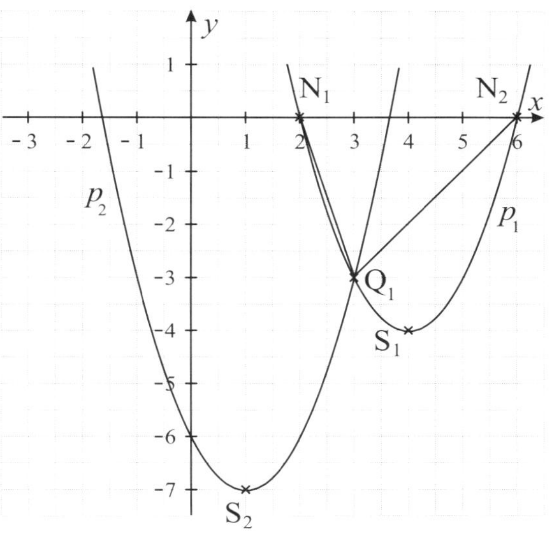

Die Koordinaten der Schnittpunkte N_1 und N_2 der Parabel p_1 mit der x-Achse erhält man, indem man die Gleichung $y = 0$ nach x auflöst:

$$0 = x^2 - 8x + 12$$

Mithilfe der bc-Formel ($b = -8$ und $c = 12$) erhält man:

$$x_{1,2} = -\frac{-8}{2} \pm \sqrt{\left(\frac{-8}{2}\right)^2 - 12} = 4 \pm 2$$

Damit erhält man $x_1 = 2$ und $x_2 = 6$.
Somit haben N_1 und N_2 die Koordinaten $N_1(2 \mid 0)$ und $N_2(6 \mid 0)$.

Den Flächeninhalt A des Dreiecks $N_1Q_1N_2$ erhält man mit der Formel $A = \frac{1}{2} \cdot g \cdot h$.
Mit $g = x_2 - x_1 = 6 - 2 = 4$ und $h = 3$ ergibt sich:

$$A = \frac{1}{2} \cdot g \cdot h = \frac{1}{2} \cdot 4 \cdot 3 = 6$$

Somit hat das Dreieck $N_1Q_1N_2$ den Flächeninhalt 6 FE.

Da die Grundseite g des Dreiecks stets die Strecke $g = \overline{N_1N_2} = 4$ ist, verändert sich nur die Höhe des Dreiecks $N_1Q_2N_2$, wenn sich der Punkt Q_1 auf der Parabel p_2 unterhalb der x-Achse bewegt. Für $Q_2 = S_2$ ist die Höhe des Dreiecks $N_1Q_2N_2$ am größten. Sie beträgt dann $h_{max} = 7$.
Damit erhält man den maximalen Flächeninhalt A_{max} mit der Formel $A_{max} = \frac{1}{2} \cdot g \cdot h_{max}$

$$A_{max} = \frac{1}{2} \cdot 4 \cdot 7 = 14$$

Somit beträgt der maximale Flächeninhalt 14 FE.

b) Die Höhe h_{AB} im Dreieck ABC ist doppelt so groß wie die Höhe h_a in einem gleichseitigen Dreieck des Sechsecks.

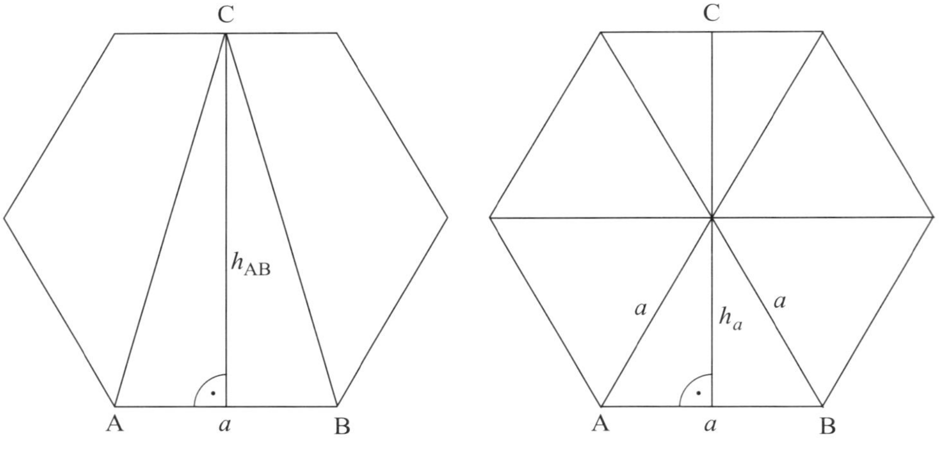

Die Höhe in einem gleichseitigen Dreieck erhält man mit der Formel $h_a = \frac{a}{2}\sqrt{3}$. Damit ergibt sich:

$$h_a = \frac{12,4}{2}\sqrt{3} \approx 10,74\,\text{cm}$$

und

$$h_{AB} = 2 \cdot h_a = 2 \cdot 10,74 = 21,48\,\text{cm}$$

Im rechtwinkligen Dreieck kann man die Seite AC mithilfe des Satzes des Pythagoras bestimmen:

$$\overline{AC}^2 = \left(\frac{\overline{AB}}{2}\right)^2 + h_{AB}^2$$

$$\overline{AC} = \sqrt{\left(\frac{\overline{AB}}{2}\right)^2 + h_{AB}^2}$$

$$\overline{AC} = \sqrt{\left(\frac{12,4}{2}\right)^2 + 21,48^2}$$

$$\overline{AC} \approx 22,36\,\text{cm}$$

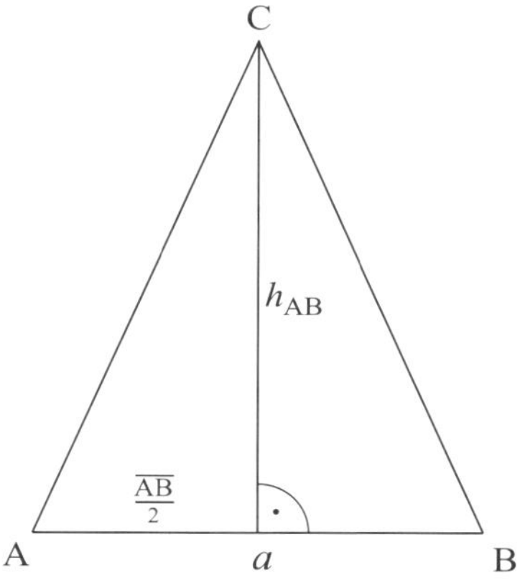

Damit erhält man den Umfang U des gleichschenkligen Dreiecks ABC:

$$U = \overline{AB} + \overline{AC} + \overline{BC} = 12,4 + 22,36 + 22,36 = 57,12\,\text{cm}$$

Der Umfang des Dreiecks ABC beträgt etwa 57,1 cm.

Den Flächeninhalt $A_{Sechseck}$ erhält man mit der Formel $A_{Sechseck} = \frac{3}{2} \cdot a^2 \cdot \sqrt{3}$. Damit ergibt sich:

$$A_{Sechseck} = \frac{3}{2} \cdot 12,4^2 \cdot \sqrt{3} \approx 399,48$$

Den Flächeninhalt des Dreiecks ABC erhält man mit der Formel $A_{ABC} = \frac{1}{2} \cdot \overline{AB} \cdot h_{AB}$. Damit ergibt sich:

$$A_{ABC} = \frac{1}{2} \cdot 12,4 \cdot 21,48 \approx 133,18$$

Um Toms Behauptung zu prüfen, teilt man den Flächeninhalt des Sechsecks durch den Flächeninhalt des Dreiecks ABC:

$$\frac{A_{Sechseck}}{A_{ABC}} = \frac{399,48}{133,18} \approx 3,00$$

Damit ist der Flächeninhalt des Sechsecks dreimal so groß wie der Flächeninhalt des Dreiecks ABC.

Alternativ kann man dies auch folgendermaßen argumentativ begründen:

Das regelmäßige Sechseck besteht aus sechs gleichseitigen Dreiecken mit der Grundseite a und der Höhe h_a.

Das Dreieck ABC hat ebenfalls die Grundseite a und die Höhe $h_{AB} = 2 \cdot h_a$.

Damit ist der Flächeninhalt des Dreiecks ABC doppelt so groß wie der Flächeninhalt eines der sechs gleichseitigen Dreiecke.

Also haben zwei gleichseitige Dreiecke den Flächeninhalt des Dreiecks ABC und sechs gleichseitige Dreiecke haben den dreifachen Flächeninhalt des Dreiecks ABC.

Somit ist der Flächeninhalt des Sechsecks dreimal so groß wie der Flächeninhalt des Dreiecks ABC. Tom hat Recht.

5 Realschulabschlussprüfung 2023

Teil A 1

1) Mithilfe der trigonometrischen Verhältnisse

$$\sin\alpha = \frac{\text{Gegenkathete}}{\text{Hypotenuse}}$$
$$\cos\alpha = \frac{\text{Ankathete}}{\text{Hypotenuse}}$$
$$\tan\alpha = \frac{\text{Gegenkathete}}{\text{Ankathete}}$$

ergibt sich:

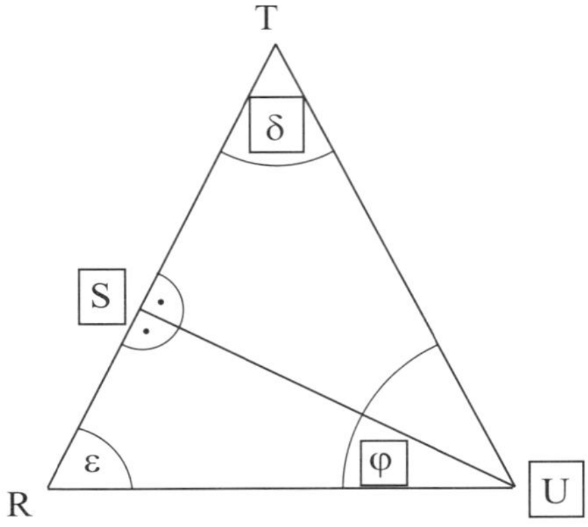

2) a) Die Augensumme ist ungerade, wenn einer der Würfel eine gerade und der andere Würfel eine ungerade Zahl anzeigt. Die Wahrscheinlichkeit, eine gerade oder eine ungerade Zahl zu würfeln, beträgt $\frac{1}{2}$. Bezeichnet man mit g: gerade Augenzahl und mit u: ungerade Augenzal, so erhält man die Wahrscheinlichkeit für das Ereignis «Augensumme ungerade» mit Hilfe der Pfadregeln:

$$\text{P(Augensumme ungerade)} = \text{P(gu)} + \text{P(ug)} = \frac{1}{2}\cdot\frac{1}{2}+\frac{1}{2}\cdot\frac{1}{2}=\frac{1}{4}+\frac{1}{4}=\frac{2}{4}=\frac{1}{2}$$

b) Die Wahrscheinlichkeit für das Ereignis «Augensumme kleiner als 4» erhält man ebenfalls mit Hilfe der Pfadregeln:

$$\text{P(Augensumme kleiner als 4)} = \text{P(11)} + \text{P(12)} + \text{P(21)} = \frac{1}{6}\cdot\frac{1}{6}+\frac{1}{6}\cdot\frac{1}{6}+\frac{1}{6}\cdot\frac{1}{6}=\frac{3}{36}=\frac{1}{12}$$

3) Nur beim Netz (C) ist der Streckenzug richtig abgebildet.

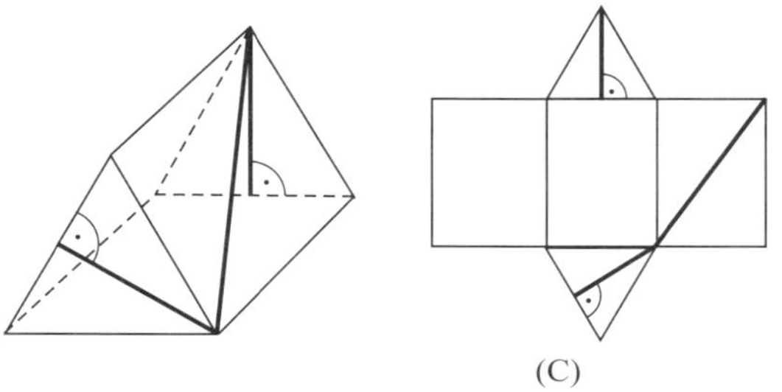

(C)

4) Die Parabel p_3 mit der Gleichung $y=(x-3)^2-3$ schneidet die x-Achse zweimal, da es sich um eine verschobene, nach oben geöffnete Normalparabel mit dem Scheitel $S_3(3 \mid -3)$ handelt, der unterhalb der x-Achse liegt. Bei der Parabel p_1 mit der Gleichung

$y = (x+3)^2$ liegt der Scheitel $S_1(-3 \mid 0)$ auf der x-Achse, so dass die Parabel p_1 nur einen gemeinsamen Punkt mit der x-Achse hat. Bei der Parabel p_2 handelt es sich um eine nach unten geöffnete Parabel mit Scheitel $S_2(0 \mid -3)$, die keinen Schnittpunkt mit der x-Achse hat.

5) Es muss die Zahl 2 eingesetzt werden. Damit gilt:

$$\sqrt{32} \cdot \sqrt{2} - \sqrt{25} = \sqrt{32 \cdot 2} - \sqrt{25} = \sqrt{64} - \sqrt{25} = 8 - 5 = 3$$

Alternativ kann man auch folgende Gleichung lösen:

$$\begin{aligned} \sqrt{32} \cdot \sqrt{x} - \sqrt{25} &= 3 \\ \sqrt{32x} - 5 &= 3 \\ \sqrt{32x} &= 8 \\ 32x &= 64 \\ x &= 2 \end{aligned}$$

Somit muss die Zahl 2 eingesetzt werden.

6) Um zu begründen, welche der Tabelle zum angegebenen Boxplot gehört, kann man sich Folgendes überlegen:

- Beim Boxplot liegt der Median bei $Z = 48$, das untere Quartil bei $q_u = 45$ und das obere Quartil bei $q_o = 55$.
- Bei Tabelle A gibt es 13 Ränge, also $n = 13$.
- Der Median Z liegt damit bei Rang $\frac{13}{2} = 6{,}5 \rightarrow 7 \Rightarrow Z = 48$.
- Das untere Quartil q_u liegt bei Rang $\frac{1}{4} \cdot n = \frac{1}{4} \cdot 13 = 3{,}25 \rightarrow 4 \Rightarrow q_u = 45$.
- Das obere Quartil q_o liegt bei Rang $\frac{3}{4} \cdot 13 = 9{,}75 \rightarrow 10 \Rightarrow q_o = 54$.
- Bei Tabelle B gibt es 9 Ränge, also $n = 9$.
- Der Median Z liegt damit bei Rang $\frac{9}{2} = 4{,}5 \rightarrow 5 \Rightarrow Z = 48$.
- Das untere Quartil q_u liegt bei Rang $\frac{1}{4} \cdot n = \frac{1}{4} \cdot 9 = 2{,}25 \rightarrow 3 \Rightarrow q_u = 45$.
- Das obere Quartil q_o liegt bei Rang $\frac{3}{4} \cdot 9 = 6{,}75 \rightarrow 7 \Rightarrow q_o = 55$.
- Die Tabellen unterscheiden sich bei den Kennwerten nur im oberen Quartil.

Da der Boxplot $q_0 = 55$ hat, gehört somit Tabelle B zum angegebenen Boxplot.

7) Um das richtige Diagramm der Tabelle zuzuordnen, bestimmt man die Prozente der Tabelle:

$$\frac{40}{80} = \frac{1}{2} = \frac{50}{100} = 50\%$$
$$\frac{24}{80} = \frac{6}{20} = \frac{30}{100} = 30\%$$
$$\frac{16}{80} = \frac{4}{20} = \frac{20}{100} = 20\%$$

Somit gehört Diagramm 3 zur Tabelle.

8) a) Man kann die Anzahl der Plättchen folgendermaßen bestimmen:

$$(1.)\ 1$$
$$(2.)\ 1 + 3 \cdot 1 = 4$$
$$(3.)\ 1 + 3 \cdot 2 = 7$$
$$(4.)\ 1 + 3 \cdot 3 = 10$$
$$(5.)\ 1 + 3 \cdot 4 = 13$$
$$(6.)\ 1 + 3 \cdot 5 = 16$$
$$(7.)\ 1 + 3 \cdot 6 = 19$$
$$(8.)\ 1 + 3 \cdot 7 = 22$$

Bei jedem Schritt kommen 3 Plättchen hinzu.
Somit benötigt Emily für das 8. Muster 22 Plättchen.

b) Setzt man $n = 4$ in die vier Formeln ein, ergibt sich:

$$s = 3 \cdot 4 - 2 = 12 - 2 = 10$$
$$s = 3 - 2 \cdot 4 = 3 - 8 = -5$$
$$s = 3 \cdot (4 - 1) + 1 = 3 \cdot 3 + 1 = 9 + 1 = 10$$
$$s = 2 \cdot 4 - 1 = 8 - 1 = 7$$

Da Emily beim vierten Muster 10 Plättchen benötigt, erhält man:

	$s = 3n - 2$	$s = 3 - 2n$	$s = 3(n-1) + 1$	$s = 2n - 1$
richtig	☒	☐	☒	☐
falsch	☐	☒	☐	☒

Teil A 2 2023

1) Um den Umfang des Dreiecks ABD zu berechnen, benötigt man die Seiten $\overline{AD}$, $\overline{BD}$ und $\overline{AB}$. Die bekannten Maße und Winkel sowie die Höhe auf die Seite AB werden in eine Skizze eingetragen, der Höhenfusspunkt wird mit F bezeichnet.

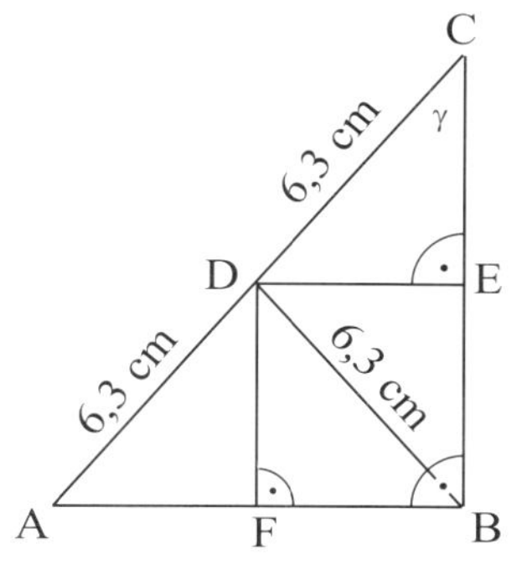

Zuerst bestimmt man die Seiten $\overline{AD}$ und $\overline{BD}$:
Wegen $\overline{CD} = \overline{BD} = \overline{AD}$ ergibt sich: $\overline{AD} = \overline{BD} = 6,3\,\text{cm}$.
Damit erhält man die Seite
$\overline{AC} = \overline{CD} + \overline{AD} = 6,3 + 6,3 = 12,6\,\text{cm}$.

Im Dreieck ABC erhält man die Seite $\overline{AB}$ mit dem Sinus- Verhältnis:

$$\sin(\gamma) = \frac{\overline{AB}}{\overline{AC}}$$
$$\sin(\gamma) \cdot \overline{AC} = \overline{AB}$$
$$\sin(41,8^\circ) \cdot 12,6 = \overline{AB}$$
$$\overline{AB} \approx 8,40\,\text{cm}$$

Somit gilt für den Umfang U_{ABD} des Dreiecks ABD:

$$U_{ABD} = \overline{AD} + \overline{AB} + \overline{BD} = 6,3 + 8,4 + 6,3 = 21,0\,\text{cm}$$

Das Dreieck ABD hat einen Umfang von etwa $21,0\,\text{cm}$.

Den Flächeninhalt des Dreiecks ABD erhält man mit der Formel $A = \frac{1}{2} \cdot g \cdot h$.
Wählt man als Grundseite $g = \overline{AB} = 8,40\,\text{cm}$, so ist die zugehörige Höhe $h = \overline{FD}$.
Im Dreieck AFD erhält man den Winkel α über die Winkelsumme im Dreieck ABC und die Höhe $h = \overline{FD}$ mit dem Sinusverhältnis:

$$\alpha = 180^\circ - 90^\circ - \gamma$$
$$\alpha = 90^\circ - 41,8^\circ$$
$$\alpha = 48,2^\circ$$

$$\sin(\alpha) = \frac{\overline{FD}}{\overline{AD}}$$
$$\sin(\alpha) \cdot \overline{AD} = \overline{FD}$$
$$\sin(48,2^\circ) \cdot 6,3 = \overline{FD}$$
$$\overline{FD} \approx 4,70\,\text{cm}$$

Damit erhält man den Flächeninhalt des Dreiecks ABD:

$$A_{ABD} = \frac{1}{2} \cdot 8,4 \cdot 4,7 = 19,74\,\text{cm}^2$$

Das Dreieck ABD hat einen Flächeninhalt von etwa $19,7\,\text{cm}^2$.

2) Den Flächeninhalt der Schnittfläche A_S erhält man, indem man den Inhalt A_1 der Fläche des grauen Dreiecks und den Inhalt A_2 der Fläche des grauen Rechtecks berechnet.
Dazu bestimmt man zuerst die Länge der Seite a. Diese erhält man mit dem Cosinus-Verhältnis:

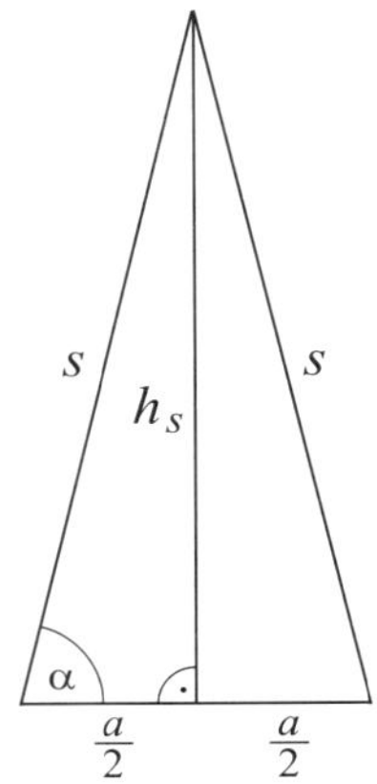

$$\cos\alpha = \frac{\frac{a}{2}}{s}$$
$$\cos(68{,}9^\circ) = \frac{\frac{a}{2}}{16{,}3}$$
$$\cos(68{,}9^\circ)\cdot 16{,}3 = \frac{a}{2}$$
$$\cos(68{,}9^\circ)\cdot 16{,}3\cdot 2 = a$$
$$a \approx 11{,}74\,\text{cm}$$

Die Seitenflächenhöhe h_S erhält man mithilfe des Sinus-Verhältnisses:

$$\sin\alpha = \frac{h_S}{s}$$
$$\sin(68{,}9^\circ) = \frac{h_S}{16{,}3}$$
$$\sin(68{,}9^\circ)\cdot 16{,}3 = h_S$$
$$h_S \approx 15{,}21\,\text{cm}$$

Die Höhe h_1 der Pyramide (bzw. des grauen Dreiecks) erhält man mithilfe des Satzes des Pythagoras:

$$h_1^2 + \left(\frac{a}{2}\right)^2 = h_S^2$$
$$h_1^2 = h_S^2 - \left(\frac{a}{2}\right)^2$$
$$h_1 = \sqrt{h_S^2 - \left(\frac{a}{2}\right)^2}$$
$$h_1 = \sqrt{15{,}21^2 - \left(\frac{11{,}74}{2}\right)^2}$$
$$h_1 \approx 14{,}03\,\text{cm}$$

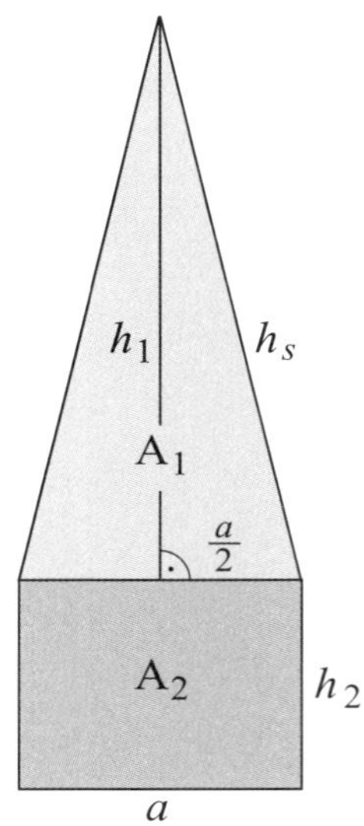

Damit erhält man den Flächeninhalt A_1 des grauen Dreiecks:

$$A_1 = \frac{1}{2}\cdot a\cdot h_1 = \frac{1}{2}\cdot 11{,}74\cdot 14{,}03 \approx 82{,}36\,\text{cm}^2$$

Die Höhe h_2 des Prismas erhält man, indem man von der Gesamthöhe h_{ges} die Höhe h_1

subtrahiert:

$$h_2 = h_{ges} - h_1 = 20,6 - 14,03 = 6,57\,\text{cm}$$

Damit erhält man den Flächeninhalt A_2 des grauen Rechtecks:

$$A_2 = a \cdot h_2 = 11,74 \cdot 6,57 \approx 77,13\,\text{cm}^2$$

Den Flächeninhalt der Schnittfläche A_S erhält man, indem man die beiden Teilflächen A_1 und A_2 addiert:

$$A_S = A_1 + A_2 = 82,36 + 77,13 = 159,49\,\text{cm}^2$$

Somit beträgt der Flächeninhalt der Schnittfläche A_S etwa $159,5\,\text{cm}^2$.

3) Das gegebene Gleichungssystem löst man, indem man zuerst die Gleichungen vereinfacht. Für Gleichung (1) ergibt sich:

$$\begin{aligned} 3x - 3y &= y + 8 \\ 3x - 4y &= 8 \end{aligned}$$

Für Gleichung (2) ergibt sich:

$$\begin{aligned} 6y &= x - 5 \\ -x + 6y &= -5 \end{aligned}$$

Damit erhält man das Gleichungssystem:

$$\begin{array}{lrcrcr} (1) & 3x & - & 4y & = & 8 \\ (2) & -x & + & 6y & = & -5 \end{array}$$

Addiert man das 3-fache von Gleichung (2) zu Gleichung (1) erhält man:

$$\begin{aligned} -4y + 3 \cdot 6y &= 8 + 3 \cdot (-5) \\ -4y + 18y &= 8 - 15 \\ 14y &= -7 \\ y &= -\frac{1}{2} \end{aligned}$$

Setzt man $y = -\frac{1}{2}$ in Gleichung (1) ein, ergibt sich:

$$\begin{aligned} 3x - 4 \cdot \left(-\frac{1}{2}\right) &= 8 \\ 3x + 2 &= 8 \\ 3x &= 6 \\ x &= 2 \end{aligned}$$

Somit hat das Gleichungssystem die Lösung $x = 2$ und $y = -\frac{1}{2}$.

4) Die Gleichung von p erhält man mithilfe des Nullstellstellenansatzes: $y = (x - x_1) \cdot (x - x_2)$.
Da die Normalparabel p die Nullstellen $x_1 = 1$ und $x_2 = 7$ hat, ergibt sich:

$$\begin{aligned} y &= (x-1)\cdot(x-7) \\ y &= x^2 - 7x - 1x + 7 \\ y &= x^2 - 8x + 7 \end{aligned}$$

Alternativ kann man die Koordinaten der Punkte $N_1(1 \mid 0)$ und $N_2(7 \mid 0)$ in den Ansatz $y = x^2 + bx + c$ einsetzen:

$$\begin{array}{llcccccc} \text{I} & 0 & = & 1^2 & + & b\cdot 1 & + & c \\ \text{II} & 0 & = & 7^2 & + & b\cdot 7 & + & c \end{array}$$

bzw.

$$\begin{array}{llcccccc} \text{I} & 0 & = & 1 & + & b & + & c \\ \text{II} & 0 & = & 49 & + & 7b & + & c \end{array}$$

Subtrahiert man Gleichung II von I, ergibt sich:

$$0 = -48 - 6b \Rightarrow b = -8$$

Setzt man $b = -8$ in Gleichung I ein, erhält man: $0 = 1 - 8 + c \Rightarrow c = 7$.
Damit hat die Parabel p die Gleichung $y = x^2 - 8x + 7$.
Die Gleichung der Geraden g erhält man mit dem Ansatz $y = m \cdot x + c$.
Setzt man die Koordinaten des Punktes $T(0 \mid 2)$ und die Steigung $m = -2$ ein, ergibt sich:

$$2 = -2 \cdot 0 + c \Rightarrow c = 2$$

Damit hat die Gerade g die Gleichung $y = -2x + 2$.

Die Koordinaten der Schnittpunkte A und B der Geraden g mit der Gleichung $y = -2x + 2$ und der Parabel p erhält man durch Gleichsetzen der Funktionsgleichungen:

$$\begin{aligned} -2x + 2 &= x^2 - 8x + 7 \\ 0 &= x^2 - 6x + 5 \end{aligned}$$

Mithilfe der pq-Formel ($p = -6$ und $q = 5$) erhält man:

$$x_{1,2} = -\frac{-6}{2} \pm \sqrt{\left(\frac{-6}{2}\right)^2 - 5} = 3 \pm 2$$

Damit erhält man die Lösungen $x_1 = 3 + 2 = 5$ und $x_2 = 3 - 2 = 1$.
Die zugehörigen y-Werte erhält man, indem man die x-Werte in die Gleichung von g einsetzt:

$$\begin{aligned} y_1 &= -2 \cdot 5 + 2 = -8 \\ y_2 &= -2 \cdot 1 + 2 = 0 \end{aligned}$$

Somit haben die Punkte A und B die Koordinaten $A(5 \mid -8)$ und $B(1 \mid 0)$.

5) Man bezeichnet mit K: Kreis, Q: Quadrat und D: Dreieck.
Beim linken Kreisel gilt: $P(K) = \frac{2}{5}$, $P(Q) = \frac{2}{5}$ und $P(D) = \frac{1}{5}$.
Beim rechten Kreisel gilt: $P(K) = \frac{1}{3}$, $P(Q) = \frac{1}{3}$ und $P(D) = \frac{1}{3}$.
Damit ergibt sich folgendes Baumdiagramm:

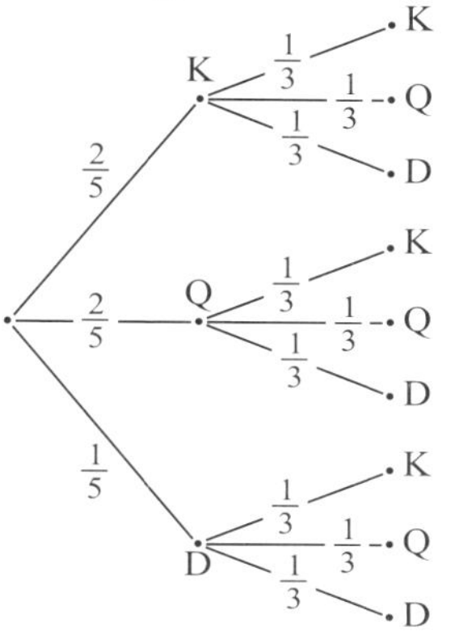

Die Wahrscheinlichkeit für zwei gleiche Symbole erhält man mit Hilfe der Pfadregeln:

$$\begin{aligned} P(\text{zwei gleiche Symbole}) &= P(KK) + P(QQ) + P(DD) \\ &= \frac{2}{5} \cdot \frac{1}{3} + \frac{2}{5} \cdot \frac{1}{3} + \frac{1}{5} \cdot \frac{1}{3} \\ &= \frac{1}{3} \end{aligned}$$

Die Wahrscheinlichkeit für Kreis und Dreieck erhält man ebenfalls mithilfe der Pfadregeln:

$$\begin{aligned} P(\text{Kreis und Dreieck}) &= P(KD) + P(DK) \\ &= \frac{2}{5} \cdot \frac{1}{3} + \frac{1}{5} \cdot \frac{1}{3} \\ &= \frac{1}{5} \end{aligned}$$

Man bezeichnet mit g: graues Feld und mit w: weißes Feld.
Für den linken Kreisel gilt: $P(g) = \frac{2}{5}$ und $P(w) = \frac{3}{5}$.
Für den rechten Kreisel gilt: $P(g) = \frac{1}{3}$ und $P(w) = \frac{2}{3}$
Damit ergibt sich folgendes Baumdiagramm:

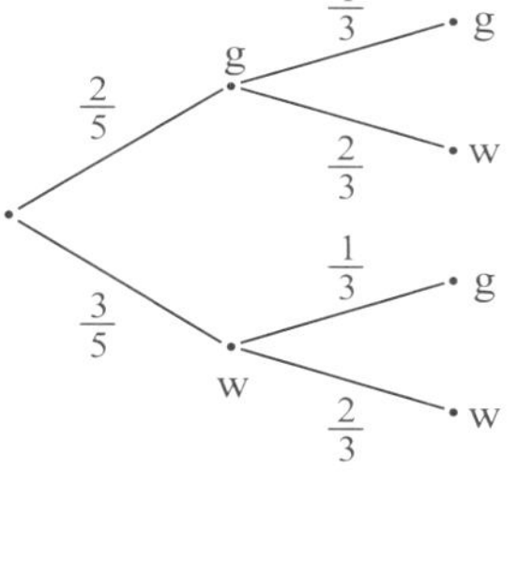

Die Wahrscheinlichkeit für höchstens ein graues Feld erhält man mit Hilfe der Pfadregeln:

$$\begin{aligned} \text{P(höchstens ein graues Feld)} &= \text{P(gw)} + \text{P(wg)} + \text{P(ww)} \\ &= \frac{2}{5} \cdot \frac{2}{3} + \frac{3}{5} \cdot \frac{1}{3} + \frac{3}{5} \cdot \frac{2}{3} \\ &= \frac{13}{15} \end{aligned}$$

Alternativ kann man auch die Wahrscheinlichkeit des Gegenereignisses verwenden:

$$\begin{aligned} \text{P(höchstens ein graues Feld)} &= 1 - \text{P(zwei graue Felder)} \\ &= 1 - \text{P(gg)} \\ &= 1 - \frac{2}{5} \cdot \frac{1}{3} \\ &= 1 - \frac{2}{15} \\ &= \frac{13}{15} \end{aligned}$$

6) Im Jahr 2020 betrugen die Ausgaben für Onlinewerbung 7484 Millionen Euro, im Jahr 2021 betrugen sie 7789 Millionen Euro. Den Zuwachs erhält man, indem man die Differenz der beiden Werte bildet:

$$7789 - 7484 = 305$$

Damit beträgt der Zuwachs 304 Millionen Euro.
Um zu berechnen, um wie viel Prozent der Zuwachs von 2020 bis 2021 zugenommen hat, teilt man den Zuwachs durch den Wert im Jahr 2020:

$$\frac{305}{7484} \approx 0,0408 = 4,08\%$$

Alternativ kann man auch die Prozentformel verwenden:

$$\begin{aligned} \text{P} &= \text{G} \cdot \frac{p}{100} \\ \frac{\text{P} \cdot 100}{\text{G}} &= p \\ \frac{305 \cdot 100}{7484} &= p \\ 4,08 &\approx p \end{aligned}$$

Somit beträgt der Zuwachs etwa 4,08 %.

Die Ausgaben für Bannerwerbung betrugen im Jahr 2020 genau 895 Millionen Euro.
Da die Ausgaben für Bannerwerbung im Jahr 2020 um 9,5% über dem Betrag von 2019 lagen, erhält man den Betrag von 2019 mit Hilfe des Dreisatzes:

$$\begin{aligned} 109{,}5\% &\triangleq 895 \\ 1\% &\triangleq \frac{895}{109{,}5} \\ 100\% &\triangleq \frac{895}{109{,}5} \cdot 100 = 817{,}35 \end{aligned}$$

Alternativ kann man auch den vermehrten Grundwert verwenden:

$$\begin{aligned} G \cdot 1{,}095 &= 895 \\ G &= \frac{895}{1{,}095} \\ G &\approx 817{,}35 \end{aligned}$$

Somit betrugen die Ausgaben für Bannerwerbung im Jahr 2019 etwa 817 Millionen Euro.

Im Jahr 2021 betrugen die Ausgaben für Social-Media-Werbung 614 Millionen Euro.
Wenn die Ausgaben jährlich bezogen auf das Vorjahr um $12{,}25\,\%$ ansteigen, so erhält man die Ausgaben im Jahr 2026, indem man die jährlichen Ausgaben für die Jahre 2022 bis 2026 bestimmt:

$$\begin{aligned} 2022&: \; 614 \cdot 1{,}1225 \approx 689{,}22 \\ 2023&: \; 689{,}22 \cdot 1{,}1225 \approx 773{,}65 \\ 2024&: \; 773{,}65 \cdot 1{,}1225 \approx 868{,}42 \\ 2025&: \; 868{,}42 \cdot 1{,}1225 \approx 974{,}80 \\ 2026&: \; 974{,}80 \cdot 1{,}1225 \approx 1094{,}21 \end{aligned}$$

Alternativ kann man auch die Wachstumsformel $G_n = G_0 \cdot \left(1 + \frac{p}{100}\right)^n$ verwenden:

$$G_5 = 614 \cdot \left(1 + \frac{12{,}25}{100}\right)^5 \approx 1094{,}21$$

Somit wären die Ausgaben für Social-Media-Werbung im Jahr 2026 etwa 1094 Millionen Euro hoch.

Teil B 2023

Aufgabe 1

a) Die bekannten Maße und Winkel werden in eine Skizze eingetragen und die Höhe auf die Seite GD eingezeichnet. Dadurch ergibt sich der Punkt H:

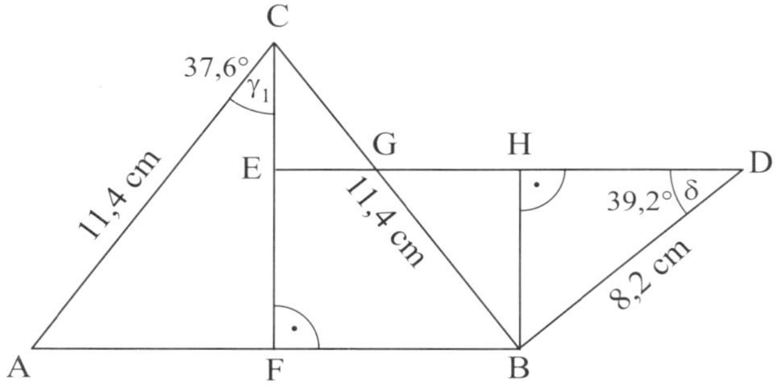

Im Dreieck AFC kann man die Seite $\overline{AF}$ mit dem Sinus-Verhältnis und die Seite $\overline{CF}$ mit dem Cosinusverhältnis bestimmen:

$$\sin(\gamma_1) = \frac{\overline{AF}}{\overline{AC}} \qquad \cos(\gamma_1) = \frac{\overline{CF}}{\overline{AC}}$$

$$\sin(37{,}6^\circ) = \frac{\overline{AF}}{11{,}4} \qquad \cos(37{,}6^\circ) = \frac{\overline{CF}}{11{,}4}$$

$$\sin(37{,}6^\circ)\cdot 11{,}4 = \overline{AF} \qquad \cos(37{,}6^\circ)\cdot 11{,}4 = \overline{CF}$$

$$\overline{AF} \approx 6{,}96\,\text{cm} \qquad \overline{CF} \approx 9{,}03\,\text{cm}$$

Damit ergibt sich:

$$\overline{BF} = \overline{AF} \approx 6{,}96\,\text{cm}$$

Im Dreieck BDH erhält man die Seite BH mit dem Sinus-Verhältnis:

$$\sin(\delta) = \frac{\overline{BH}}{\overline{BD}}$$

$$\sin(39{,}2^\circ) = \frac{\overline{BH}}{8{,}2}$$

$$\sin(39{,}2^\circ)\cdot 8{,}2 = \overline{BH}$$

$$\overline{BH} \approx 5{,}18\,\text{cm}$$

Damit ergibt sich:

$$\overline{EF} = \overline{BH} \approx 5{,}18\,\text{cm}$$

sowie

$$\overline{CE} = \text{CF} - \text{EF} = 9{,}03 - 5{,}18 = 3{,}85\,\text{cm}$$

Im Dreieck CEG erhält man die Seite EG mit dem Tangens-Verhältnis:

$$\begin{aligned}\tan(\gamma_1) &= \frac{\overline{EG}}{\overline{CE}}\\ \tan(37,6^\circ) &= \frac{\overline{EG}}{3,85}\\ \tan(37,6^\circ)\cdot 3,85 &= \overline{EG}\\ \overline{EG} &\approx 2,96\,\text{cm}\end{aligned}$$

Den Flächeninhalt des Trapezes FBGE erhält man mit der Formel $A = \frac{a+c}{2}\cdot h$.
Mit den parallelen Seiten $a = \overline{FB} = 6,96\,\text{cm}$ und $c = \overline{EG} = 2,96\,\text{cm}$ sowie der Höhe $h = \overline{EF} = 5,18\,\text{cm}$ ergibt sich:

$$A_{FBGE} = \frac{6,96+2,96}{2}\cdot 5,18 \approx 25,69\,\text{cm}^2$$

Somit hat das Viereck FBGE einen Flächeninhalt von etwa $25,7\,\text{cm}^2$.

b) Die Gleichung der Parabel p mit $y = x^2 + bx - 2$ erhält man, indem man die Koordinaten des Punktes $A(1 \mid 1)$ in diese Gleichung einsetzt:

$$\begin{aligned}1 &= 1^2 + b\cdot 1 - 2\\ 1 &= 1 + b - 2\\ 2 &= b\end{aligned}$$

Somit hat die Parabel p die Funktionsgleichung $y = x^2 + 2x - 2$.

Die Koordinaten des Punktes B erhält man, indem man $x = -3$ in die Parabelgleichung einsetzt:

$$y = (-3)^2 + 2\cdot(-3) - 2 = 1 \;\Rightarrow\; B(-3 \mid 1)$$

Die Koordinaten des Schnittpunktes C der Parabel mit der y-Achse erhält man, indem man $x = 0$ in die Parabelgleichung einsetzt:

$$y = 0^2 + 2\cdot 0 - 2 = -2 \;\Rightarrow\; C(0 \mid -2)$$

Den Flächeninhalt A eines Dreiecks erhält man mit der Formel $A = \frac{1}{2}\cdot g\cdot h$.
Für das Dreieck ABC mit $g = \overline{AB} = 4$ und $h = 3$ ergibt sich:

$$A_{ABC} = \frac{1}{2}\cdot 4\cdot 3 = 6$$

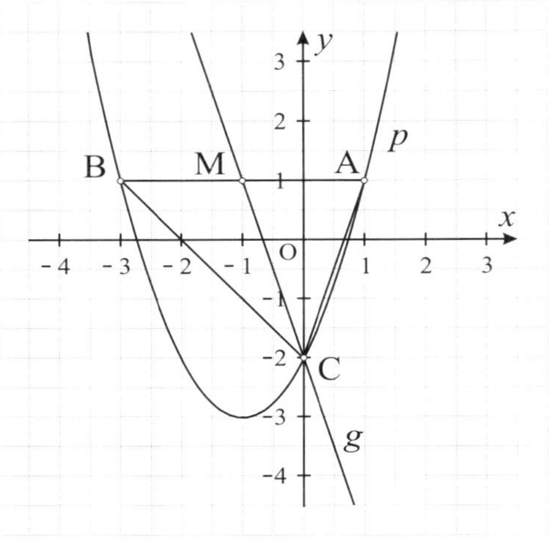

Somit hat das Dreieck ABC einen Flächeninhalt von 6 FE.

Die Gleichung der Geraden g, die durch den Punkt C verläuft und die Steigung $m = -3$ hat, erhält man mit der Hauptform $y = mx + c$. Setzt man $m = -3$ und die Koordinaten von $C(0 \mid -2)$ in die Hauptform ein, ergibt sich:

$$-2 = -3 \cdot 0 + c \Rightarrow c = -2$$

Somit hat die Gerade g die Funktionsgleichung $y = -3 \cdot x - 2$.

Die Gerade g schneidet die Strecke AB im Mittelpunkt $M(-1 \mid 1)$, wie man anhand der Punktprobe erkennen kann:

$$1 = -3 \cdot (-1) - 2 \Rightarrow 1 = 1$$

Das Dreieck ACM hat die Grundseite $g = \overline{AM} = 2$ und die Höhe $h = 3$ und damit den Flächeninhalt

$$A_{ACM} = \frac{1}{2} \cdot 2 \cdot 3 = 3$$

Das Dreieck BCM hat die Grundseite $g = \overline{BM} = 2$ und die Höhe $h = 3$ und damit den Flächeninhalt

$$A_{BCM} = \frac{1}{2} \cdot 2 \cdot 3 = 3$$

Somit halbiert die Gerade g den Flächeninhalt des Dreiecks ABC.

Alternativ kann man auch folgendermaßen argumentieren:

Die beiden Dreiecke ACM und BCM haben jeweils eine gleichlange Grundseite und eine gleichlange Höhe, da die Gerade g die Strecke AB in ihrem Mittelpunkt $M(-1 \mid 1)$ schneidet.

Damit halbiert die Gerade g den Flächeninhalt des Dreiecks ABC.

Somit hat Julius Recht.

Aufgabe 2

a) Die Gleichung der Parabel p_1 erhält man mit Hilfe des Ansatzes $y = x^2 + bx + c$. Setzt man die Koordinaten der Punkte A$(0 \mid 1)$ und B$(4 \mid 1)$ der gegebenen Wertetabelle in den Ansatz $y = x^2 + bx + c$ ein, ergibt sich:

$$\begin{array}{llllllll} \text{I} & 1 & = & 0^2 & + & b \cdot 0 & + & c \\ \text{II} & 1 & = & 4^2 & + & b \cdot 4 & + & c \end{array}$$

Aus Gleichung I ergibt sich: $c = 1$.
Setzt man $c = 1$ in Gleichung II ein, ergibt sich: $1 = 16 + 4b + 1 \Rightarrow b = -4$.
Damit hat die Normalparabel p_1 die Gleichung $y = x^2 - 4x + 1$.

Mithilfe des Taschenrechners erhält man folgende Wertetabelle:

x	-1	0	1	2	3	4	5
y	6	1	-2	-3	-2	1	6

Die Gleichung der Geraden g mit der Gleichung $y = mx - 2$ erhält man, indem man die Koordinaten des Punktes P$(3 \mid -5)$ einsetzt:

$$-5 = m \cdot 3 - 2 \Rightarrow m = -1$$

Somit hat die Gerade g die Gleichung $y = -1x - 2$.

Um zu zeigen, dass g keinen Schnittpunkt mit p_1 hat, setzt man die Gleichungen von g und p_1 gleich:

$$x^2 - 4x + 1 = -1x - 2$$
$$x^2 - 3x + 3 = 0$$

Mithilfe der pq-Formel ($p = -3$ und $q = 3$) erhält man:

$$x_{1,2} = -\frac{-3}{2} \pm \sqrt{\left(-\frac{3}{2}\right)^2 - 3} = \frac{3}{2} \pm \sqrt{-0,75}$$

Da unter der Wurzel eine negative Zahl steht, hat diese quadratische Gleichung keine reelle Lösung.
Somit haben g und p_1 keinen Schnittpunkt.
Die Koordinaten des Scheitelpunkts S_1 von p_1 erhält man durch quadratische Ergänzung:

$$y = x^2 - 4x + 1$$
$$y = x^2 - 4x + 4 - 4 + 1$$
$$y = (x-2)^2 - 3$$

Alternativ kann der Scheitel S_1 von p_1 auch in der Wertetabelle abgelesen werden.
Somit hat der Scheitel S_1 von p_1 die Koordinaten $S_1(2 \mid -3)$.

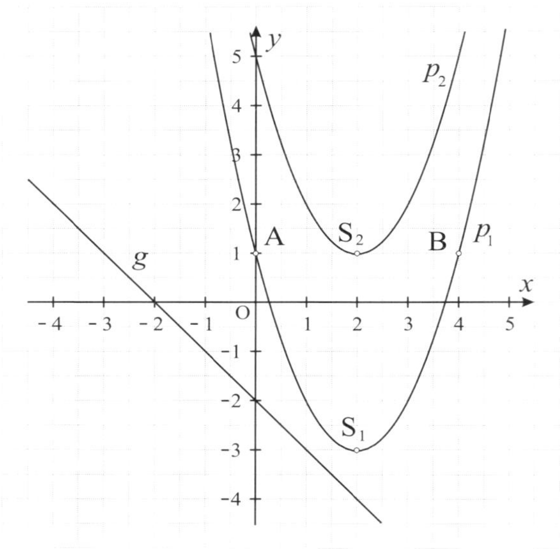

Eine nach oben geöffnete Normalparabel p_2 , die keinen Schnittpunkt mit g und p_1 hat, verläuft oberhalb des Scheitels S_1 von p_1 und hat beispielsweise den Scheitel $S_2(2 \mid 1)$. Die Gleichung von p_2 erhält man mit der Scheitelform $y = (x-d)^2 + e$.
Damit hat p_2 beispielsweise die Gleichung: $y = (x-2)^2 + 1$.

b) Die Mantelfläche M_P der Pyramide erhält man, indem man die Flächen der fünf gleichschenkligen Seitenflächendreiecke der Pyramide addiert.

Die Fläche eines Dreiecks erhält man mit der Formel $A = \frac{1}{2} \cdot g \cdot h$.
Dazu benötigt man die Seitenflächenhöhe h_S eines gleichschenkligen Dreiecks der Pyramide.
Diese erhält man mit Hilfe des Satzes des Pythagoras:

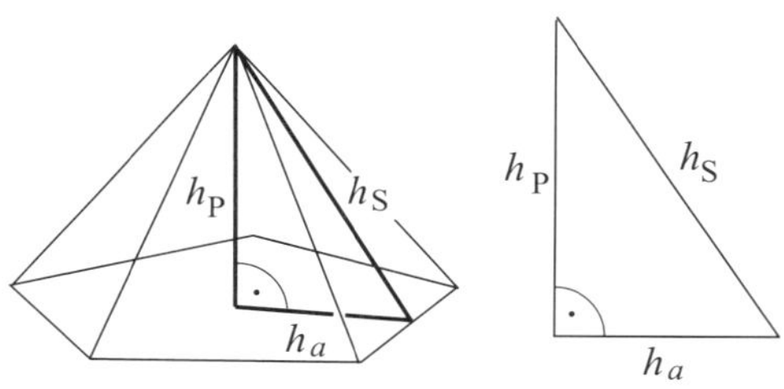

$$h_S^2 = h_a^2 + h_P^2$$

Den Mittelpunktswinkel α des Fünfecks erhält man, indem man 360° durch fünf teilt:
$\alpha = 360° : 5 = 72°$.
Im rechtwinkligen Dreick kann man die Höhe h_a mithilfe des Tangens-Verhältnisses bestimmen:

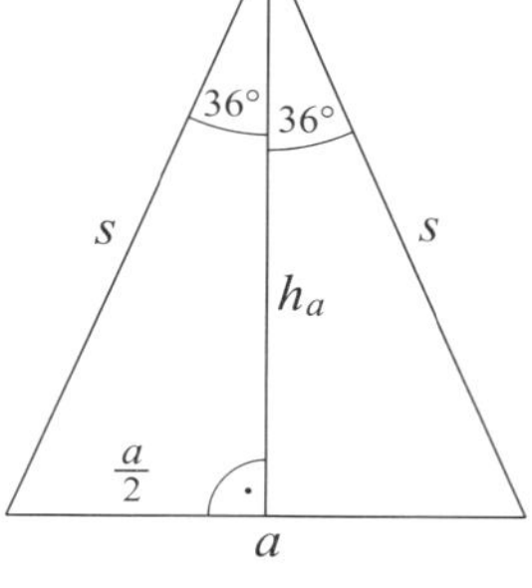

$$
\begin{aligned}
\tan(36^\circ) &= \frac{\frac{a}{2}}{h_a} \\
\tan(36^\circ)\cdot h_a &= \frac{a}{2} \\
h_a &= \frac{\frac{a}{2}}{\tan(36^\circ)} \\
h_a &= \frac{\frac{8,6}{2}}{\tan(36^\circ)} \\
h_a &\approx 5,92\,\text{cm}
\end{aligned}
$$

Damit erhält man die Seitenflächenhöhe h_S eines gleichschenkligen Dreiecks der Pyramide:

$$
\begin{aligned}
h_S^2 &= h_a^2 + h_\text{P}^2 \\
h_S &= \sqrt{h_a^2 + h_\text{P}^2} \\
h_S &= \sqrt{5,92^2 + 7,6^2} \\
h_S &\approx 9,63\,\text{cm}
\end{aligned}
$$

Damit ergibt sich die Fläche A eines Seitenflächendreiecks der Pyramide:

$$\text{A} = \frac{1}{2}\cdot a\cdot h_S = \frac{1}{2}\cdot 8,6\cdot 9,63 = 41,41\,\text{cm}^2$$

Damit erhält man die Mantelfläche M_P der Pyramide:

$$\text{M}_\text{P} = 5\cdot\text{A} = 5\cdot 41,41 = 207,05\,\text{cm}^2$$

Die Mantelfläche M_K des Kegels erhält man mit der Formel $\text{M}_\text{K} = \pi\cdot r\cdot s$.
Dazu benötigt man zuerst den Radius r des Kegels.
Diesen erhält man mit Hilfe des Sinus-Verhältnisses in einem rechtwinkligen Dreieck der Grundfläche:

Den Mittelpunktswinkel α des Fünfecks erhält man, indem man 360° durch fünf teilt:
$\alpha = 360^\circ : 5 = 72^\circ$.
Im rechtwinkligen Dreick kann man die Höhe h_a mithilfe des Tangens-Verhältnisses bestimmen:

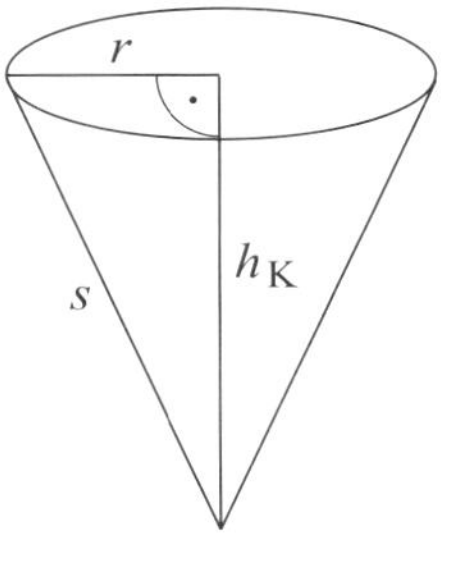

$$\sin(36^\circ) = \frac{\frac{a}{2}}{r}$$
$$\sin(36^\circ) \cdot r = \frac{a}{2}$$
$$r = \frac{\frac{a}{2}}{\sin(36^\circ)}$$
$$r = \frac{\frac{8,6}{2}}{\sin(36^\circ)}$$
$$r \approx 7,32\,\text{cm}$$

Die Mantellinie s des Kegels erhält man mit Hilfe des Satzes des Pythagoras:

$$s^2 = r^2 + h_K^2$$
$$s = \sqrt{r^2 + h_K^2}$$
$$s = \sqrt{7,32^2 + 15,2^2}$$
$$s \approx 16,87\,\text{cm}$$

Damit erhält man die Mantelfläche M_K des Kegels:

$$M_K = \pi \cdot r \cdot s = \pi \cdot 7,32 \cdot 16,87 \approx 387,95\,\text{cm}^2$$

Den Unterschied zwischen der Mantelfläche des Kegels und der Mantelfläche der Pyramide erhält man, indem man die beiden Mantelflächen voneinander subtrahiert:

$$M_K - M_P = 387,95 - 207,05 = 180,90\,\text{cm}^2$$

Somit unterscheiden sich die Inhalte der Mantelflächen des Kegels und der Pyramide um $180,90\,\text{cm}^2$.

Aufgabe 3

a) Zur Veranschaulichung kann man ein Baumdiagramm erstellen:

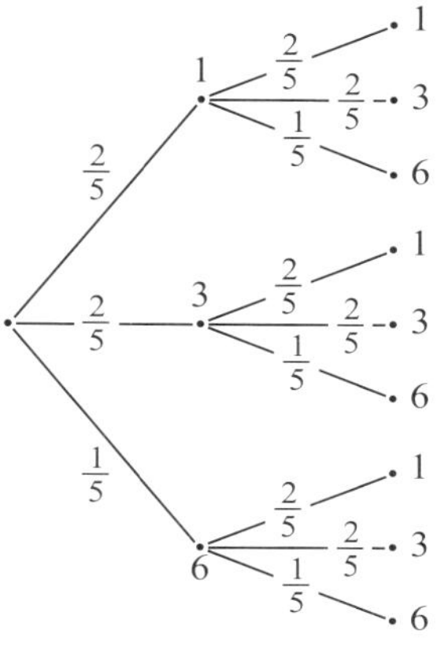

Die Wahrscheinlichkeit, eine Zahl zu erhalten, die größer als 60 ist, erhält man mit Hilfe der Pfadregeln:

$$\begin{aligned} P(\text{Zahl größer als } 60) &= P(61) + P(63) + P(66) \\ &= \frac{1}{5} \cdot \frac{2}{5} + \frac{1}{5} \cdot \frac{2}{5} + \frac{1}{5} \cdot \frac{1}{5} \\ &= \frac{1}{5} \end{aligned}$$

Die Wahrscheinlichkeit, eine Zahl zu erhalten, die größer als 60 ist, beträgt $\frac{1}{5}$.

Um den Erwartungswert E für den Gewinn eines Spielers zu bestimmen, berechnet man zuerst die Wahrscheinlichkeiten für die möglichen Ergebnisse, bei denen Gewinne erzielt werden.

Die Wahrscheinlichkeit, die Zahl 33 zu erhalten, erhält man ebenfalls mit Hilfe der Pfadregeln:

$$P(33) = \frac{2}{5} \cdot \frac{2}{5} = \frac{4}{25}$$

Den Erwartungswert E für den Gewinn eines Spielers erhält man, indem man die Gewinne für das jeweilige Ergebnis mit den zugehörigen Wahrscheinlichkeiten multipliziert und den Einsatz subtrahiert:

$$E = 3\,€ \cdot \frac{1}{5} + 6\,€ \cdot \frac{4}{25} - 2{,}00\,€ = -0{,}44\,€$$

Somit beträgt der Erwartungswert für den Gewinn eines Spielers $-0{,}44$ Euro, d.h. der

Spieler macht auf lange Sicht pro Spiel einen Verlust von $0,44$ Euro.

Wird auf jedem Streifen eine 3 durch eine 6 ersetzt, so ergibt sich folgendes Baumdiagramm:

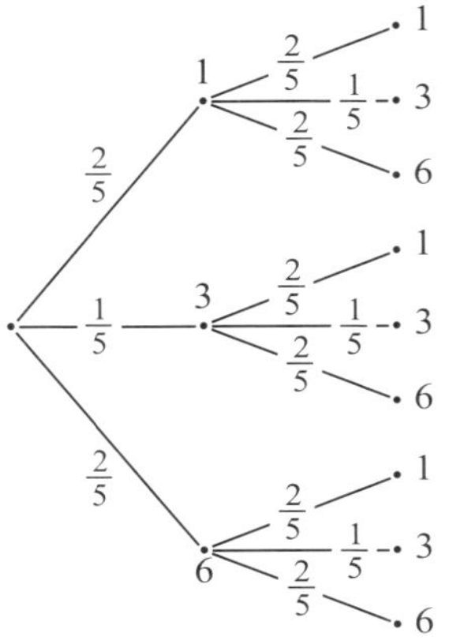

Die Wahrscheinlichkeit, eine Zahl zu erhalten, die größer als 60 ist, mit Hilfe der Pfadregeln:

$$\begin{aligned}\text{P(Zahl größer als 60)} &= \text{P}(61)+\text{P}(63)+\text{P}(66)\\ &= \frac{2}{5}\cdot\frac{2}{5}+\frac{2}{5}\cdot\frac{1}{5}+\frac{2}{5}\cdot\frac{2}{5}\\ &= \frac{2}{5}\end{aligned}$$

Die Wahrscheinlichkeit, die Zahl 33 zu erhalten, erhält man ebenfalls mit Hilfe der Pfadregeln:

$$\text{P}(33)=\frac{1}{5}\cdot\frac{1}{5}=\frac{1}{25}$$

Den Erwartungswert E^* für den Gewinn eines Spielers beim neuen Spiel erhält man, indem man die Gewinne für das jeweilige Ergebnis mit den zugehörigen Wahrscheinlichkeiten multipliziert und den Einsatz subtrahiert:

$$\text{E}^* = 3\,€\cdot\frac{2}{5}+6\,€\cdot\frac{1}{25}-2,00\,€=-0,56\,€$$

Damit macht ein Spieler auf lange Sicht pro Spiel einen Verlust von $0,56$ Euro, also mehr als $0,44$ Euro.
Somit erhöht sich der Gewinn der Klasse.

b) Das Koordinatensystem wird so gelegt, dass die x-Achse auf dem Boden liegt und die y-Achse durch den Scheitelpunkt S der parabelförmigen Flugbahn geht. Da die maximale Höhe des Sprungs 139 cm beträgt, hat der Scheitel der Parabel p die Koordinaten $S(0 \mid 139)$.
Da die Sprungweite 220 cm beträgt, geht die Parabel durch die Punkte $N_1(-110 \mid 0)$ und $N_2(110 \mid 0)$.

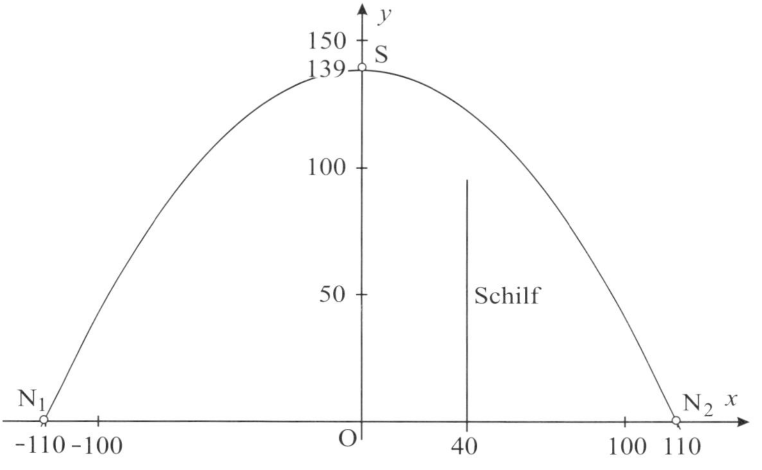

Die Gleichung der Parabel p erhält man mit dem Ansatz $y = a \cdot x^2 + c$.
Setzt man die Koordinaten des Scheitels $S(0 \mid 139)$ in diesen ein, ergibt sich:

$$139 = a \cdot 0^2 + c$$
$$139 = c$$

Damit hat die Parabel p die Gleichung $y = a \cdot x^2 + 139$.
Setzt man die Koordinaten des Punktes $N_2(110 \mid 0)$ in diese Gleichung ein, ergibt sich:

$$0 = a \cdot 110^2 + 139$$
$$-\frac{139}{110^2} = a$$
$$a \approx -0{,}011$$

Damit hat die Parabel p die Gleichung $y = -0{,}011x^2 + 139$.

Das Schilfrohr liegt an der Stelle $x = -110 + 150 = 40$.
Setzt man $x = 40$ in die Parabelgleichung ein, erhält man die Sprunghöhe des Froschs beim Schilfrohr:

$$y = -0{,}011 \cdot 40^2 + 139 = 121{,}4$$

Da das Schilfrohr eine Höhe von 94 cm hat, erhält man den Abstand d, in welchem der Frosch darüber springt, indem man die Höhen voneinander subtrahiert:

$$\mathrm{d} = 121{,}4 - 94 = 27{,}4$$

Somit springt der Frosch in einem Abstand von 27,4 cm über das Schilfrohr.

Der Sprung des zweiten Froschs hat die Gleichung $y = -\frac{3}{200}x^2 + 165$.
Die Sprungweite des zweiten Froschs erhält man, indem man die Nullstellen der Parabel bestimmt. Dazu löst man die Gleichung $y = 0$ durch Wurzelziehen nach x auf:

$$\begin{aligned} -\frac{3}{200}x^2 + 165 &= 0 \\ 165 &= \frac{3}{200}x^2 \\ 11000 &= x^2 \\ x_{1,2} &= \pm\sqrt{11000} \\ x_{1,2} &\approx \pm 105 \end{aligned}$$

Die Sprungweite w des zweiten Froschs erhält man, indem man die x-Werte der Nullstellen subtrahiert:

$$\mathrm{w} = 105 - (-105) = 210 < 220$$

Somit springt der erste Frosch weiter.
Die Differenz der Sprungweiten beträgt etwa 10 cm.

Aufgabe 4

a) Die Parabel p_1 ist symmetrisch zur y-Achse, hat den Scheitel $S_1(0 \mid 4)$ und geht durch $N_1(-4 \mid 0)$.
Die Gleichung der Parabel p_1 erhält man mit dem Ansatz $y = a \cdot x^2 + c$.
Setzt man die Koordinaten des Scheitels $S(0 \mid 4)$ in diesen ein, ergibt sich:

$$\begin{aligned} 4 &= a \cdot 0^2 + c \\ 4 &= c \end{aligned}$$

Damit hat die Parabel p_1 die Gleichung $y = a \cdot x^2 + 4$.
Setzt man die Koordinaten des Punktes $N_1(-4 \mid 0)$ in diese Gleichung ein, ergibt sich:

$$\begin{aligned} 0 &= a \cdot (-4)^2 + 4 \\ -\frac{4}{(-4)^2} &= a \\ a &= -\frac{1}{4} \end{aligned}$$

Damit hat die Parabel p_1 die Gleichung $y = -\frac{1}{4}x^2 + 4$.

Die Gleichung der Geraden g, die durch die beiden Punkte $S_1(0 \mid 4)$ und $N_1(-4 \mid 0)$ verläuft, erhält man mit der Hauptform $y = mx + c$. Die Steigung m von g erhält man mit der Steigungsformel:

$$m = \frac{y_2 - y_1}{x_2 - x_1} = \frac{0-4}{-4-0} = 1$$

Setzt man $m = 1$ und die Koordinaten von $S_1(0 \mid 4)$ in die Hauptform ein, ergibt sich:

$$4 = 1 \cdot 0 + c \Rightarrow c = 4$$

Alternativ kann man auch die Zwei-Punkte-Form verwenden, um die Gleichung von g zu bestimmen:

$$\begin{aligned} \frac{y-4}{x-0} &= \frac{0-4}{-4-0} \\ \frac{y-4}{x} &= 1 \\ y - 4 &= 1x \\ y &= 1x + 4 \end{aligned}$$

Damit hat die Gerade g die Gleichung $y = 1x + 4$.

Da die Parabel p_1 symmetrisch zur y-Achse ist, hat der zweite Schnittpunkt von p_1 mit der

x-Achse die Koordinaten $N_2(4 \mid 0)$.

Die Parabel p_2 hat die Gleichung $y = x^2 - 2x - 3$.

Die Koordinaten des Scheitels S_2 von p_2 erhält man durch quadratische Ergänzung:

$$y = x^2 - 2x - 3$$
$$y = x^2 - 2x + 1 - 1 - 3$$
$$y = (x-1)^2 - 4$$

Damit hat der Scheitel S_2 von p_2 die Koordinaten $S_2(1 \mid -4)$.

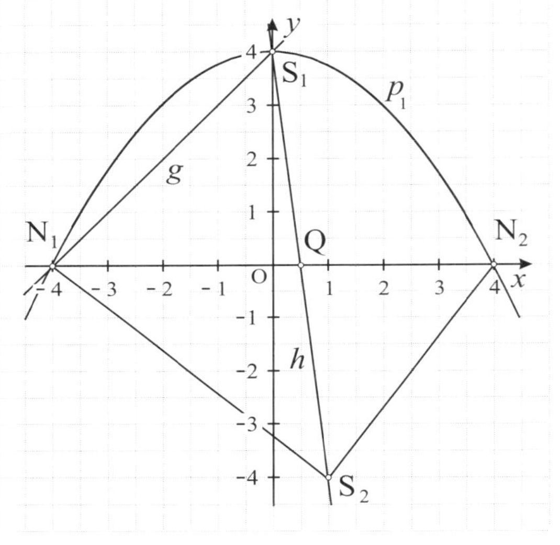

Die Gerade h durch S_1 und S_2 schneidet die x-Achse bei $Q(0{,}5 \mid 0)$.

Den Flächeninhalt A eines Dreiecks erhält man mit der Formel $A = \frac{1}{2} \cdot g \cdot h$.

Den Flächeninhalt A_1 des Dreiecks $S_2S_1N_1$ erhält man, indem man die Flächeninhalte der beiden Dreiecke N_1QS_1 und N_1QS_2 bestimmt, die jeweils dieselbe Grundseite $g = \overline{N_1Q} = 4{,}5$ und die Höhe $h = 4$ haben. Damit ergibt sich:

$$A_1 = \frac{1}{2} \cdot 4{,}5 \cdot 4 + \frac{1}{2} \cdot 4{,}5 \cdot 4 = 18$$

Den Flächeninhalt A_2 des Dreiecks $S_2N_2S_1$ erhält man, indem man die Flächeninhalte der beiden Dreiecke N_2QS_1 und N_2QS_2 bestimmt, die jeweils dieselbe Grundseite $g = \overline{N_2Q} = 3{,}5$ und die Höhe $h = 4$ haben. Damit ergibt sich:

$$A_2 = \frac{1}{2} \cdot 3{,}5 \cdot 4 + \frac{1}{2} \cdot 3{,}5 \cdot 4 = 14$$

Somit unterscheiden sich die Flächeninhalte der beiden Dreiecke $S_2S_1N_1$ und $S_2N_2S_1$ um 4 FE.

b) Die Höhe h des achtseitigen Prismas erhält man, indem man die Längen der Strecken AR und RT addiert. Zuerst bestimmt man im rechtwinkligen Dreieck AQR die Seite $\overline{AQ}$ mit dem Tangens-Verhältnis und die Strecke $\overline{QR}$ mit dem Cosinus-Verhältnis:

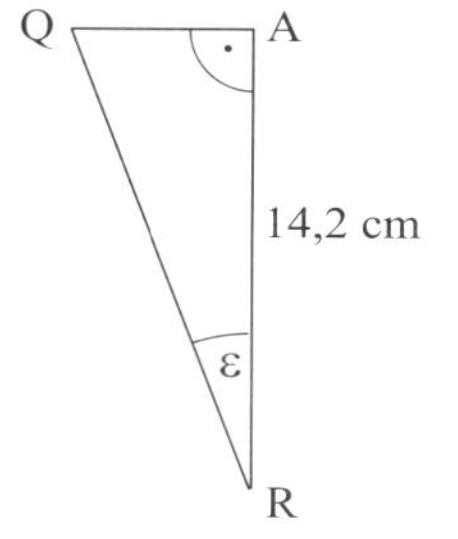

$$\tan(\varepsilon) = \frac{\overline{AQ}}{\overline{AR}}$$
$$\tan(23,0^\circ) = \frac{\overline{AQ}}{14,2}$$
$$\tan(23,0^\circ) \cdot 14,2 = \overline{AQ}$$
$$\overline{AQ} \approx 6,03\,\text{cm}$$

$$\cos(\varepsilon) = \frac{\overline{AR}}{\overline{QR}}$$
$$\cos(\varepsilon) \cdot \overline{QR} = \overline{AR}$$
$$\overline{QR} = \frac{\overline{AR}}{\cos(\varepsilon)}$$
$$\overline{QR} = \frac{14,2}{\cos(23,0^\circ)}$$
$$\overline{QR} \approx 15,43\,\text{cm}$$

Damit hat das achtseitige Prisma eine Grundseite von $a = \overline{AQ} = \overline{ST} \approx 6,03\,\text{cm}$. Den Mittelpunktswinkel α erhält man, indem man 360° durch 8 teilt:

$$\alpha = 360^\circ : 8 = 45^\circ$$

Den Radius r erhält man im rechtwinkligen Dreieck mit dem Sinus-Verhältnis:

$$\sin(22,5^\circ) = \frac{\frac{a}{2}}{r}$$
$$\sin(22,5^\circ) \cdot r = \frac{a}{2}$$
$$r = \frac{\frac{a}{2}}{\sin(22,5^\circ)}$$
$$r = \frac{\frac{6,03}{2}}{\sin(22,5^\circ)}$$
$$r \approx 7,88\,\text{cm}$$

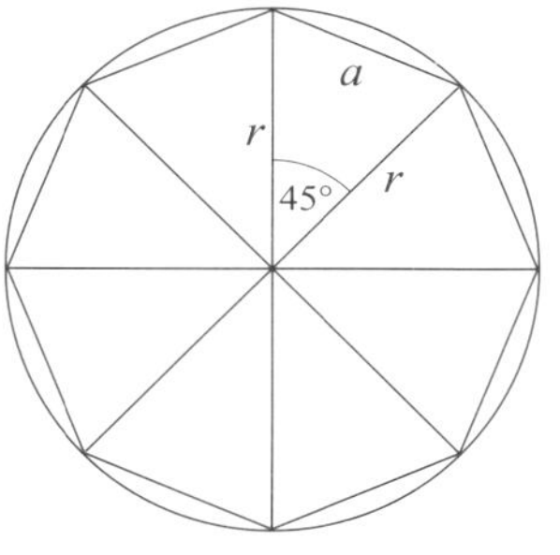

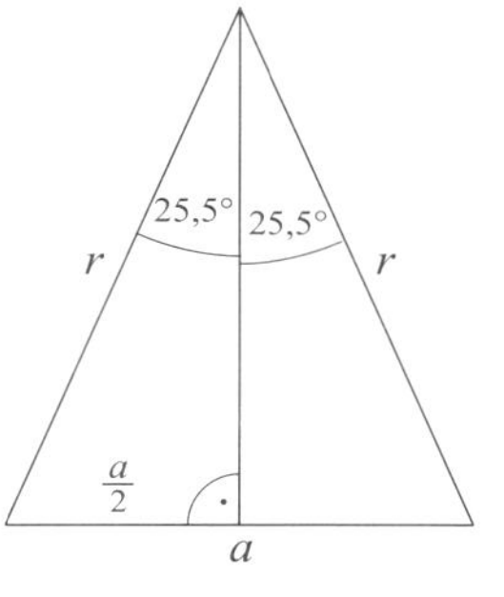

Damit erhält man die Länge der Strecke PQ:

$$\overline{PQ} = 2 \cdot r = 2 \cdot 7,88 = 15,76\,\text{cm}$$

sowie die Länge der Strecke RS mit Hilfe der Länge des Streckenzugs:

$$\overline{RS} = 38,0 - \overline{PQ} - \overline{QR} = 38 - 15,76 - 15,43 = 6,81\,\text{cm}$$

Die Länge der Strecke RT im Dreieck RST erhält man mit dem Satz des Pythagoras. Mit $\overline{ST} = a = 6,03$ ergibt sich:

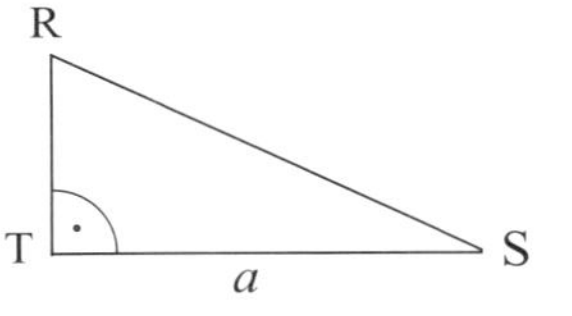

$$\overline{RT}^2 + \overline{ST}^2 = \overline{RS}^2$$

$$\overline{RT}^2 = \overline{RS}^2 - \overline{ST}^2$$

$$\overline{RT} = \sqrt{\overline{RS}^2 - \overline{ST}^2}$$

$$\overline{RT} = \sqrt{6,81^2 - 6,03^2}$$

$$\overline{RT} \approx 3,16\,\text{cm}$$

Damit erhält man die Höhe h des achtseitigen Prismas:

$$h = \overline{AR} + \overline{RT} = 14,2 + 3,16 = 17,36\,\text{cm}$$

Somit hat das achtseitige Prisma eine Höhe von etwa $17,4\,\text{cm}$.